T0211467

Anpassungsfähige Maschinenbelegungsplanung eines praxisorientierten hybriden Flow Shops

Christin Schumacher

Anpassungsfähige Maschinenbelegungsplanung eines praxisorientierten hybriden Flow Shops

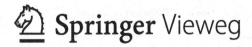

Christin Schumacher
Technische Universität Dortmund
Dortmund, Deutschland

Zugleich Dissertation an der Fakultät für Informatik der Technischen Universität Dortmund, Dortmund, 2022.

Diese Dissertation wurde zudem durch die Deutsche Forschungsgemeinschaft (DFG) unter dem Förderkennzeichen 276879186/GRK2193 im Rahmen des Graduiertenkollegs GRK 2193 „Anpassungsintelligenz von Fabriken im dynamischen und komplexen Umfeld" an der TU Dortmund Universität gefördert.

ISBN 978-3-658-41169-5   ISBN 978-3-658-41170-1   (eBook)
https://doi.org/10.1007/978-3-658-41170-1

Die Deutsche Nationalbibliothek verzeichnet diese Publikation in der Deutschen Nationalbibliografie; detaillierte bibliografische Daten sind im Internet über http://dnb.d-nb.de abrufbar.

Planung/Lektorat: Stefanie Probst
Springer Vieweg ist ein Imprint der eingetragenen Gesellschaft Springer Fachmedien Wiesbaden GmbH und ist ein Teil von Springer Nature.
Die Anschrift der Gesellschaft ist: Abraham-Lincoln-Str. 46, 65189 Wiesbaden, Germany

Danksagung

Die vorliegende Arbeit entstand während meiner Tätigkeit im DFG Graduierten-kolleg 2193 (Projektnummer 276879186/GRK2) sowie als wissenschaftliche Mit-arbeiterin am Lehrstuhl praktische Informatik in der Arbeitsgruppe Modellierung und Simulation. Der DFG danke ich für die Förderung des Graduiertenkollegs 2193.

Mein besonders herzlicher Dank richtet sich an meinen Doktorvater Prof. Dr. Peter Buchholz für die stets loyale sowie inhaltlich wertvolle Begleitung des Entstehungsprozesses meiner Arbeit und für die großzügigen Freiräume in mei-ner Arbeit am Lehrstuhl. Mein besonderer Dank gilt Prof. Dr. Oliver Rose für die Bereitschaft zur Übernahme des Gutachtens sowie die wertvollen inhaltli-chen Diskussionen zu der Arbeit. Herzlich danke ich Prof. Dr. Andreas Hoffjan für die Übernahme des Gutachtens sowie für seine wertvollen Impulse während meiner gesamten akademischen Laufbahn. Prof. Dr. Petra Wiederkehr danke ich für ihr Mitwirken als Vorsitzende der Prüfungskommission sowie für die Zusam-menarbeit bezüglich der Gleichstellungsbestrebungen in der Fakultät. Prof. Dr. Jakob Rehof danke ich für seine sofortige Bereitschaft zur Mitwirkung in der Prüfungskommission sowie für sein Engagement für unser Graduiertenkolleg.

Bei den Doktorand:innen des Graduiertenkollegs, den Mitarbeiter:innen des Lehrstuhls praktische Informatik und weiteren universitären Wegbegleiter:innen während meiner Promotionszeit bedanke ich mich für die kollegiale Zusammen-arbeit und den bereichernden interdisziplinären Austausch. Insbesondere danke ich Dominik Mäckel, Kevin Fiedler und Nico Gorecki für die hervorragende Zusammenarbeit und die mitgetragene Begeisterung hinsichtlich der Forschungs-themen der Maschinenbelegungsplanung. Mein besonders herzlicher Dank richtet sich an Cornelia Regelmann, Clara Scherbaum und Dr.-Ing. Lisa Theresa Lenz für ihre unermüdliche motivierende Unterstützung in der Zeit der Anfertigung der

Arbeit. Dr. Jürgen Schmelting, Nina Krautgartner und Alina Timmermann danke ich für ihre wertvolle Hilfe bei der Finalisierung der Arbeit. Zudem bedanke ich mich bei meinen Kooperationspartnern aus der Wirtschaft für die zahlreichen Gespräche und ihre beispiellose Unterstützung.

Von Herzen danke ich meinem Partner Christian Tesch für seine Ruhe und Unterstützung während des Bearbeitungsprozesses, herzlich bedanke ich mich bei meinen Eltern für ihre Förderung meiner akademischen Ausbildung und dafür, dass sie immer an mich geglaubt haben. Meiner Familie und meinen Freunden danke ich für die stets motivierenden Worte und ihren unendlichen Beistand.

Dortmund   Christin Schumacher
im Juli 2022

Zusammenfassung

Die Maschinenbelegungsplanung stellt ein Schlüsselelement eines Produktionssystems dar, um dessen Leistung, Effizienz und Anpassungsfähigkeit zu steigern. Die klassische Aufgabe der Maschinenbelegungsplanung ist es, für gegebene Aufträge eine optimale Leistung hinsichtlich des Produktionsziels zu realisieren.

Die Lösung praxisnaher hybrider Flow Shops mit ihrer Vielzahl von Charakteristika stellt eine große Herausforderung dar und wurde in der Forschung lange vernachlässigt. So entstand eine Lücke zwischen Theorie und Praxis. Auch in den wenigen existierenden praxisorientierten Ansätzen werden immanente Charakteristika der Produktionsplanung wie beispielsweise die Notwendigkeit vonWartungsarbeiten oftmals nicht berücksichtigt. Des Weiteren fehlt bisher ein Konzept, um sowohl operative Störungen (beispielsweise Maschinenausfälle) als auch strategische strukturverändernde Turbulenzen (beispielsweise eine Umplanung der Fabrik) zu berücksichtigen und stochastische Einflüsse wie Schwankungen der Nachfrage- und Produktionsmengen sowie Unsicherheit in Prozesszeiten, Ausschussraten und Umrüstzeiten gleichzeitig einbeziehen zu können. Die Entwicklung hin zur Industrie 4.0 fungiert dabei auf der einen Seite ebenfalls als Turbulenz in Unternehmen, auf der anderen Seite bietet sie das Potenzial, Massendaten zu erheben, diese auszuwerten und sie somit für die echtzeitfähige Anpassung der Produktion zu nutzen.

Ziel der vorliegenden Arbeit ist es, für ein bisher nicht untersuchtes realitätsnahes Maschinenbelegungsproblem eines hybriden Flow Shops eine Kombination von mathematischen Optimierungsmethoden, stochastischen Simulationsexperimenten, statistischen Prognoseverfahren und Unternehmensprozessen zu erarbeiten, um softwarebasiert zu realitätsnahen und anpassungsfähigen Lösungen zu gelangen.

In der vorliegenden Arbeit werden acht Heuristiken, 17 Metaheuristiken, eine Formulierung eines gemischt-ganzzahligen Optimierungsmodells, ein Simulationsmodell, drei Prognoseverfahren in Kombination mit einer Berechnung des Produktionsvolumens, zwei Übersichten zur Praxisorientierung, Flexibilität und Wandlungsfähigkeit sowie ein Konzept zur Kombination der Verfahren für einen realistischen hybriden Flow Shop entwickelt und evaluiert. In der Problemstellung der vorliegenden Arbeit, auf die die genannten Methoden angewendet werden, sind die in Maschinenbelegungsproblemen immanenten Charakteristika der geplanten und ungeplanten Nichtverfügbarkeiten von Maschinen, der Unsicherheiten in Prozessdaten sowie der Nachfrageschwankungen inkludiert. Des Weiteren werden die Charakteristika der unterschiedlichen Maschinengeschwindigkeiten innerhalb jeder Stufe, der Freigabetermine für Maschinen am Anfang des Produktionszeitraums, der Maschinenqualifikationen, der Möglichkeit, dass Aufträge Stufen überspringen, und der Prioritätsgruppen von Aufträgen einbezogen. Das Ziel ist, die Gesamtbearbeitungszeit zu minimieren.

Eine Validierung des entwickelten Konzepts wird anhand der Daten durchgeführt, die in der Zusammenarbeit mit einem Praxispartner erhoben wurden. Im Evaluationsszenario mit 5000 Zielfunktionsauswertungen dominiert der Algorithmus Tabu Search (shift) mit NEH als initialer Lösung, mit Earliest Completion Time (ECT) zur Einplanung der weiteren Stufen und mit ECT für die Maschinenzuweisung die weiteren untersuchten Algorithmen. Wird der Genetische Algorithmus für den Anwendungsfall mit einer höheren Anzahl von Zielfunktionsauswertungen evaluiert, unterscheiden sich die Ergebnisse für den Evaluationszeitraum durchschnittlich nur um rund 6,9 % von den besten ermittelten Lösungen des gemischt-ganzzahligen Optimierungsmodells. Die Laufzeiten der Heuristiken und Metaheuristiken betragen maximal 20 Sekunden statt der teils mehrtägigen Laufzeiten des Lösungsverfahrens für das gemischt-ganzzahlige Optimierungsmodell.

Es hat sich herausgestellt, dass es sich im Evaluationsszenario lohnt, pro betrachtetem Planungszeitraum mehrere der als am besten evaluierten Algorithmen anzuwenden, da nicht immer derselbe Algorithmus die besten Ergebnisse liefert und die Robustheit der verschiedenen Lösungen in Simulationsexperimenten trotz eines ähnlichen Zielfunktionswerts variieren kann. Das PPS-Team soll gemäß dem Modell der Arbeit in die Entscheidung einbezogen werden, welcher Maschinenbelegungsplan eingelastet wird.

Um hohe Raten der Auftragserfüllung zu realisieren, werden für den Anwendungsfall verschiedene Prognoseverfahren für die Bestimmung des Produktionsvolumens evaluiert. Mittels der Clustering-Methode mean wurden die besten Ergebnisse für den Anwendungsfall erzielt. Die Einführung eines Limits für die Ausschussrate von 10 % ermöglicht im Zuge dessen die Realisierung guter Zielfunktionswerte trotz hoher Quantilswerte für den Ausschuss. Durch die Wahl des Sicherheitsfaktors von 1,3 anstelle von 1,8 kann im Evaluationsszenario eine Reduktion des Anteils nicht erfüllter Aufträge erzielt und eine hohe Überproduktion vermieden werden.

Hinsichtlich der Praxisorientierung wurde darüber hinaus ein Modell für die Maschinenbelegungsplanung vorgestellt, mit dem Assistenzsysteme hinsichtlich der Industrie 4.0 stufenweise digitaler und intelligenter aufgestellt werden können. Mit einer zweiten entwickelten Übersicht über Turbulenzen, die auf die Assistenzsysteme in der Maschinenbelegungsplanung wirken können, kann der Grad der Anpassungsfähigkeit der Assistenzsysteme im Zuge von Fabrikplanungsmaßnahmen gewählt werden und im Fabrikbetrieb wird damit deutlich, bis zu welchem Punkt das vorliegende Assistenzsystem flexibel ist und bis zu welchem Punkt Wandlungsfähigkeit vorgehalten ist. Hinsichtlich der Anpassungsfähigkeit von Assistenzsystemen der Maschinenbelegungsplanung wurden vier Kategorien identifiziert – Anpassungsfähigkeit des Maschinenbelegungsproblems, der Betriebs(hilfs)mittel, der Produktionsmenge und -planung sowie der Simulation und stochastischer Einflüsse.

Zum höchsten Grad flexibel wird ein System der Maschinenbelegungsplanung, wenn die Problemstellung angepasst werden kann und trotzdem Lösungen mit Algorithmen der Maschinenbelegungsplanung bereitgestellt werden können. Daher gilt es für nachfolgende Forschungsvorhaben, insbesondere die Synthese von Algorithmen der Maschinenbelegungsplanung weiterzuentwickeln.

Inhaltsverzeichnis

Abkürzungsverzeichnis

(CL)S	Combinatory Logic Synthesizer
5G	Fünfte Generation des Mobilfunkstandards
A#	Anforderungen an eine anpassungsfähige Maschinenbelegungsplanung
ARIMA	Auto-Regressive Integrated Moving Average
BGA	Basic Genetic Algorithm
BPMN 2.0	Business Process Model and Notation 2.0
bSPT	Abwandlung eines Shortest Processing Time First (SPT) – Algorithmus beginnend bei der letzten Stufe
bSPTB	Abwandlung eines SPT-Algorithmus, in dem die Bearbeitungsstufe i mit der höchsten Gesamtprozesszeit zuerst eingeplant wird
CIM	Computer Integrated Manufacturing
CLUSTER	Evaluationsszenario – Analyse der minimalen und maximalen Ausschussraten über alle Produkte
CM	Clustering-Methode
CPPS	Cyberphysische Produktionssysteme
CPS	Cyberphysische Systeme
DFG	Deutsche Forschungsgemeinschaft
ECT	Earliest Completion Time
EDD	Earliest Due Date
ERP	Enterprise Resource Planning
GA	Genetischer Algorithmus
GPU2	Bezeichnung eines für die Evaluation verwendeten Rechners

GPU3	Bezeichnung eines für die Evaluation verwendeten Rechners
GUI	Graphical User Interface
HAL	Bezeichnung eines für die Evaluation verwendeten Rechners
I#	Immanente Anforderungen, die in jedem Maschinenbelegungsproblem der fertigenden Industrie in der Praxis zu finden sind
JBR	Job Based Relation
KONST	Evaluationsszenario – Acht Kombinationen aus konstruktiven Heuristiken
LPT	Longest Processing Time First
MES	Manufacturing Execution System
META1	Evaluationsszenario – Parameteroptimierung des GA und aller lokalen Suchverfahren kombiniert mit der schlechtesten konstruktiven Heuristik sowie mit JBR und ECT
META2	Evaluationsszenario – Beste Metaheuristiken kombiniert mit den zwei besten konstruktiven Heuristiken und der besten Anstellstrategie (insgesamt sieben Kombinationen)
META3	Evaluationsszenario – Beste Metaheuristik im Vergleich zu zufälligen Lösungen (fit demand = false)
METASIM	Evaluationsszenario – Simulationsergebnisse der fünf besten Metaheuristiken
MIP	Mixed Integer Program
NEH	NEH-Heuristik
OEE	Overall Equipment Effectiveness
OPT	Evaluationsszenario – Exakte Optimierung
OPTSIM	Evaluationsszenario – Vergleich der Simulationsergebnisse mit den Ergebnissen des deterministischen Modells für das beste Optimierungsverfahren
P	Bezeichnung eines für die Evaluation verwendeten Rechners
P#	Anforderungen an eine praxisorientierte Maschinenbelegungsplanung
PPS	Produktionsplanung und -steuerung
PROGSIM	Evaluationsszenario – Simulationsergebnisse der drei besten Metaheuristiken sowie der besten konstruktiven Heuristik und Anstellstrategie

SCRAP	Evaluationsszenario – Beste Kombinationen von Metaheuristiken
SCRAP-MINMAX	Evaluationsszenario – Analyse der minimalen und maximalen Ausschussraten über alle Produkte
SF	Sicherheitsfaktor
SFCM	Evaluationsszenario – Analyse der minimalen und maximalen Ausschussraten über alle Produkte
SGA	Steady-State Genetic Algorithm
SGAR	Steady-State Genetic Algorithm with changing Assignment Rule
SPT	Shortest Processing Time First

Symbolverzeichnis

a	Parameter der Weibullverteilung
α	Parameter innerhalb des Tupels der Graham-Notation für die Anzahl, Art sowie Anordnung der Maschinen, Arbeitsstationen und Bearbeitungsstufen
AFm	α-Komponente der Graham-Notation für Assembly Flow Shops – m Bearbeitungsstufen, welche jeweils aus parallelen Maschinen bestehen. Jeder Auftrag muss die Bearbeitungsstufen durchlaufen. Die letzte Bearbeitungsstufe ist die Montage (engl. assembly), in der einzelne vorher definierte Aufträge zu einem Produkt zusammengefügt. In dieser Stufe werden die vorher produzierten und bearbeiteten Bestandteile eines Produktes gleichzeitig bearbeitet
$A_{il\,jk}$	Parameter, um festzulegen, ob mit dem Umrüsten begonnen werden kann, bevor der Auftrag j in der Stufe $i-1$ fertiggestellt wurde
b	Parameter der Weibullverteilung
β	Parameter innerhalb des Tupels der Graham-Notation für charakteristische Merkmale und Restriktionen der Produktionsprozesse
$batch$	β-Komponente der Graham-Notation für mindestens eine Maschine innerhalb der Produktionsschritte, die eine definierte Anzahl von Aufträgen gleichzeitig als Charge bearbeitet
$B(c_v)$	Bewertungsmetrik des Clusterings in Abhängigkeit des Clustermittelpunkts c_v

$Best_{sol}$ C_{max} der MIP-Lösung

B Menge der Platzhalter für Nichtverfügbarkeiten

$block$ β-Komponente der Graham-Notation für eine begrenzte
                Anzahl von Lagerplätzen zwischen zwei
                Bearbeitungsstufen, dadurch müssen Maschinen auf
                einer Bearbeitungsstufe pausieren, wenn die
                Lagerplätze voll sind

$break$ β-Komponente der Graham-Notation für die unerwartete
                Nichtverfügbarkeit (d. h. den Ausfall) von Maschinen

C Menge der Clusterzentren c_v

$\tilde{C}$ Hilfsmenge der Clusterzentren c_v

$\bar{C}$ γ-Komponente der Graham-Notation für den
                durchschnittlichen Fertigstellungszeitpunkt der
                eingeplanten Aufträge

C_{ij} Entscheidungsvariable für den Fertigstellungszeitpunkt
                eines Auftrags j auf Stufe i

C_{max} γ-Komponente der Graham-Notation für die
                Gesamtbearbeitungszeit (engl. makespan oder
                maximum completion time) – die Zeitspanne zwischen
                dem Bearbeitungsbeginn des ersten eingeplanten
                Auftrags und dem Bearbeitungsende des letzten
                eingeplanten Auftrags

C_{max}^{14Tage} Bester Makespan, der im MIP nach 14 Tagen gefunden
                wurde

C_{max}^{3Tage} Bester Makespan, der im MIP nach drei Tagen gefunden
                wurde

C_{max}^{best} Bester Makespan, der im Algorithmus bisher gefunden
                wurde

$count$ Iterationsvariable

$\widehat{count}$ Iterationsvariable

C_{sum} Angepasste Zielfunktion des MIP

C_v Cluster v

c_v Mittelpunkt eines Clusters C_v

d Anzahl Dimensionen

$demand_{ij}$ Nachfragemenge für Auftrag j auf Stufe i

$demand_{ij}^{last}$ Nachfragemenge in der letzten Woche der Prognose

$demand_{ij}^{min}$ Mindestproduktionsmenge des Produktes j auf Stufe i

$demand_{ij}^{secondlast}$ Nachfragemenge in der vorletzten Woche der Prognose

$D(y)$	Funktion zur Bestimmung der kürzesten euklidischen Distanz von Datenpunkt y zum nächstgelegenen Clusterzentrum
E_{ij}	Menge der Maschinen l, die für Auftrag j auf Bearbeitungsstufe i qualifiziert sind (engl. eligible). Falls Auftrag j Bearbeitungsstufe i überspringt, gilt $E_{ij} = 0$, $E_{ij} \subseteq M_i$
emp_prob	Dimension des Clusterings – HistorischeWahrscheinlichkeit für einen Anstieg der Nachfrage des Produktes von 500 Artikeln oder mehr innerhalb der letzten Woche
$emp\_prob_{c_v}$	Dimension des Clustermittelpunktes c_v – Historische Wahrscheinlichkeit für einen Anstieg der Nachfrage des Produktes von 500 Artikeln oder mehr innerhalb der letzten Woche
$E(X)$	Erwartungswert der Zufallsvariable X
η	Anzahl der Qualitätskontrollstellen
$F(X)$	Verteilungsfunktion
$f(X)$	Dichtefunktion
FHm	α-Komponente der Graham-Notation für hybride Flow Shops mit m Bearbeitungsstufen, welche jeweils aus parallelen Maschinen bestehen. Jeder Auftrag muss die Bearbeitungsstufen in einer für alle Aufträge gleichen, fest vorgegebenen Reihenfolge durchlaufen
F_j	Menge der Bearbeitungsstufen, die Auftrag j durchlaufen soll
FJ_m	α-Komponente der Graham-Notation für Flexible Job Shops mit m Bearbeitungsstufen, welche jeweils aus parallelen Maschinen bestehen. Jeder Auftrag muss die Bearbeitungsstufen in einer individuellen, vorgegebenen Reihenfolge durchlaufen
FM	α-Komponente der Graham-Notation für Flow Shops mit einer Maschine der Menge M pro Bearbeitungsstufe. Jeder Auftrag muss die Maschinen in einer für alle Aufträge gleichen, fest vorgegebenen Reihenfolge durchlaufen
$FS_k(LS_k)$	Erste/letzte Bearbeitungsstufe, auf welcher der Auftrag k bearbeitet werden muss

γ	Parameter innerhalb des Tupels der Graham-Notation für die Zielfunktion
$\Gamma(z)$	Gammafunktion
generations	Anzahl der Generationen des GA
G_i	Menge der Aufträge j, die auf Bearbeitungsstufe i bearbeitet werden müssen und können. Sie wird zum einen mithilfe der Menge der Bearbeitungsstufen F_j, die Auftrag j durchlaufen soll, und zum anderen mit der Menge E_{ij} definiert, die die Menge der Maschinen l bezeichnet, die für Auftrag j auf Bearbeitungsstufe i qualifiziert sind. Dabei gilt $G_i \subseteq N$ und $G_i = \left\{ j \mid i \in F_j \wedge l \in E_{ij} \right\}$
G_{il}	Menge der Aufträge j, die auf Maschine l aus der Bearbeitungsstufe i bearbeitet werden können
h	Auftrag der Auftragsmenge N, $h \in N$
Heu_{sol}	C_{max} der heuristischen oder metaheuristischen Lösung
i	Bearbeitungsstufe aus der Menge der Bearbeitungsstufen M, $i \in M$
iterations	Anzahl der Iterationen und Iterationsvariable
J	Hilfsmenge zum Speichern der Lösungen
$\tilde{j}$	Auftrag der Auftragsmenge N, $\tilde{j} \in N$
j	Auftrag der Auftragsmenge N, $j \in N$
j_B	Auftrag als Platzhalter für Zeiten der Nichtverfügbarkeit
JM	α-Komponente der Graham-Notation für Job Shops. Von den Maschinen der Menge M befindet sich eine Maschine auf jeder Bearbeitungsstufe. Jeder Auftrag muss die Maschinen in einer für den Auftrag fest definierten Abarbeitungsreihenfolge durchlaufen
κ	Rang des Individuums einer GA-Population für die Roulettradselektion
k	Auftrag der Auftragsmenge N, $k \in N$
l	Maschine auf der Bearbeitungsstufe i der Menge M_i
$\tilde{l}$	Maschine auf der Bearbeitungsstufe i der Menge M_i
lag	β-Komponente der Graham-Notation für Aufträge, die erst mit zeitlichem Puffer oder schon mit Vorlauf auf der nächsten Bearbeitungsstufe begonnen werden können
lag_{ilj}	Zeitraum (engl. lag) zwischen der Bearbeitung von Auftrag j auf Maschine l in Bearbeitungsstufe i und

	dem Beginn der Bearbeitungszeit der Bearbeitungsstufe, in der Auftrag j als nächstes bearbeitet wird
λ	Parameter der Exponentialverteilung
$List$	Permutation von Aufträgen
$List1/List2/List_{count}$	Permutationen von Aufträgen
$List_{best}$	Bisher beste Permutationen von Aufträgen
m	Anzahl der Bearbeitungsstufen
m_i	Anzahl der Maschinen auf Bearbeitungsstufe i
M	Menge der Bearbeitungsstufen
M_i	Menge der Maschinen auf Bearbeitungsstufe i
M_j	β-Komponente der Graham-Notation für mindestens einen Auftrag j, der nicht auf jeder Maschine bearbeitet werden kann, sondern nur auf einer definierten Menge von Maschinen einer Bearbeitungsstufe (Maschinenqualifikationen)
$mean$	Clustering-Methode mit $mean\_vark\_last\_3$ als Dimension im Clustering
$maxNeighbors$	Begrenzung der Anzahl getesteter Lösungen in der Nachbarschaft der aktuellen Lösung
$mean\_pos\_diff$	Dimension des Clusterings – Durchschnittliche Zunahme der Nachfrage (Anzahl der Artikel) pro Produkt in der letzten Woche
$mean\_pos\_diff_{c_v}$	Dimension des Clustermittelpunktes c_v – Durchschnittliche Zunahme der Nachfrage (Anzahl der Artikel) pro Produkt in der letzten Woche
$mean\_vark\_last\_3$	Dimension des Clusterings – Mittelwert des Variationskoeffizienten
$mean\_vark\_last\_3_{c_v}$	Dimension des Clustermittelpunktes c_v – Mittelwert des Variationskoeffizienten
$method$	Parameter zur Wahl der Nachbarschaftsstrategie $shift$ oder $swap$
$move$	Nachbarschaftsoperation, die ausgehend von einer gegebenen Lösung zeitweise in Tabu Search nicht mehr ausgeführt werden soll und Bestandteil der Tupel in der Tabuliste ist
N	Auftragsmenge
n	Anzahl der Aufträge
N_{prio}	Auftragsmenge der Prioritätsgruppe $prio$
N_t	γ-Komponente der Graham-Notation für die Anzahl verspäteter Aufträge (engl. number of tardy jobs)

OM	α-Komponente der Graham-Notation für Open Shops, Maschinen der Menge M, wobei jeder Auftrag eine Auswahl der Maschinen besucht. Diese Maschinen können den Auftrag in einer beliebigen vom PPS-Team festgelegten Reihenfolge nacheinander bearbeiten
$\mathcal{O}(n \log n)$	Landau-Symbol – Der beschriebene Algorithmus wächst nicht wesentlich schneller als die Funktion $n \log n$ mit steigender Anzahl der Aufträge n
ϕ	Funktion, welche die Summe der Distanzen zwischen allen Datenpunkten y und dem nächsten Mittelpunkt eines Clusters berechnet
π	Maschinenbelegungsplan/wiedergegebene Lösung eines Algorithmus
$\tilde{\pi}_I$	Durch Crossover veränderte Permutation der ersten Stufe eines Individuums im GA
π^{count}	Maschinenbelegungsplan in der Iteration $count$
π_i	Permutation des Maschinenbelegungsplans der Stufe i
$\tilde{\pi}_i$	Hilfsvariable für denMaschinenbelegungsplan der Stufe i
$\acute{\pi}/\grave{\pi}$	Zwei zufällige Individuen einer Generation im GA
$\hat{\pi}_i$	Hilfsvariable für den Maschinenbelegungsplan der Stufe i
$\acute{\pi}_I/\grave{\pi}_I$	Zwei Permutationen der ersten Stufe zweier zufälliger Individuen im GA
Ψ	Maschinenzuordnung im GA
p_c	Wahrscheinlichkeit des Crossovers im GA
p_{ij}	Durchschnittliche Bearbeitungszeit von Auftrag j in Stufe i
p_{ilj}	Bearbeitungsdauer (engl. processing time) von Auftrag $j, j \in N$, auf Maschine $l, l \in M_i$, welche der Bearbeitungsstufe i angehört. Für den Fall, dass ein Auftrag j die Bearbeitungsstufe i nicht durchlaufen soll, das heißt $i \notin F_j$, gilt $p_{ilj} = 0$, $\forall l \in M_i$
p_m	Wahrscheinlichkeit der Mutation im GA
p_{min}	Kürzeste Prozesszeit
p_{c1}^{π}	Wahrscheinlichkeit des Crossovers für die Permutation π
p_{c2}^{π}	Wahrscheinlichkeit der Veränderung der ausgewählten Position aus der Permutation π für ein Crossover im GA

p_c^{Ψ}	Crossover-Wahrscheinlichkeit für die Maschinenzuordnung Ψ im GA
p_m^{π}	Mutationswahrscheinlichkeit für die Permutation im GA
p_m^{Ψ}	Mutationswahrscheinlichkeit für die Maschinenzuordnung im GA
p_s	Wahrscheinlichkeit der Selektion im GA
P_j	Menge der Aufträge, die bearbeitet werden müssen, bevor Auftrag j bearbeitet wird (engl. predecessors of job j)
PM	α-Komponente der Graham-Notation für identische, parallele Maschinen der Menge M in einer Bearbeitungsstufe mit gleicher Geschwindigkeit
$population_{size}$	Populationsgröße im GA
$prec$	β-Komponente der Graham-Notation für Prioritätsmengen, so dass für jeden Auftrag Mengen von Aufträgen geben können, die abgeschlossen sein müssen, bevor Auftrag j bearbeitet werden kann
$Prio$	Menge der Prioritätsgruppen
$prio$	Prioritätsgruppe aus der Menge $Prio$
$prod_{ij}$	Produktionsvolumen des Auftrags j auf der Stufe i
$prod_{ij}^{min}$	Mindestproduktionsvolumen
$prod_{ij}^1 / prod_{ij}^2$	Aufgeteilte Produktionsmengen eines Auftrags j auf Stufe i vor bzw. nach einem Maschinenausfall
q	Quantil
QM	α-Komponente der Graham-Notation für parallele Maschinen der Menge M in einer Bearbeitungsstufe mit unterschiedlicher Geschwindigkeit je Maschine
rc	β-Komponente der Graham-Notation für Aufträge, die eine oder mehrere Bearbeitungsstufen wiederholt besuchen
r_{ij}	Erwartungswert der Ausschussrate von Artikel j auf Bearbeitungsstufe i
$\bar{r}_{ij}$	Ausschussrate über alle Qualitätskontrollstellen θ
$r_{ij}(q)$	Ausschussraten in Abhängigkeit des Quantilwerts q
r_{ij}^{θ}	Ausschussrate des Auftrags j an der Qualitätskontrollstelle θ der Stufe i
$r_{ij}^{\theta}(q)$	Ausschussrate des Auftrags j in Abhängigkeit des Quantilswertes q an der Qualitätskontrollstelle θ der Stufe i

r_j	β-Komponente der Graham-Notation für Aufträge j, die verspätete Ankunftszeitpunkte nach Beginn der Produktion haben
RM	α-Komponente der Graham-Notation für parallele Maschinen der Menge M auf einer Bearbeitungsstufe mit unterschiedlicher Geschwindigkeit je Auftrag und Maschine
r_{max}	Obergrenze der Ausschussraten
rm_{il}	Freigabezeitpunkt von Maschine l (engl. release date) in Bearbeitungsstufe i. Vor dem Zeitpunkt rm_{il} kann die Maschine nicht für die Bearbeitung der Aufträge genutzt werden
rm	β-Komponente der Graham-Notation für verspätete Freigabezeitpunkte einer Maschine am Anfang des Bearbeitungszeitraums
S	Hilfsmenge zum Speichern der Lösungen
s	Iterationsparameter
$safetystock_{ij}$	Sicherheitsbestand des Auftrags j auf Stufe i
$shift$	Operation zur Änderung der Position eines Auftrags im Maschinenbelegungsplan innerhalb der ersten Bearbeitungsstufe
s_i	Umrüstzeit pro Stufe i
$SF1_{ij}$	Artikelbezogener Sicherheitsfaktor des Auftrags j auf Stufe i, der durch Erfahrungswissen gewählt werden kann
$SF2$	Einheitlicher Sicherheitsfaktor ($SF2_{ij} = SF2$) für alle Hochrisikoartikel zur Erhöhung der Produktionsmenge für Hochrisikoartikel, für Nichthochrisikoartikel gilt $SF2_{ij} = 1$
$SF2_{ij}$	Artikelbezogener Sicherheitsfaktor für die Stufe i zur Erhöhung der Produktionsmenge für Hochrisikoartikel, für nicht Hochrisikoartikel gilt $SF2_{ij} = 1$
S_{iljk}	Maschinen- und auftragsabhängige Umrüstzeit (engl. Setup time) der Maschine l auf Bearbeitungsstufe i, wenn Auftrag k nach Auftrag j produziert werden soll
S_k	Menge der Aufträge, die erst nach Auftrag k bearbeitet werden können
$skip$	β-Komponente der Graham-Notation für die Möglichkeit des Auslassens von Bearbeitungsstufen

S_{sd}	β-Komponente der Graham-Notation für sequenzabhängige Umrüstzeiten, die von der eingeplanten Auftragsreihenfolge abhängen
σ	Standardabweichung
$stock_{ij}$	Verfügbare Teile auf Lager
$swap$	Vertauschung zweier Aufträge im Maschinenbelegungsplan auf der gleichen oder unterschiedlichen Maschinen innerhalb einer Bearbeitungsstufe
t	Integrationsparameter der Gammafunktion
T_0	Anfangstemperatur im Simulated Annealing
$tabulist$	Maximale Länge der Tabuliste
$\bar{T}$	γ-Komponente der Graham-Notation für die durchschnittliche Verspätung der Aufträge (engl. mean tardiness)
T_f	Finale Temperatur im Simulated Annealing
θ	Nummer der Qualitätskontrollstelle
t_{j_B0}	Startzeitpunkt einer Nichtverfügbarkeit
t_{j_B1}	Endzeitpunkt einer Nichtverfügbarkeit
T_{list}	Tabuliste
$tabu$	Boolescher Parameter für die Anwendung oder das Nichtberücksichtigen der Tabuliste
T_{max}	γ-Komponente der Graham-Notation für die maximale Verspätung über alle Aufträge (engl. maximum tardiness)
T_s	Temperatur des Simulated Annealing in Iteration s
T^w	γ-Komponente der Graham-Notation für die gewichtete Summe der Verspätungen (engl. weighted sum of tardiness)
$unavail$	β-Komponente der Graham-Notation für Maschinen, die nicht durchgängig verfügbar sind, sondern die Maschine pausiert zu vorher geplanten Zeiten z. B. in Schichtpausen oder durch Wartungsarbeiten
V	Große Zahl
v	Nummer des Clusters C_v
var	Clustering-Methode mit $var\_vark\_last\_3$ als Dimension im Clustering
$VarK(X)$	Variationskoeffizient einer Zufallsvariable X

$var\_vark\_last\_3$	Dimension des Clusterings – Varinaz des Variationskoeffizienten
$var\_vark\_last\_3_{c_v}$	Dimension des Clustermittelpunktes c_v – Varianz des Variationskoeffizienten
w	Nummer des Clusters C_w
$\bar{W}$	γ-Komponente der Graham-Notation für die durchschnittliche Wartezeit (engl. mean waiting time)
$x_{il\,jk}$	Binäre Entscheidungsvariable, ob Auftrag j vor Auftrag k auf der Maschine l in der Stufe i produziert wird
X	Zufallsvariable
Y	Menge der Datenpunkte y im Clustering
z	Variable der Gammafunktion
Z	Zufallsvariable
ξ	Wahrscheinlichkeit für die Roulettradselektion

Abbildungsverzeichnis

Tabellenverzeichnis

Algorithmenverzeichnis

Einleitung 1

Die Maschinenbelegungsplanung stellt ein Schlüsselelement eines Produktionssystems dar, um dessen Leistung, Effizienz und Anpassungsfähigkeit zu steigern. Die klassische Aufgabe der Maschinenbelegungsplanung ist es, für gegebene Aufträge eine optimale Leistung hinsichtlich des Produktionsziels zu realisieren.[1]

1.1 Motivation und Problemstellung

Um optimierte Pläne für Maschinenbelegungsprobleme generieren und Lösungsalgorithmen entwickeln zu können, werden Modelle sowie Klassifikationen der Probleme zu Hilfe genommen. Diese abstrahieren die Realität, grenzen das zu betrachtende System ein, definieren die wichtigsten auf das System wirkenden Umwelteinflüsse und reduzieren dadurch die Komplexität. Der Detaillierungsgrad der Modelle wird je nach Analyse- und Entscheidungsziel gewählt. Auf der einen Seite ist dabei zu beachten, dass der Detaillierungsgrad ausreicht, um Ergebnisse vom Modell auf das Originalsystem übertragen zu können. Auf der anderen Seite sollte das Modell so abstrahiert wie möglich gewählt werden, um Laufzeiten sowie Entwicklungszeiten zu verkürzen.[2]

Der Detaillierungsgrad sowie der Umfang der Modelle und Algorithmen in Studien zur Maschinenbelegungsplanung reichen oft nicht aus, um die Realität in ausreichendem Maße abzubilden und Algorithmen in der Praxis einzusetzen. Dieser

---

[1] Pinedo (2016), S. 1–6; H.-P. Wiendahl (2014), S. 327; Schuh et al. (2012a), S. 52–56.

[2] Schuh et al. (2012b), S. 12; Law (2015), S. 3–6; Gutenschwager et al. (2017), S. 22; Latos et al. (2018), S. 93; Schmelting (2020), 87–96.

© Der/die Autor(en), exklusiv lizenziert an Springer Fachmedien Wiesbaden GmbH, ein Teil von Springer Nature 2023
C. Schumacher, *Anpassungsfähige Maschinenbelegungsplanung eines praxisorientierten hybriden Flow Shops*,
https://doi.org/10.1007/978-3-658-41170-1_1

Unterschied – zwischen den Problemen der Theorie und der Praxis – wurde laut Ruiz et al. (2008) und MacCarthy/Liu (1993) vor allem durch die Fokussierung der Theorie auf stark abstrahierte Probleme und den Wettbewerb um eine stetige Verbesserung der Lösungsqualität der bereits analysierten Probleme hervorgerufen. Reale Probleme, die eine Entsprechung in der Praxis haben, werden jedoch zugunsten dieser abstrakten Probleme häufig nicht analysiert.[3] Beispielsweise sind Maschinenausfälle und Wartungsarbeiten für die Praxis von hoher Bedeutung, tauchen in Modellen jedoch selten auf.[4]

Ein weiterer Aspekt, der in der Maschinenbelegungsplanung nur selten betrachtet wird, ist, dass Modelle und Lösungsalgorithmen sich wiederkehrend dynamischen Gegebenheiten eines produzierenden Unternehmens anpassen müssen.[5] Dies ist schon länger bekannt, die für die Maschinenbelegungsplanung und andere Unternehmensbereiche relevanten internen und externen Einflussfaktoren ändern sich jedoch zunehmend schneller. Durch diese volatileren Marktentwicklungen werden die Produktionsbedingungen komplexer. Anpassungsfähigkeit an die Gegebenheiten neuer Marktsituationen stellt für Unternehmen einen relevanten Wettbewerbsvorteil dar, der zunehmend an Bedeutung gewinnt.[6] Daher gilt es auch in der Maschinenbelegungsplanung, nicht mehr nur für die gegebene Situation die optimale Leistung und Effizienz hinsichtlich des Produktionsziels zu erreichen, sondern diese auch nach Änderungen der Produktionsbedingungen bereitzustellen.[7]

Die vorliegende Arbeit entstand im Rahmen des Graduiertenkollegs 2193 „Anpassungsintelligenz von Fabriken im dynamischen und komplexen Umfeld" (GRK 2193). Das Bestreben des GRK 2193 ist es, die beteiligten Disziplinen bezüglich der Anpassungsplanung von Fabriksystemen in einen wissenschaftlichen Dialog zu bringen. Dabei zeichnet sich das GRK 2193 durch Interdisziplinarität sowie Internationalität der Forschung aus. Dabei werden die unterschiedlichen Lösungsansätze aus den verschiedenen Fachbereichen, die zur Fabrikanpassungsplanung beitragen, interdisziplinär analysiert und weiterentwickelt, um so die Effizienz, Effektivität sowie Geschwindigkeit von Fabrikanpassungsprozessen zu erhöhen.[8] Um diesen Austausch zu ermöglichen, arbeiten innerhalb des Forschungsprogramms insgesamt zehn wissenschaftliche Einrichtungen der TU Dortmund zusammen. Angesiedelt sind die Einrichtungen an den fünf Fakultäten Informatik, Maschinenbau, Wirt-

---

[3] MacCarthy/Liu (1993); Ruiz et al. (2008); Ruiz/Vázquez-Rodríguez (2010).

[4] Braglia et al. (2008), 9–13; Ruiz/Vázquez-Rodríguez (2010).

[5] Ford et al. (1987).

[6] Nöcker (2012), S. 32, 127; Weyer et al. (2016), S. 100; Löffler (2011), S. 1.

[7] Delbrügger et al. (2017), S. 364–368.

[8] Delbrügger et al. (2017), S. 364–365; Rehof et al. (2018), S. 10–12; Regelmann (2019).

schaftswissenschaften, Architektur und Bauingenieurwesen sowie Elektrotechnik und Informationstechnik.[9] Die vorliegende Arbeit beleuchtet vor allem die Maschinenbelegungsplanung im Kontext von Fabrikanpassungsprozessen und liefert damit einen Baustein für diesen möglichst intelligenten Anpassungsprozess und einen praxisorientierten Ansatz gemäß der Forschungsvision des Graduiertenkollegs.

Nachfolgend werden Beispiele interner und externer Umfeldveränderungen sowie praxisorientierte Anforderungen von Produktionssystemen beschrieben. Dabei werden erste Auswirkungen auf die Maschinenbelegungsplanung ausgemacht.

Eine ausschlaggebende Entwicklung, die die Volatilität der Märkte sowie häufige Nachfrage- und Auftragsschwankungen intensiviert, ist die Notwendigkeit kurzfristiger Reaktionen der Produktion auf Kundenbedürfnisse. Kunden können immer kürzer vor dem Produktionstermin noch Änderungswünsche angeben.[10] Dies induziert häufigere und kurzfristigere Änderungen im Bereich der Auftragsmengen und -varianten.[11] Wiederkehrende Überarbeitungen des Maschinenbelegungsplans ohne intelligente Unterstützung eines Systems zu bewerkstelligen oder sogar manuell zu planen, ist nahezu unmöglich und würde viele Ressourcen binden.[12]

Eine weitere aktuelle Herausforderung stellt die Produktion hoch individueller Produkte dar, die Unternehmen zwingt, kleinere Losgrößen zu produzieren.[13] Durch kleiner werdende Lose und eine größere Anzahl der Produktionsvarianten steigt in der Maschinenbelegungsplanung zum einen die Komplexität und zum anderen wird die Anzahl der Umrüstvorgänge erhöht. Somit steigt der Anteil der nicht wertschöpfenden Umrüstzeiten im Verhältnis zum Anteil der wertschöpfenden Produktionszeiten.[14]

Eine weitere Entwicklung, die noch nicht in Gänze abgeschlossen ist und die insbesondere im Zuge von Fusionen immer wieder relevant wird, sind durch die Globalisierung herbeigeführte Standortkonzentrationen sowie -diversifikationen. Tätigkeiten gleicher Art werden dabei zusammengefasst oder aufgespalten, es werden unternehmensintern die profitabelsten Standorte ermittelt und die (Teil-)Produktion

---

[9] Rehof et al. (2018), S. 7–10.

[10] Schmidt (2013); Hoffjan et al. (2017), S. 32; VDI 3633, Blatt 1 (2014), S. 26; Schumacher et al. (2019); Spath et al. (2013), S. 113; Karl/Reinhart (2015), S. 393.

[11] Karl/Reinhart (2015), S. 393; Westkämper/Zahn (2009), S. 20.

[12] Schumacher et al. (2019); Spath et al. (2013), S. 113; Bleicher (2004), S. 45; Ulrich (1970).

[13] Staufen AG (2017); Löffler (2011), S. 3–4; Westkämper (2013), S. 7–8; Schumacher et al. (2019); Koren (2010); Karl/Reinhart (2015), S. 393.

[14] Braglia et al. (2008), S. 9; Muchiri/Pintelon (2008), S. 3518; Gottmann (2019), S. 101–102, 180–181; Koren (2010), S. 34.

des Unternehmens wird dorthin verlagert.[15] Durch eine solche Konzentration oder Diversifikation der Produktionsaktivitäten ändert sich neben vielen anderen Faktoren auch das Produktprogramm für gleich mehrere Standorte, Maschinen müssen gegebenenfalls neu angeschafft und Gebäude erweitert werden. Die Änderungen in der Maschinenbelegungsplanung gehen meist deutlich über Neuberechnungen des Maschinenbelegungsplans hinaus.[16]

Steigende Produktionszahlen können ebenfalls zu weiteren Engpässen in der Produktion führen.[17] Um diesen Engpässen entgegenwirken und erhöhte Nachfragen bedienen zu können, gilt es für die Unternehmen, die Kapazitäten ihrer Produktionen auszubauen. Den schnellsten und kostengünstigsten Weg, mehr Kapazität zu schaffen, stellt die Erhöhung der Effizienz bestehender Anlagen mithilfe operativer und taktischer Planungs- und Steuerungsinstrumente dar – wie beispielsweise eine Überarbeitung der Maschinenbelegungsplanung.[18] Reicht eine Effizienzsteigerung nicht aus, können auf strategischer Ebene Fabrikplanungsmaßnahmen initiiert werden, die einen weitreichenden strategischen Einfluss auf die Maschinenbelegungsplanung haben können und wiederum über die Neuberechnung des Maschinenbelegungsplans hinausgehen.[19]

Die Gesamtheit dieser Punkte der fehlenden Praxisorientierung, der benötigten Anpassungsfähigkeit und der mangelnden Antizipation von Störungen stellt ein Problemfeld für die fertigende Industrie dar, bei der es sich um das klassische Einsatzgebiet der Maschinenbelegungsplanung und um den Untersuchungsgegenstand in der vorliegenden Arbeit handelt.[20]

Um kürzere Reaktionszeiten in Anpassungsprozessen, Kongruenz zu realen Systemen sowie Robustheit in der Maschinenbelegungsplanung realisieren zu können, bietet die Entwicklung hin zur Industrie 4.0 den Unternehmen einige Chancen und Möglichkeiten. Die höhere Verfügbarkeit von Daten und der vermehrte Einsatz digitaler Instrumente ermöglichen es produzierenden Unternehmen, ihre Ressourcen wie Arbeitskraft und Maschinen noch gezielter als bisher zu kontrollieren, zu planen und zu steuern. Die Produktion kann somit besser auf das Geschäftsziel

---

[15] H.-P. Wiendahl (2014), S. VI; Löffler (2011), S. 1–2.

[16] Nöcker (2012), S. 32, 127; Weyer et al. (2016), S. 100; Löffler (2011), S. 1; Grundig (2018), S. 70–73; Hernández Morales (2003), S. 12–13, 48–49; H.-P. Wiendahl et al. (2015), S. 97.

[17] Statistisches Bundesamt (2018), S. 551–552; Löffler (2011), S. 2–3; VDI 5200, Blatt 1 (2011), S. 2.

[18] Karl/Reinhart (2015), S. 393.

[19] Nöcker (2012), S. 32, 127; Weyer et al. (2016), S. 100; Löffler (2011), S. 1; Grundig (2018), 70–73; Hernández Morales (2003), S. 12–13, 48–49; H.-P. Wiendahl et al. (2015), S. 97.

[20] Pinedo (2016); Statistisches Bundesamt (2018), S. 551–552; Löffler (2011), S. 2–3; Westkämper/Zahn (2009), S. 11–20.

ausgerichtet werden. Die Potenziale der vierten industriellen Revolution in Effizienzvorteile für die Produktion zu transformieren, ist eine aktuelle Herausforderung für Forschung und Praxis.[21]

Einige Studien analysieren mittlerweile Maschinenbelegungsprobleme, die eine größere Anzahl realistischer Komponenten beinhalten – wie beispielsweise das Problem von Ruiz et al. (2008). Für viele realitätsnahe Probleme fehlen jedoch weiterhin Algorithmen und Lösungsstrategien.[22]

Um eine Lösung für Maschinenbelegungsprobleme zu finden, werden klassischerweise verschiedene Optimierungsverfahren aus den Bereichen exakter mathematischer Optimierung, konstruktiver Heuristiken[23] und iterativer Metaheuristiken verwendet.[24] Viele realitätsnahe Maschinenbelegungsprobleme sind auch mit leistungsfähiger Rechnerunterstützung in ihrer gemischt-ganzzahligen Formulierung nicht innerhalb von Minuten auf das Geschäftsziel ausgerichtet hinreichend gut lösbar. Hier braucht es eine Kombination aus recheneffizienten Heuristiken für detailgetreue Modelle. Exakte Optimierungsverfahren mit ihrer langen Laufzeit sollten dagegen gezielt und situativ eingesetzt werden.[25]

In der Maschinenbelegungsplanung arbeiten viele Modelle lediglich mit aktuell auftretenden Auftragsdaten, die in einem gewissen Zeitraum vor der Produktion als nicht mehr veränderbar angesehen werden. Des Weiteren wird mit deterministischen Prozessparametern gearbeitet. Änderungen im Bereich der Daten für die aktuell aufgetretene Situation zu berücksichtigen, gleichzeitig die Unsicherheiten der Daten miteinzubeziehen, aus Vergangenheitsdaten zu lernen und anpassungsfähige Optimierungsmodelle bereitzustellen, stellt die klassischen Maschinenbelegungsalgorithmen vor Schwierigkeiten, ist jedoch in der Unternehmensrealität eine unerlässliche Anforderung an die Maschinenbelegungsplanung.[26]

Um die Modellierung realistischer und genauer zu gestalten, indem auch Zufallseinflüsse – wie Maschinenausfälle – einbezogen werden und gleichzeitig eine hohe Lösungsqualität garantiert werden kann, ist es vorteilhaft, Simulation und Optimie-

---

[21] ISO/IEC 2382; Schuh et al. (2017), S. 15–18; Hoffjan et al. (2017); Bundesministerium für Wirtschaft und Klimaschutz (2022); Spath et al. (2013), S. 106–113; Karl/Reinhart (2015), S. 393; FIR e. V. (2016), S. 32–33.

[22] Ruiz et al. (2008); Ruiz/Vázquez-Rodríguez (2010); MacCarthy/Liu (1993).

[23] Einige konstruktive Heuristiken werden von Schuh et al. (2012a, S. 52) auch Prioritätsregeln genannt.

[24] Kaczmarczyk et al. (2004), S. 2092; Werner (2015), S. 5.

[25] Werner (2015), S. 5.

[26] Spath et al. (2013); Franke et al. (2010), S. 63; Bullinger et al. (2009), S. 794; Pinedo (2016), S. 1–8; Spath et al. (2013), S. 102.

rung in Kombination zu verwenden.[27] Prognoseverfahren ermöglichen es darüber hinaus, durch statistische Modelle aus Entwicklungen der Vergangenheit zu lernen.[28]

Nur durch die Kombination von statistischen Prognoseverfahren, Simulationsexperimenten und mathematische Optimierungsmethoden wird es möglich sein, eine realitätsnahe Maschinenbelegungsplanung umzusetzen, die gleichzeitig die historischen Daten und die aktuelle sowie möglicherweise volatile Auftragssituation in die Entscheidungen miteinbeziehen kann.[29] Ein Ansatz, statistische Prognoseverfahren, Simulationsexperimente und mathematischen Optimierungsmethoden zur Lösung der Probleme zu kombinieren und gezielt die Anforderungen gängiger Maschinenbelegungsplanungsprobleme in digitalen und wandlungsfähigen Fabriken miteinzubeziehen sowie die Probleme zusätzlich bestmöglich auf das Geschäftsziel ausgerichtet zu lösen, fehlt jedoch bisher.

1.2   Zieldefinition

Ziel der vorliegenden Dissertation ist es, für ein bisher nicht untersuchtes praxisorientiertes Maschinenbelegungsproblem zu beantworten, in welcher Form mathematische Optimierungsmethoden, Simulationsexperimente und statistische Prognoseverfahren kombiniert werden sollten, um softwareseitig unterstützt zu realitätsnahen und wandlungsfähigen Lösungen zu gelangen.

Für die Wahl eines realistischen Problems gilt es jedoch im Vorfeld, die Produktionsplanungs- und -steuerungsprozesse zu analysieren und auszumachen, welche Faktoren in jedem Maschinenbelegungsproblem aus der Praxis auftreten. Entsprechend ergibt sich das erste Forschungsziel:

Forschungsziel 1
Welche immanenten Faktoren sind für jedes Maschinenbelegungsproblem aus der Praxis zu berücksichtigen?

---

[27] VDI 3633, Blatt 1 (2014), S. 26; Juan et al. (2015); Figueira/Almada-Lobo (2014).
[28] Freitag et al. (2015), S. 25.
[29] Law (2015), S. 679; März/Krug (2011), S. 3–4.

Ist das Problem ausgewählt, gilt es, mit einer strukturierten Vorgehensweise die besten Lösungsideen zu ermitteln, diese passgenau weiterzuentwickeln und für das gegebene Problem geeignet zu kombinieren. Dies führt zum zweiten Forschungsziel.

Forschungsziel 2
Welche Kombination von Lösungsmethoden sollte für das in dieser Arbeit untersuchte realitätsnahe Maschinenbelegungsproblem angewendet werden?

Da sich die Daten für das Maschinenbelegungsproblem sowie das Problem selbst kurzfristig sowie langfristig ändern können, bezieht sich die dritte Forschungsfrage auf die Änderungen der Daten und die Änderung des Maschinenbelegungsproblems. Die entwickelte Methode soll dabei zu einer erhöhten Anpassungsgeschwindigkeit von Fabriken beitragen können. Weiterhin soll für Produktionen ein Konzept bereitgestellt werden, um den Ist- und Sollzustand der Anpassungsfähigkeit in der Maschinenbelegungsplanung festlegen zu können. Des Weiteren sollte klar werden, welche Daten und Lösungen letztendlich für welche Ausprägung der Anpassungsfähigkeit bereitgestellt werden müssen.

Forschungsziel 3
Wie kann Anpassungsfähigkeit für Maschinenbelegungsprobleme ermöglicht und berücksichtigt werden?

Die hier erarbeiteten Forschungsziele bilden bis zum Zwischenfazit in Kapitel 4 die Basis für den Gang der Untersuchung und werden im Laufe der Arbeit kontinuierlich weiterentwickelt, detailliert sowie beantwortet.

1.3 Gang der Untersuchung

Der Aufbau der Arbeit wird in Abbildung 1.1 visualisiert und im Folgenden erläutert. Aufbauend auf dieser Einleitung werden in Kapitel 2 mithilfe der Grundlagen der Fabrikplanung, der Produktionsplanung und -steuerung (PPS)sowie der Grundlagen zu digitalen Fabriken detaillierte Anforderungen für eine anpassungsfähige und praxisorientierte Maschinenbelegungsplanung definiert. Dies dient dem Ziel, das zu entwickelnde Konzept in Fabrikanpassungsprozessen einsetzen zu können, es in hohem Maße adaptionsfähig zu gestalten und die immanenten Faktoren von Maschinenbelegungsproblemen zu analysieren.

In Kapitel 3 werden grundlegende Begriffe der Maschinenbelegungsplanung, die konkrete Problemstellung der Arbeit und Parameter definiert sowie der Stand der Forschung zu den methodischen Ansätzen analysiert. Mithilfe von detaillierten Literaturanalysen werden geeignete Methoden spezifiziert, um das vorliegende Problem möglichst effizient und unter Einbeziehung der Praxisorientierung und Anpassungsfähigkeit zu lösen. Der Stand der Forschung wird hinsichtlich der Problemstellung in Bezug auf mathematische Verfahren, Simulationsexperimente, statistische Prognoseverfahren sowie die Kombination der genannten Methoden auf die Anwendung für eine anpassungsfähige Maschinenbelegungsplanung geprüft.

Im Zwischenfazit von Kapitel 4 werden die theoretischen Erkenntnisse gebündelt und daraus die detaillierte Forschungslücke sowie die spezifizierten Forschungsfragen als Verfeinerung der Ziele aus Abschnitt 1.2 abgeleitet.

In Kapitel 5 liegt der Fokus auf der anforderungsgerechten Entwicklung der genannten Methoden sowie deren Kombination für das ausgewählte praxisorientierte Maschinenbelegungsproblem. In Kapitel 6 werden die Ergebnisse anhand des Anwendungsbeispiels in der fertigenden Industrie mithilfe von Evaluationsszenarien vorgestellt, verglichen und analysiert.

In Kapitel 7 werden die Ergebnisse gebündelt, diskutiert, mit empirischen Erkenntnissen verglichen, Limitationen ausgemacht sowie Einschätzungen für die Anwendung des Konzeptes im Anwendungsfall der vorliegenden Arbeit gegeben, bevor in Kapitel 8 eine abschließende Zusammenfassung des Gangs der Untersuchung und der Ergebnisse folgt. Des Weiteren wird in Kapitel 8 durch einen Abgleich der Ergebnisse mit der Forschungslücke aus Kapitel 4 sowie unter Berücksichtigung der Limitation der Arbeit der weitere Forschungsbedarf ausgemacht.

Der Gang der Untersuchung folgt in seinen Grundzügen dem Schema von Domschke et al. (2015, S. 1–2) für Projekte mit Methoden des Operations Research und ist Tabelle 1.1 zu entnehmen.[30] In dieser Tabelle wird zudem aufgeführt, welche Kapitel dieser Arbeit die jeweiligen Planungsschritte abbilden.

---

[30] Nach diesem Schema baut auch Chmielewski (2007, S. 3) ihre Untersuchung auf und es wird ebenso von Baudach et al. (2013, S. 327–329) als grundlegendes Vorgehen für die Entwicklung von mathematischen Lösungsverfahren in der Logistik vorgestellt.

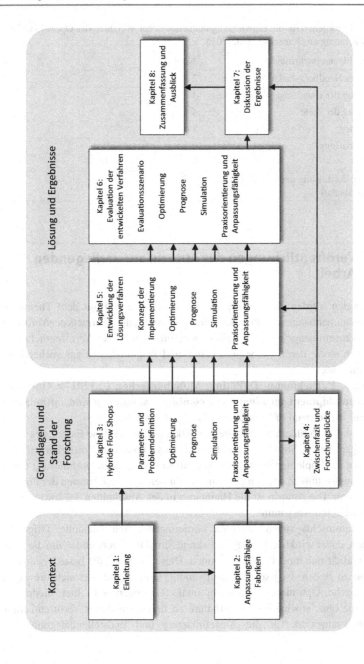

Abbildung 1.1 Aufbau der Arbeit

Tabelle 1.1 Vorgehen für die Entwicklung mathematischer Verfahren des Operations Research in Anlehnung an Domschke et al. (2015, S. 1–2)

Inhalt des Planungsschrittes	Kapitel
Analyse des Handlungsbedarfs	2 & 3
Bestimmung der Handlungsmöglichkeiten	3
Bestimmung der Ziele	4
Modellierung	5
Datenbeschaffung	6
Lösung	6
Bewertung der Lösung und weiterer Forschungsbedarf	7 & 8

1.4   Veröffentlichungen der Autorin zur vorliegenden Arbeit

Im Folgenden werden die im Vorfeld veröffentlichten und mit dem Thema der Arbeit zusammenhängenden Publikationen vorgestellt, die Abstracts der Veröffentlichungen zusammengefasst, der Beitrag der Autorin zu diesen Veröffentlichungen beschrieben sowie deren Gemeinsamkeiten und Abgrenzungen zur vorliegenden Arbeit beleuchtet.

Clausen, U./Diekmann, D./Pöting, M./Schumacher, C. (2017): Operating parcel transshipment terminals – A combined simulation and optimization approach, in: Journal of Simulation, 11. Jg., Heft 1, S. 2–10.

Die in dieser Publikation vorgestellten Erkenntnisse sind die Essenz des DFG-Forschungsprojekts „Simulation und Optimierung logistischer Sortierknoten". Die Autorin hat die Implementierung der exakten mathematischen Optimierung erweitert. Die Auswertungen wurden gemeinsam mit den weiteren Autoren der Publikation erarbeitet. Die Autorin ist die Hauptautorin des Abschnitten 3.2 sowie Mitautorin der weiteren Abschnitte.

In Paketumschlaganlagen spielen Fördertechnik und manuelle Tätigkeiten zusammen, daher wird häufig ereignisdiskrete Simulation verwendet, um die Komplexität realitätsnah modellieren zu können. Diese Methode, die beste Systemkonfiguration zu finden, ist jedoch zeitaufwendig. Hingegen eignet sich die exakte mathematische Optimierung dazu, optimale Lösungen auf einer niedrigeren Detailebene ohne stochastisches Verhalten zu finden. In dieser Veröffentlichung wird ein Framework für die Anstellplanung und Endstellenbelegung eines

Umschlagterminals vorgestellt, das beide Methoden verknüpft, um deren komple-
mentäre Vorteile zu nutzen. So ist es möglich, Entscheidungen in kurzer Zeit zu
treffen und sowohl komplexe automatische Sortieranlagen als auch manuelle Tätigkeiten mit stochastischen Elementen zu berücksichtigen. Der Ansatz wurde am
Beispiel eines realitätsnahen Paketumschlagterminals evaluiert.[31]

**Schumacher, C./Poeting, M./Rau, J./Tesch, C. (2017): Combining DES with
metaheuristics to improve scheduling and workloads in parcel transship-
ment terminals, in: Duarte, A./Viana, A./Juan, A./Mélian, B./Ramalhinho, H.
(Hrsg.): Metaheuristics: Proceedings of the MIC and MAEB 2017 Conferences,
S. 720–729.**
Die in dieser Publikation vorgestellten Erkenntnisse sind die Essenz und die
Fortsetzung der Masterarbeit der Autorin. Die weiterführende Anbindung an die
Simulationssoftware sowie die Implementierung und Auswertung wurden gemeinsam mit den weiteren Autoren der Publikation erarbeitet. Die Autorin ist die Haupt-
autorin der Abschnitte 1–3 sowie 5–6 und Mitautorin des Abschnitts 4 sowie der
weiteren Abschnitte.

In diesem Beitrag wird eine lokale Suche in Verbindung mit ereignisdiskreter
Simulation zur Lösung von Problemen in Paketumschlaganlagen untersucht. Die
besten Heuristiken von Schumacher (2016) übertreffen die existierenden exakten
Optimierungsverfahren von Clausen et al. (2017), indem sie weniger Rechenzeit
benötigen und einen höheren Detaillierungsgrad aufweisen. Der Ansatz ermöglicht
es, Optimierungsergebnisse in einer realistischeren DES-Umgebung zu bewerten,
in der stochastische Auswirkungen berücksichtigt werden, und zeigt, dass die lokale
Suche auch in einer stochastischen Umgebung Lösungen bieten kann, die die Produktionsdauer um ca. 7 % (mehr als 40 Minuten) im Vergleich zur üblichen „first
come, first serve"-Vorgehensweise reduzieren.[32]

**Poeting, M./Schumacher, C./Rau, J./Clausen, U. (2017): A combined simula-
tion optimization framework to improve operations in parcel logistics, in: Chan,
W. K. V./ D'Ambrogio, A./Zacharewicz, G./Mustafee, N./Wainer, G./Page, E.
(Hrsg.): Proceedings of the 2017 Winter Simulation Conference, S. 3483–3494.**
In dieser Publikation werden ebenfalls weiterführende Erkenntnisse auf Basis der
Masterarbeit der Autorin vorgestellt. Die Autorin ist Hauptautorin der Abschnitte
1–3 sowie 5–6 und Mitautorin des Abschnitts 4 und der weiteren Abschnitte.

Betreiber von Paketumschlaganlagen stehen vor der Herausforderung, eine Vielzahl von Paketen effizient zu sortieren und umzuschlagen. Um den Kundenerwartun-
gen gerecht zu werden, sind kurze Sortierintervalle erforderlich. In diesem Beitrag

---

[31] Clausen et al. (2017).
[32] Schumacher et al. (2017).

wird ein Framework vorgestellt, das Metaheuristiken mit ereignisdiskreter Simulation kombiniert, um robuste Lösungen für die Entscheidungsprobleme in Paketumschlaganlagen bereitzustellen. Im ersten Schritt wendet das Framework Metaheuristiken wie die lokale Suche an, um das Problem der Disposition ankommender Fahrzeuge sowie der Zuteilung der Endstellenrelationen zu den Beladetoren unter Berücksichtigung der Eigenschaften des internen Sortiersystems zu lösen. Im zweiten Schritt werden detaillierte Rückschlüsse auf das reale Systemverhalten gezogen, indem die Lösungen in mehreren Experimenten mit stochastischen Einflüssen getestet werden. Der Beitrag präsentiert erste Ergebnisse des Frameworks und untersucht die Vorgehensweise hinsichtlich der Lösungsqualität und Laufzeitanforderungen.[33]

Hoffjan, A./Schumacher, C./Galant, I. (2017): Echtzeitsteuerung, in: Controlling, 29. Jg., Heft Sonderausgabe September 2017, S. 31–35.

Die Autorin ist Mitautorin aller drei Abschnitte der Publikation und Hauptautorin des ersten Abschnitts.

Im Rahmen der Industrie 4.0 wurden sowohl in der Produktion als auch im Controlling bereits zukunftsweisende Steuerungskonzepte entwickelt und umgesetzt. Speziell im Controlling stellt die Echtzeitsteuerung eine Alternative zum klassischen Berichtswesen mit nachgelagerter Anpassungssteuerung dar. Daraus resultieren Veränderungen im Aufgabenportfolio sowie neue Stellenanforderungen für den Controller.[34]

Delbrügger, T./Döbbeler, F./Graefenstein, J./Lager, H./Lenz, L. T./Meißner, M./Müller, D./Regelmann, P./Scholz, D./Schumacher, C./Winkels, J./Wirtz, A./Zeidler, F. (2017): Anpassungsintelligenz von Fabriken im dynamischen und komplexen Umfeld, in: ZWF Zeitschrift für wirtschaftlichen Fabrikbetrieb, 112. Jg., Heft 6, S. 364–368.

Die Autorin ist Mitautorin aller Abschnitte der Publikation und eine der Hauptautor:innen des Abschnitts zum Anpassungsteam.

Unternehmen sehen sich mit einem zunehmend turbulenteren Umfeld konfrontiert. Diese Anforderung bedingt eine permanente Bereitschaft zur effizienten Fabrikanpassung. Dieser Beitrag stellt auf Basis systemimmanenter Flexibilitätskorridore und vorgehaltener Wandlungsfähigkeit das Leitbild des Graduiertenkollegs 2193 für eine anpassungsintelligente Fabrik vor. Dieses beruht auf den Befähigern „Anpassungsprozess", „Anpassungsobjekt" und „Anpassungsteam" und verfolgt einen betont interdisziplinären Forschungsansatz mit dem Ziel einer holistischen Anpassungsplanung.[35]

---

[33] Poeting et al. (2017).
[34] Hoffjan et al. (2017).
[35] Delbrügger et al. (2017).

Müller, D./Schumacher, C./Zeidler, F. (2018): Intelligent adaption process in cyber-physical production systems, in: Margaria, T./Steffen, B. (Hrsg.): Leveraging applications of formal methods, verification and validation – Proceedings of the ISoLA 2018, Part III, Lecture Notes in Computer Science 11246, Cham: Springer International Publishing, S. 411–428.

Die Autorin ist Mitautorin aller vier Abschnitte der Publikation und Hauptautorin der Abschnitte 1–2.

Aktuelle Entwicklungen der Absatzmärkte wie eine höhere Diversität der Produktionsprogramme, kürzere Produktlebenszyklen und Nachfrageschwankungen führen für Unternehmen zu einem dynamischen und komplexen Geschäftsumfeld. Aus diesem Grund werden deren Produktions- und Logistiksysteme immer häufiger angepasst. Um strukturiert auf diese Herausforderungen reagieren zu können, wurde in der Literatur ein sequenzieller Anpassungsprozess mit sechs Phasen entwickelt. Dieser Beitrag weist darauf hin, dass Produktions- und Logistiksysteme häufiger, präziser und schneller angepasst werden können, wenn Cyberphysische Produktionssysteme (CPPS) den Anpassungsprozess unterstützen. Als vorteilhaft für einen intelligenten Anpassungsprozess hat sich insbesondere die Verfügbarkeit von Echtzeitdaten in CPPS erwiesen. Darüber hinaus werden auf Basis dieser neuen technologischen Möglichkeiten die Anforderungen an einen intelligenten Anpassungsprozess formuliert. Die Publikation konzentriert sich dabei insbesondere auf die Wandlungsbefähiger im Anpassungsprozess und Anpassungsobjekt. Es werden für jede der sechs Phasen Einsatzmöglichkeiten von CPPS-Technologien vorgestellt und es werden die Auswirkungen auf den Anpassungsprozess beim Einsatz einzelner CPPS-Technologien analysiert.[36]

Schumacher, C./Lager, H./Regelmann, P./Winkels, J./Graefenstein, J. (2019): Einfluss der Industrie 4.0 auf Kompetenz- und Rollenprofile – Disruption von Berufsbildern durch den erhöhten Bedarf von IT-Kompetenzen im produzierenden Gewerbe, in: Industrie Management, 35. Jg., Heft 2, S. 31–34.

Diese Publikation entstand im Rahmen des Graduiertenkollegs in der Arbeitsgruppe „Management von Anpassungsprozessen". Die Autorin ist Mitautorin aller Abschnitte der Publikation und Hauptautorin des vorletzten Abschnitts.

„Ausgehend von der Gegenüberstellung der Entwicklung von Wissens-, Kompetenz- und Rollenprofilen operativer und strategischer Beschäftigtengruppen im Zuge der Industrie 4.0 [von Lager (2019)], wird die Rolle des überschneidenden Schwerpunktes IT näher untersucht und die Gegenüberstellung auf die taktische Ebene am Beispiel der Produktionsplanung ausgeweitet werden. Dabei werden Auswirkungen des Bedarfs verstärkter IT-Kompetenz in allen Bereichen

---

[36] D. Müller et al. (2018).

produzierender Unternehmen auf die Aufweichung von aktuellen Rollenprofilgrenzen dargestellt."[37]

**Schumacher, C./Buchholz, P./Fiedler, K./Gorecki, N. (2020): Local search
and tabu search algorithms for machine scheduling of a hybrid flow shop
under uncertainty, in: Bae, K.-H./Feng, B./Kim, S./Lazarova-Molnar, S./Zheng,
Z./Roeder, T./Thiesing, R. (Hrsg.): Proceedings of the 2020 Winter Simulation
Conference, S. 1456–1467.**

Die Autorin ist Mitautorin aller Abschnitte der Publikation und Hauptautorin
der Abschnitte 2–4 und 6–7. Des Weiteren hat die Autorin als alleinige Product
Ownerin und als eine:r der Entwickler:innen für die Softwareentwicklung sowie die
Auswertungen fungiert. Die Masterarbeit von Fiedler (2020) und die Bachelorarbeit
von Gorecki (2020),[38] deren Erkenntnisse in diese Veröffentlichung einfließen, hat
die Autorin hauptverantwortlich betreut und fungierte jeweils als Erstgutachterin.

In Produktionssystemen müssen Maschinenbelegungsprobleme mit komplexen
Bedingungen gelöst werden. In diesem Beitrag wird ein umfassender Ansatz für die
Maschinenbelegungsplanung vorgestellt, der in realen industriellen Umgebungen
anwendbar ist. Um die Parameterunsicherheit von realen Problemen zu bewältigen, werden Prognose-, Clustering- und Simulationstechniken mit heuristischen
Optimierungsalgorithmen kombiniert. Somit ermöglicht der Ansatz das Erkennen
und das Einbeziehen von Bedarfsschwankungen und Ausschussraten. Es werden
sieben Optimierungsalgorithmen für zweistufige hybride Flow Shops mit maschinenabhängigen Prozesszeiten, Maschinenqualifizierungen und Überspringen von
Bearbeitungsstufen entwickelt, wobei das Ziel verfolgt wird, die Gesamtbearbeitungszeit zu minimieren. Die Algorithmen werden kombiniert mit den Prognose-
und Simulationstechniken und an einem realen Produktionsbeispiel der Automobilindustrie validiert. Die Publikation zeigt für den Anwendungsfall, dass Metaheuristiken deutlich bessere Ergebnisse liefern als SPT. Sicherheitsfaktoren, mit denen
der Bedarf multipliziert wird, können ab einer bestimmten Größe in ihrer Wirkung
abnehmen.[39]

**Schumacher, C./Buchholz, P. (2020): Scheduling algorithms for a hybrid
flow shop under uncertainty, in: Algorithms, 13. Jg., Heft 11, PII: a13110277,
S. 277.**

Diese Publikation stellt die Weiterentwicklung der Publikation von Schumacher
et al. (2020) dar. Die Autorin ist Mitautorin aller Abschnitte der Publikation und

---

[37] Schumacher et al. (2019).

[38] Diese Abschlussarbeiten entstanden im Zusammenhang mit der vorliegenden Arbeit und
wurden von der Autorin betreut.

[39] Schumacher et al. (2020).

Hauptautorin der Abschnitte 1–4 und 7–8. Des Weiteren hat die Autorin als alleinige Product Ownerin und als eine:r der Entwickler:innen für die Softwareentwicklung sowie die Auswertungen fungiert.

In modernen Produktionssystemen müssen Maschinenbelegungsprobleme unter der Berücksichtigung von sich ständig ändernden Anforderungen und variierenden Produktionsparametern gelöst werden. Diese Publikation präsentiert den Ansatz, Vorhersagen und Clustering miteinander zu kombinieren, um Ungewissheiten von Bedarfen vorherzusagen sowie Produktionsdaten mittels Heuristiken, Metaheuristiken und ereignisdiskreter Simulation für die Maschinenbelegungsplanung zu erhalten. Das Problem beinhaltet einen hybriden Flow Shop mit zwei Stufen, Maschinenqualifikation, Überspringen von Bearbeitungsstufen und Unsicherheiten in Bedarfen. Ziel ist es, den Makespan zu minimieren. Zuerst werden aktuelle Aufträge, die von Schwankungen vor oder während der Produktion gefährdet sind, basierend auf den verfügbaren Daten vergangener Aufträge mittels Clusterings identifiziert, wobei das Produktionsvolumen dementsprechend angepasst wird. Zudem werden die Verteilungen der Ausschussraten geschätzt und die Quantile der resultierenden Verteilung genutzt, um das Produktionsvolumen zu erhöhen, damit kostenintensives Umplanen von unerfüllten Bedarfen verhindert wird. In einem zweiten Schritt werden SPT, ein Tabu Search-Algorithmus sowie lokale Suchalgorithmen entwickelt und angewendet. Im dritten Schritt werden die am besten bewerteten Pläne ausgewählt und durch ein detailliertes Simulationsmodell evaluiert. Der Ansatz wurde mittels eines realen Anwendungsfalls validiert. Die Ergebnisse zeigen, dass ein sehr robuster Zeitplan, der mit hoher Wahrscheinlichkeit eine Unterproduktion vermeidet, die Produktionsdauer deutlich erhöhen kann.[40]

Mäckel, D./Winkels, J./Schumacher, C. (2021): Synthesis of Scheduling Heuristics by Composition and Recombination, in: Dorronsoro, B./Amodeo, L./Pavone, M./Ruiz, P. (Hrsg.): Optimization and Learning, Cham: Springer International Publishing, S. 283–293.

Die Autorin ist Mitautorin aller Abschnitte der Publikation und Hauptautorin des Abschnitts 2 und des Abstracts. Die Bachelorarbeit von Mäckel (2020), deren Erkenntnisse in diese Veröffentlichung einfließen, hat die Autorin zusammen mit Dr.-Ing. Jan Winkels betreut. Die Erkenntnisse der Bachelorarbeit wurden für dieses Paper maßgeblich weiterentwickelt, um erste Möglichkeiten für die Synthese der Algorithmen in der Maschinenbelegungsplanung aufzuzeigen.

In vielen Studien zur Maschinenbelegungsplanung wurden für jedes neue Problem neue Algorithmen entwickelt. Jedoch werden in den Algorithmen häufig die gleichen Prinzipien (z. B. SPT oder lokale Suche) verwendet. Die Algorithmen

---

[40] Schumacher/Buchholz (2020).

werden für die unterschiedlichen Probleme nur geringfügig modifiziert. Diese Veröffentlichung befasst sich mit der Synthese von Algorithmen der Maschinenbelegungsplanung mithilfe von Komponenten eines Repository. Insbesondere werden in
dieser Veröffentlichung Flow Shop- und Job Shop-Umgebungen beleuchtet, wobei
der Makespan als Zielfunktion genutzt wird. Dazu werden die Algorithmen SPT,
Longest Processing Time First (LPT), NEH-Heuristik (NEH) und Giffler & Thomp-
son zur Lösung herangezogen. Für diese Komponenten enthält die Publikation eine
beispielhafte Implementierung eines agilen Systems für Maschinenbelegungsplanungsalgorithmen, das das Combinatory Logic Synthesizer ((CL)S) Framework
verwendet, um Komponenten der Algorithmen der Maschinenbelegungsplanung zu
rekombinieren und ein gegebenes Problem zu lösen. Besonderes Augenmerk wird
auf die Komponentisierung der Heuristiken und den Prozess der Rekombination
zu ausführbaren Programmen gelegt. Die Vorteile dieser Komponentisierung werden diskutiert und an Beispielen illustriert. Es wird gezeigt, dass Algorithmen ver-
allgemeinert werden können, um Maschinenbelegungsprobleme für verschiedene
Maschinenumgebungen und mit unterschiedlichen Restriktionen zu behandeln.[41]

**Laroque, C./Leissau, M./Copado, P./Panadero, J./Juan, A. A./Schumacher,
C. (2021): A biased-randomized discrete-event heuristic for the hybrid flow
shop problem with batching and multiple paths, in: (Phoenix, AZ, USA), Kim,
S./Feng, B./Smith, K./Masoud, S./Zheng, Z./Szabo, C./Loper, M. (Hrsg.): Proceedings of the 2021 Winter Simulation Conference, IEEE.**

Die Autorin ist Mitautorin aller Abschnitte der Publikation und Hauptautorin
des Abschnitts 3.

Anhand eines realen Anwendungsfalls wird in dieser Veröffentlichung ein Ferti-
gungsszenario erörtert, bei dem verschiedene Aufträge von einer Reihe hintereinander geschalteter Maschinen bearbeitet werden. Je nach Art des Auftrags muss jeder
Auftrag eine vordefinierte Route in dieser Fertigung durchlaufen, wobei die Zusammenfassung von Aufträgen in Chargen an mehreren Punkten einer Route erforderlich sein kann. Dieser Prozess kann als ein hybrides Fließfertigungsproblem mit
mehreren zusätzlichen, aber realistischen Einschränkungen modelliert werden. Ziel
ist es, eine gute Permutation von Aufträgen zu finden, die den Makespan minimiert.
Der vorgeschlagene Ansatz kann Lösungen finden, die deutlich besser sind als solche, die nur durch Simulation erzielt werden, und kann leicht zu einer Simheuristik
erweitert werden, um zufällige Verarbeitungszeiten zu berücksichtigen.[42]

---

[41] Mäckel et al. (2021).
[42] Laroque et al. (2021).

Laroque, C./Leißau, M./Copado, P./Schumacher, C./Panadero, J./Juan, A. A. (2022): A biased-randomized discrete-event algorithm for the hybrid flow shop problem with time dependencies and priority constraints, in: Algorithms, 15. Jg., Heft 2, PII: a15020054, S. 54.

Die Autorin ist Mitautorin aller Abschnitte der Publikation, eine der Hauptautor:innen des Abschnitts 2 und Hauptautorin des Abschnitts 3.

Ausgehend von einem realen Anwendungsfall in der Halbleiterindustrie und als Erweiterung zu Laroque et al. (2021) modelliert und diskutiert diese Publikation ein hybrides Flow Shop-Problem mit Prioritätsbeschränkungen. Das analysierte Problem betrachtet eine Produktion, in der eine große Anzahl heterogener Aufträge von einer Reihe von Maschinen verarbeitet wird. Der Weg jedes Auftrags durch das Produktionssystem hängt von seiner Art ab. Darüber hinaus verlangen einige Maschinen, dass eine Reihe von Aufträgen in Chargen zusammengefasst wird, bevor mit ihrer Bearbeitung begonnen werden kann. Das hybride Flow Shop-Modell unterliegt außerdem einer globalen Prioritätsregel. Ziel dieser Studie ist es, eine Permutation von Aufträgen zu finden, die den Makespan minimiert. Während Simulationsmodelle häufig eingesetzt werden, um diesen zeitabhängigen Produktionsfluss zu modellieren, ist eine Optimierungskomponente erforderlich, um qualitativ hochwertige Lösungen zu erzeugen. In dieser Studie wird ein neuartiger Algorithmus vorgestellt, um der Komplexität des zugrundeliegenden Systems gerecht zu werden. Der Algorithmus kombiniert randomisierte Lösungsalgorithmen mit einer ereignisdiskreten Heuristik, die es ermöglicht, Abhängigkeiten, die durch die Chargen und unterschiedliche Wege von Aufträgen verursacht werden, auf effiziente Weise zu modellieren. Wie in einer Reihe von numerischen Experimenten gezeigt wurde, kann der Algorithmus, der Simulationsexperimente mit deterministischer Optimierung kombiniert, Lösungen finden, die deutlich besser sind als die, die durch den Einsatz moderner Simulationssoftware erzielt werden.[43]

---

[43] Laroque et al. (2022).

Anpassungsfähige Fabriken 2

Nachdem Kapitel 1 die Notwendigkeit von Anpassungsmaßnahmen sowie den Bedarf eines interdisziplinären Vorgehens im Rahmen der praxisorientierten und anpassungsfähigen Maschinenbelegungsplanung herausgestellt hat, ordnet dieses Kapitel die Maschinenbelegungsplanung in die Prozesse der Fabrik ein (Abschnitt 2.1) und analysiert insbesondere die für die Maschinenbelegungsplanung relevanten Änderungsprozesse, um Anforderungen für den Aufbau einer anpassungsfähigen und praxisorientierten Maschinenbelegungsplanung zu definieren.

Konzeptionelle Grundlagen zu Veränderungsprozessen der Produktion werden in Abschnitt 2.2 beleuchtet. Die Fabrikplanung als strategisches Instrument, Änderungen vorzubereiten und zu implementieren, wird in Abschnitt 2.3 thematisiert. Als operatives und taktisches Instrument, mit Änderungen umzugehen, fungiert die PPS, die Gegenstand von Abschnitt 2.4 ist. Die Prozesse der PPS sind gleichzeitig die Grundlage für die Praxisorientierung der Maschinenbelegungsplanung. Produktionsrelevante Veränderungen bringt auch die Entwicklung hin zur Industrie 4.0 mit sich, die in Abschnitt 2.4 behandelt wird. Gleichzeitig kann die Industrie 4.0 als Potenzial betrachtet werden, um auf Veränderungen der Unternehmensumwelt schneller sowie effizienter zu reagieren und somit Wettbewerbsvorteile zu generieren.

Das vorliegende Kapitel analysiert mit diesen Bestandteilen Schritt für Schritt die für die Maschinenbelegungsplanung relevanten Änderungsprozesse, die in der vorliegenden Arbeit betrachtet werden, sowie die praxisorientierten Bedingungen. Als Vorarbeit für ein umfassendes Verständnis der genannten Themenbereiche werden im folgenden Unterkapitel vorab zentrale Definitionen und Begriffe eingeführt.

2.1 Grundlegende Begriffe

Da die Maschinenbelegungsplanung im Zuge der Produktion in Fabriken den Untersuchungsgegenstand dieser Arbeit darstellt, sind zwei zentrale Begriffe, die es zu definieren gilt, „Produktion" und „Fabrik". Der Begriff *Fabrik* (lateinisch fabrica, „Werkstatt") umfasst alle Einrichtungen räumlicher und funktioneller Natur, die für die Herstellung gewerblicher Erzeugnisse im industriellen Maßstab erforderlich sind.[1] Der Begriff *Produktion* bezeichnet all jene Prozesse, die zur Kombination und Transformation von Produktionsfaktoren hin zu Produkten genutzt werden.[2] Während Produktion damit ausschließlich die in der Fabrik im Zuge zur Herstellung von Produkten ausgeführten Tätigkeiten beschreibt, legt der Begriff Fabrik den Fokus auch auf die räumliche Komponente und die wirkenden Funktionszusammenhänge.[3] Die Funktion der Fabrik sowie der Produktion besteht darin, Mehrwert für das Unternehmen zu schaffen. Das heißt, die durch die Produktionsprozesse geschaffenen Produkte sollen höher bewertet werden als die Produktionsfaktoren.[4] Die drei zentralen Bestandteile der Produktion sind:[5]

- Einsatzgüter: *Produktionsfaktoren*

  Beispiele sind: Arbeitsleistung, Werkstoffe (d. h. Bestandteile des Produktes, das neu erschaffen wird, z. B. Rohstoffe) und Arbeits- und Betriebs(hilfs)mittel (z. B. Maschinen, Gebäude, Wissen, Elektrizität, Paletten, Kommunikations- und Informationstechnologie).[6]

- Transformationsprozesse: *Produktionsprozesse*

  Konkret sind unter Produktionsprozessen laut VDI 5200 (2011, Blatt 1, S. 4) die folgenden Prozesse und Tätigkeiten zu verstehen: „Konstruieren und Arbeitsplan erstellen, Fertigen und Montieren, Lagern und Transportieren, Prüfen, Planen und Steuern, Waren vereinnahmen und versenden sowie Hilfsprozesse wie Instandhalten."

---

[1] E. Müller et al. (2009), S. 35.

[2] Schiemenz (1996), Sp. 895; Kiener et al. (2012), S. 8, 51–52; VDI 5200, Blatt 1 (2011).

[3] Schenk et al. (2014), S. 7.

[4] Schiemenz/Schönert (2005), S. 9–10; VDI 5200, Blatt 1 (2011), S. 3; Dyckhoff (2003), S. 3–8. Diese Generierung von Mehrwert wird auch als Wertschöpfung bezeichnet.

[5] Schiemenz/Schönert (2005), S. 87.

[6] Schiemenz/Schönert (2005), S. 89–93; Kiener et al. (2012), S. 8, 51–52.

- Ausbringungsgüter: *Produkte*

Analog zu den Produktionsfaktoren können die im Produktionsprozess generierten Produkte sowohl materieller Natur (Sachgüter) als auch immaterieller Natur (Arbeitsleistungen, Dienstleistungen, Informationen) sein.[7]

Als *Auftrag* wird die Anforderung bezeichnet, eine definierte Anzahl und Art von Produkten zu erstellen. Das *Produktionsprogramm* hingegen bezeichnet die Gesamtheit der verschiedenen Produkte, die in einer Fabrik oder einem Segment produziert werden. Die Zusammensetzung der Produktionsfaktoren jedes Produkts kann in einer *Stückliste* definiert werden.

Die vorliegende Arbeit konzentriert sich auf die Produktion materieller Produkte – eines der klassischen Einsatzgebiete der Maschinenbelegungsplanung.[8] Spur (1994, S. 19) kategorisiert Produktionen zusätzlich gemäß der Art ihrer materiellen Ausbringungsgüter. Er unterscheidet dabei die folgenden Arten von Produktionen:

- Energietechnik (Elektrizität, Gas, Wärme etc.),
- Verfahrenstechnik (Chemie, Mineralölverarbeitung etc.),
- *Fertigungstechnik* (Maschinenbau, Fahrzeugbau, Elektrotechnik etc.).

Die vorliegende Arbeit konzentriert sich auf die Fertigungstechnik. Andere Bereiche werden in den folgenden Ausführungen nicht berücksichtigt. Produktionen in Betrieben der Fertigungstechnik werden als soziotechnische Systeme aufgefasst, in denen Menschen mit Maschinen interagieren und dementsprechend Arbeitsteilung herrscht, und als *Produktionssysteme* bezeichnet.[9] In diesen Produktionssystemen werden Ebenen unterschieden, die für sich genommen jeweils wieder ein eigenes Produktionssystem darstellen können. Welche dieser Ebenen welche Funktionen und Bereiche umfasst, wird in Abbildung 2.1 deutlich.[10]

---

[7] Schiemenz (1996), Sp. 895.

[8] Pinedo (2016), S. 4–6; Ruiz et al. (2008), S. 1151–1152; Ruiz/Vázquez-Rodríguez (2010), S. 1.

[9] E. Müller et al. (2009), S. 35; Schiemenz/Schönert (2005), S. 9–10; Dyckhoff (2003), S. 3–5; Luft (2012), S. 15.

[10] Für detaillierte Beschreibungen zu einzelnen Ebenen vgl. Hernández Morales (2003, S. 43).

Der Fokus dieser Arbeit liegt auf der Ebene des Segments. Nur vereinzelt werden die höheren Ebenen adressiert, um die von übergeordneten Prozessen ausgehenden Änderungen in der Maschinenbelegungsplanung zu verstehen.

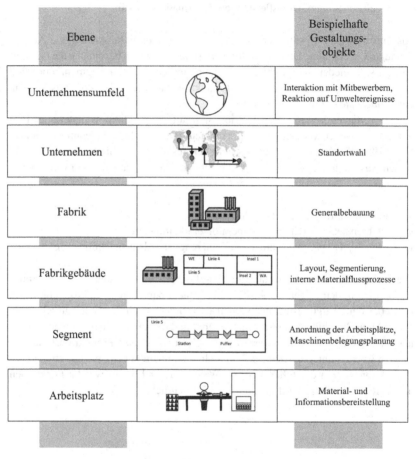

Abbildung 2.1 Ebenen der Produktion[11]

---

[11] Inhaltlich in Anlehnung an Neuhausen (2001, S. 17; VDI 5200, Blatt 1 (2011), S. 7 und bezüglich der Visualisierung in Anlehnung an Hernández Morales (2003, S. 42).

2.2   Anpassungsfähigkeit

Nachdem innerhalb des vorangegangenen Abschnittes Grundbegriffe definiert wurden, gilt es, im Rahmen dieses Unterkapitels zu erörtern, welche Anforderungen Umfeldveränderungen an ein Segment und insbesondere an die Maschinenbelegungsplanung stellen. Dabei werden lediglich die für die Maschinenbelegungsplanung relevanten Aspekte der Theorien zu „Flexibilität und Wandlungsfähigkeit" thematisiert.[12]

Beispiele für mögliche Auslöser von Veränderungen für die Maschinenbelegungsplanung sind Auftragsschwankungen, Nachfrageänderungen, geänderte Kundenanforderungen oder technischer Fortschritt der Mitbewerber.[13] Neben diesen externen Einflüssen können Auslöser für Veränderungen auch interner Natur sein, beispielsweise wenn sich der Anpassungsbedarf aus einer internen Strategieveränderung des Unternehmens ableitet.[14] Diese externen und internen Einflüsse auf das Unternehmen werden in der Literatur als *Turbulenzen* bezeichnet. Den beiden Kategorien interner und externer Turbulenzen können, wie in Abbildung 2.2 veranschaulicht, alle wiederkehrend in der Literatur genannten Ursachen von Turbulenzen zugeordnet werden.[15]

---

[12] Diesem Kapitel liegt die Struktur einzelner Abschnitte der Publikation von D. Müller et al. (2018) zugrunde.

[13] Westkämper/Zahn (2009), S. 10; Horbach et al. (2011), S. 735; Karl/Reinhart (2015), S. 393–394.

[14] Klemke et al. (2011), S. 924; Grundig (2018), S. 30–31; Gossmann et al. (2012), S. 370; VDI 5200, Blatt 1 (2011), S. 4–5.

[15] Gudehus (2015), S. 2–3; Gutenschwager et al. (2017), S. 12–18.

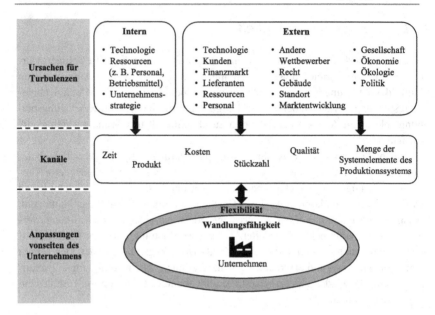

Abbildung 2.2 Umwelteinflüsse[16]

Abbildung 2.2 verdeutlicht die sechs Kanäle Zeit, Produkt, Kosten, Stückzahl, Qualität und Systemelemente, über die Turbulenzen auf das Unternehmen wirken können.[17] Steigt beispielsweise die Nachfrage eines Produktes, ist auf dem Markt eine höhere Stückzahl absetzbar. Um Gewinnpotenziale auszuschöpfen, sollte das Unternehmen über den gleichen Kanal Stückzahl nachfolgend reagieren und beispielsweise die Produktionsmenge erhöhen. Über diese Kanäle reagiert ein Unternehmen mit Flexibilität und Wandlungsfähigkeit auf die Turbulenzen.[18] Die Begriffe Flexibilität und Wandlungsfähigkeit werden im Folgenden näher erläutert.

„Flexibilität beschreibt die Fähigkeit eines Produktionssystems, sich schnell und [höchstens] mit sehr geringem finanziellen Aufwand an geänderte Einflussfaktoren

---

[16] In Anlehnung an D. Müller et al. (2018), 413 sowie Heinen et al. (2008), S. 22–23 mit Informationen aus Schmitt/Glöckner (2012), S. 802; Gudehus (2015), S. 2–3; Cisek et al. (2002), 441–442; Heinen et al. (2008), 21–23 Franke et al. (2010), S. 61, Westkämper/Zahn (2009), S. 9–10, 20; Mersmann et al. (2013); H. Kettner et al. (1984), S. 14; Vogel-Heuser et al. (2017), S. 10.

[17] Cisek et al. (2002), S. 441–442.

[18] Heinen et al. (2008), S. 22–23.

anzupassen."[19] Die Anpassungen, die im Rahmen der Flexibilität durchgeführt werden, sind reversibel und systemimmanent, da im Bereich Flexibilität keine strukturellen Veränderungen am Produktionssystem vorgenommen werden und Flexibilität stets Potenziale beschreibt, die im System vorinstalliert sowie jederzeit abrufbar sind.[20] Die Veränderungsmaßnahmen der Flexibilität sind dementsprechend kurzzeitig und auch reaktiv aktivierbar, weshalb sie der operativen und taktischen Lenkungsebene zuzuordnen sind.[21]

Im Rahmen der Flexibilität Einflüssen entgegenzuwirken, bedeutet für ein Produktionssystem, dass Anpassungen verschiedener Produktionsparameter innerhalb von vorab bei der Planung definierten Grenzen vorgenommen werden können.[22] Diese Grenzen können im Fall quantifizierbarer Größen mithilfe von Korridoren wie in Abbildung 2.3 visualisiert werden. Die internen quantitativen und qualitativen Kenngrößen, mithilfe derer diese Grenzen analysiert werden können, werden Flexibilitätsarten genannt.[23]

Ein Beispiel für die Flexibilität eines Produktionssystems ist, dass es kurzfristig auf Nachfragen reagieren kann, die sich innerhalb gewisser Grenzen in Zeit und Menge ändern. Als Reaktion auf Nachfrageänderungen innerhalb der aktuellen Periode kann beispielsweise kurzfristig umgeplant werden oder Nachfrageverschiebungen zwischen verschiedenen Perioden können durch Vorproduktion und mithilfe von bereitgestelltem Lagerplatz abgefangen werden. Ein Beispiel für eine weitere Ausprägung eines flexiblen Produktionssystems ist es, dass unterschiedliche Produktvarianten kurzfristig gefertigt werden können, die eigentlich aber nicht als Teil des Produktionsplans der Planungsperiode vorgesehen waren. Die Produktionsvarianten können beispielsweise durch den Austausch vorgehaltener standardisierter Funktionseinheiten an einer existierenden Maschine realisiert werden.[24] Es handelt sich jedoch nur um eine Maßnahme im Bereich der Flexibilität, wenn die Funktionseinheiten im Unternehmen jederzeit verfügbar sind.

---

[19] Heinen et al. (2008), S. 24. Die Herkunft des Begriffs Flexibilität im Produktionsumfeld und die Abgrenzung zu anderen verwandten Begriffen erörtert Luft (2012, S. 19–25) detailliert.

[20] Hernández Morales (2003), S. 14; Grundig (2018), S. 31.

[21] H.-P. Wiendahl et al. (2015), S. 97; Grundig (2018), S. 31.

[22] Marseu et al. (2016), S. 85; Stricker/Lanza (2014), S. 89; H.-P. Wiendahl et al. (2015), S. 97; Nyhuis et al. (2008), S. 15; Heinen et al. (2008), S. 24; Albrecht et al. (2014), S. 389.

[23] Luft (2012), S. 40–57. Für umfangreiche Kategorisierungsansätze der Flexibilitätsarten wird auf Luft (2012, 40–57) verwiesen sowie für eine umfangreiche Auflistung möglicher Flexibilitätsarten auf Seebacher (2013, S. 26–40, 77–86).

[24] Nyhuis et al. (2008), S. 15; H.-P. Wiendahl et al. (2015), S. 91; Grundig (2018), S. 31.

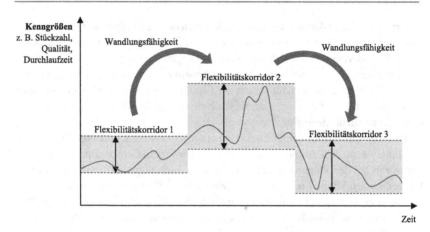

Abbildung 2.3 Flexibilität und Wandlungsfähigkeit[25]

Im Gegensatz zur Flexibilität ist *Wandlungsfähigkeit* mit hohem zusätzlichen Zeit- und Kostenaufwand verbunden.[26] Wandlungsfähigkeit beschreibt das Potenzial eines Unternehmens, sich über vorgehaltene Flexibilitätskorridore hinaus anzupassen.[27] Bei Anpassungen im Rahmen der Wandlungsfähigkeit geht es um tiefgreifende strukturelle Veränderungen.[28] Flexibilitätsgrenzen können durch Maßnahmen im Bereich der Wandlungsfähigkeit verschoben werden (vgl. Abbildung 2.3) und diese Veränderungen können sowohl reaktiv als auch proaktiv getätigt werden.[29]

Reaktiv sind Maßnahmen der Wandlungsfähigkeit, wenn erst nach Eintritt des Wandlungsbedarfs gegengesteuert wird.[30] Proaktiven Charakter können die

---

[25] In Anlehnung an Lenz (2020, S. 35), Heinen et al. (2008, S. 25) und Zäh et al. (2005, S. 4).

[26] Heinen et al. (2008), S. 24. Für mehr Details zur Notwendigkeit des Begriffs Wandlungsfähigkeit im Produktionsumfeld und zur Abgrenzung zu anderen verwandten Begriffen sei auf Luft (2012, S. 22–25) verwiesen.

[27] Grundig (2018), S. 31; Zäh et al. (2005), S. 4; Heinen et al. (2008), S. 24.

[28] H.-P. Wiendahl et al. (2014), S. 15–16; Hernández Morales (2003), S. 15.

[29] Grundig (2018), S. 31; Hernández Morales (2003), S. 48; Heinen et al. (2008), S. 24.

[30] Hernández Morales (2003), S. 48.

Maßnahmen dadurch haben, dass sie im Zuge der Fabrikplanung vordefiniert werden können. Tritt ein Wandlungsbedarf ein, können die Maßnahmen kurzfristig aktiviert werden.[31]

Eine Frage, die sich in jedem Produktionssystem stellt, ist, wie hoch der Grad der Flexibilität und der vorgehaltenen Wandlungsfähigkeit sein soll, das bedeutet, auf welche möglichen Turbulenzen das Unternehmen mit höchstens geringen Investitionen reagieren können soll (Grad der Flexibilität) und auf welche möglichen Szenarien das Unternehmen vorbereitet sein soll, um schneller als gewöhnlich mit Maßnahmen der Wandlungsfähigkeit reagieren zu können (Grad der vorgehaltenen Wandlungsfähigkeit). Eine Maßnahme im Bereich der vorgehaltenen Wandlungsfähigkeit ist es beispielsweise, einen Rahmenvertrag mit einem Maschinenhersteller für eine sofortige Bereitstellung von Maschinen im Bedarfsfall abzuschließen. Erst in diesem Bedarfsfall würde dann die Wandlungsfähigkeit ausgelöst und die volle Investition fällig. Sowohl zu viel als auch zu wenig Flexibilität und vorgehaltene Wandlungsfähigkeit können zu unnötigen Kosten führen.[32]

Um adäquat auf Turbulenzen reagieren zu können, die nicht im Rahmen der Flexibilität abzufangen sind, wurde ein *Anpassungsprozess* mit sechs Phasen entwickelt (vgl. Abbildung 2.4). Es handelt sich um ein strukturiertes Vorgehen, welches darauf abzielt, Turbulenzen zu identifizieren, den Einfluss der Turbulenzen auf Flexibilitätsarten zu analysieren, Anpassungsmaßnahmen zu planen, auszuwählen und auszuführen sowie abschließend deren Wirkung zu beurteilen. Gleichzeitig verdeutlicht dieses Konzept die Phasen, in die die entstehende Verzögerungszeit unterteilt werden kann – vom Eintritt der Turbulenzen bis hin zur vollständigen Wirkung von Gegenmaßnahmen.[33] Solche Anpassungsprozesse aus Abbildung 2.4 sind in Unternehmen iterativer und kontinuierlicher Natur, werden also ständig und wiederholt durchlaufen, wobei aber nicht immer alle Phasen abgearbeitet werden müssen.[34]

---

[31] Nyhuis et al. (2008), S. 15; Luft (2012), S. 22–23; Westkämper (2000), S. 93–94; Hernández Morales (2003).

[32] Heinen et al. (2008), S. 24; Luft (2012).

[33] Hernández Morales (2003), S. 48–49; Hildebrand et al. (2005), S. 23; Kuhn et al. (2011), S. 177–186; Luft (2012), S. 29; Delbrügger et al. (2017), S. 365.

[34] Westkämper (2000), S. 93–94; Grundig (2018), S. 22. Weitere Details zu der iterativen Natur des Anpassungsprozesses finden sich in Delbrügger et al. (2017, S. 365–366).

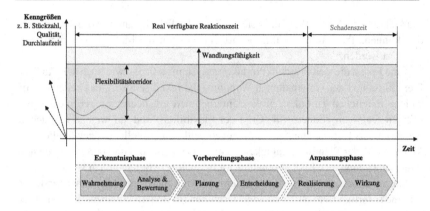

Abbildung 2.4 Flexibilitätskorridor und Wandlungsfähigkeit in Beziehung gesetzt zu den sechs Phasen des Anpassungsprozesses[35]

Die gesamte Verzögerungszeit vom Eintritt von Turbulenzen (erste Phase) bis hin zur vollständigen Wirkung von Gegenmaßnahmen (sechste Phase) gilt es, sowohl im operativen Bereich der Flexibilität als auch im strategischen Bereich der Wandlungsfähigkeit zu verkürzen.[36] Die Reaktionsgeschwindigkeit auf Turbulenzen soll dadurch erhöht werden. Dies stellt für Unternehmen einen Wettbewerbsvorteil dar, da schnell wieder auf die neue Situation angepasst produziert werden kann.[37]

Da nicht alle Turbulenzen sowie nicht jede Flexibilitätsart quantifiziert werden können, stellt der Anpassungsprozess ein in Teilen theoretisches Konzept dar. Wichtige Instrumente zur Umsetzung von Anpassungen, mit denen auf die quantitativen und qualitativen Größen der Produktion eingewirkt werden kann und die einem Unternehmen im Fall quantitativer und qualitativer Veränderungen Flexibilität sowie Wandlungsfähigkeit ermöglichen, sind die folgenden:[38]

---

[35] In Anlehnung an Delbrügger et al. (2017, S. 364) und D. Müller et al. (2018, S. 414). Diese Aufteilung des Anpassungsprozesses und der Anpassungszeiten geht auf Dormayer (1986, S. 150) zurück. Ähnliche Darstellungen dieses Prozesses verwenden Hopfmann (1988, S. 40), Hernández Morales (2003, S. 49), Hildebrand et al. (2005, S. 23) , Kuhn et al. (Kuhn et al., S. 182) und Luft (2012, S. 28).

[36] Luft (2012), S. 25–31; Nöcker (2012), S. 245; H.-P. Wiendahl et al. (2014), S. 8, 32, 127; Weyer et al. (2016), S. 100; Löffler (2011), S. 1; Westkämper/Zahn (2009), S. 14.

[37] H.-P. Wiendahl et al. (2014), S. 8, 32, 127; Weyer et al. (2016), S. 100; Löffler (2011). S. 1; Hernández Morales (2003), S. 8; Plattform Industrie 4.0 (2017), S. 11–12.

[38] Grundig (2018), S. 70–73.

- *Produktentwicklungsprozess* – Überarbeitung der Produktionsschritte und Änderungen am Aufbau des Produkts;[39]
- *Fabrikplanungsprozess* – Überarbeitung von Produktions- und Logistikprozessen sowie der zugehörigen Strukturen und Strategien, welche es einem Unternehmen ermöglichen, im Bereich der Wandlungsfähigkeit zu agieren;[40]
- *Fabrikbetrieb* – Anpassungen im operativen Betrieb, der durch die PPS sowie mit der Unterstützung der betrieblichen Informationssysteme geplant und gesteuert wird; auf dieser Ebene wird im Unternehmen im Rahmen der Flexibilität agiert.[41]

Im Rahmen der vorliegenden Arbeit werden die Produktstrukturen der verschiedenen Produkte, die im Produktentwicklungsprozess entwickelt wurden, als gegeben angenommen. Hingegen soll das in dieser Arbeit entwickelte Konzept helfen, den Grad der vorgehaltenen Wandlungsfähigkeit und der Flexibilität der Maschinenbelegungsplanung zu wählen und diese zu visualisieren. Maßnahmen, um in diesen beiden Bereichen zu agieren und so äußeren Einflüssen entgegenzuwirken, sind innerhalb der Disziplinen Fabrikplanung sowie PPS definiert. Daher werden die Fabrikplanung in Abschnitt 2.3 sowie die PPS in Abschnitt 2.4 näher beleuchtet.

2.3 Fabrikplanung

Die Grundlagen für eine wettbewerbsfähige Produktion und einen wirtschaftlichen Einsatz der Produktionsfaktoren werden in der Fabrikplanung gelegt.[42] Der Begriff Fabrikplanung[43] beschreibt die gedankliche Erarbeitung und Festlegung industrieller Fabrik- bzw. Produktionssysteme einschließlich der zur Erreichung erforderlichen Handlungsabfolgen. Es wird entschieden, wie das Fabriksystem hinterher gestaltet sein und wie das Fabrikplanungsprojekt umgesetzt werden soll.[44]

---

[39] Grundig (2018), S. 70–73.

[40] Grundig (2018), S. 70–73; Hernández Morales (2003), S. 12–13, 48–49.

[41] H.-P. Wiendahl et al. (2015), S. 97; Grundig (2018), S. 31; Grundig (2018), S. 70–73; Hernández Morales (2003), S. 12–13.

[42] Grundig (2018), S. 11; VDI 5200, Blatt 1 (2011), S. 4; Hernández Morales (2003), S. 8, 12; Schenk et al. (2014), S. 7.

[43] Synonym zum Begriff Fabrikplanung werden in der Literatur laut Hernández Morales (2003, S. 12) und Grundig (2018, S. 11) die Begriffe Werksplanung, Werksstrukturplanung, Strukturplanung, Industrieplanung oder Betriebsstättenplanung verwendet.

[44] Grundig (2018), S. 11; VDI 5200, Blatt 1 (2011), S. 4; Hernández Morales (2003), S. 8, 12; Schenk et al. (2014), S. 7.

Für den Fabrikplanungsprozess gilt es, zahlreiche Rahmenbedingungen sowie Restriktionen zu beachten.[45] Des Weiteren wird die Planungsaufgabe dadurch komplex, dass sich die Planungsgrundlagen innerhalb des Prozesses der Fabrikplanung permanent ändern, da sich sowohl die Fabrik als auch das Unternehmensumfeld während des Fabrikplanungsprozesses entwickeln.[46] Fabrikplanung kann in allen Phasen des Fabriklebenszyklus angewendet werden:[47]

- Neuplanung,
- Umplanung oder Erweiterung,
- Rückbau,
- Revitalisierung.[48]

In der Phase des *Rückbaus* wird die Fabrik aufgelöst. Der Rückbau stellt damit keine besonderen Anforderungen im Hinblick auf Änderungen an die Maschinenbelegungsplanung. Sowohl in der Umplanung und Erweiterung als auch in der Neuplanung und Revitalisierung spielt die Maschinenbelegungsplanung im Fabrikplanungsprozess eine Rolle. Im Fall von *Neuplanungen* und *Revitalisierungen* müssen auch die Maschinenbelegungsplanung und ihr Assistenzsystem meist vollständig neu konzipiert werden. Umplanungen und Erweiterungen stellen den größten Teil der anfallenden Fabrikplanungsaufgaben dar. Die Überarbeitung der Produktionsprozesse wird durchgeführt, um die Effizienz der Produktion zu erhöhen oder um Kapazitäten zu erweitern.[49] Für diese Arbeit ist besonders interessant, welche Änderungen Umplanungen und Erweiterungen in der Maschinenbelegungsplanung nach sich ziehen. In diesem Unterkapitel wird daher insbesondere die Fabrikanpassungsplanung analysiert.

Die Initiative für eine Fabrikanpassungsmaßnahme kann sowohl aus der Unternehmensleitung oder Bereichsleitung kommen als auch im Sinne einer partizipativen Vorgehensweise direkt aus den Fachabteilungen.[50] Unabhängig von welcher Stelle die Initiative ausgeht, ist die Unternehmensleitung vor allem zu Beginn einer

---

[45] H. Kettner et al. (1984), S. 3.

[46] H. Kettner et al. (1984), S. 3; Aggteleky (1971), S. 26; Schenk et al. (2014), S. 7; VDI 5200, Blatt 1 (2011), S. 4–5.

[47] VDI 5200, Blatt 1 (2011), S. 3–4; Grundig (2018), S. 17–21. Für detailliertere Informationen zu den Planungsgrundfällen vgl. Grundig (2018, S. 17–21).

[48] Laut VDI 5200 (2011, Blatt 1, S. 3–4) erfolgt eine Revitalisierung, „wenn eine Industriebrache zur erneuten industriellen Nutzung verfügbar gemacht wird."

[49] Grundig (2018), S. 18.

[50] Grundig (2018), S. 53.

Fabrikanpassung besonders stark eingebunden.[51] Für diese Arbeit und insbesondere für den weiteren Verlauf dieses Kapitels wird der Darstellung des Fabrikplanungsvorgehens aus Abbildung 2.5 gefolgt.[52]

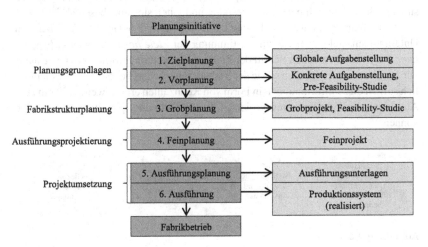

Abbildung 2.5 Phasen der Fabrikplanung[53]

---

[51] H. Kettner et al. (1984), S. 12; Grundig (2018), S. 63; Hernández Morales (2003), S. 49; Güttel et al. (2012), S. 645.

[52] Entnommen aus Grundig (2018), S. 46.

[53] Diese Phaseneinteilung wählen sowohl H. Kettner et al. (1984, S. 10–30) als auch Grundig (2018, S. 37–203), denen bezüglich der Erläuterung der einzelnen Phasen in diesem Kapitel gefolgt wird. Der Fabrikplanungsprozess wird in den Theorien zur Fabrikplanung, die über die Jahre publiziert wurden, unterschiedlich in die einzelnen Fabrikplanungsphasen oder -komponenten eingeteilt. Für einen Überblick der verschiedenen Vorgehensweisen vgl. Schuh et al. (2007, S. 196) und Grundig (2018, S. 37–52). Über die Inhalte, die im Zuge der Fabrikplanung ausgeführt werden, besteht laut Grundig (2018, S. 37) jedoch große Übereinstimmung. Während in dieser Arbeit ein sequenzielles Vorgehen der Fabrikplanung vorgestellt wird, welches zeitlich strukturiert ist und einen allgemeingültigen Ansatz für Fabrikplanungsprojekte darstellt, gehen Ansätze wie der von Nöcker (2012) beispielsweise davon aus, dass teils Fabrikplanungsaufgaben auch modular und parallel ausgeführt werden können.

2.3.1 Zielplanung

Die Zielplanung ist die Grundlage und der erste Schritt jeder Fabrikplanung (vgl. Abbildung 2.5). Die Ziele für Fabrikplanungsmaßnahmen werden konform zu den strategischen Unternehmenszielen gestaltet und leiten sich aus diesen ab.[54]

Der Aufbau der Phase Zielplanung ist in Abbildung 2.6 dargestellt. Neben den Unternehmenszielen werden zur Bestimmung der *Ziele des jeweiligen Fabrikplanungsprojektes* im zweiten Schritt der Zielplanung weitere Informationen wie aktuelle Ist-Situation, Prognosen sowie der Veränderungsbedarf benötigt.[55] Soweit möglich sollten diese Informationen in Form von Kennzahlen erfasst werden,[56] um zum Abschluss des Fabrikplanungsprojektes die Veränderung quantitativ erfassen zu können.[57]

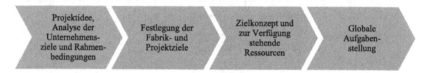

Abbildung 2.6 Zielplanung[58]

Auch der *Zielzustand* im dritten Schritt der Zielplanung sollte soweit möglich quantitativ definiert werden.[59] Der Zielzustand kann aus verschiedenen Zielen bestehen und die unterschiedliche Gewichtung der einzelnen Ziele führt zu einem

---

[54] H. Kettner et al. (1984), S. 15; Schuh et al. (2017), S. 15; Grundig (2018), S. 54–55; Hernández Morales (2003), S. 8;. Allgemeine Informationen zu Unternehmenszielen und ihren verschiedenen Funktionen (Selektionsfunktion, Orientierungsfunktion, Steuerungsfunktion, Koordinationsfunktion, Motivations- und Anreizfunktion, Bewertungsfunktion und Kontrollfunktion) sind beispielsweise bei Freiling/Reckenfelderbäumer (2010, S. 350) sowie Kappler (1975, S. 88) zu finden.

[55] Grundig (2018), S. 53–55; VDI 5200, Blatt 1 (2011), S. 5; Schuh et al. (2017), S. 15; H. Kettner et al. (1984), S 15–17.

[56] Beispiele für Kennzahlen, die erfasst werden können, sind Umsatz, Marktanteil oder Gewinn. Jedoch gibt es wie in Abschnitt 2.2 auch Faktoren wie beispielsweise die Attraktivität (z. B. gute Arbeitsplatzgestaltung, ansprechende Architektur) einer Fabrik, die schwerer oder gar nicht in quantitativen Größen gefasst werden können.

[57] H. Kettner et al. (1984), S. 17.

[58] In Anlehnung an H. Kettner et al. (1984, S. 14) und VDI 5200, Blatt 1 (2011), S. 10.

[59] H. Kettner et al. (1984), S. 17.

spezifischen Zielprofil für die zu planende Fabrik.[60] Der Zielzustand beinhaltet auch eine grobe Definition des vorzuhaltenden Grads der Flexibilität und Wandlungsfähigkeit.[61]

Nachdem in der Zielplanung die Ausgangssituation analysiert und der gewünschte Zielzustand definiert wurde, werden grobe Alternativen aufgezeigt, wie ausgehend vom Ist-Zustand der Zielzustand erreicht werden kann, und schließlich eine oder mehrere Möglichkeiten als Lösungsrichtung ausgewählt.[62]

Das Ergebnis der Zielplanung ist die Definition einer sogenannten *globalen Aufgabenstellung*, welche den Rahmen für das Fabrikplanungsprojekt darstellt.[63] Hier wird die Frage geklärt und schriftlich fixiert, wer die zur Umsetzung ausgewählten Aufgaben bis wann, mit welchem Aufwand und welchen Zielen durchführen soll.[64] Zusätzlich werden die Ergebnisse der oben beschriebenen Schritte der Zielplanung in dieser globalen Aufgabenstellung erfasst (vgl. Abbildung 2.6).[65] In jeder der folgenden Phasen konkretisiert sich die Planung, die in der Zielplanung angestoßen wurde.

Hier und in den folgenden Unterkapiteln werden jeweils Anforderungen abgeleitet, die sich an eine anpassungsfähige (A) und praxisorientierte (P) Maschinenbelegungsplanung stellen und immanente (I) Anforderungen identifiziert, die in jedem Maschinenbelegungsproblem der fertigenden Industrie in der Praxis zu finden sind. *Ziel ist es, aus der durchgeführten Analyse eine Übersicht zu entwickeln, welche Aspekte die Anpassungsfähigkeit und welche Punkte die Praxisorientierung im Hinblick auf die Industrie 4.0 in der Maschinenbelegung erhöhen, um damit den Grad der Flexibilität sowie der vorgehaltenen Wandlungsfähigkeit und der Industrie 4.0 in Unternehmen für die Maschinenbelegungsplanung im Zuge von Fabrikplanungsmaßnahmen wählen und visualisieren zu können. Anforderungen aus der Zielplanung für ein umfassendes Konzept einer anpassungsfähigen und praxisorientierten Maschinenbelegungsplanung* sind somit:

[A1] Änderungsoption der Zielfunktion, um veränderte Unternehmensziele abbilden zu können,

---

[60] VDI 5200, Blatt 1 (2011), S. 5.

[61] Grundig (2018), S. 23–31.

[62] Grundig (2018), S. 54–55; H. Kettner et al. (1984), S. 14.

[63] Grundig (2018), S. 55.

[64] H. Kettner et al. (1984), S. 14; Güttel et al. (2012), S. 638; Grundig (2018), S. 12, 23–31, 55; VDI 5200, Blatt 1 (2011), S. 5.

[65] Grundig (2018), S. 12, 23–31, 55; VDI 5200, Blatt 1 (2011), S. 5.

[P1] Erhebung und Vergleich von Kennzahlen im Bereich der produktionswirtschaftlichen Zielgrößen Auslastung, Durchlaufzeit, Bestände und Termintreue.

Im Folgenden wird nicht in jedem Abschnitt auf die Anforderungen für die Maschinenbelegungsplanung eingegangen. Die nächste Zusammenfassung der Anforderungen erfolgt am Ende des Abschnitts 2.3.4.

2.3.2 Vorplanung

Der Ablauf des Prozessschritts Vorplanung ist in Abbildung 2.7 dargestellt. Im Rahmen von Umplanungen ist eine detailliertere Ermittlung des *Ist-Zustandes* der erste Schritt der Vorplanung.[66] Hier werden im Gegensatz zur Zielplanung nicht nur stark aggregierte Kennzahlen wie Umsatz oder Marktanteil detaillierter analysiert, sondern darüber hinaus der Materialfluss, die Maschinen und das Produktionsprogramm.[67] Welche Bereiche der Fabrik oder Aspekte der Produktion näher beleuchtet werden, hängt von den Inhalten der in der Zielplanung definierten globalen Aufgabenstellung ab (vgl. Abschnitt 2.3.1).

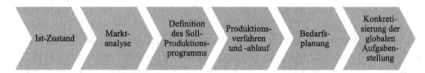

Abbildung 2.7 Vorplanung[68]

Um den Veränderungsbedarf detaillierter zu bestimmen und eine weitere Grundlage für den Sollzustand zu schaffen, wird im zweiten Schritt (vgl. Abbildung 2.7) die *Analyse* der jetzigen und zukünftigen *Markt- und Wettbewerbssituation* auf der Ebene der einzelnen Produkte durchgeführt.[69]

Das Ergebnis kann sein, dass zusätzliche Produkte produziert werden, die nicht Teil des Produktionsprogramms waren, oder einige Produkte nach dem

---

[66] Grundig (2018), S. 63–69; H. Kettner et al. (1984), S. 17–18.

[67] H. Kettner et al. (1984), S. 17; Grundig (2018), S. 56–70.

[68] In Anlehnung an H. Kettner et al. (1984, S. 17) und bezüglich der Darstellung in Anlehnung an VDI 5200 (2011, Blatt 1, S. 1–24).

[69] Grundig (2018), S. 12–14, 63–68; H. Kettner et al. (1984), S. 17–18.

Fabrikplanungsprojekt nicht mehr produziert werden. Zudem werden im dritten Schritt (vgl. Abbildung 2.7) die *zukünftigen Produktionszahlen* für die einzelnen Produkte grob definiert.[70] Hinsichtlich der genauen Zusammensetzung des Produktionsprogramms sowie der zu produzierenden Mengen sollte die Fabrikplanungsmaßnahme ein angemessenes Maß von Flexibilität und Wandlungsfähigkeit vorhalten.[71]

Aus dem Produktionsprogramm leiten sich *grundlegende Produktionsabläufe und Logistikprinzipien* ab.[72] Anschließend erfolgt aus dem Produktionsprogramm und den Produktionstechnologien die grobe *Bedarfsabschätzung* für die Produktionsfaktoren.[73]

Ergebnisse der Vorplanung sind bisher das Soll-Produktionsprogramm, die Bedarfsschätzung der Produktionsfaktoren, grundlegende Produktionsabläufe und eine Auswahl von Logistikprinzipien. Hinzu kommen die Präzisierung von Projektzielen und Zeitetappen, Entwürfe und Eingrenzungen der Lösungskonzepte aus der Zielplanung (vgl. Abschnitt 2.3.1), Angaben zur Wirtschaftlichkeit und zu Aufwänden.[74] Durch diese Informationen wird die *globale Aufgabenstellung* der Zielplanung aus Abschnitt 2.3.1 konkretisiert. Eine Verdichtung und Präzisierung dieser Planungsergebnisse wird in der sogenannten Pre-Feasibility-Studie dargestellt, die von der Unternehmensleitung ausdrücklich freigegeben werden sollte, bevor auf dieser Grundlage weitere Planungsschritte ausgeführt werden.[75]

2.3.3 Grobplanung

Die Planungsebene der Grobplanung stellt wiederum eine Detaillierung der Ergebnisse der Zielplanung aus Abschnitt 2.3.1 und der Vorplanung aus Abschnitt 2.3.2 dar.[76] Der Ablauf der Grobplanung ist in Abbildung 2.8 dargestellt.

---

[70] H. Kettner et al. (1984), S. 17–18.

[71] H. Kettner et al. (1984), S. 17–18; vgl. Abschnitt 2.2.

[72] H. Kettner et al. (1984), S. 17–18; Grundig (2018), S. 204–205. In diesem Schritt werden beispielsweise Produktionsverfahren und -technologien sowie Materialflussgrundsätze bestimmt. Beispiele für mögliche Ergebnisse in diesem Schritt sind: komplett automatisierte Produktion, Kanban-Steuerung oder zentrale Steuerung, Installation eines Milkruns, Einsatz von Förderbändern, Trolleys oder fahrerlosen Transportsystemen.

[73] H. Kettner et al. (1984), S. 17–18; Grundig (2018), S. 71–75.

[74] Grundig (2018), S. 75.

[75] H. Kettner et al. (1984), S. 17–19; Grundig (2018), S. 75–76.

[76] H. Kettner et al. (1984), S. 19.

Abbildung 2.8 Grobplanung[77]

Zuerst wird im Schritt Strukturplanung ein *ideales Funktionsschema* aufgestellt.[78] Der Detaillierungsgrad des Funktionsschemas hängt vom Anwendungsfall ab und kann bei Bedarf für verschiedene Ebenen[79] des Produktionssystems aufgestellt werden.[80] In Abbildung 2.9 wird beispielhaft ein Funktionsschema dargestellt.[81]

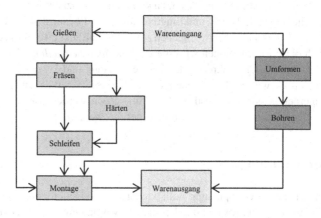

Abbildung 2.9 Ideales Funktionsschema mit Materialflussrichtungen[82]

---

[77] In Anlehnung an VDI 5200 (2011, Blatt 1, S. 12) und H. Kettner et al. (1984, S. 19).

[78] Grundig (2018), S. 76–81, 142; H. Kettner et al. (1984), S. 19–23, 100.

[79] Vgl. Abbildung 2.1 aus Abschnitt 2.1.

[80] Grundig (2018), S. 83.

[81] H. Kettner et al. (1984), S. 20–21; Grundig (2018), S. 81. Sowohl Hauptprozesse als auch Nebenprozesse können in einem Funktionsschema dargestellt werden. Das Beispiel aus Abbildung 2.9 enthält ausschließlich Hauptprozesse. Laut Grundig (2018, S. 78–83) und H. Kettner et al. (1984, S. 20–22) sind Beispiele für Hauptprozesse eines Betriebes der Fertigungstechnik, der Produkte herstellt, Montage oder Gießen. Beispiele für Nebenprozesse sind Instandhaltung oder Abfallentsorgung.

[82] In Anlehnung an Aunkofer (2011) und Grundig (2018, S. 81).

Auf Basis des Produktionsprogramms wird im Schritt der *Dimensionierungsbe-rechnungen* (vgl. Abbildung 2.8) für jedes Segment des idealen Funktionsschemas bestimmt, welche und wie viele Betriebsmittel benötigt werden, welcher Personalbedarf herrscht, welche Betriebs- und Lagerflächen zur Verfügung stehen müssen und in welchen Größenordnungen Ver- und Entsorgungssysteme wie Strom, Heizung, Lüftung, Wasser, Druckluft und Industriegase bereitgestellt werden müssen.[83] Für die einzelnen Bereiche des idealen Funktionsschemas werden auf dieser Basis Flächenschätzungen vorgenommen.[84]

Um die Objektanordnung durchzuführen und die *Idealplanung* im dritten Schritt abzuleiten, werden die Flüsse zwischen den einzelnen Funktionseinheiten des Funktionsschemas in den folgenden Ausprägungen analysiert:[85]

- Materialfluss (Bearbeitungs-, Bewegungs- und Lagerungsprozesse),
- Personalfluss,
- Informationsfluss,
- Ver- und Entsorgungsfluss.

Die Fertigungsformen der einzelnen Bereiche sowie die quantifizierbaren Ausprägungen der Flüsse aus der obigen Auflistung entscheiden maßgeblich über das Layout.[86] Sind beispielsweise Material- oder Personalflüsse zwischen Bereichen besonders häufig oder kostenintensiv, sollten diese im Layout möglichst nah beieinander angeordnet werden.[87] Darüber hinaus sollte bei der Planung darauf geachtet werden, dass beispielsweise der Materialfluss im Layout möglichst nur eine Richtung aufweist und gegenläufige Flüsse vermieden werden.[88]

Wurde der Materialfluss bewertet, kann das Ideallayout konstruiert werden, welches die Form eines Blocklayouts hat (vgl. Abbildung 2.10). Es enthält genau

---

[83] Grundig (2018), S. 83–103.

[84] H. Kettner et al. (1984), S. 22–24. In einem weiteren Planungsschritt können laut Grundig (2018, S. 81–83) auch Flächenbedarfe in das Schema integriert werden. Dieses Schema wird dann flächenmaßstäbliches Funktionsschema genannt. Die Darstellung des regulären Funktionsschemas ist für diese Arbeit jedoch ausreichend, da die Maschinenbelegungsplanung durch Flächenbedarfe lediglich nachgelagert beeinflusst wird.

[85] Grundig (2018), S. 104–121.

[86] Grundig (2018), S. 144–145.

[87] Grundig (2018), S. 106–110, 144.

[88] Methoden der Analyse und Bewertung des Materialflusses sind bei Grundig (2018, S. 106–110) zu finden. Ein Beispiel für ein Blocklayout, welches diese Grundsätze des Materialflusses beachtet, ist in Abbildung 2.10 gegeben.

wie das Funktionsschema die Richtungen der Materialflüsse.[89] Das Ideallayout umfasst ideale Flächenbedarfe und Anordnungen der Produktionsprozesse, wobei diese Lösungen in der Fabrikanpassungsplanung losgelöst vom Ist-Zustand und von Restriktionen erarbeitet werden. Der Grundriss des Gebäudes wird in diesem Schritt noch nicht miteinbezogen. Ziel ist es, die beste Lösung für das Unternehmen zu finden, ohne dass auf schon umgesetzte Lösungen Bezug genommen wird.[90]

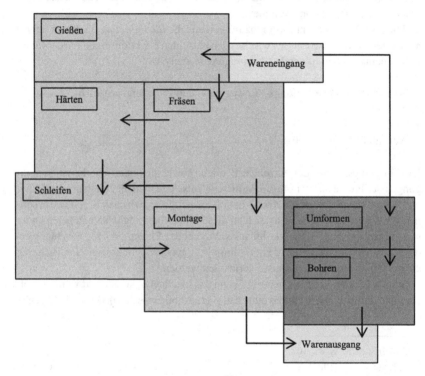

Abbildung 2.10 Blocklayout der Idealplanung[91]

---

[89] H. Kettner et al. (1984), S. 22–24; Grundig (2018), S. 103, 144–146. Die Quantifizierung der Flüsse kann wie von H. Kettner et al. (1984, S. 22–24) und Grundig (2018, S. 103, 144–147) beschrieben zusätzlich in Form einer Transportmatrix dargestellt werden, in der angegeben wird, wie viele Transporteinheiten über einen definierten Zeitraum zwischen zwei Bereichen erfolgen.

[90] H. Kettner et al. (1984), S. 20–24; Grundig (2018), S. 144–146.

[91] In Anlehnung an Aunkofer (2011) und Grundig (2018, S. 147).

Um Restriktionen wieder in das Layout zu integrieren, enthält die auf das Ideallayout folgende Phase der *Realplanung* (vgl. Abbildung 2.8) anschließend folgende Schritte:[92]

1. *Entwurf Reallayout (Varianten)*[93]

   Im Fall einer Fabrikanpassungsplanung wird in verschiedenen Entwürfen versucht, das Ideallayout in bestehende Grundrissformen oder Gebäude zu integrieren.[94] Es können sich in allen Bereichen der Idealplanung Änderungen ergeben.[95] In den Entwürfen des Reallayouts sind bereits wichtige Maschinengruppen eingezeichnet, die viel Platz einnehmen.[96] Die Einhaltung von Materialflussgrundsätzen wird bei der Erstellung der Entwürfe nochmals überprüft.[97]

2. *Zuordnung Logistikelemente*

   Zu den in der Vorplanung aus Abschnitt 2.3.2 ausgewählten Logistikkonzepten, die es nun zu integrieren gilt, wird in der Grobplanung für jeden Layoutentwurf nun die benötigte Art der Logistikelemente ausgewählt. Gleichzeitig werden die Entwürfe der Realplanung so angepasst, dass die ausgewählten Logistikelemente genutzt werden können.[98]

3. *Variantenauswahl – Vorzugsvarianten*

   In der Variantenauswahl werden die Varianten der Reallayouts beispielsweise nach den folgenden Kriterien bewertet und die geeignetsten Layouts gewählt:[99]

   - „der Produktionsfluß (Material-, Personal-, Energie- und Informationsfluß),
   - die Erweiterungsmöglichkeiten,

---

[92] Grundig (2018), S. 151–152.

[93] Grundig (2018), S. 152–164.

[94] H. Kettner et al. (1984), S. 22. In der Realplanung werden laut Grundig (2018, S. 151–152) jeweils verschiedene Entwürfe des Reallayouts für die Systemebenen Fabrik, Segment und Arbeitsplatz aus Abbildung 2.1 in Abschnitt 2.1 ausgearbeitet. Weitere Informationen zur Erstellung der Entwürfe der Reallayouts sind bei Grundig (2018, S. 152–164) zu finden.

[95] H. Kettner et al. (1984), S. 22–24; Grundig (2018), S. 151–152.

[96] H. Kettner et al. (1984), S. 25–26.

[97] Grundig (2018), S. 151–152.

[98] Grundig (2018), S. 151–152.

[99] H. Kettner et al. (1984), S. 25–26.

- die Arbeitsbedingungen,
- die Flexibilität der Nutzung sowie
- die voraussichtlichen Investitions- und Betriebskosten".[100]

Die bewerteten Layouts stellen das zentrale Ergebnis der Grobplanung dar.[101]

2.3.4 Feinplanung

Die Groblayouts sind in Segmente eingeteilt. In der Feinplanung werden für diese einzelnen Segmente die Feinlayouts konkretisiert.[102] Den Feinlayouts sind danach folgende Informationen zu entnehmen:[103]

- Gebäudegrundrisse inklusive der Positionierung aller Türen, Tore, Fenster, Oberlichter, Wege, Treppen, Aufzüge, Kräne, Ver- und Entsorgungstechniken usw.;
- Positionen, Abmessungen, Arten, Anzahl und Strukturen aller Maschinen, Förder- und Lagertechniken, Arbeitsplätze und Einrichtungen usw.

Des Weiteren kann es für die Feinplanung hilfreich sein, eine automatisierte Maschinenbelegungsplanung für Planungszwecke im Fabrikplanungsprozess einzusetzen. Die Maschinenbelegungsplanungsalgorithmen können in den Fabrikplanungsprozess sowie in die PPS integriert und somit doppelt genutzt werden.

Durch Algorithmen der Maschinenbelegungsplanung würden bereits Modelle für die Entstehung der Maschinenbelegungspläne existieren. Im Gegensatz dazu müsste im Fall einer manuellen Planung zuerst ein Modell erhoben werden, um dieses in den Fabrikplanungsprozess zu integrieren. Jedoch sind auch Mischformen zu beachten, in denen das PPS-Team automatisch generierte Pläne nachjustieren kann. Auch in diesem Fall könnte neben der automatisierten Maschinenbelegungsplanung ein Modell für die manuelle Planung erstellt werden, um eine genauere Passung von Modell und Realität zu erlangen. In einem solchen Fall könnte jedoch auch zuerst die Integration der automatisierten Maschinenbelegungsplanung auf ausreichende Passung für den Fabrikplanungsprozess geprüft werden. Das sollte je nach Anwendungsfall geprüft werden.

---

[100] H. Kettner et al. (1984), S. 26.
[101] H. Kettner et al. (1984), S. 22–26; Grundig (2018), S. 142, 151–152, 181, 188.
[102] Grundig (2018), S. 143; H. Kettner et al. (1984), S. 27.
[103] H. Kettner et al. (1984), S. 26–29; Grundig (2018), S. 188–195.

Wird in der Maschinenbelegungsplanung eine Simulation eingesetzt, die Material- und Personalflüsse abbilden kann, können durch eine Anpassung des Modells beispielsweise auch die Einflüsse von Layoutveränderungen auf die Zielfunktion in der Maschinenbelegungsplanung sowie Betriebsparameter realitätsnah evaluiert werden. Eine automatisierte Maschinenbelegungsplanung in einer Simulation eines Digitalen Zwillings hilft in der Fabrikplanung, die benötigte Anzahl von Betriebsmitteln und Logistikelementen sowie die Lagerflächen zu berechnen, verschiedene Fertigungsformen zu evaluieren und die Layoutplanung durch Prozesskennzahlen zu unterstützen.

Die Maschinenbelegungsplanung kann *anpassungsfähig und praxisorientiert* bezüglich folgender Aspekte aus der Vorplanung, Grobplanung und Feinplanung ausgestaltet werden:

[A0] Änderung grundlegender Produktionsabläufe und -layouts,

[A2] Zusätzlich zu produzierende Produkte,

[A3] Wegfall von produzierten Produkten,

[A4] Integration neuer Maschinen,

[A5] Entfernen von Maschinen,

[A6] Integration abweichender Logistikelemente (ggf. mit unterschiedlichen Transportkapazitäten und -eigenschaften im Vergleich zu den Logistikelementen in der aktuellen Produktion),

[A7] Integration abweichender Logistikprozesse,

[A8] Bereitstellung von Maschinenbelegungsalgorithmen in Materialflusssimulationen für die Fabrikplanung,

[A9] Integration neuer Daten und Datenverarbeitungen, die durch im Fabrikplanungsprozess installierte neue Sensoren aufgenommen werden,

[I4] Änderung von Bedarfs-/Auftragsmengen (ggf. auch innerhalb des aktuellen Planungshorizontes).

Die nächste Zusammenfassung der Anforderungen erfolgt bereits am Ende des nächsten Unterkapitels.

2.3.5 Ausführungsplanung und Ausführung

Im Schritt der *Ausführungsplanung* werden auf Grundlage der bisherigen Ergebnisse und Aufgabenkomplexe Ablauf- und Terminpläne zur Umsetzung des Feinprojektes (vgl. Abbildung 2.5) definiert. Auf Basis dieser Pläne können Angebote von

Dienstleistern eingeholt, verglichen und ausgewählt werden.[104] In der Ausführungsplanung werden darüber hinaus Genehmigungen eingeholt (z. B. werden Bauanträge
gestellt).[105] Nach der Auftragsvergabe müssen die ausgewählten Dienstleister in die
abschließende Detailplanung integriert werden. Des Weiteren werden die Beschaffung der Bestände für den Produktionsanlauf sowie die Personalbeschaffung und
-qualifizierung angestoßen.[106]

Im Zuge der Koordinierung und Überwachung der *Ausführung* erfolgen immer
wieder Abnahmen, Probeläufe und Funktionsprüfungen.[107] Sind alle Umbauarbei-
ten sowie die Ausführung des Projektes abgeschlossen, wird mit der Inbetriebnahme
und der Einarbeitung des Teams begonnen.[108] Wenn die angestrebte Qualität, der
Durchsatz und andere gesetzte Kennzahlen erfüllt sind, geht die Inbetriebnahme in
den Normalbetrieb über.[109]

Folgende *Anforderungen an eine praxisorientierte und anpassungsfähige
Maschinenbelegungsplanung* sollten bezüglich der Ausführung und Ausführungsplanung berücksichtigt werden – alle aufgelisteten Punkte kommen in diesem Unterkapitel neu hinzu:

[A10] (Kurzfristig) Veränderte und sich über die Zeit ändernde sowie aktualisierte
       Umrüstzeiten, Bearbeitungszeiten, Ausschussdaten und Logistikprozesszei-
       ten;
[I2]   Geplante Nichtverfügbarkeit oder zusätzliche Verfügbarkeit von Maschinen
       (z. B. Sonderschichten oder Wartungsarbeiten);
[I3]   Ungeplante Nichtverfügbarkeiten, d. h. Ausfälle von Maschinen, anderen
       Betriebsmitteln oder Produktionsfaktoren.

Das Ergebnis der Fabrikplanung ist schlussendlich eine auf dem geplanten Leis-
tungsniveau stabil produzierende Fabrik einschließlich Bewertung und Dokumen-
tation des Fabrikplanungsprozesses.[110] Der Normalbetrieb wird wie in Unterkapitel 2.2 beschrieben durch die PPS begleitet. Mit der PPS befasst sich daher das
folgende Unterkapitel.

---

[104] H. Kettner et al. (1984), S. 29; Grundig (2018), S. 195–197.

[105] H. Kettner et al. (1984), S. 29; Grundig (2018), S. 196.

[106] H. Kettner et al. (1984), S. 29.

[107] H. Kettner et al. (1984), S. 30; Grundig (2018), S. 198.

[108] H. Kettner et al. (1984), S. 30.

[109] H. Kettner et al. (1984), S. 30; Grundig (2018), S. 198–199; VDI 5200, Blatt 1 (2011),
S. 5.

[110] VDI 5200, Blatt 1 (2011), S. 5.

2.4 Produktionsplanung und -steuerung (PPS)

Die Aufgabe der PPS ist „die termin-, kapazitäts- und mengenbezogene Planung und Steuerung der Fertigungs- und Montageprozesse".[111] Die Ziele der PPS basieren dabei vielfach auf den in Abbildung 2.11 veranschaulichten Zielgrößen.[112] Um insbesondere die genannten Ziele zu erreichen, gliedert sich die PPS laut dem weitverbreiteten Aachener Modell in mehrere Unteraufgaben, die in Abbildung 2.12 veranschaulicht werden.[113]

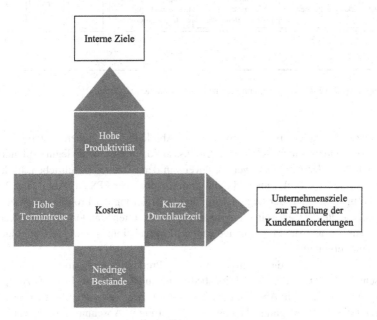

Abbildung 2.11 Logistische Zielgrößen[114]

---

[111] Eversheim (2002), S. 123.

[112] H.-P. Wiendahl et al. (2014), S. 172.

[113] Schuh et al. (2012b), S. 21; Schuh et al. (2012a), S. 30.

[114] In Anlehnung an März (2002) zitiert nach März/Krug (2011, S. 9).

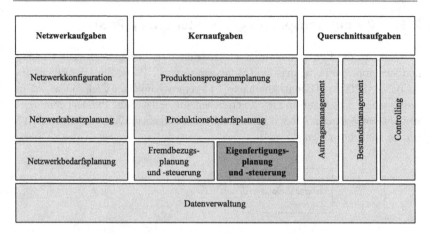

Abbildung 2.12 PPS-Aufgabenreferenzsicht des Aachener Modells[115]

Netzwerk- und Querschnittsaufgaben aus Abbildung 2.12 stehen nicht im Fokus der Arbeit und haben nur schwachen Einfluss auf die Maschinenbelegungsplanung. Die Einflüsse der Aufgaben werden jeweils in dem Rahmen beschrieben, in dem sie für diese Arbeit relevant sind. Alle *Kernaufgaben* der PPS aus Abbildung 2.12 beschäftigen sich mit der Organisation und Optimierung der Produktionsprozesse und verwandter Prozesse einer Fabrik an einem konkreten Standort.[116] Diese Kernaufgaben, die auch die Maschinenbelegungsplanung beinhalten, werden im Folgenden näher erläutert.

Zuerst werden die Aufgaben der Produktionsprogrammplanung in Abschnitt 2.4.1 und der Produktionsbedarfsplanung sowie die Fremdbezugsplanung und -steuerung in Abschnitt 2.4.2 analysiert. Besonders detailliert wird nachfolgend die Eigenfertigungsplanung und -steuerung in Abschnitt 2.4.3 beleuchtet, da sie die Maschinenbelegungsplanung beinhaltet. Die Eigenfertigungsplanung und -steuerung befindet sich an der Schnittstelle zwischen PPS. Die Eigenfertigungssteuerung steuert gegen, falls beispielsweise Störungen auftreten.[117] Zusätzlich werden mögliche Arten von Störungen in Abschnitt 2.4.4 aufgeführt. In den Abschnitten 2.4.3 und 2.4.4 werden erneut Implikationen für die Maschinenbelegungsplanung ausgemacht.

---

[115] In Anlehnung an Schuh et al. (2012b, S. 21) und Schuh et al. (2012a, S. 30).

[116] Schuh et al. (2012a), S. 30.

[117] Schuh et al. (2012a), S. 29.

2.4.1 Produktionsprogrammplanung

In der *Produktionsprogrammplanung*[118] werden die verkaufsfähigen Endprodukte (Primärbedarfe) des Standorts nach Art, Variante, Qualität, Produktionszeitpunkt und Absatzmenge spezifiziert.[119]
Die Aufgaben der Produktionsprogrammplanung sind:

- Absatzplanung,
- Primärbedarfsplanung,
- Ressourcengrobplanung.

Die *Absatzplanung*[120] kann in Abhängigkeit von Kundenaufträgen oder als kundenanonyme Lagerfertigung beispielsweise auf Basis von Marktanalysen erfolgen und spezifiziert Art und Anzahl der Produkte, die am Markt angeboten werden sollen. In den meisten Unternehmen wird eine Mischform angewendet.[121]

In der *Primärbedarfsplanung* werden die Menge der Endprodukte und die Zeit spezifiziert, zu der die Endprodukte fertiggestellt sein sollen. Die Planungen werden mithilfe von statistischen Prognoseverfahren, noch vorhandenen Lagerbeständen, bereits eingegangenen Kundenaufträgen sowie auf Basis der Netzwerkabsatzplanung durchgeführt,[122] in der dem zu planenden Standort beispielsweise aus dem Netzwerk bereits zusätzliche Primärbedarfe zugeordnet wurden.[123] Da die Kundenforderungen nach individualisierten Produkten zunehmen[124] sowie Änderungen von Kundenwünschen kurzfristiger ermöglicht werden,[125] ergeben sich in den Primärbedarfen vermehrt kurzfristig Änderungen.

In der Produktionsprogrammplanung wird zudem durch eine *Ressourcengrobplanung* überprüft, ob die Produktionsmengen zur eingeplanten Zeit mit den

---

[118] Günther/Tempelmeier (2016), S. 127.

[119] Schuh et al. (2012a), S. 33, 39–43. Diese Planung wird rollierend und in regelmäßigen Abständen (z. B. monatlich) und oft für einen vorgegebenen Planungshorizont durchgeführt, welcher in Planungsperioden festgesetzter Länge unterteilt ist.

[120] Günther/Tempelmeier (2016), S. 128–137.

[121] Schuh et al. (2012a), S. 39–43.

[122] Laut Schuh et al. (2012a, S. 30–32) werden viele planende Kernaufgaben der PPS innerhalb der Netzwerkaufgaben aus Abbildung 2.12 (vgl. Abschnitt 2.4) im Kontext des unternehmensinternen und unternehmensübergreifenden Netzwerks in einem größeren Rahmen und damit einem gröberen Detaillierungsgrad betrachtet.

[123] Schuh et al. (2012a), S. 39–43.

[124] Vgl. Kapitel 1.

[125] Vgl. Kapitel 1.

verfügbaren Ressourcen (Maschinen, Personal, Rohstoffe etc.) realisierbar sind. Falls massive Ressourcenengpässe erkannt werden, wird durch zeitliche Verschiebung, Sonderschichten oder eine Änderung der Absatzmengen umgeplant.[126] Der so überarbeitete Produktionsplan stellt die Basis für die Produktionsbedarfsplanung dar und wird für die Maschinenbelegungsplanung als gegeben angenommen. Somit ergibt sich die Anforderung an die Maschinenbelegungsplanung, dass auf kurzfristige Änderungen der Produktionsmenge reagiert werden können muss.

2.4.2 Produktionsbedarfsplanung

Der zweite Baustein der Kernaufgaben der PPS aus Abbildung 2.12 (Vgl. Abschnitt 2.4) ist die *Produktionsbedarfsplanung*. Hierbei wird die Ressourcenplanung auf der Grundlage des oben angesprochenen Produktionsplans detaillierter und auf mittelfristiger Basis durchgeführt.[127] Für die Produktionsmengen aus dem Produktionsplan, die einer Periode (z. B. Tag, Woche oder Monat) zugeordnet werden, werden die benötigten Produktionsfaktoren[128] detailliert geplant. Die Produktionsbedarfsplanung gliedert sich in die folgenden sechs Aufgaben:

- Bruttosekundärbedarfsermittlung,
- Nettosekundärbedarfsermittlung,
- Beschaffungsartzuordnung,
- Durchlaufterminierung,
- Kapazitätsbedarfsermittlung,
- Kapazitätsabstimmung.

Beispiele für Arten von *Bruttosekundärbedarfen* für den zu produzierenden Primärbedarf sind: Betriebsmittel, Material (Sekundärbedarfe), Personal, Transportmittel und andere Produktionsfaktoren.[129] Die sich ergebenden Bruttosekundärbedarfe werden anschließend mit Lagerbeständen, Sicherheitsbeständen und Reservierungen für Produkte der Materialbedarfe verrechnet.[130] Die Verrechnung führt zum Nettosekundärbedarf, der in der *Nettosekundärbedarfsermittlung* wiederum nach

---

[126] Schuh et al. (2012a), S. 43.

[127] Schuh et al. (2012a), S. 43–44.

[128] vgl. Abschnitt 2.1.

[129] Schuh et al. (2012a), S. 44 sowie Abschnitt 2.1.

[130] Schuh et al. (2012a), S. 44–46.

Material aufgeschlüsselt und pro Periode aufgeführt wird.[131] Nettosekundärbedarfe werden im nächsten Schritt – der *Beschaffungsartzuordnung* – den Beschaffungsarten Fremdbezug und Eigenfertigung zugeteilt.[132] Teile, die nicht im Unternehmen selbst gefertigt werden, und für die Produktion benötigte Rohstoffe werden mithilfe der *Fremdbezugsplanung und -steuerung* aus Abbildung 2.12 (vgl. Abschnitt 2.4) von anderen Unternehmen fremdbeschafft. Die vorliegende Arbeit konzentriert sich auf die Eigenfertigung. Ist die Entscheidung der Beschaffungsart getroffen, werden aus den Nettosekundärbedarfen periodenbezogen Bestell- und Fertigungsaufträge gebildet.[133]

Während die Planung für den Fremdbezug an diesem Punkt abgeschlossen ist, wird im Gegensatz dazu für die Fertigungsaufträge im nächsten Schritt eine *Durchlaufterminierung* auf Segmentebene[134] durchgeführt. Diese Durchlaufterminierung legt fest, welchen zeitlichen Vorlauf der Auftrag in der Produktion bis zur Fertigstellung benötigt. Je nach Fragestellung wird geklärt, wann mit der Produktion oder Beschaffung des Auftrags spätestens begonnen werden muss oder wann der Auftrag frühestens fertiggestellt werden kann.

In der Durchlaufterminierung werden Kapazitäten der Segmente noch nicht berücksichtigt. Dies passiert erst im letzten Punkt der *Kapazitätsbedarfsermittlung*. Das Resultat ist ein Kapazitätsbedarfsplan. In diesem Plan wird für jede Ressource der Kapazitätsbedarf je Planungsperiode festgehalten.[135] In der *Kapazitätsabstimmung* wird der Kapazitätsbedarf dem Kapazitätsangebot über die gesamte Fertigungskette gegenübergestellt.[136] Treten Diskrepanzen auf, wird gegengesteuert, indem Kapazitäten der Ressourcen erhöht werden (z. B. zusätzliche Schichten), Aufträge zeitlich verschoben werden, ein Fremdbezug eingerichtet wird oder Aufträge auf einer anderen Maschine produziert werden.[137] Die letzten beiden Schritte der Produktionsbedarfsplanung – die Kapazitätsbedarfsermittlung und die Kapazitätsabstimmung – haben noch keinen hohen Grad der Detaillierung und werden auf Segmentebene geplant. Zudem wird das Kapazitätsangebot kurzfristig beispielsweise durch Maschinenstörungen, Personal- und Werkzeugausfälle beeinflusst.[138]

---

[131] Günther/Tempelmeier (2016), S. 158.

[132] Schuh et al. (2012a), S. 44–46.

[133] Schuh et al. (2012a), S. 47.

[134] Abbildung 2.1 aus Abschnitt 2.1.

[135] Schuh et al. (2012a), S. 49.

[136] H.-P. Wiendahl (2014), S. 326.

[137] H.-P. Wiendahl (2014), S. 326–327; Schuh et al. (2012a), S. 49–50.

[138] Schuh et al. (2012a), S. 50.

2.4.3   Eigenfertigungsplanung und -steuerung

Während die Eigenfertigungsplanung eine gestalterische Funktion für die Prozesse der Fertigung hat, begleitet die Eigenfertigungssteuerung den detaillierten Ablauf der abzuarbeitenden Tätigkeiten auf Basis des Produktionsplans und plant im Fall von Störungen kurzfristig um.[139] Die Produktionsbedarfsplanung aus Abschnitt 2.4.2 übergibt grobe spätestmögliche Fertigstellungszeitpunkte sowie die Fertigungsmengen der Fertigungsaufträge an die Eigenfertigung. Aus der Differenz von frühest- und spätestmöglichem Starttermin der Fertigung der Aufträge ergibt sich ein Dispositionsspielraum.[140] Die Unteraufgaben der Eigenfertigungsplanung und -steuerung sind:

- Losgrößenrechnung,
- Feinterminierung,
- Ressourcenfeinplanung,
- Reihenfolgeplanung,
- Verfügbarkeitsprüfung,
- Auftragsfreigabe.

In der *Losgrößenrechnung* können Aufträge weiter in Losgrößen aufgeteilt werden.[141] Durch eine *Feinterminierung* im nächsten Schritt werden die Produktionszeiten, Umrüstzeiten und andere Übergangszeiten der Aufträge auf Maschinenebene berücksichtigt. Diese Zeiten können zu einer Durchlaufzeit aufsummiert werden.[142] Die Produkte werden gemäß dem Fertigstellungszeitpunkt und der Durchlaufzeit eingeplant, dabei wird zuerst von unbegrenzten Kapazitäten der Maschinen ausgegangen.[143] Die *Ressourcenfeinplanung* vergleicht den Kapazitätsbedarf aus der Feinterminierung mit dem Kapazitätsangebot jeder Maschine. Das Kapazitätsangebot stellt die nicht verfügbare Belegzeit pro Planungsperiode dar. Nichtverfügbarkeiten können z. B. durch Wartung auftreten. Durch den Abgleich von Bedarf und Angebot werden Kapazitätsüberlastungen und -unterlastungen sichtbar. Diesen Über- oder Unterlastungen kann beispielsweise durch die Veranlassung von Sonderschichten

---

[139] Schuh et al. (2012a), S. 29.

[140] Schuh et al. (2012a), S. 51–52.

[141] Schuh et al. (2012a), S. 53–54; Günther/Tempelmeier (2016), S. 173.

[142] Schuh et al. (2012a), S. 54–55.

[143] Schuh et al. (2012a), S. 54–55.

oder Verschiebung von Aufträgen entgegengewirkt werden.[144] Teils ist die Abarbeitungsreihenfolge der Aufträge noch nicht zwingend festgelegt. Vertauschungen können in der *Reihenfolgeplanung* vorgenommen werden.[145]

Eine Alternative zur sequenziellen Abarbeitung der drei Schritte der *Feinterminierung*, der *Ressourcenfeinplanung* und der *Reihenfolgeplanung* stellt ein simultanes Vorgehen dar, welches im Folgenden grundsätzlich angenommen wird. Die simultane Kombination dieser drei Schritte wird allgemein Ressourcenbelegungsplanung genannt. Im Folgenden wird durchgängig von der Produktion mithilfe von Maschinen ausgegangen, anstatt von Ressourcen zu sprechen. Daher wird im Weiteren ausschließlich der Begriff *Maschinenbelegungsplanung* verwendet.[146]

Ziel der Maschinenbelegungsplanung ist somit ebenfalls die Zuordnung der einzelnen Aufträge zu den Maschinen sowie die Festlegung der Starttermine und -reihenfolgen.[147] Die Maschinenbelegungsplanung beinhaltet damit die Planung aller am Fertigungsprozess beteiligten Ressourcen des Segments, die Beachtung der Restriktionen sowie die Optimierung der gewählten Zielfunktion. Dies macht sie zu einer komplexen Planungsaufgabe.[148]

Diese Aufgabe kann durch die Unterstützung von Assistenzsystemen mit Algorithmen modelliert und gelöst werden.[149] Es ist ebenfalls weitverbreitet, dass das Planungsteam diese Aufgabe ohne Unterstützung von Algorithmen und Systemen bearbeitet. Der Vorteil ist, dass die Erfahrungswerte des Teams genutzt werden können. Der Nachteil ist, dass Optimalität nur schwer zu erreichen ist.[150]

Die *Verfügbarkeitsprüfung*[151] der eingeplanten Aufträge ist die erste steuernde Aufgabe der Eigenfertigung. Vor der Freigabe des Werkstattauftrages wird die Verfügbarkeit aller Produktionsfaktoren und Lagerbestände geprüft.[152] Fehlende Maschinenkapazität oder Lagerbestände können zu einer Überarbeitung des Maschinenbelegungsplans führen.[153] In der Maschinenbelegungsplanung müssen

---

[144] Schuh et al. (2012a), S. 55.

[145] Schuh et al. (2012a), S. 55–56.

[146] Schuh et al. (2012a), S. 52, 54–55.

[147] H.-P. Wiendahl (2014), S. 327.

[148] Schuh et al. (2012a), S. 52, 54–55; H.-P. Wiendahl (2014), S. 327.

[149] Schuh et al. (2012a), S. 52.

[150] Schuh et al. (2012a), S. 52, 54–55.

[151] H.-P. Wiendahl (2014, S. 329) folgend wird die Verfügbarkeitsprüfung in der Literatur teils auch als Auftragsfreigabe bezeichnet oder mit dieser zusammengefasst. Für diese Arbeit wird jedoch die Unterteilung in zwei separate Schritte zugrunde gelegt.

[152] H.-P. Wiendahl (2014), S. 329.

[153] Schuh et al. (2012a), S. 56–57; H.-P. Wiendahl (2014), S. 329.

daher jederzeit Plananpassungen möglich sein, um auf kurzfristige Terminänderungen und Störungen zu reagieren.[154] Im nächsten Schritt der *Auftragsfreigabe* wird die Bereitstellung der Ressourcen veranlasst und die Produktionsvorgänge werden gestartet.[155]

Aus den vorangegangenen Ausführungen der Abschnitte 2.4.1–2.4.3 können folgende *Anforderungen an eine vollständig anpassungsfähige und praxisorientierte Maschinenbelegungsplanung* subsumiert werden – die Punkte bis [P4] wurden auch bereits in den vorherigen Unterkapiteln als Anforderungen abgeleitet, die restlichen Punkte kommen neu hinzu:

[A2]   Zusätzlich zu produzierende Produkte,

[A3]   Wegfall von produzierten Produkten,

[I2]   Geplante Nichtverfügbarkeit oder zusätzliche Verfügbarkeit von Maschinen (z. B. Sonderschichten oder Wartungsarbeiten),

[I4]   Änderung von Bedarfs-/Auftragsmengen (ggf. auch innerhalb des aktuellen Planungshorizontes),

[P1]   Erhebung und Vergleich von Kennzahlen im Bereich der produktionswirtschaftlichen Zielgrößen Auslastung, Durchlaufzeit, Bestände und Termintreue,

[P2]   Integration von Mindestbeständen und Beständen in Zwischen- und Endproduktlager,

[P3]   Minimale und maximale Produktionsmengen,

[P4]   Möglichkeit zur Aufteilung eines Auftrags,

[P5]   Verschiedene Längen von Planungsperioden und verschiedene Prioritäten der Aufträge, um Liefertermine halten zu können,

[P6]   Integration von Prognoseverfahren in die Maschinenbelegungsplanung,

[P7]   Einbeziehen von Erfahrungswissen des PPS-Teams sowie Möglichkeit der manuellen Planung,

[A11] Möglichkeit der manuellen Veränderung von softwareseitig erzeugten Maschinenbelegungsplänen.

Trotz eines Maschinenbelegungsplans, der viele Restriktionen berücksichtigen kann, wird es immer Zeiten geben, in denen Maschinen ungeplant keine wertschöpfenden Prozesse ausführen können.[156] Die *steuernden Aufgaben der*

---

[154] H.-P. Wiendahl (2014), S. 327.

[155] Schuh et al. (2012a), S. 57.

[156] Muchiri/Pintelon (2008), S. 3519; H.-P. Wiendahl (2014), S. 329; Gottmann (2019), S. 101–102.

Eigenfertigungsplanung und -steuerung kommen insbesondere bei diesen ungeplanten Störungen der Produktion zum Tragen.[157] Tritt eine solche Störung auf, wird geprüft, ob Gegenmaßnahmen unternommen werden müssen, und gegebenenfalls werden die oben beschriebenen planerischen Aufgaben der Eigenfertigungsplanung und -steuerung (je nach Anforderung partiell) wiederholt abgearbeitet. Welche für den Maschinenbelegungsplan kritischen Störungen im Produktionsprozess eintreten können, wird im Folgenden analysiert.

2.4.4 Störungen und Overall Equipment Effectiveness (OEE)

Anhand der Berechnung der Kennzahl Overall Equipment Effectiveness (OEE)[158] wird deutlich, welche Kategorien von Zeiten es gibt, in denen die Maschinen nicht zur Wertschöpfung beitragen. Die Kennzahl wird sowohl in der Produktion als auch in der Literatur verwendet, um die Effizienz der Produktion anzugeben und zu steuern.[159] Die OEE gibt dabei den Anteil der Zeit in Prozent an, der genutzt wird, um betriebsfähige Produkte zu produzieren und somit zur Wertschöpfung beizutragen. Die OEE kann auch produkt- oder maschinenbezogen angegeben werden. Die Zeit, betriebsfähige Produkte zu produzieren, wird der gesamten Kalenderzeit in mehreren Abstufungen gegenübergestellt.[160] Ein umfassendes Konzept mit einer gängigen Einteilung von Verlustzeiten wird in Abbildung 2.13 veranschaulicht.

Mit den Größen dieser Abbildung wird die klassische OEE wie folgt berechnet.[161]

$$\text{OEE} \stackrel{\text{Abb. 2.13}}{:=} \frac{\text{wertschöpfende Maschinenzeit}}{\text{Netto-Maschinenbeladungszeit}}$$

---

[157] Kiener et al. (2012), S. 27–28; Schiemenz/Schönert (2005), S. 56.

[158] Gottmann (2019), S. 101; Muchiri/Pintelon (2008), S. 3518–3519. Auf Deutsch wird OEE auch Gesamtanlageneffektivität genannt. Im Folgenden wird jedoch durchgängig der Begriff Overall Equipment Effectiveness (OEE) verwendet, da dieser sich im Deutschen ebenfalls etabliert hat. Die OEE wurde zum ersten Mal von Nakajima (1988) veröffentlicht.

[159] Braglia et al. (2008), S. 9; Muchiri/Pintelon (2008), S. 3518; Gottmann (2019), S. 101–102, 180–181.

[160] Braglia et al. (2008), S. 9.

[161] Zammori et al. (2011), S. 6472; Muchiri/Pintelon (2008), S. 3519.

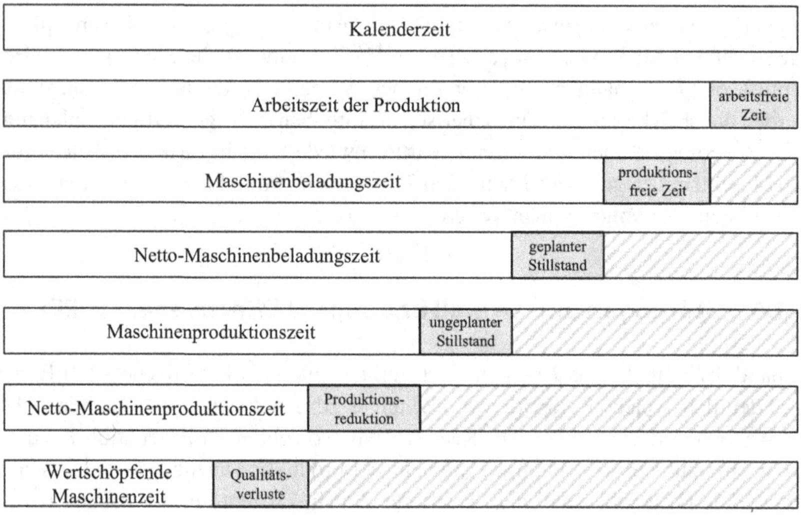

Kalenderzeit

| Arbeitszeit der Produktion | arbeitsfreie Zeit |

| Maschinenbeladungszeit | produktions-freie Zeit | |

| Netto-Maschinenbeladungszeit | geplanter Stillstand | |

| Maschinenproduktionszeit | ungeplanter Stillstand | |

| Netto-Maschinenproduktionszeit | Produktions-reduktion | |

| Wertschöpfende Maschinenzeit | Qualitäts-verluste | |

Abbildung 2.13 OEE[162]

Um in dem Konzept einer anpassungsfähigen Maschinenbelegungsplanung Zeiten, in denen nicht zur Wertschöpfung beigetragen wird, abbilden zu können, ist es für die vorliegende Arbeit besonders wichtig, die Ursachen der Zeiten zu erfassen, die gegenüber der Kalenderzeit als unproduktive Zeiten gelten. Die analysierten Ursachen aus einer Untersuchung von Muchiri/Pintelon (2008) und weiteren Beiträgen werden im Folgenden kategorisiert nach Abbildung 2.13 aufgeführt:

- *arbeitsfreie Zeit:* Feier- und Urlaubstage, freie Schichten;[163]
- *produktionsfreie Zeit:* regelmäßige Termine der Belegschaft, zu denen nicht produziert wird (z. B. wöchentliche Meetings), außergewöhnliche Termine der Belegschaft, zu denen nicht produziert wird (z. B. Sicherheitsunterweisungen), umfangreiche Wartungen, geringe Nachfrage;[164]
- *geplanter Stillstand:* Modifikationen der Maschine, regelmäßige präventive Wartungen, Veränderung der Produktion, Blockierung für Tests des Instandhaltungsteams, reduzierte Geschwindigkeit oder Stopps wegen Qualitätskontrollen,

---

[162] In Anlehnung an Braglia et al. (2008, S. 13).

[163] Gottmann (2019), S. 101–102; Braglia et al. (2008), S. 10; Zammori et al. (2011), S. 6473.

[164] Muchiri/Pintelon (2008), S. 3519–3520; Braglia et al. (2008), S. 9–10, 13; Gottmann (2019), S. 101–102, 180; Zammori et al. (2011), S. 6473.

Programmierung der Maschine, Umrüstzeiten, Beladung der Maschine, Hoch-
fahren der Maschine, Laden neuer Daten der Maschine;[165]

- *ungeplanter Stillstand:* Blockierung wegen des Überlaufens von Puffern oder
Warteschlangen, Blockierungen im Logistikbereich, fehlendes Material für die
Produktion, Maschinenausfälle, Ausfall von anderen Produktionsfaktoren, Qua-
litätsprobleme, Reparaturen, Streiks der Belegschaft, reaktive Veränderungen an
der Produktion, Ersetzen von Werkzeugen, Rekalibrierung, Abwesenheit von
Mitgliedern des Produktionsteams;[166]

- *Produktionsreduktion:* Schwankungen in der Maschinengeschwindigkeit,
Schwankungen in der Produktionszeit pro Teil und für den gesamten Auftrag,
kurze Produktions-/Maschinenstopps, reduzierte Ausbeute nach Problemen bis
zur Stabilisierung, Aufheizen, weniger produzierte Menge als geplant, z. B. durch
falsch gepflegte Stammdaten;[167]

- *Qualitätsverluste:* Ausschuss und Nacharbeit.[168]

Für die Konzeption einer anpassungsfähigen Maschinenbelegungsplanung sowie
für den weiteren Verlauf der Arbeit ist festzuhalten, dass alle Kapazitätsreduktio-
nen, die vom Personal sowie fehlenden Ressourcen ausgehen als Maschinenausfall
modelliert werden können.

Eine weitere Störung ist die Änderung von Auftragsmengen. Sie geht aus der
OEE nicht hervor, da die Störung nicht unmittelbar die wertschöpfende Zeit der Produktion adressiert. In der Literatur wird die Änderung von Auftragsmengen jedoch
als maßgebliche Turbulenz für die PPS charakterisiert.[169] Dies wurde auch bereits
in den vorherigen Abschnitten adressiert. An dieser Stelle wird jedoch noch mal
näher auf kurzfristige Änderungen unmittelbar vor Produktionsstart eingegangen.

Auftragsänderungen nehmen wegen der gesteigerten Anforderung nach einer
steigenden Ausrichtung an den Kundenbedürfnissen weiter an Bedeutung zu.[170]
Gründe für Auftragsschwankungen können beispielsweise „Eilaufträge, Auftrags-
stornierungen, Änderungen des Fälligkeitsdatums, verfrühtes oder verspätetes

---

[165] Braglia et al. (2008), S. 10.

[166] Muchiri/Pintelon (2008), S. 3519–3520; Gottmann (2019), S. 101–102, 180; Braglia et al.
(2008), S. 10, 13; Zammori et al. (2011), S. 6473.

[167] Braglia et al. (2008), S. 9–10, 13; Zammori et al. (2011), S. 6473; Gottmann (2019), S.
101–102.

[168] Gottmann (2019), S. 101–102, 180; Braglia et al. (2008), S. 9–10, 13.

[169] Lödding (2010), S. 45–61; Wiendahl (2002), S. 24–31; Stoop/Wiers (1996), S. 40–41.

[170] Schumacher et al. (2019); Lager (2019), S. 40–41; Westkämper/Zahn (2009), S. 20; Grundig (2018), S. 63.

Eintreffen von Aufträgen, Änderung der Auftragspriorität"[171] sein. Des Weiteren werden durch den sogenannten Bullwhip-Effekt die Schwankungen der Nachfrage umso stärker, je weiter die Lieferkette vom Endkunden in Richtung der Produktion der Güter verfolgt wird. Das heißt, auf der Ebene der Maschinenbelegungsplanung eines produzierenden Unternehmens (der letzten Ebene der Lieferkette) sind besonders große Nachfrageschwankungen zu erwarten. Gründe dieser Schwankungen sind beispielsweise Nachfrageprognose, Losgrößenbildungen und Preisschwankungen auf jeder Stufe der Lieferkette.[172]

Aus den vorangegangenen Ausführungen zu der OEE können folgende *Anforderungen an eine anpassungsfähige und praxisorientierte Maschinenbelegungsplanung* abgeleitet werden – die Punkte bis [I4] wurden auch bereits in den vorherigen Unterkapiteln als Anforderungen abgeleitet, die restlichen Punkte kommen neu hinzu:

[I2]   Geplante Nichtverfügbarkeit oder zusätzliche Verfügbarkeit von Maschinen (z. B. Sonderschichten oder Wartungsarbeiten),

[I3]   Ungeplante Nichtverfügbarkeiten, d. h. Ausfälle von Maschinen, anderen Betriebsmitteln oder Produktionsfaktoren,

[I4]   Änderung von Bedarfs-/Auftragsmengen (ggf. auch innerhalb des aktuellen Planungshorizontes),

[A12] Möglichkeit der Wiederholung von Planungsaufgaben,

[A13] Zeiten, in denen bestimmte Produkte nicht produziert werden können,

[P8]   Realistische Bewertung der Maschinenbelegungspläne hinsichtlich der Unsicherheit der Umrüstzeiten, Produktionszeiten, Ausschussdaten und Logistikprozesszeiten in Materialflusssimulationen,

[I1]   Unsicherheit in Umrüstzeiten, Bearbeitungszeiten, Ausschussdaten, Logistikprozesszeiten und weitere Prozessparameter.

Dieses Unterkapitel hat verschiedene Arten von Störungen aufgezeigt. Um diesen Störungen in Echtzeit mithilfe der Maschinenbelegungsplanung entgegenzuwirken, können Assistenzsysteme für die PPS, eine vernetzte Produktion und eine gute Datengrundlage als Wandlungsbefähiger fungieren.[173] Unter anderem den Schritt in diese Richtung unterstützt die vierte industrielle Revolution, die im nächsten Unterkapitel beschrieben wird.

---

[171] Vom englischen Text von Gholami et al. (2009, S. 190) übersetzt.

[172] Papier/Thonemann (2008), S. 29–31; Stoop/Wiers (1996), S. 40–41.

[173] Schuh et al. (2012a), S. 52, 72–79; ten Hompel et al. (2007), S. 1.

2.5   Vierte industrielle Revolution

Die Konzepte rund um die Themengebiete der Flexibilität und Wandlungsfähigkeit, PPS sowie Fabrikplanung existieren schon mindestens seit den 1960er Jahren.[174] Die vierte industrielle Revolution eröffnet diesen Konzepten erweiterte Umsetzungsmöglichkeiten. Dieses Unterkapitel trägt dazu bei, zu erörtern, mit welchen Technologien und Konzepten durch die Entwicklung hin zur vierten industriellen Revolution – auch Industrie 4.0 genannt[175] – Potenziale für die Maschinenbelegungsplanung gehoben werden können.[176] Zugunsten der Fokussierung der Arbeit werden in diesem Unterkapitel fünf Schwerpunkte gesetzt, die für die Anwendung der Industrie 4.0 in der Maschinenbelegungsplanung besonders relevant sind.

Um in das Thema einzusteigen, wird der Begriff Industrie 4.0 in Abschnitt 2.5.1 detaillierter erläutert. Danach wird die Anwendung von Industrie 4.0-Technologien in Abschnitt 2.5.2 beleuchtet. In Abschnitt 2.5.3 wird die PPS in Zusammenhang mit der vierten industriellen Revolution gesetzt und abschließend wird in Abschnitt 2.5.4 die Rolle des Menschen in der Industrie 4.0 behandelt.

2.5.1   Begriffsabgrenzung

Der Begriff Industrie 4.0 wurde das erste Mal auf der Hannovermesse 2011 präsentiert und ist Teil der Hightech-Strategie der Bundesregierung, die darauf abzielt, die deutsche Fertigungsindustrie wettbewerbsfähiger aufzustellen.[177] Schon laut der Namensgebung reiht sich die vierte industrielle Revolution in die Stufen der industriellen Revolutionen ein (vgl. Abbildung 2.14).[178] Während im Zuge der ersten industriellen Revolution mechanische Produktionsanlagen vermehrt eingesetzt

---

[174] Dormayer (1986); Hopfmann (1988); Aggteleky (1971); Pfaffenberger (1960).

[175] Bauernhansl et al. (2014), S. 5; Siepmann (2016), S. 19.

[176] Ein Beispiel eines Potenzials der Industrie 4.0 beschreibt Schuh et al. (2017, S. 17): „So wird es beispielsweise möglich, eine Lieferterminabweichung aufgrund einer Störung auf einem Dashboard in Echtzeit darzustellen. Mithilfe dieser Information kann die Produktionsplanung schneller angepasst werden als früher. Auch Zulieferer sowie Kundinnen und Kunden können so schneller informiert werden."

[177] Bundesministerium für Bildung und Forschung (2012), S. 52–54; Siepmann (2016), S. 20; Kagermann et al. (2013), S. 20. Mittlerweile treibt die Bundesregierung das Thema mithilfe der Plattform der Industrie 4.0 voran, wie auch von Banthien/Senff (2017, S. 144–147) erwähnt.

[178] Für eine ausführliche Darstellung der Inhalte und Unterschiede zwischen den vier Stufen der industriellen Revolutionen sei auf Schäfer/Pinnow (2015, S. 3–6) verwiesen. Drath (2014, S. 2) stellt fest: „Bemerkenswert ist die Tatsache, dass erstmalig eine industrielle Revolution ausgerufen wird, noch bevor sie stattgefunden hat."

wurden[179] und in der zweiten viele elektrische Maschinen die körperliche menschliche Arbeit vereinfachten oder gänzlich übernahmen,[180] werden seit der dritten industriellen Revolution kognitive Tätigkeiten des Menschen vermehrt von Maschinen, IT und Elektronik übernommen.[181] Als Ergebnisse der dritten industriellen Revolution sind beispielsweise der Einsatz von Computersystemen in produzierenden Unternehmen zur Auswertung von Produktionsdaten zu sehen oder der Einsatz von Robotern mit Steuerungssoftware in der Produktion.[182]

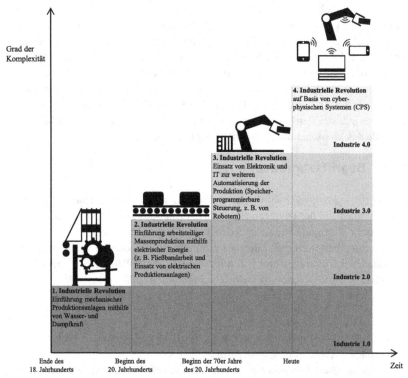

Abbildung 2.14 Die vier Stufen der industriellen Revolution[183]

---

[179] Kagermann et al. (2012), S. 14; Schäfer/Pinnow (2015), S. 2–3.

[180] Kagermann et al. (2012), S. 14; Schäfer/Pinnow (2015), S. 3–5.

[181] Kagermann et al. (2012), S. 14.

[182] Schäfer/Pinnow (2015), S. 5–6.

[183] In Anlehnung an die von DFKI (2011) erstellte Grafik, welche zuerst in Kagermann et al. (2012, S. 13) veröffentlicht wurde, sowie außerdem in Anlehnung an Spath et al. (2013, S. 23; Kagermann et al. (2013), S. 17; Koren (2010), S. 34.

Einige Merkmale werden sowohl als Entwicklung der dritten als auch der vierten industriellen Revolution genannt, deshalb werden eine trennscharfe Abgrenzung sowie eine einheitliche Definition des Begriffs der „Industrie 4.0" vom Bundesverband Informationswirtschaft, Telekommunikation und neue Medien e. V. (2016, S. 6) als schwierig bewertet.[184] Aus dem Vergleich zwischen dritter und vierter industrieller Revolution wird deutlich: „Nicht die Digitalisierung der Produkte und ihrer Produktion ist das wirklich Revolutionäre an Industrie 4.0, sondern die Möglichkeiten der Vernetzung technischer Systeme in Echtzeit."[185] Durch die Vernetzung der technischen Systeme geht die Industrie 4.0 einen Schritt weiter als die dritte industrielle Revolution und verbindet in der Fabrik das zu planende und zu steuernde physikalische Produktionssystem[186] (beispielsweise durch die Verbindung von Sensoren) mit dem Internet sowie auch mit den betrieblichen Informationssystemen und PPS-Systemen.[187] Zur Aufnahme der Daten eignen sich Cyberphysische Systeme (CPS). CPS sind „mit einer eigenen dezentralen Steuerung [...] versehene intelligente Objekte, welche in einem Internet der Daten und Dienste miteinander vernetzt sind und sich selbstständig steuern [können]".[188]

Mit der Vernetzung gehen ebenfalls Entwicklungen einher wie die engere Vernetzung zwischen der Produktion und weiteren Unternehmensbereichen sowie auch die Vernetzung des Menschen mit den Maschinen über mobile Endgeräte und die Steuerung der Maschinen durch den Menschen über Schnittstellen.[189]

Zusammenfassend kann konstatiert werden: „Die Industrie 4.0 meint im Kern die technische Integration von CPS in die Produktion und die Logistik sowie die Anwendung des Internets der Dinge und Dienste in industriellen Prozessen – einschließlich der sich daraus ergebenden Konsequenzen für die Wertschöpfung, die Geschäftsmodelle sowie die nachgelagerten Dienstleistungen und die Arbeitsorganisation."[190]

---

[184] Für die Analyse verschiedener Definitionen des Begriffs Industrie 4.0 sei auf Hermann et al. (2016, S. 3928–3937) verwiesen.

[185] Bauernhansl et al. (2016), S. 3.

[186] Laut Bullinger et al. (2009, S. 793) und Bauernhansl et al. (2014, S. 15–17) umfasst das physikalische System alle Gegenstände und Ressourcen wie beispielsweise Maschinen, Werkzeuge, Gebäude, Verkehrsmittel, Logistikkomponenten und auch den Menschen als im physikalischen Sinne produktiv Tätigen.

[187] Bauernhansl et al. (2016), S. 3.

[188] Spath et al. (2013), S. 23.

[189] Ittermann et al. (2015), S. 2; Bauernhansl et al. (2014), S. 15–17; Spath et al. (2013), S. 23.

[190] Kagermann et al. (2013), S. 18; Bauernhansl et al. (2014), S. 15–17.

2.5.2 Einführung der Industrie 4.0-Technologien

FIR e. V. (2016, S. 32) und Schuh et al. (2017, S. 16) haben im acatech Industrie 4.0 Maturity Index analysiert, dass die verschiedenen Reifegrade der Industrie 4.0 aus Abbildung 2.15 abgegrenzt und nacheinander umgesetzt werden sollten, um die Industrie 4.0 nach und nach effizient in Unternehmen einzuführen.[191] Anhand dieses stufenweisen Plans für die Entwicklung von Unternehmen können Unternehmen grob ihren Istzustand verorten sowie ihren Sollzustand definieren, Ziele ableiten und die Industrie 4.0-Technologien gezielter einführen.[192] Der acatech Industrie 4.0 Maturity Index kann sowohl für das ganze Unternehmen als auch für einzelne Ebenen des Unternehmens angewendet werden.[193] Mit jeder Realisierung eines Reifegrads können laut dieser Studie zusätzliche Potenziale gehoben werden.[194] Die Potenziale sowie die einzelnen Reifegradstufen werden im Folgenden vorgestellt:

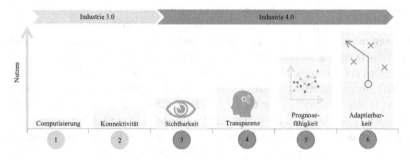

Abbildung 2.15 Reifegrade der Industrie 4.0 für die Produktion[195]

---

[191] Schuh et al. (2017), S. 13–14. Auf diese Vorgehensweise wird unter anderem vom Bundesministerium für Wirtschaft und Energie sowie vom Bundesministerium für Bildung und Forschung auf der Website der gemeinsamen Initiative „Plattform Industrie 4.0" verwiesen (vgl. Plattform Industrie 4.0 (2017)).

[192] FIR e. V. (2016), S. 32. Für einen Überblick ausgewählter Forschungsprojekte und betrieblicher Praxisbeispiele zur Einführung von Industrie 4.0-Technologien und -Konzepten vgl. Ittermann et al. (2015, S. 20–32 sowie im dortigen Anhang).

[193] Vgl. Abbildung 2.1 aus Abschnitt 2.1.

[194] FIR e. V. (2016), S. 32; Schumacher et al. (2019).

[195] In Anlehnung an FIR e. V. (2016, S. 32), Schuh et al. (2017, S. 16) und Schumacher et al. (2019, S. 34).

- *Stufe 1: Computisierung*

Die Computisierung bezeichnet die Rechnerunterstützung für alle Maschinen und Arbeitsplätze. Für das Erreichen dieser Stufe sollten keine händischen Eingaben an Maschinen mehr nötig sein, sondern es sollte für jede Maschine ein Rechner mit Speicher für verschiedene Einstellungen existieren.[196]

- *Stufe 2: Konnektivität*

Die Konnektivität verbindet die Maschinen und Entitäten in der Produktion sowie die IT-Systeme anderer Geschäftsprozesse miteinander. Beispielsweise sind die meisten Maschinen mit dem Rechnernetz verbunden. Die Maschinen können so Informationen in die betrieblichen Informationssysteme übertragen sowie Informationen von diesen beziehen. Andere operative Technologien wie beispielsweise Förderbänder sind jedoch möglicherweise noch nicht angebunden.[197]

- *Stufe 3: Sichtbarkeit*

In der Stufe Sichtbarkeit ist es möglich, den gesamten Produktionsablauf eines Produktes zu verfolgen. Dieses Modell der Verfolgung wird „Digitaler Schatten" genannt.[198] Dieser Digitale Schatten ist in der Stufe Sichtbarkeit über alle Unternehmensbereiche vollumfänglich verfügbar, beinhaltet vor allem Betriebsdaten und liefert jederzeit ein aktuelles Abbild des Unternehmens. In dieser Stufe ist somit ein Beobachten der Prozesse möglich.[199]

- *Stufe 4: Transparenz*

Auf Basis des Digitalen Schattens können die Prozesse des Unternehmens zusätzlich analysiert werden. Insbesondere wenn es sehr viele Daten zu verarbeiten gilt, sind in dieser Stufe Technologien hilfreich, die Massendaten analysieren können. Die Daten kommen aus einem Enterprise Resource Planning (ERP) oder Manufacturing Execution System (MES). In dieser Stufe werden beispielsweise

---

[196] Schuh et al. (2017), S. 15.
[197] Schuh et al. (2017), S. 16.
[198] Schuh et al. (2017), S. 16–17; Bauernhansl et al. (2016), S. 23.
[199] Schuh et al. (2017), S. 16–17.

Korrelationen zwischen Daten geprüft wodurch etwa eine vorausschauende Wartung möglich wird.[200]

- *Stufe 5: Prognosefähigkeit*

In der „Entwicklungsstufe Prognosefähigkeit lassen sich verschiedene Zukunftsszenarien simulieren und die wahrscheinlichsten identifizieren. Hierzu wird der digitale Schatten in die Zukunft projiziert und es werden unterschiedliche Szenarien gebildet, die anhand ihrer Eintrittswahrscheinlichkeit bewertet werden. In der Folge sind Unternehmen in der Lage, bevorstehende Ereignisse zu antizipieren und rechtzeitig Entscheidungen zu treffen sowie geeignete Reaktionsmaßnahmen einzuleiten. Maßnahmen müssen zwar in der Regel noch manuell eingeleitet werden, durch die gewonnene Vorwarnzeit können die Auswirkungen der Störung jedoch frühzeitig begrenzt werden. [...] Die Prognosefähigkeit eines Unternehmens hängt im entscheidenden Maß von der geleisteten Vorarbeit ab. Ein hinreichend ausgebildeter digitaler Schatten in Verbindung mit bekannten Wirkungszusammenhängen legt den Grundstein für eine hohe Güte der Prognosen und hieraus abgeleiteter Handlungsempfehlungen."[201] Die Güte der Prognosen der Zukunft ist somit entscheidend von der Güte und Aufbereitung der Daten der Vergangenheit abhängig.[202] Die Methoden zur Prognose werden von Schuh et al. (2017, S. 18) jedoch offengelassen. In der vorliegenden Arbeit gilt es, geeignete Prognosemethoden in Bezug auf die Maschinenbelegungsplanung zu finden.

Experimentierbare Modelle werden als Repräsentation des eigentlichen Systems der Realität wegen der fehlenden Option des Experimentierens am Original bzw. des damit verbundenen Aufwands bevorzugt standardmäßig herangezogen.[203] Eine sehr umfassende virtuelle Repräsentation, mit der zukünftig mögliche Szenarien mithilfe der Daten auf dem Digitalen Schatten simuliert werden und die ähnlich zum realen System auf Änderungen, neue Technologien sowie Abläufe reagiert, wird „Digitaler Zwilling" genannt. Ein Digitaler Zwilling kann ebenfalls lediglich für Teilbereiche erstellt werden.[204]

---

[200] Schuh et al. (2017), S. 17–18.

[201] Schuh et al. (2017), S. 18.

[202] Westkämper/Zahn (2009), S. 12.

[203] Law (2015), S. 4.

[204] Weyer et al. (2016), S. 100; Bauernhansl et al. (2016), S. 23.

- *Stufe 6: Adaptierbarkeit*

„Durch kontinuierliche Adaptierung wird ein Unternehmen in die Lage versetzt, Entscheidungen IT-Systemen zu überlassen und sich ohne Zeitverlust entsprechend den veränderten Rahmenbedingungen im Geschäftsumfeld auszurichten. Der Grad der Autonomie ist eine Frage der Komplexität von Entscheidungen und des Kosten-Nutzen-Verhältnisses. Häufig ist es sinnvoll, nur einzelne Prozesse autonom zu gestalten. [...] Das Ziel der Stufe sechs ist erreicht, wenn es dem Unternehmen gelingt, die Daten des digitalen Schattens so einzusetzen, dass Entscheidungen mit den größten positiven Auswirkungen autonom und ohne menschliches Zutun in kürzester Zeit getroffen und die daraus resultierenden Maßnahmen umgesetzt werden."[205]

Unter Beachtung dieser Reifegrade soll in der vorliegenden Arbeit eine Maschinenbelegungsplanung entwickelt werden, die den Anforderungen der sechs Stufen gerecht wird. Des Weiteren soll diese Übersicht für die Maschinenbelegungsplanung spezifiziert werden. Die Idee des flächendeckenden Einsatzes von Industrie 4.0-Technologien existierte schon länger, jedoch wurde dieser erst durch Entwicklungen wie steigende Leistungsfähigkeit (beispielsweise 5G[206]) und fallende Hardware-Preise (beispielsweise für neuere Sensoren, Netzwerktechnik oder größere Datenspeicher) möglich.[207]

Insbesondere aus den obigen Ausführungen zu den Reifegradstufen können die folgenden *Anforderungen für eine praxisorientierte Maschinenbelegungsplanung* abgeleitet werden – die Punkte bis [P8] wurden auch bereits in den vorherigen Unterkapiteln als Anforderungen abgeleitet, die restlichen Punkte kommen neu hinzu:

[A9] Integration neuer Daten und Datenverarbeitungen, die durch im Fabrikplanungsprozess installierte neue Sensoren aufgenommen werden,

[A11] Möglichkeit der manuellen Veränderung von softwareseitig erzeugten Maschinenbelegungsplänen,

---

[205] Schuh et al. (2017), S. 18. Ähnlich beschreibt auch Ittermann et al. (2015, S. 27) die höchste Entwicklungsstufe der Industrie 4.0.

[206] 5G wird im Sprachgebrauch durchgängig in der abgekürzten Form verwendet, daher auch in dieser Arbeit. 5G beschreibt dabei die fünfte Generation des Mobilfunkstandards.

[207] Spath et al. (2013), S. 101–102; Schuh et al. (2017), S. 16–17; Hirsch-Kreinsen (2016), S. 20–23.

[P1] Erhebung und Vergleich von Kennzahlen im Bereich der produktionswirt-
      schaftlichen Zielgrößen Auslastung, Durchlaufzeit, Bestände und Termin-
      treue,

[P6] Integration von Prognoseverfahren in die Maschinenbelegungsplanung,

[P7] Einbeziehen von Erfahrungswissen des PPS-Teams sowie Möglichkeit der
      manuellen Planung,

[P8] Realistische Bewertung der Maschinenbelegungspläne hinsichtlich der Unsi-
      cherheit der Umrüstzeiten, Produktionszeiten, Ausschussdaten und Logis-
      tikprozesszeiten in Materialflusssimulationen,

[P9] Digitale Visualisierung des Maschinenbelegungsplans und Nachvollziehbar-
      keit der Entstehung der Maschinenbelegungspläne sicherstellen,

[P10] Optimierung der produktionswirtschaftlichen Zielgrößen,

[P11] Entscheidung, bis zu welchem Grad der Flexibilität und Wandlungsfähigkeit
      Änderungen automatisiert oder manuell angestoßen werden,

[P12] Datenerfassung,   Entscheidungsfindung,   Datenverarbeitungsvorgänge,
      Berechnungen der Maschinenbelegungspläne und Steuerung, zwischen zu
      steuerndem System und steuerndem System in Echtzeit und teils ohne
      menschliche Einwirkung,

[P13] Maschinenbelegungsplanung „as a service",

[P14] Zur Verfügung stehende Massendaten analysieren, Zusammenhänge und
      Aggregation dieser Daten erarbeiten.

Welche Potenziale diese Einführung der Industrie 4.0 in ihrer Gesamtheit der sechs
Stufen für das Produktionssystem sowie die PPS mit sich bringen, analysiert der
folgende Abschnitt.

2.5.3 Potenziale und Turbulenzen für die PPS

Je höher der Reifegrad der Industrie 4.0 in den Unternehmen ist, desto mehr der
folgenden Potenziale können gehoben werden.[208] Die Potenziale der Industrie 4.0
können laut der für diese Arbeit gesichteten Literatur in den folgenden Punkten
zusammengefasst werden. Die Punkte sind dabei den Kategorien für Potenziale von
Roth (2016, S. 6–8) aus Abbildung 2.16 zugeordnet:

---

[208] Minguez (2013), S. 272; Kettner (2015), S. 299–302.

1. Individualisierung

- rentable Produktion individualisierter Produkte bis zur Losgröße 1;[209]
- Berücksichtigung individueller und kurzfristiger Kundenwünsche in Design, Planung und Produktion.[210]

2. Flexibilisierung

- Erhöhung der Flexibilität, z. B. Erhöhung der Reaktions- sowie Antizipationszeit auf Kundenanforderungen;[211]
- Erhöhung der Wandlungsfähigkeit, z. B. dynamische Gestaltung und kurzfristige Änderungen des Ablaufs von Geschäftsprozessen,[212]
- Echtzeitsteuerung: Optimierte Entscheidungsfindung in Echtzeit auf Basis einer besseren Datenlage durch Echtzeitdaten;[213]

3. Produktivitätssteigerung

- Antizipation von Zukunftsszenarien (z. B. Kundenwünsche) durch Prognose- und Simulationsmethoden, welche durch Massendaten aus der Vergangenheit abgeleitet werden können;[214]
- Erhöhung der Verfügbarkeit des Produktionssystems;[215]
- Einbeziehung des Kunden als Wertschöpfungspartner, beispielsweise könnten die Kunden neue Designs gestalten und darüber abstimmen;
- Berücksichtigung von Unsicherheiten;[216]

---

[209] Bauernhansl et al. (2016), S. 7; Bodden et al. (2017); Kagermann et al. (2013), S. 19; Roth (2016), S. 6.

[210] Roth (2016), S. 6.

[211] Roth (2016), S. 3, 7; Bauernhansl et al. (2016), S. 7; Lanza et al. (2018), S. 9–15; Minguez (2013), S. 272; Kagermann et al. (2013), S. 20.

[212] Roth (2016), S. 3; Bauernhansl et al. (2016), S. 7; Lanza et al. (2018), S. 9–15; Minguez (2013), S. 272.

[213] Schuh et al. (2017), S. 11; Kagermann et al. (2013), S. 20–24; Bauernhansl et al. (2016), S. 8.

[214] Bauernhansl et al. (2016), S. 8; Roth (2016), S. 7. Insbesondere durch die Umsetzung von Technologien in Stufe 5 des Reifegradmodells aus Abschnitt 2.5.2 wird es möglich, aus historischen Daten zu prognostizieren und beispielsweise Kundenwünsche zu antizipieren.

[215] Bauernhansl et al. (2016), S. 8. Die Verfügbarkeit des Produktionssystems kann z. B. durch Predictive Maintainance erhöht werden.

[216] Spath et al. (2013), S. 102.

• Erhöhung der Auslastung, der Ressourceneffizienz und der Effektivität der Produktion, insbesondere in der Massenproduktion.[217]

4. Steigerung der Einsatzfähigkeit der Mitarbeitenden[218]

• Unterstützung der Beschäftigten in der Ausführung ihrer Tätigkeit durch technische Assistenzsysteme, welche sie teils von Routineaufgaben entlasten können.[219]

5. Erweiterung von Geschäftsmodellen[220]

• Entstehung neuer Geschäftsmodelle z. B. für Start-ups im Bereich der Verarbeitung von Massendaten.[221]

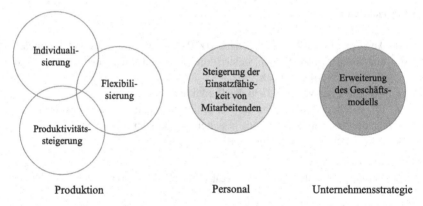

Produktion   Personal   Unternehmensstrategie

Abbildung 2.16 Potenzialkategorien der Industrie 4.0 im Überblick[222]

Diese Potenziale zu heben, soll auch durch das in dieser Arbeit zu entwickelnde Konzept der anpassungsfähigen und praxisorientierten Maschinenbelegungspla-

---

[217] Bauernhansl et al. (2016), S. 8; Kagermann et al. (2013), S. 20; Roth (2016), S. 7.

[218] Roth (2016), S. 6–8.

[219] Kagermann et al. (2013), S. 5, 20.

[220] Roth (2016), S. 6–8.

[221] Kagermann et al. (2013), S. 20; Bauernhansl et al. (2016), S. 8.

[222] In Anlehnung an Roth (2016, S. 7).

nung unterstützt werden. Mit der Realisierung der oben aufgeführten Potenziale entstehen laut Studien enorme Einsparungspotenziale in fast allen Bereichen der Wertschöpfung.[223] Sowohl die (Einsparungs-)Potenziale als auch der Umsetzungsgrad der Einführung der Industrie 4.0 in Produktions- und Wertschöpfungssysteme wird laut Kettner (2015, S. 299–302) in der Massenfertigung höher eingeschätzt als beispielsweise im Vergleich zur Einzelfertigung oder Logistik.

Den Potenzialen gegenüber stehen die Risiken der Einführung von Industrie 4.0.[224] Die Einführung von Konzepten der Industrie 4.0 ruft Änderungen in allen drei Dimensionen „Mensch – Technik – Organisation" hervor.[225] Die Einführung ist meist mit hohen Investitionen verbunden.[226] Des Weiteren wird die Veränderung der Tätigkeit von Mitarbeitenden sowie deren Umschulung als finanzielles, organisatorisches und unternehmerisches Risiko eingestuft. Eine hohe Akzeptanz der neuen Technologien kann die Einführung der Industrie 4.0-Technologien erleichtern.[227]

2.5.4 Interaktion des Menschen mit Industrie 4.0-Technologien

Um die Akzeptanz der Industrie 4.0-Technologien in der Maschinenbelegungsplanung zu fördern und die Ressourcen der Arbeitskraft des PPS-Teams mit den technischen Möglichkeiten in der Maschinenbelegungsplanung sinnvoll zu kombinieren, soll in diesem Abschnitt erörtert werden, welche Ansätze im Kontext von Industrie 4.0 existieren, die das Zusammenwirken des PPS-Teams und der technologischen Entwicklungen der Industrie 4.0 fördern.

Während frühere Entwicklungen, die Ähnlichkeiten zur Industrie 4.0 aufwiesen – unter dem Begriff Computer Integrated Manufacturing (CIM) – versuchten,

---

[223] Bauernhansl et al. (2016, S. 8) berichten von möglichen Steigerungen der Gesamtproduktivität eines Unternehmens von bis zu 50 %, einer Reduktion der Bestandskosten um bis zu 40 % und einer Reduktion der Fertigungs- und Logistikkosten von 10 % bis 30 %. In Bereichen, die nicht direkt an der Produktion beteiligt sind, berichten Bauernhansl et al. (2016, S. 8) von Kosteneinsparungspotenzialen von bis zu 70 %, zum Beispiel durch die Einbindung der Kunden in den Wertschöpfungsprozess, wie in der obigen Auflistung beschrieben.

[224] Für eine ausführliche Darstellung betrieblicher Chancen und Risiken durch die Einführung der Industrie 4.0 sei auf eine Dissertation des Graduiertenkollegs 2193 von Regelmann (2019) hingewiesen.

[225] Bengler et al. (2017), S. 54. Für Details des Konzeptes „Mensch – Technik – Organisation (MTO)" sei unter anderem auf Bengler et al. (2017, S. 54) verwiesen.

[226] Koch et al. (2014), S. 9; Schuh et al. (2017), S. 10–14; Bundesministerium für Wirtschaft und Energie (2015), S. 46.

[227] Koch et al. (2014), S. 9.

das Mitwirken der Beschäftigten in der Fabrik zu reduzieren, ist es das Ziel der Industrie 4.0, die Beschäftigten in die Prozesse in der intelligenten Fabrik zu integrieren.[228] Der Mensch ist ein wichtiger Bestandteil der Industrie 4.0.[229]

Diese Thesen von der hohen Bedeutung des Menschen als Bestandteil der Industrie 4.0 und der hohen Bedeutung der aktiven und proaktiven Einbeziehung der Beschäftigten in Konzepte der Industrie 4.0 als begünstigender Faktor für die Akzeptanz wurden auch durch die im Graduiertenkolleg erarbeiteten Dissertationen von Regelmann (2019) und Lager (2019) anhand qualitativer Studien bestätigt. Einige Erkenntnisse dieser beiden Dissertationen werden im Folgenden zusammengefasst, wobei ausschließlich Aspekte beleuchtet werden, die für die Entwicklung des Konzepts zur anpassungsfähigen Maschinenbelegungsplanung relevant sind.

Insbesondere für Störungen oder falsche Funktionsweisen, die die eingesetzte Technik selbst betreffen, und für das Gegensteuern im Bereich von Ereignissen, die die Assistenzsysteme nicht antizipieren können, weil dazu keine historischen Daten vorliegen, ist der Mensch mit seinen vielfältigen Kompetenzen in der Interaktion mit CPS unerlässlich.[230]

Die Güte der Interaktion zwischen Assistenzsystem und Beschäftigten kann ebenfalls ein wichtiges Qualitätsmerkmal der Steuerung sein. Durch die Qualität der Interaktion kann die Entscheidungsqualität in Störungsfällen entscheidend beeinflusst werden.[231] In diesen Störfällen sind laut Bullinger et al. (2009, S. 794) sowohl die Qualifikation des Teams als auch die Güte der Assistenzsysteme und Informationen von großer Bedeutung.[232]

Um die vielfältigen Kompetenzen der Beschäftigten miteinzubeziehen und zu fördern, sollten die Kontroll-, Steuerungs- und Entscheidungsfunktionen von den Beschäftigten im Zusammenspiel mit den Technologien übernommen werden und nicht vom CPS allein. Digitale Technologien sollen die Beschäftigten in der Ausübung ihrer Tätigkeit sinnvoll unterstützen.[233] Folgende Kompetenzfelder sind wichtig für die Interaktion der Mitarbeitenden mit den Assistenzsystemen in der anpassungsfähigen Maschinenbelegungsplanung:

---

[228] Hirsch-Kreinsen (2016), S. 23; Lager et al. (2018), S. 415; Spath et al. (2013), S. 50–55, 95–113; Regelmann (2019), S. 33.

[229] Kagermann et al. (2013), S. 56–61; Bauernhansl et al. (2016), S. 6.

[230] Zeller et al. (2010), S. 5; Westkämper/Zahn (2009), S. 13; Pfeiffer/Suphan (2015).

[231] Bullinger et al. (2009), S. 794.

[232] Bullinger et al. (2009), S. 794.

[233] Bauernhansl et al. (2016), S. 8; Lager (2019).

- IT-Kompetenzen, um mit der neuen Technologie interagieren zu können;[234]
- Fähigkeit zu interdisziplinärem Handeln, z. B. um die Software mit Beschäftigten aus anderen Fachbereichen zu entwickeln;[235]
- Entscheidungskompetenz;[236]
- Mitwirken an Innovations- und Optimierungsprozessen;[237]
- Eigenverantwortung.[238]
- Identifikation und Behebung von Störfällen[239]

Aus den obigen Ausführungen können die folgenden *Anforderungen an eine anpassungsfähige und praxisorientierte Maschinenbelegungsplanung* abgeleitet werden – die Punkte bis [P9] wurden auch bereits in den vorherigen Unterkapiteln als Anforderungen abgeleitet, die restlichen Punkte kommen neu hinzu:

[P7] Einbeziehen von Erfahrungswissen des PPS-Teams sowie Möglichkeit der manuellen Planung,

[P9] Digitale Visualisierung des Maschinenbelegungsplans und Nachvollziehbarkeit der Entstehung der Maschinenbelegungspläne sicherstellen,

[P15] Das Maschinenbelegungstool soll als Assistenzsystem für das PPS-Team fungieren, wobei das Planungsteam im Zuge der Konstruktion des Assistenzsystems einbezogen werden soll.

2.6   Zwischenresümee

In Kapitel 2 wurden Konzepte von Anpassungsprozessen im Unternehmen vorgestellt sowie mit der PPS und der Fabrikplanung etablierte Instrumente für die Planung und die Anpassungsentscheidungen behandelt. Zudem wurde die Entwicklung hin zur Industrie 4.0 analysiert, da sie als Turbulenz und Wandlungsbefähiger auf Fabriken wirkt. Die Turbulenzen in der Produktion materieller Güter, die aus den genannten Bereichen gesammelt wurden, wurden in diesem Kapitel des Weiteren auf die Art ihres Einflusses auf die Maschinenbelegungsplanung analysiert. Daraus

---

[234] Schlund et al. (2014), S. 25–26.
[235] Schumacher et al. (2019), S. 33; Schuh et al. (2017), S. 41; Schlund et al. (2014), S. 26.
[236] Bauernhansl et al. (2016), S. 8.
[237] Schuh et al. (2017), S. 22.
[238] Schlund et al. (2014), S. 26.
[239] Zeller et al. (2010), S. 5.

wurden Anforderungen abgeleitet, die sich an eine anpassungsfähige sowie praxisorientierte Maschinenbelegungsplanung stellen und immanente Anforderungen identifiziert, die in jedem Maschinenbelegungsproblem der fertigenden Industrie in der Praxis zu finden sind. Dies ist den Forschungszielen 1 und 2 aus Unterkapitel 1.2 zuträglich.

Während einige praxisorientierte Anforderungen bereits ihre Entsprechung in den anpassungsorientierten Punkten finden (vgl. bespielsweise [P1] und [A1]), entwickeln sich aus den praxisorientierten Anforderungen [P2] und [P3] des Weiteren die folgenden Anforderungen an eine anpassungsfähige Maschinenbelegungsplanung:

[A14] Änderungsmöglichkeit von minimalen und maximalen Produktionslosgrößen,

[A15] Änderungsmöglichkeit von Mindestbeständen und Beständen der Zwischen- und Endproduktläger.

Die Gesamtheit der Anforderungen an eine anpassungsfähige und praxisorientierte Maschinenbelegungsplanung sowie die immanenten Anforderungen, die für jedes Problem der Maschinenbelegungsplanung beachtet werden sollten, sind im Folgenden zusammengefasst:

[A0]   Änderung grundlegender Produktionsabläufe und -layouts,

[A1]   Änderungsoption der Zielfunktion, um veränderte Unternehmensziele abbilden zu können,

[A2]   Zusätzlich zu produzierende Produkte,

[A3]   Wegfall von produzierten Produkten,

[A4]   Integration neuer Maschinen,

[A5]   Entfernen von Maschinen,

[A6]   Integration abweichender Logistikelemente (ggf. mit unterschiedlichen Transportkapazitäten und -eigenschaften im Vergleich zu den Logistikelementen in der aktuellen Produktion),

[A7]   Integration abweichender Logistikprozesse,

[A8]   Bereitstellung von Maschinenbelegungsalgorithmen in Materialflusssimulationen für die Fabrikplanung,

[A9]   Integration neuer Daten und Datenverarbeitungen, die durch im Fabrikplanungsprozess installierte neue Sensoren aufgenommen werden,

[A10] (Kurzfristig) Veränderte und sich über die Zeit ändernde sowie aktualisierte Umrüstzeiten, Bearbeitungszeiten, Ausschussdaten und Logistikprozesszeiten,

[A11] Möglichkeit der manuellen Veränderung von softwareseitig erzeugten Maschinenbelegungsplänen,

[A12] Möglichkeit der Wiederholung von Planungsaufgaben,

[A13] Zeiten, in denen bestimmte Produkte nicht produziert werden können,

[A14] Änderungsmöglichkeit von minimalen und maximalen Produktionslosgrößen,

[A15] Änderungsmöglichkeit von Mindestbeständen und Beständen der Zwischen- und Endproduktläger.

[I1] Unsicherheit in Umrüstzeiten, Bearbeitungszeiten, Ausschussdaten, Logistikprozesszeiten und weitere Prozessparameter,

[I2] Geplante Nichtverfügbarkeit oder zusätzliche Verfügbarkeit von Maschinen (z. B. Sonderschichten oder Wartungsarbeiten),

[I3] Ungeplante Nichtverfügbarkeiten, d. h. Ausfälle von Maschinen, anderen Betriebsmitteln oder Produktionsfaktoren,

[I4] Änderung von Bedarfs-/Auftragsmengen (ggf. auch innerhalb des aktuellen Planungshorizontes).

[P1] Erhebung und Vergleich von Kennzahlen im Bereich der produktionswirtschaftlichen Zielgrößen Auslastung, Durchlaufzeit, Bestände und Termintreue,

[P2] Integration von Mindestbeständen und Beständen in Zwischen- und Endproduktlager,

[P3] Minimale und maximale Produktionsmengen,

[P4] Möglichkeit zur Aufteilung eines Auftrags,

[P5] Verschiedene Längen von Planungsperioden und verschiedene Prioritäten der Aufträge, um Liefertermine halten zu können,

[P6] Integration von Prognoseverfahren in die Maschinenbelegungsplanung,

[P7] Einbeziehen von Erfahrungswissen des PPS-Teams sowie Möglichkeit der manuellen Planung,

[P8] Realistische Bewertung der Maschinenbelegungspläne hinsichtlich der Unsicherheit der Umrüstzeiten, Produktionszeiten, Ausschussdaten und Logistikprozesszeiten in Materialflusssimulationen,

[P9] Digitale Visualisierung des Maschinenbelegungsplans und Nachvollziehbarkeit der Entstehung der Maschinenbelegungspläne sicherstellen,

[P10] Optimierung der produktionswirtschaftlichen Zielgrößen,

[P11] Entscheidung, bis zu welchem Grad der Flexibilität und Wandlungsfähigkeit Änderungen automatisiert oder manuell angestoßen werden,

[P12] Datenerfassung, Entscheidungsfindung, Datenverarbeitungsvorgänge, Berechnungen der Maschinenbelegungspläne und Steuerung, zwischen zu steuerndem System und steuerndem System in Echtzeit und teils ohne menschliche Einwirkung,

[P13] Maschinenbelegungsplanung „as a service",

[P14] Zur Verfügung stehende Massendaten analysieren, Zusammenhänge und Aggregation dieser Daten erarbeiten,

[P15] Das Maschinenbelegungstool soll als Assistenzsystem für das PPS-Team fungieren, wobei das Planungsteam im Zuge der Konstruktion des Assistenzsystems einbezogen werden soll.

Ziel ist es, aus der durchgeführten Analyse eine Übersicht über Aspekte zu entwickeln, welche die Anpassungsfähigkeit und welche Punkte die Praxisorientierung im Hinblick auf die Industrie 4.0 in der Maschinenbelegung erhöhen, um damit den Grad der Flexibilität sowie der vorgehaltenen Wandlungsfähigkeit und der Industrie 4.0 in Unternehmen für die Maschinenbelegungsplanung im Zuge von Fabrikplanungsmaßnahmen wählen und visualisieren zu können. Eine weitere wichtige Schlussfolgerung dieses Kapitels ist, dass an jede Maschinenbelegungsplanung, die in der Praxis Anwendung findet, einige immanente Anforderungen aus der PPS gestellt werden. Anforderungen, die somit vordergründig in der Maschinenbelegungsplanung berücksichtigt werden sollten, sind geplante ([I2]) und ungeplante ([I3]) Nichtverfügbarkeiten von Maschinen, die Unsicherheit in Prozessparametern ([I1]) sowie Nachfrageänderungen ([I4]). Diese vier Anforderungen für die Maschinenbelegungsplanung wurden im Zuge dieses Kapitels wiederholt herausgearbeitet und sollen deshalb in der vorliegenden Arbeit in das Zusammenspiel der Lösungsmethoden integriert werden, um die Lücke zwischen Anwendung und Forschung weiter zu schließen. Die Wahl eines solchen Modells, wie sie im folgenden Kapitel angestrebt wird, erfüllt damit das Forschungsziel 1 aus Unterkapitel 1.2, weshalb dieses Forschungsziel als adressiert betrachtet wird.

Stand der Forschung: Hybride Flow Shops 3

Im vorherigen Kapitel wurde deutlich, wie Unternehmen Technologien der Industrie 4.0 stufenweise anwenden können und wie Vorgänge des Produktionsbetriebs, der PPS und der Fabrikplanung die Maschinenbelegungsplanung beeinflussen.

In diesem Kapitel gilt es, an einem konkreten Beispielproblem, das die immanenten Faktoren der PPS enthält, für die vorliegende Arbeit zu erörtern, durch welche Detaillierungsgrade der Modelle und mit welchen Algorithmen das PPS-Team im Rahmen eines Assistenzsystems unterstützt werden kann. So soll mit Elementen, die gemeinsam einen hohen Reifegrad der Industrie 4.0 realisieren können, ein Konzept entwickelt werden, um auf Turbulenzen reagieren und praxisorientierte sowie hochwertige Lösungen für die Problemstellung bereitstellen zu können.

Die in dieser Arbeit bearbeitete Problemstellung, welche im Folgenden exemplarisch im dynamischen Umfeld untersucht wird, wird in Unterkapitel 3.1 zuerst klassifiziert und abgegrenzt, bevor die Unterkapitel 3.3 bis 3.5 auf hilfreiche Lösungsmethoden für das ausgewählte Maschinenbelegungsproblem und die stochastischen Einflüsse einer realistischen Produktionsumgebung eingehen. Diese Lösungsmethoden werden mithilfe einer strukturierten Literaturanalyse untersucht, deren Vorgehen in Unterkapitel 3.2 festgelegt wird. Des Weiteren werden in Unterkapitel 3.4 heuristische Lösungsmethoden, in Unterkapitel 3.5 Prognosemethoden und in Unterkapitel 3.6 Simulationstechniken näher beschrieben.

Ergänzende Information Die elektronische Version dieses Kapitels enthält Zusatzmaterial, auf das über folgenden Link zugegriffen werden kann https://doi.org/10.1007/978-3-658-41170-1_3.

3.1   Problemstellung der Arbeit

Um der in Kapitel 1 vorgestellten Lücke zwischen Theorie und Praxis in der Maschinenbelegungsplanung entgegenzuwirken, wird in dieser Arbeit zuerst ein realitätsnahes Maschinenbelegungsproblem gewählt, das in einem dynamischen Umfeld analysiert wird. Die hier bearbeitete Problemstellung wurde von einem Anwendungsfall eines Unternehmens abgeleitet. Es handelt sich dabei um ein praxisrelevantes Problem, welches in vielen Produktionssystemen in ähnlicher Form auftritt.

3.1.1   Spezifikation des Problems

Die Charakteristika des Maschinenbelegungsproblems, welches in dieser Arbeit nachfolgend analysiert wird, werden im Folgenden angelehnt an ein Lastenheft benannt.[1] Der Übersichtlichkeit halber werden die Punkte in verschiedenen Kategorien zusammengefasst.

Produktionsumgebung

1. Das Maschinenbelegungsproblem cUnternehmens angesiedelt.
2. Es gilt, eine vorgegebene Anzahl von Aufträgen auf einer vorgegebenen Reihenfolge von Bearbeitungsstufen einzuplanen. Die Bearbeitungsstufen sind von jedem Auftrag in der gleichen Reihenfolge zu durchlaufen. Zuerst werden die Aufträge von einer ausgewählten Maschine auf der ersten Bearbeitungsstufe bearbeitet, dann von einer Maschine auf der nächsten Bearbeitungsstufe etc.
3. Die Aufträge werden pro Stufe jeweils von einer der parallelen Maschinen bearbeitet, welche unterschiedliche Geschwindigkeiten haben können.

Maschinenrestriktionen

4. Jeder Auftrag kann in jeder Bearbeitungsstufe nur von zuvor für das Produkt qualifizierten Maschinen gefertigt werden.

---

[1] Diese Liste orientiert sich nicht inhaltlich, aber anhand der Art der Charakteristika an der Liste, die uiz/Vázquez-Rodríguez (2010, S. 1–2) und Javadian et al. (2010, S. 220) zur Beschreibung von Maschinenbelegungsproblemen anführen. Ruiz/Vázquez-Rodríguez (2010, S. 1–2) unterstreichen darüber hinaus auch, dass die Art des beschriebenen Problems der Serienfertigung auf mehreren Bearbeitungsstufen höchst praxisrelevant ist und komplex zu lösen ist.

5. Maschinen sind mit Unterbrechungen verfügbar. Zeiten für präventive Instandhaltung sind fest vorgegeben und nicht verschiebbar ([I2]).

6. Maschinen sind teils erst zu einer definierten Startzeit nach dem Beginn des Planungszeitraums verfügbar.

7. Auf der ersten Bearbeitungsstufe sind die Maschinen in zwei Gruppen aufgeteilt. Maschinen einer Gruppe können nicht gleichzeitig umgerüstet werden.

8. Mit dem Rüsten kann auf allen Stufen begonnen werden, bevor der Auftrag auf der jeweiligen Stufe begonnen werden kann.

9. Das Umrüsten nach Nichtverfügbarkeiten ist nicht notwendig, da davon ausgegangen wird, dass innerhalb der Nichtverfügbarkeit umgerüstet wird.

10. Es können zwischendurch plötzliche, ungeplante Nichtverfügbarkeiten der Maschine auftreten ([I3]). Nach der Behebung von Maschinenausfällen können vor dem Maschinenausfall produzierte Produkte weiterverwendet werden und nur der Rest des Auftrags muss nach Unterbrechungen weiterproduziert werden. Die permanente Verfügbarkeit von Produktionsfaktoren, die zur Produktion benötigt werden, wird angenommen. Falls Produktionsfaktoren nicht verfügbar sind, gilt dies als Maschinenausfall oder geplante Nichtverfügbarkeit. Maschinenausfälle sind nur in der Produktionszeit von Relevanz. Geplante produktionsfreie Zeiten werden von der geschätzten Zeitspanne zwischen zwei Ausfällen nicht abgezogen.

Auftragsrestriktionen

11. Einige Aufträge besuchen nicht jede der Bearbeitungsstufen.

12. Alle Aufträge können auf der ersten Bearbeitungsstufe ab dem Beginn des Planungszeitraums bearbeitet werden, sofern die Maschine bereits verfügbar ist.

13. Auftragsgruppen haben verschiedene Prioritäten oder Rangfolgen. Haben zwei Aufträge unterschiedliche Prioritäten und werden sie auf der gleichen Maschine eingelastet, muss die Reihenfolge der Prioritäten beachtet werden. Dazu existieren Prioritätskategorien, denen die Aufträge zugeordnet werden, wobei die Reihenfolge dieser Gruppen vorher definiert ist. Aufträge, die auf mehr als einer Stufe gefertigt werden, haben auf allen Stufen die gleiche Priorität.

14. Nachfrageänderungen für ein Produkt können durchgängig (auch noch während des Produktionszeitraums) auftreten und neue Produkte können jederzeit integriert werden ([I4]).

15. Die Auftragsreihenfolge der Bearbeitung auf einer Bearbeitungsstufe muss nicht gleich der Reihenfolge der Bearbeitung auf einer der weiteren Bearbeitungsstufen sein.

16. Aufträge, die auf mehreren Bearbeitungsstufen zu bearbeiten sind, müssen auf der vorherigen Bearbeitungsstufe zuerst abgeschlossen werden, bevor sie auf der nachfolgenden Stufe begonnen werden. Nach Beendigung der Bearbeitung auf der vorherigen Stufe kann mit der Bearbeitung auf der nächsten Stufe begonnen werden.

Daten

17. Für die Produktionszeiten und den Ausschuss können für alle Bearbeitungsstufen produkt- und maschinenbezogene empirische Verteilungen einbezogen werden (erster Teil von [I1]). Es kann mehrere Qualitätskontrollstellen pro Bearbeitungsstufe geben, an denen Ausschussteile identifiziert werden können. Neue Maschinen und Aufträge, für die keine historischen Daten vorliegen, sollen integriert werden können.

18. Die Umrüstzeiten zwischen zwei Aufträgen sind unabhängig von den Aufträgen und liegen pro Stufe vor.

19. Aufträge sollen nicht unterbrochen und nicht auf einer anderen Maschine oder zu einer anderen Zeit weiterproduziert werden können. Das Teilen von Aufträgen soll nur durch das PPS-Team im Vorhinein möglich sein.

20. Die Auftragsmengen werden pro Produkt zu mehreren festgelegten Zeitpunkten im Voraus prognostiziert. Abbildung 3.1 zeigt ein Beispiel von Nachfragen über elf Kalenderwochen für ein bestimmtes Produkt. Jede Zeitreihe gibt die sich konkretisierende Prognose der Auftragsmenge über die Zeit für ein bestimmtes Produktionsdatum an. Der Wert in der letzten Woche in jeder Zeitreihe zeigt den Bedarf an, der letztendlich an den Kunden geliefert werden sollte. Die anderen Beobachtungen veranschaulichen die Entwicklung der zuvor vom Kunden genannten Menge für das gleiche Datum. Im Beispiel aus Abbildung 3.1 steigt der Bedarf für das Produkt in der letzten Woche deutlich an. Insbesondere Schwankungen, die innerhalb des schon geplanten Zeitraums des Maschinenbelegungsplans liegen, sind für PPS-Teams sowie deren Assistenzsysteme eine große Herausforderung und deshalb in die Problemstellung der vorliegenden Arbeit inkludiert.

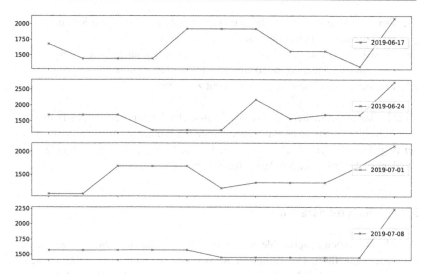

Abbildung 3.1 Zeitreihen der Nachfragemengen eines Hochrisikoartikels[2]

Logistik und Lager

21. Es gibt minimale Losgrößen ([P3]).
22. (Mindest-)Bestände sollen integriert werden ([P2]).
23. Die Kapazitäten aller Lager (vor, zwischen und am Ende der Bearbeitungsstufen) sind unbeschränkt.
24. Intralogistische Transportzeiten sind zu beachten (zweiter Teil von [I1]).

Planungsprozess

25. Aufträge, die auf der vorherigen Bearbeitungsstufe bearbeitet werden, können Grundlage für mehrere verschiedene Aufträge auf der nachfolgenden Bearbeitungsstufe sein. Jeder Auftrag hat dabei maximal eine Auftragsnummer als Vorgängerauftrag.
26. Das Erfahrungswissen des PPS-Teams soll in die Maschinenbelegungsplanung einbezogen werden. Das Planungsteam soll Aufträge festsetzen können, die zeitlich nicht verschoben werden können ([P7]).

---

[2] In Anlehnung an Schumacher et al. (2020) und Schumacher/Buchholz (2020).

27. Der Maschinenbelegungsplan wird periodisch neu erstellt. Für jede neue Periode kommen neu einzuplanende Aufträge hinzu.
28. Restriktionen wie Maschinenqualifikationen sollen ausgelassen werden können, um Fabrikplanungsmaßnahmen unterstützen zu können.
29. Ziel ist es, die Gesamtbearbeitungszeit zu minimieren.

Viele Praxisfälle enthalten die Komplexität und den Umfang der obigen Bedingungen. Je weniger realistische Rahmenbedingungen Probleme enthalten, desto geringer ist jedoch die Übertragbarkeit in die Praxis. Daher wird dieses umfangreiche Problem in der vorliegenden Arbeit behandelt.

3.1.2 Kategorisierung

Um Maschinenbelegungsprobleme beschreiben zu können, werden zuerst einige Parameter eingeführt. Die Parameter werden wie bei Ruiz et al. (2008) gesetzt. In der bearbeiteten Problemstellung der vorliegenden Arbeit wird eine Menge von Aufträgen $N = \{1, \ldots, n\}$ auf den Bearbeitungsstufen i bearbeitet, wobei $i \in M$ mit $M = \{1, \ldots, m\}$. In der Stufe i muss ein Auftrag von einer Maschine $l \in M_i = \{1, \ldots, m_i\}$ bearbeitet werden. Dabei steht auf jeder Stufe i mindestens eine Maschine zur Verfügung, um die Aufträge zu bearbeiten ($m_i \geq 1$). Die Anzahl der Bearbeitungsstufen m, der Maschinen m_i und der Jobs n sind dabei stets ganzzahlig und beschränkt sowie m, m_i, $n \geq 1$.[3] Alle Parameter sind in Tabelle 3.1 zusammengefasst.

Tabelle 3.1 Initiale Parameterdefinition des Maschinenbelegungsproblems[4]

Parameter	Beschreibung
$N = \{1, \ldots, n\}$	Auftragsmenge
$j \in N$	Auftrag (engl. job) der Auftragsmenge N
$M = \{1, \ldots, m\}$	Menge der Bearbeitungsstufen
$i \in M$	Bearbeitungsstufe der Menge M
$M_i = \{1, \ldots, m_i\}$	Menge der Maschinen auf Bearbeitungsstufe i, wobei $m_i = |M_i| \geq 1$ für alle $i \in M$
$l \in M_i$	Maschine auf der Bearbeitungsstufe i

---

[3] Pinedo (2016), S. 13.
[4] In Anlehnung an die Informationen aus Ruiz et al. (2008, S. 1153.)

Für Maschinenbelegungsprobleme hat sich das Klassifikationsschema nach Graham et al. (1979, S. 288–290) etabliert. Mithilfe des Schemas kann jedes Maschinenbelegungsproblem durch das Parametertupel $(\alpha|\beta|\gamma)$ beschrieben werden.[5] Im Folgenden werden insbesondere die für das vorliegende Maschinenbelegungsproblem sowie für die in dieser Arbeit analysierten Studien relevanten Ausprägungen für α, β und γ vorgestellt.[6] Mithilfe dieser standardisierten Notation wird das Problem aus Abschnitt 3.1.1 formal definiert, wodurch die Abgrenzung zu anderen Maschinenbelegungsproblemen vereinfacht wird.

Der Parameter α definiert in der Maschinenbelegungsplanung die Anzahl, die Art sowie die Anordnung der Maschinen, Arbeitsstationen und Bearbeitungsstufen.[7] Die Maschinen können beispielsweise als m identische parallele Maschinen $(\alpha = PM)$, das heißt Maschinen mit gleicher Geschwindigkeit für jeden Auftrag j, oder parallele Maschinen mit unterschiedlichen Geschwindigkeiten $(\alpha = QM$ oder $\alpha = RM)$ eingeordnet werden. Falls die Maschinen unterschiedliche Geschwindigkeiten haben, bezeichnet QM den Fall, dass die Bearbeitungsdauer für einen Auftrag je nach Maschine mit einem für alle Aufträge j festen Faktor multipliziert wird.[8] Jedes Problem PM kann somit auch als Problem mit QM ausgedrückt werden, indem jeder Maschine der Faktor 1 zugewiesen wird.[9] Ähnlich verhält es sich mit der Beziehung der Kategorien QM und RM. Die Kategorie RM bezeichnet den übergeordneten Fall, in dem Maschine l für jeden Auftrag j eine andere Geschwindigkeit besitzt.[10]

Eine weitere Kategorisierung im Rahmen des Parameters α ist der *Flow Shop* $(\alpha = FM)$ mit einer Maschine der Menge M pro Bearbeitungsstufe. Jeder Auftrag muss im Flow Shop alle Bearbeitungsstufen in einer vorgegebenen Reihenfolge durchlaufen.[11]

Eine Erweiterung des Flow Shops ist der *hybride Flow Shop* $(\alpha = FHm)$ mit m Bearbeitungsstufen. Dabei bedeutet „hybrid", dass es auf mindestens einer der Bearbeitungsstufen parallele Maschinen gibt. In einem hybriden Flow Shop folgt ebenfalls jeder Auftrag dem gleichen Weg durch die Bearbeitungsstufen. Jeder Auftrag wird dabei auf allen Bearbeitungsstufen, die dieser besuchen muss, von genau

---

[5] Pinedo (2016), S. 13–21, Ruiz/Vázquez-Rodríguez (2010), S.2.

[6] Ruiz/Vázquez-Rodríguez (2010), S. 1–2; Pinedo (2016), S. 13–19. Die Struktur dieses Kapitels orientiert sich an den Ausführungen dazu in Schumacher (2016, S. 26–30).

[7] Pinedo (2016), S. 14–15; Ruiz/Vázquez-Rodríguez (2010), S. 1–2.

[8] Pinedo (2016), S. 14–15.

[9] Schumacher (2016), S. 27–28.

[10] Pinedo (2016), S. 14–15.

[11] Pinedo (2016), S. 15.

einer Maschine bearbeitet.[12] Teils werden hybride Flow Shops auch als „Flexible Flow Shops",[13] „Flow Shops with multiple processors"[14] oder „parallel-processor Flow Shop"[15] bezeichnet.[16]

Während in Flow Shops und hybriden Flow Shops die Aufträge j stets der gleichen Route durch die Bearbeitungsstufen folgen, gilt dies im Falle von *Job Shops* ($\alpha = JM$) und Flexible Job Shops ($\alpha = FJm$) nicht. Hier hat jeder Auftrag j einer Auftragsart seine eigene fest definierte Abarbeitungsreihenfolge bezüglich der Bearbeitungsstufen.[17] Die Klasse der Flexible Job Shops umfasst wie die Klasse der hybriden Flow Shop-Probleme mehrere parallele Maschinen pro Bearbeitungsstufe. Damit sind Flexible Job Shop und hybride Flow Shops auch Erweiterungen der Klassen PM, QM und RM.[18]

Im *Open Shop* ($\alpha = OM$) existieren m Maschinen, wobei von jedem Auftrag eine Auswahl von Maschinen besucht werden muss. Diese können im Gegensatz zum Job Shop in einer beliebigen vom Planungsteam festgelegten Reihenfolge pro Auftrag besucht werden.[19] Diese und weitere für die vorliegende Arbeit relevante Ausprägungen des Parameters α werden in Tabelle 3.2 zusammengefasst.[20]

---

[12] Pinedo (2016), S. 15.

[13] Pinedo (2016), S. 15.

[14] Santos et al. (1995); Brah/Hunsucker (1991).

[15] Rajendran/Chaudhuri (1992).

[16] Naderi et al. (Naderi et al. (2010)) nennen Flow Shops hybrid, wenn mehrere Maschinen pro Bearbeitungsstufe arbeiten, und flexibel, wenn Bearbeitungsstufen auch übersprungen werden. In dieser Arbeit wird das Überspringen einer Bearbeitungsstufe jedoch mit *skip* in der β-Komponente gekennzeichnet. Für Yaurima et al. (2009, S. 1452) unterscheiden sich flexible und hybride Flow Shops wiederum darin, dass flexible Flow Shops identische Maschinen auf jeder Bearbeitungsstufe beinhalten und hybride Flow Shops aus parallelen Maschinen unterschiedlicher Geschwindigkeit innerhalb einer Bearbeitungsstufe bestehen. Diese Unterscheidung wird in der vorliegenden Arbeit wie oben beschrieben durch PM, QM und RM deutlich gemacht. Es wird aus den genannten Gründen der häufiger verwendete und nach Yaurima et al. (2009, S. 1452) auch allgemeinere Begriff der hybriden Flow Shops gewählt.

[17] Pinedo (2016), S. 15.

[18] Pinedo (2016), S. 15.

[19] Pinedo (2016), S. 15.

[20] Weitere Informationen zur Einteilung der Kategorien im Parameter α, zu Ausprägungen der Parameter sowie zur Verwandtschaft der Problemklassen können bei Pinedo (2016, S. 13–21) und Jaehn/Pesch (2014, S. 11–15) nachgelesen werden.

Tabelle 3.2 Ausgewählte Ausprägungen des Parameters α[21]

Tupelpara-meter	Parameter	Beschreibung
α		
	1	Eine Maschine
	PM	Identische, parallele Maschinen in einer Bearbeitungsstufe mit gleicher Geschwindigkeit
	QM	Parallele Maschinen in einer Bearbeitungsstufe mit unterschiedlicher Geschwindigkeit je Maschine
	RM	Parallele Maschinen in einer Bearbeitungsstufe mit unterschiedlicher Geschwindigkeit je Auftrag und Maschine
	FM	Flow Shop, eine Maschine der Menge M pro Bearbeitungsstufe. Jeder Auftrag muss die Maschinen in einer für alle Aufträge gleichen, fest vorgegebenen Reihenfolge durchlaufen
	FHm	Hybrider Flow Shop mit m Bearbeitungsstufen, welche jeweils aus parallelen Maschinen bestehen. Jeder Auftrag muss die Bearbeitungsstufen in derselben fest vorgegebenen Reihenfolge durchlaufen
	JM	Job Shop, von den Maschinen der Menge M befindet sich eine Maschine auf jeder Bearbeitungsstufe. Jeder Auftrag einer Auftragsart muss die Maschinen in einer für die Auftragsart fest definierten Abarbeitungsreihenfolge durchlaufen
	FJm	Flexible Job Shop, m Bearbeitungsstufen, welche jeweils aus parallelen Maschinen bestehen. Jeder Auftrag einer Auftragsart muss die Bearbeitungsstufen in einer fest definierten, vorgegebenen Reihenfolge durchlaufen
	AFm	Assembly Flow Shop, m Bearbeitungsstufen, welche jeweils aus parallelen Maschinen bestehen. Jeder Auftrag muss die Bearbeitungsstufen in derselben fest vorgegebenen Richtung durchlaufen. Die letzte Bearbeitungsstufe ist die Montage (engl. assembly), in der einzelne vorher definierte Aufträge zu einem Produkt zusammengefügt werden. In dieser Stufe werden die vorher definierten Bestandteile eines Produktes gleichzeitig bearbeitet
	OM	Open Shop, Maschinen der Menge M, wobei jeder Auftrag eine Auswahl der Maschinen besucht. Diese Maschinen können den Auftrag in einer beliebigen, vom PPS-Team festgelegten Reihenfolge nacheinander bearbeiten

---

[21] In Anlehnung an die Informationen aus Ruiz/Vázquez-Rodríguez (2010, S. 20), Pinedo (2016, S. 14–15), und Seidgar et al. (2016, S. 934–935).

Tabelle 3.3 Ausgewählte Ausprägungen des Parameters β[22]

Tupelparameter β	Parameter	Beschreibung
	r_j	Aufträge j haben verspätete Ankunftszeitpunkte nach dem Beginn der Produktion.
	$block$	Begrenzte Anzahl von Lagerplätzen zwischen zwei Bearbeitungsstufen, dadurch müssen Maschinen auf einer Bearbeitungsstufe pausieren, wenn die Lagerplätze voll sind.
	$unavail$	Maschinen sind nicht durchgängig verfügbar, sondern die Maschine pausiert zu vorher geplanten Zeiten z. B. in Schichtpausen oder durch Wartungsarbeiten.
	$break$	Unerwarteter Ausfall von Maschinen.
	M_j	Aufträge können nicht auf jeder Maschine bearbeitet werden, sondern nur auf einer definierten Menge von Maschinen.
	rm	Verspätetes Freiwerden von Maschinen am Anfang des Bearbeitungszeitraums.
	$prec$	Für jeden Auftrag j kann es Mengen von Aufträgen geben, die abgeschlossen sein müssen, bevor Auftrag j bearbeitet werden kann.
	$skip$	Aufträge können Bearbeitungsstufen auslassen.
	rc	Aufträge können eine oder mehrere Bearbeitungsstufen wiederholt besuchen (engl. recirculate).
	S_{sd}	Die Länge der Umrüstzeiten hängt von der eingeplanten Auftragsreihenfolge ab.
	$batch$	Mindestens eine Maschine kann eine definierte Anzahl von Aufträgen gleichzeitig bearbeiten.
	lag	Aufträge, mit denen auf einer Bearbeitungsstufe begonnen wurde, sollen zu einer anderen Zeit als direkt nach Abschluss der Bearbeitung auf der vorherigen Stufe begonnen werden.

Auf Basis der vorangegangenen Ausführungen wird deutlich, dass es sich bei dem zu analysierenden Maschinenbelegungsproblem aus Abschnitt 3.1.1 um einen hybriden Flow Shop handelt.

$$\alpha = FHm$$

Speziell für hybride Flow Shops haben Ruiz/Vázquez-Rodríguez (2010) ein detaillierteres Kategorisierungsschema eingeführt, das auf dem Schema von Graham et al. (1979, S. 288–290) aufbaut. Da im zu analysierenden Maschinenbelegungsproblem

---

[22] In Anlehnung an Pinedo (2016, S. 15–17), Ruiz/Vázquez-Rodríguez (2010, S. 2, 13) und Ruiz et al. (2008, S. 1151–1155).

mehrere Bearbeitungsstufen vorliegen und auf allen Bearbeitungsstufen die Produktionsgeschwindigkeit nach Auftrag und Maschine variiert, wird die α-Komponente des Problems laut diesem Schema wie folgt detaillierter beschrieben:

$$\alpha = FHm, \ ((RM^{(k)})_{k=1}^{m})$$

Der zweite Parameter β kann im Tupel beliebig viele Einträge beinhalten. Diese werden durch Kommata getrennt. β steht für charakteristische Merkmale und Restriktionen der Produktionsprozesse. In Tabelle 3.3 werden die relevanten Ausprägungen von β für diese Arbeit zusammengefasst. Sie beziehen sich dabei jeweils auf hybride Flow Shops.

Der in der Arbeit zu betrachtende hybride Flow Shop enthält in der Komponente β folgende Restriktionen:

- Maschinenqualifikationen, das heißt, jedes Produkt kann in jeder Bearbeitungsstufe nur auf bestimmten Maschinen gefertigt werden (M_j).
- Maschinen sind nicht durchgängig verfügbar, sondern die Maschine pausiert (*unavail*, [I2]).
- Maschinen sind erst zu verspäteten Zeitpunkten nach dem Start der Produktion verfügbar (*rm*).
- Für jeden Auftrag kann es eine Menge von Aufträgen geben, die priorisiert abgeschlossen sein müssen, bevor ein ausgewählter Auftrag begonnen werden kann (*prec*).
- Das Auslassen von Bearbeitungsstufen ist möglich (*skip*).
- Es können ungeplante Nichtverfügbarkeiten der Maschinen auftreten (*break*, [I3]).[23]

Damit ist die β-Komponente des Problems wie folgt ausgestaltet:

$$\beta = M_j, \ unavail, \ break, \ rm, \ prec, \ skip$$

---

[23] Pinedo (2016, S. 17) ordnet *break* der Bedeutung von *unavail* aus vorliegender Arbeit zu. Für die vorliegende Arbeit werden jedoch den beiden Parametern unterschiedliche Bedeutungen zugeordnet, um eine Unterscheidung der Literatur zwischen der Berücksichtigung geplanter und der Berücksichtigung ungeplanter Nichtverfügbarkeiten von Maschinen vornehmen zu können.

Tabelle 3.4 Ausgewählte Ausprägungen des Parameters γ[24]

Tupelpara-meter	Parameter	Beschreibung
γ		
	C_{max}	Makespan (engl. makespan oder maximum completion time), die Zeitspanne zwischen dem Bearbeitungsbeginn des ersten eingeplanten Auftrags und dem Bearbeitungsende des letzten eingeplanten Auftrags
	$\bar{C}$	durchschnittlicher Fertigstellungszeitpunkt der eingeplanten Aufträge
	$\bar{W}$	durchschnittliche Wartezeit der Aufträge (engl. mean waiting time)
	$\bar{T}$	durchschnittliche Verspätung der Aufträge (engl. mean tardiness)
	T_{max}	maximale Verspätung über alle Aufträge (engl. maximum tardiness)
	T^{w}	gewichtete Summe der Verspätungen (engl. weighted sum of tardiness)
	N_t	Anzahl verspäteter Aufträge (engl. number of tardy jobs)

Die letzte Ausprägung γ innerhalb des Tupels steht für die Zielfunktion. Hier können einzelne Zielfunktionen, Kombinationen von Zielfunktionen oder verschiedene getestete Zielfunktionen angegeben werden. Verschiedene in einer Studie getestete Zielfunktionen werden durch Komma getrennt (z. B. C_{max}, T_{max}). Werden die Ausprägungen mit Plus (+) getrennt, bedeutet dies, dass eine Kombination der beiden Zielfunktionen in der jeweiligen Studie analysiert wird (z. B. $C_{max} + T_{max}$).[25]

Für die vorliegende Arbeit sind die in Tabelle 3.4 aufgeführten Ausprägungen von γ relevant. Die am häufigsten verwendete Zielfunktion im Fall von hybriden Flow Shops und auch die Zielfunktion dieser Arbeit ist die Makespan-Minimierung. Der Makespan gibt die Gesamtbearbeitungszeit, das heißt die Zeitspanne zwischen dem Bearbeitungsbeginn des ersten eingeplanten Auftrags und dem Bearbeitungsende des letzten eingeplanten Auftrags, an und wird mit C_{max} (engl. maximum completion time) bezeichnet. Dabei beschreibt C_{ij} die Endzeit (engl. completion time) von Auftrag j auf der Bearbeitungsstufe i, gegeben der Bearbeitungsbeginn der Produktion ist mit $t = 0$ definiert. Es gilt $C_{max} = \max\{C_{11}, \ldots, C_{mn}\}$.[26] Dieses Optimierungsziel verteilt die Aufträge zudem gleichmäßig auf die zur Verfügung stehenden Kapazitäten und ist daher in der Praxis ebenfalls relevant, wenn es um eine hohe Kapazitätsauslastung geht.[27] Damit ist die γ Komponente für die in dieser Arbeit bearbeitete Problemstellung wie folgt ausgestaltet:

---

[24] In Anlehnung an die Informationen aus Pinedo (2016, S. 13–21).

[25] Ruiz/Vázquez-Rodríguez (2010), S. 11–13; Pinedo (2016), S. 18–19.

[26] Jaehn/Pesch (2014), S. 12–14; Pinedo (2016), S. 18–19, Graham et al. (1979), S. 290.

[27] Pinedo (2016), S. 114.

$$\gamma = C_{max}$$

Aus den vorangegangenen Ausführungen können folgende *Anforderungen an eine hochgradig anpassungsfähige und praxisorientierte Maschinenbelegungsplanung* abgeleitet werden – die Punkte bis [A7] wurden auch bereits in den vorherigen Unterkapiteln als Anforderungen abgeleitet, die restlichen Punkte kommen neu hinzu:

[A0] Änderung grundlegender Produktionsabläufe und -layouts,

[A1] Änderungsoption der Zielfunktion, um veränderte Unternehmensziele abbilden zu können,

[A4] Integration neuer Maschinen,

[A5] Entfernen von Maschinen,

[A6] Integration abweichender Logistikelemente (ggf. mit unterschiedlichen Transportkapazitäten und -eigenschaften im Vergleich zu den Logistikelementen in der aktuellen Produktion),

[A7] Integration abweichender Logistikprozesse,

[A16] Integration zusätzlicher Restriktionen in der β-Komponente,

[A17] Nichtberücksichtigung integrierter Restriktionen und Wechsel zwischen implementierten Zielfunktionen.

Laut der vorgestellten Kategorisierung kann die in dieser Arbeit betrachtete Problemstellung wie folgt vollständig formalisiert werden:

$$FHm, \, ((RM^{(k)})_{k=1}^{m}) \mid M_j, \, unavail, \, break, \, rm, \, prec, \, skip \mid C_{max} \qquad (3.1)$$

Durch die Wahl und Behandlung dieses Modells und der weiteren in Unterkapitel 3.1 beschriebenen Rahmenbedingungen wird das Forschungsziel 1 adressiert. Um das Forschungsziel 2 zu adressieren, werden im Folgenden vielversprechende Lösungsmethoden des Problems ausgemacht.

3.2 Literaturüberblick

Seit der Veröffentlichung von Johnson (1954), die als erste auf dem Gebiet der Maschinenbelegungsplanung für Flow Shops gilt, werden (hybride) Flow Shop-Probleme aus verschiedenen Anwendungsgebieten mithilfe von exakten mathematischen Verfahren, Heuristiken, Metaheuristiken und weiteren Methoden gelöst.[28] Bis heute sind Produktionen der Fertigungstechnik ein wichtiges Anwendungsgebiet der Maschinenbelegungsplanung.[29]

Konstruktive Heuristiken benötigen als Eingangsgrößen nur die Liste der zu produzierenden Aufträge. Es wird den konstruktiven Heuristiken somit kein fertiger Maschinenbelegungsplan übergeben, sondern sie erstellen selbst einen Plan und liefern so erste zulässige Lösungen. Iterative Heuristiken haben das Ziel, einen gegebenen Maschinenbelegungsplan zu verbessern.[30] Im Folgenden wird im Falle von konstruktiven Heuristiken und iterativen Metaheuristiken kurz von Heuristiken und Metaheuristiken gesprochen.

Da in der vorliegenden Arbeit der Fokus auf die Anwendung und kurze Laufzeiten der Algorithmen in der Praxis gelegt wird, befasst sich dieses Kapitel insbesondere mit der Problemlösung mithilfe von Heuristiken und Metaheuristiken. Für die Entwicklung von heuristischen Verfahren stellen die Lösungen und Schranken exakter Verfahren jedoch einen wichtigen Vergleichsmaßstab dar. Exakte mathematische Optimierungsverfahren können die Optimalität einer Lösung nachweisen, was mit Heuristiken und Metaheuristiken nicht möglich ist. Das Optimum mit exakten mathematischen Algorithmen in vertretbarer Zeit zu finden, ist vor allem für große Probleminstanzen und für Beispiele aus der Praxis kaum möglich, da die Probleme oft NP-schwer sind.[31]

Zahlreiche Studien weisen die NP-Schwere schon für Vereinfachungen der zu analysierenden Problemstellung 3.1 nach.[32] Gupta (1988, S. 359–360) beweist, dass schon ein zweistufiger hybrider Flow Shop mit zwei identischen parallelen Maschinen auf der ersten Bearbeitungsstufe und einer Maschine auf der weiteren Bearbeitungsstufe $\left(\text{d. h. } FH2, (P2^1, 1^2) \parallel C_{max} \text{ oder } FH2, (1^1, P2^2) \parallel C_{max}\right)$ NP-schwer ist.[33] Low et al. (2008) beweisen die NP-Schwere für das Problem $FH2$,

---

[28] Ruiz et al. (2008); Ruiz/Maroto (2006); Kaczmarczyk et al. (2004), S. 2092; Werner (2015), S. 5.

[29] Ruiz/Vázquez-Rodríguez (2010), S. 1.

[30] Schumacher (2016), S. 61–66; Kallrath (2013), S. 83–84; Brucker (2007), S. 51; Jaehn/Pesch (2014), S. 53–54; Werner (2015), S. 5 Jansen/Margraf (2008), S. 150; Kaczmarczyk et al. (2004), S. 2092.

[31] Ruiz/Vázquez-Rodríguez (2010), S. S. 1.

[32] Ruiz et al. (2008, S. 1154).

[33] Auch Auch Ruiz/Vázquez-Rodríguez (2010, S. 1) zitieren diese Studie, um die NP-Schwere ihres Problems festzustellen. Lin (1999) beweist in seiner Studie losgelöst von Gupta (1988, S. 359–360) ebenfalls die NP-Schwere für $FH2, (P2^1, 1^2) \mid C_{max}$. Für Verweise und Nachweise zur NP-Schwere von verwandten Problemen vgl. Ruiz et al. (2008, S. 1154), C.-Y. Lee/Vairaktarakis (1994, S. 151.), Pinedo (2016), und Gupta (1988, S. 359–360.)

$(RM^{(1)}, 1^{(2)})$ | M_j | C_{max}, das der in dieser Arbeit bearbeiteten Problemstellung von den in der Literatur beschriebenen NP-Vollständigkeitsbeweisen am nächsten kommt. Die in dieser Arbeit bearbeitete Problemstellung enthält mehr Maschinen in der zweiten Bearbeitungsstufe sowie die weiteren Nebenbedingungen *unavail* und *rm*, welche die Berechnung des Makespans beeinflussen und erschweren. Auch die Ausprägungen *skip* und *prec* führen für realitätsnahe Anwendungen zu keiner Komplexitätsveränderung, wenn einige wenige Produkte von diesen Nebenbedingungen betroffen sind, obwohl sie den Lösungsraum reduzieren.[34] Daher ist die in dieser Arbeit bearbeitete Problemstellung (3.1) NP-schwer.

Wie im Unterkapitel 3.1 beschrieben, existieren auch im Bereich hybrider Flow Shops zahlreiche Problemformulierungen für exakte Verfahren und approximative Lösungsalgorithmen, die nur wenige produktionsspezifische Komponenten in der β-Komponente des Problems beinhalten.[35] Um Studien mit realitätsnahen Produktionsbedingungen und geeignete Bausteine für die Algorithmen der zu analysierenden Problemstellung zu identifizieren, werden Literaturüberblicke zu Algorithmen für hybride Flow Shops herangezogen.[36] Die *Literaturüberblicke* wurden nach den folgenden Kriterien ausgewählt:

- Studien zur Lösung von hybriden Flow Shops;
- Erscheinungsjahre 2010–2020, um die Aktualität zu gewährleisten;
- Anwendung eines Begutachtungsverfahrens, um qualitativ hochwertige Studien auszuwählen;
- Englische Sprache, sodass die Studien dem internationalen Stand der Forschung entsprechen;
- Umfang von mindestens 20 Studien;
- Kategorisierung der Studien in Tabellen nach der Graham et al. (1979)-Notation.

Die nach diesen Kriterien ausgewählten Literaturüberblicke stammen von Ruiz/ Vázquez-Rodríguez (2010), Ribas et al. (2010, S. 25–35), Zacharias (2020), Morais et al. (2013), Fan et al. (2018) und Komaki et al. (2019). Die Auflistung von Zacharias (2020, S. 25–35) konzentriert sich dabei vornehmlich auf hybride Flow Shops FHm und Assembly Flow Shops AFm mit $(RM^{(k)})_{k=1}^{m}$. Morais et al. (2013) und Komaki et al. (2019) legen den Fokus auf hybride Flow Shops mit reihenfolgeabhängigen

---

[34] Urlings et al. (2010), S. 5.

[35] Vgl. die Studien von Brah/Hunsucker (1991), Rajendran/Chaudhuri (1992) und Santos et al. (1995).

[36] Die Literaturüberblicke wurden über den Katalog Plus der Technischen Universität Dortmund (2021) gesucht.

Rüstzeiten S_{sd} sowie Chargen *batch*, weshalb aus diesen beiden Literaturüberblicken weniger relevante Studien für die vorliegende Arbeit erwartet werden. Aus den Literaturlisten der sechs Literaturüberblicke wurden *Studien* ausgewählt, die folgende Ausprägungen beinhalten:

- α-Komponente: Zweistufige oder mehrstufige hybride Flow Shops, d. h. $FH2$ und FHm, mit einer Anzahl von $m_1 \geq 2$ Maschinen auf der ersten Bearbeitungsstufe. Auf den weiteren Bearbeitungsstufen darf hingegen auch nur eine Maschine enthalten sein. Dreistufige hybride Flow Shops $FH3$ und Studien zu QM werden wegen der zu detaillierten Spezifizierung der Algorithmen auf die Probleme ausgelassen. Das heißt, es werden spezifisch folgende Probleme betrachtet: $(RM^{(k)})_{k=1}^2$, $(PM^{(k)})_{k=1}^2$, $(RM^{(k)})_{k=1}^m$, $(PM^{(k)})_{k=1}^m$.[37]
- β-Komponente: Übereinstimmung in mindestens einer β-Komponente mit der bearbeiteten Problemstellung dieser Arbeit (3.1).
- γ-Komponente: Makespan C_{max} als separates Optimierungskriterium, welches nicht in einer Kombination (+) mit anderen Optimierungskriterien auftaucht.
- Lösungsverfahren: Es werden Studien einbezogen, die exakte Optimierungsverfahren, Heuristiken oder Metaheuristiken zur Lösung nutzen. Studien zu unteren Schranken sowie Relaxierungen sind wegen der praktischen Ausrichtung dieser Arbeit von untergeordneter Bedeutung und werden ausgelassen. Falls die Art der Lösungsverfahren in der Studie nicht explizit angegeben wurde, wurden Studien gesichtet und die entsprechenden Lösungsverfahren zugeordnet.

Insgesamt beinhalten die Literaturüberblicke 560 Studien, wobei Studien, die in zwei Überblicken vorkommen, nicht abgezogen wurden. Die 37 nach den obigen Kriterien ausgewählten Studien sind in Tabelle 3.5 zusammengefasst.[38] Im elektronischen Zusatzmaterial unter Anhang A.1 wird diese Tabelle zur Erhöhung der

---

[37] Auch andere auf den ersten Blick verwandte Probleme wie Flow Shops FM werden nicht berücksichtigt, da beispielsweise die Lösungsalgorithmen für Flow Shops oft eine einheitliche Reihenfolge der Aufträge auf allen Bearbeitungsstufen annehmen und diese Algorithmen anderen, nicht übertragbaren Gesetzmäßigkeiten folgen. Studien aus Literaturüberblicken, die Assembly Flow Shops behandeln, wie beispielsweise Nikzad et al. (2015), werden in dem Stand der Forschung dieser Arbeit nicht betrachtet.

[38] Die Studien von Chen et al. (2007) und Chen et al. (2006) aus Morais et al. (2013) konnten wegen ungenauer Quellenangaben und fehlender Auffindbarkeit der Studien für die Tabelle 3.5 nicht einbezogen werden.

Nachvollziehbarkeit zusätzlich nach Zugehörigkeit zum jeweiligen Literaturüberblick in fünf Tabellen aufgespalten. Die Anwendung der in dieser Arbeit gewählten Filterkriterien für den Literaturüberblick von Komaki et al. (2019) brachte wegen der Spezialisierung des Überblicks auf AFm keine relevante Studie hervor. Daher sind im elektronischen Zusatzmaterial unter Anhang A.1 nur zu fünf der sechs analysierten Literaturüberblicke Tabellen aufgeführt und im Folgenden wird durchgängig nur noch von den „Studien aus den fünf Literaturüberblicken" gesprochen.

In Tabelle 3.5 wird deutlich, dass sich die ausgewählten Studien über die Jahre 1993–2018 verteilen. Des Weiteren wird in Tabelle 3.5 jeweils aufgeführt, in welchen Studien exakte Optimierung, Heuristiken, Metaheuristiken oder Simulation angewendet werden.

In Abbildung 3.2 ist aufgezeigt, welchen Anteil die jeweiligen Lösungsmethoden in den zu analysierenden Studien des Literaturüberblicks ausmachen. Die Algorithmen, die unter Metaheuristiken zusammengefasst werden können, stellen mit einem Vorkommen in 22 der Studien den größten Anteil der Methoden dar, danach folgen Heuristiken mit 16 Studien, in denen diese Methode verwendet wird. Elf Studien beschäftigen sich mit exakter mathematischer Optimierung und zwei Studien verwenden Simulation.

Auch bei der Sichtung dieser Literaturlisten sowie in den Auswertungen der Literaturüberblicke wird deutlich, dass das Optimierungskriterium C_{max} das am häufigsten behandelte Kriterium in Zusammenhang mit hybriden Flow Shops ist. Obwohl viele Studien zur Minimierung des Makespans bereits veröffentlicht wurden, fehlen immer noch Studien, die viele Komponenten gleichzeitig in der β-Komponente des Schemas nach Graham et al. (1979) beinhalten (vgl. Tabelle 3.5).

Eine Betrachtung von sechs β-Komponenten wurde in den für diese Arbeit relevanten Studien bisher nur von Ruiz et al. (2008) und Urlings et al. (2010) vorgenommen, jedoch in anderen Zusammensetzungen. Mehr als sechs β-Komponenten wurden bisher in keiner der Studien betrachtet. Die Ausprägung der in der vorliegenden Arbeit bearbeiteten Problemstellung (3.1) wird laut den Auflistungen in den Literaturüberblicken bisher in keiner Studie untersucht.

Die Notationen der gefilterten Studien in Tabelle 3.5 wurden hinsichtlich der α-, β- und γ-Komponenten gemäß den Definitionen in den Tabellen 3.2, 3.3 und 3.4 (vgl. Abschnitt 3.1.2) für diese Arbeit vereinheitlicht. Die Problemdefinitionen weichen damit teils von den Notationen in den Literaturüberblicken und in den Studien ab.

Tabelle 3.5 Zusammenfassung der für diese Arbeit relevanten Literatur aus den fünf Literaturüberblicken[39]

Jahr	Quelle	Maschinenbelegungsproblem	Kategorien der angewendeten Lösungsverfahren
1993	T. J. Sawik (1993)	$FHm, ((PM^{(k)})_{k=1}^m) \mid block, skip \mid C_{max}$	Heuristiken
1994	Ding/Kittichartphayak (1994)	$FHm, ((PM^{(k)})_{k=1}^m) \mid skip \mid C_{max}$	Heuristiken
1995	T. J. Sawik (1995)	$FHm, ((PM^{(k)})_{k=1}^m) \mid block, skip \mid C_{max}$	Heuristiken
1997	Gue et al. (1997)	$FHm, ((PM^{(k)})_{k=1}^m) \mid skip \mid C_{max}$	Exakte mathematische Optimierung
	Leon/Ramamoorthy (1997)	$FHm, ((PM^{(k)})_{k=1}^m) \mid skip \mid C_{max}, \bar{T}$	Metaheuristiken
	Oğuz et al. (1997)	$FH2, (RM^{(1)}, 1^{(2)}) \mid M_j \mid C_{max}$	Heuristiken
1998	C.-L. Chen et al. (1998)	$FH2, ((PM^{(k)})_{k=1}^2) \mid skip \mid C_{max}$	Metaheuristiken
2000	T. J. Sawik (2000)	$FHm, ((PM^{(k)})_{k=1}^m) \mid block, rc, skip \mid C_{max}$	Exakte mathematische Optimierung
2001	T. J. Sawik (2001)	$FHm, ((PM^{(k)})_{k=1}^m) \mid block, rc, skip \mid C_{max}$	Exakte mathematische Optimierung
2002	T. Sawik (2002)	$FHm, ((PM^{(k)})_{k=1}^m) \mid block, rc, skip \mid C_{max}$	Exakte mathematische Optimierung
	T. Sawik et al. (2002)	$FHm, ((PM^{(k)})_{k=1}^m) \mid block, rc, skip \mid C_{max}$	Exakte mathematische Optimierung
2003	Wu et al. (2003)	$FHm, ((RM^{(k)})_{k=1}^m) \mid M_j \mid C_{max}$	Metaheuristiken
2004	Allaoui/Artiba (2004)	$FHm, ((RM^{(k)})_{k=1}^m) \mid unavail, break \mid C_{max}, \bar{C}, \bar{T}, T_{max}, N_t$	Heuristiken, Metaheuristiken, Simulation
	Cheng et al. (2004)	$FHm, ((PM^{(k)})_{k=1}^m) \mid M_j, batch \mid C_{max}$	Exakte mathematische Optimierung
	Kaczmarczyk et al. (2004)	$FHm, ((PM^{(k)})_{k=1}^m) \mid block, skip \mid C_{max}$	Exakte mathematische Optimierung, Heuristiken, Metaheuristiken
	Wilson et al. (2004)	$FHm, ((PM^{(k)})_{k=1}^m) \mid batch, skip \mid C_{max}$	Heuristiken, Metaheuristiken

(Fortsetzung)

[39] Mit Informationen aus den fünf Literaturüberblicken von Ruiz/Vázquez-Rodríguez (2010), Ribas et al. (2010), Zacharias (2020, S. 25–35), Morais et al. (2013) und Fan et al. (2018).

Tabelle 3.5 (Fortsetzung)

Jahr	Quelle	Maschinenbelegungsproblem	Kategorien der angewendeten Lösungsverfahren
2006	Logendran et al. (2006)	$FHm, ((PM^{(k)})_{k=1}^m) \mid batch, skip \mid C_{max}$	Heuristiken, Metaheuristiken
	Ruiz/Maroto (2006)	$FHm, ((RM^{(k)})_{k=1}^m) \mid M_j, S_{sd} \mid C_{max}$	Metaheuristiken
2007	He et al. (2007)	$FH2, (RM^{(1)}, 1^{(2)}) \mid batch, M_j \mid C_{max}$	Heuristiken
2008	Low et al. (2008)	$FH2, (RM^{(1)}, 1^{(2)}) \mid M_j \mid C_{max}$	Heuristiken
	Ruiz et al. (2008)	$FHm, ((RM^{(k)})_{k=1}^m) \mid M_j, S_{sd}, rm, lag, prec, skip \mid C_{max}$	Exakte mathematische Optimierung, Heuristiken
2009	Gholami et al. (2009)	$FHm, ((RM^{(k)})_{k=1}^m) \mid break, S_{sd} \mid C_{max}$	Metaheuristiken
	Jabbarizadeh et al. (2009)	$FHm, ((PM^{(k)})_{k=1}^m) \mid M_j, S_{sd}, unavail \mid C_{max}$	Heuristiken, Metaheuristiken
	Tavakkoli-Moghaddam et al. (2009)	$FHm, ((PM^{(k)})_{k=1}^m) \mid block, rc, skip \mid C_{max}$	Metaheuristiken
	Yaurima et al. (2009)	$FHm, ((RM^{(k)})_{k=1}^m) \mid M_j, S_{sd}, block \mid C_{max}$	Metaheuristiken
2010	Javadian et al. (2010)	$FHm, ((PM^{(k)})_{k=1}^m) \mid S_{sd}, unavail, skip \mid C_{max}$	Heuristiken, Metaheuristiken
	Naderi et al. (2010)	$FHm, ((RM^{(k)})_{k=1}^m) \mid S_{sd}, skip \mid C_{max}$	Heuristiken, Metaheuristiken
	Urlings et al. (2010)	$FHm, ((RM^{(k)})_{k=1}^m) \mid M_j, S_{sd}, rm, lag, prec, skip \mid C_{max}$	Metaheuristiken
	Zandieh et al. (2010)	$FHm, ((RM^{(k)})_{k=1}^m) \mid M_j, S_{sd}, lag, rm \mid C_{max}$	Heuristiken, Metaheuristiken
2011	Attar et a. (2011)	$FHm, ((PM^{(k)})_{k=1}^m) \mid lag, r_j, S_{sd}, skip \mid C_{max}$	Metaheuristiken
	Defersha (2011)	$FHm, ((RM^{(k)})_{k=1}^m) \mid M_j, S_{sd}, lag \mid C_{max}$	Exakte mathematische Optimierung
2012	Defersha/Chen (2012)	$FHm, ((RM^{(k)})_{k=1}^m) \mid M_j, S_{sd}, lag, skip \mid C_{max}$	Exakte mathematische Optimierung, Metaheuristiken
2013	Elmi/Topaloglu (2013)	$FHm, ((RM^{(k)})_{k=1}^m) \mid M_j, block \mid C_{max}$	Exakte mathematische Optimierung, Metaheuristiken
2015	Li/Pan (2015)	$FHm, ((PM^{(k)})_{k=1}^m) \mid unavail \mid C_{max}$	Metaheuristiken
2016	Zabihzadeh/Rezaeian (2016)	$FHm, ((RM^{(k)})_{k=1}^m) \mid M_j, r_j, block \mid C_{max}$	Exakte mathematische Optimierung, Metaheuristiken
2018	Dios et al. (2018)	$FHm, ((PM^{(k)})_{k=1}^m) \mid skip \mid C_{max}$	Heuristiken
	Siqueira et al. (2018)	$FHm, ((RM^{(k)})_{k=1}^m) \mid M_j, skip \mid C_{max}, T^w$	Metaheuristiken

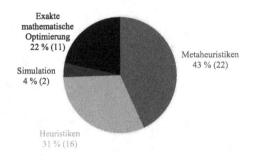

Abbildung 3.2 Methoden in den ausgewählten Studien des Literaturüberblicks

3.3   Exakte mathematische Optimierung

Exakte mathematische Optimierungsverfahren können die Optimalität einer Lösung, die Unbeschränktheit oder Nichtexistenz des Lösungsraums nachweisen.[40] Dies ist jedoch meist nicht in vertretbarer Zeit möglich. Diese lange Laufzeit ist insbesondere in der Anwendung auf komplexe Probleme der Realwelt mit vielen Entscheidungsvariablen und Restriktionen eine Schwierigkeit. Für komplexe Probleme der Realwelt, wie die in der Arbeit bearbeitete Problemstellung, können exakte mathematische Optimierungsmodelle jedoch als Vergleichsbasis und somit zur Bestimmung der Güte von Heuristiken sowie Metaheuristiken dienen.[41]

3.3.1   Parameter- und Variablendefinition

In vielen Studien zu Maschinenbelegungsproblemen werden abweichende Parameter und Mengen für ähnliche Sachverhalte definiert. Dies steht der Einheitlichkeit von Bezeichnungen entgegen. Um die Parameterdefinitionen nicht weiter aufzuweichen, werden die von Ruiz et al. (2008, S. 1153) verwendeten Parameter und Mengen soweit möglich auch für diese Arbeit genutzt. Diese Studie von Ruiz et al. (2008) kommt der in der vorliegenden Arbeit vorgestellten Problemstellung am nächsten, wie der Literaturüberblick zeigt. Erste Parameter zur Definition der Menge der Maschinen, der Bearbeitungsstufen sowie der Aufträge, die der Studie von Ruiz et al. (2008) entsprechen, wurden bereits in Unterkapitel 3.1 eingeführt. Weitere Parameter und Mengen werden in den Tabellen 3.6 und 3.7 definiert.

---

[40] Schumacher (2016), S. 61-62; Kallrath (2013), S. 83–84; Gendreau/Potvin (2010), S. ix–xi; Baudach et al. (2013), S. 350; Figueira/Almada-Lobo (2014), S. 127.

[41] Schumacher (2016), S. 61–62; Kallrath (2013), S. 83–84; 2007, S. S. 51.

Tabelle 3.6 Weiterführende Parameterdefinition des Maschinenbelegungsproblems[42]

Parameter	Beschreibung
F_j	Menge der Bearbeitungsstufen, die Auftrag j durchlaufen soll, wobei $1 \leq \lvert F_j \rvert \leq m$.
p_{ilj}	Bearbeitungsdauer (engl. processing time) von Auftrag j, $j \in N$, auf Maschine l, $l \in M_i$, welche der Bearbeitungsstufe i angehört. Für den Fall, dass ein Auftrag j die Bearbeitungsstufe i nicht durchlaufen soll, das heißt $i \notin F_j$, gilt $p_{ilj} = 0$, $\forall l \in M_i$.
rm_{il}	Freigabezeitpunkt von Maschine l (engl. release date) in Bearbeitungsstufe i. Vor dem Zeitpunkt rm_{il} kann die Maschine nicht für die Bearbeitung der Aufträge genutzt werden.
E_{ij}	E_{ij} bezeichnet die Menge der Maschinen l, die für Auftrag j auf Bearbeitungsstufe i qualifiziert sind (engl. eligible). Falls Auftrag j Bearbeitungsstufe i überspringt, gilt $\lvert E_{ij} \rvert = 0$ sowie wie oben erwähnt $p_{ilj} = 0$, wobei $l \notin E_{ij}$. Es gilt $E_{ij} \subseteq M_i$.
P_j	Menge der Aufträge, die bearbeitet werden müssen, bevor Auftrag j bearbeitet wird (engl. predecessors of job j).
lag_{ilj}	Zeitraum (engl. lag) zwischen der Bearbeitung von Auftrag j auf Maschine l in Bearbeitungsstufe i und dem Beginn der Bearbeitungszeit in Bearbeitungsstufe $i + 1$, auf der Auftrag j als nächstes bearbeitet wird. • $lag_{ilj} = 0$ bedeutet, dass nach Ende der einen Bearbeitungsstufe die Bearbeitung in der nächsten Stufe beginnen kann, dies ist der Standardfall. Wenn i die letzte Stufe ist, gilt ebenfalls $lag_{ilj} = 0$. • $lag_{ilj} > 0$ wird gewählt, falls es Wartezeit zwischen den Bearbeitungsstufen gibt. • $lag_{ilj} < 0$ zeigt die Überlappung von Bearbeitungszeiten an. Hinsichtlich detaillierterer Ausprägungen für den überlappenden Fall wird auf Ruiz/Vázquez-Rodríguez (2010, S. 1153) verwiesen.
S_{iljk}	Maschinen- und auftragsabhängige Umrüstzeit (engl. setup time) der Maschine l auf Bearbeitungsstufe i, wenn Auftrag k nach der Fertigstellung von Auftrag j produziert werden soll. • $S_{iljk} = 0$, falls $j = k$ oder $i \notin F_j$, $i \notin F_k$, $i \notin E_{ij}$, $i \notin E_{ik}$, $j \in P_k$, d. h. die Bearbeitungsstufe nicht von j und k besucht wird oder die Maschine l nicht für j oder k qualifiziert sind. • $A_{iljk} \in \{0, 1\}$. 1. $A_{iljk} = 1$: Das Umrüsten darf durchgeführt werden, bevor der Auftrag k auf Maschine l auf Bearbeitungsstufe i angekommen ist. 2. $A_{iljk} = 0$: Um mit dem Umrüsten zu starten, muss der Auftrag k bereits auf Maschine l angekommen sein.

---

[42] In Anlehnung an die Informationen aus Ruiz et al. (2008, S. 1153).

Tabelle 3.7 Parameter- und Mengendefinition zur Aufstellung des exakten
Optimierungsmodells[43]

Parameter	Beschreibung
G_i	Die Menge G_i beschreibt die Menge von Aufträgen j, die auf Bearbeitungsstufe i bearbeitet werden müssen und können. Sie wird zum einen mithilfe der Menge der Bearbeitungsstufen F_j, die Auftrag j durchlaufen soll, und zum anderen mit der Menge E_{ij} definiert, die die Menge der Maschinen l bezeichnet, die für Auftrag j auf Bearbeitungsstufe i qualifiziert sind. Dabei gilt $G_i \subseteq N$ und $G_i = \{j \mid i \in F_j \wedge l \in E_{ij}\}$.
$G_{il} \subseteq G_i$	Menge von Aufträgen j, die auf Maschine l aus der Bearbeitungsstufe i bearbeitet werden können.
S_k	Menge der Aufträge, die erst nach Auftrag k bearbeitet werden können. $S_k := \{j \mid k \in P_j\}$.
$FS_k(LS_k)$	Erste (letzte) Bearbeitungsstufe, auf der Auftrag k bearbeitet werden muss.

Der Studie von Ruiz et al. (2008, S. 1158) folgend werden die binären Entscheidungsvariablen x_{iljk} eingeführt.

$$x_{iljk} := \begin{cases} 1, & \text{falls Auftrag } j \text{ vor Auftrag } k \text{ auf Maschine } l \text{ bearbeitet werden soll,} \\ & \text{die der Bearbeitungsstufe } i \text{ angehört.} \\ 0, & \text{sonst.} \end{cases}$$

3.3.2 Inhaltsanalyse zu exakter mathematischer Optimierung

In diesem Kapitel stehen die Studien aus Tabelle 3.5 (vgl. Unterkapitel 3.2) im Fokus,
die exakte mathematische Modelle beinhalten und somit exakte Algorithmen zur
Lösung der Maschinenbelegung nutzen. Eine Übersicht der Studien, auf die dieses
Filterkriterium zutrifft, ist in Tabelle 3.8 dargestellt.

Es wird schnell ersichtlich, dass die meisten Studien aus Tabelle 3.8 nur in
einer Ausprägung in der β-Komponente mit der zu behandelnden Problemstellung
dieser Arbeit übereinstimmen. Lediglich die Studien von Ruiz et al. (2008) und
Defersha/M. Chen (2012) stimmen in mehreren Ausprägungen der β-Komponente
mit der Problemstellung der vorliegenden Arbeit überein.

Beide Studien verwenden das Modell von Ruiz et al. (2008). Die Problemstellung
von Ruiz et al. (2008) enthält dabei mehr β-Komponenten als die Problemstellung

---

[43] In Anlehnung an die Informationen aus Ruiz et al. (2008, S. 1153).

Tabelle 3.8 Zusammenfassung der für diese Arbeit relevanten Literatur zur exakten mathematischen Optimierung aus den fünf Literaturüberblicken[44]

Jahr	Quelle	Maschinenbelegungsproblem	Kategorien der angewendeten Lösungsverfahren
1997	Gue et al. (1997)	$FHm, ((PM^{(k)})_{k=1}^m) \mid skip \mid C_{max}$	Exakte mathematische Optimierung
2000	T. J. Sawik (2000)	$FHm, ((PM^{(k)})_{k=1}^m) \mid block, rc, skip \mid C_{max}$	Exakte mathematische Optimierung
	T. J. Sawik (2001)	$FHm, ((PM^{(k)})_{k=1}^m) \mid block, rc, skip \mid C_{max}$	Exakte mathematische Optimierung
2002	T. Sawik (2002)	$FHm, ((PM^{(k)})_{k=1}^m) \mid block, rc, skip \mid C_{max}$	Exakte mathematische Optimierung
	T. Sawik et al. (2002)	$FHm, ((PM^{(k)})_{k=1}^m) \mid block, rc, skip \mid C_{max}$	Exakte mathematische Optimierung
2004	Cheng et al. (2004)	$FHm, ((PM^{(k)})_{k=1}^m) \mid M_j, batch \mid C_{max}$	Exakte mathematische Optimierung
	Kaczmarczyk et al. (2004)	$FHm, ((PM^{(k)})_{k=1}^m) \mid block, skip \mid C_{max}$	Exakte mathematische Optimierung, Heuristiken, Metaheuristiken
2008	Ruiz et al. (2008)	$FHm, ((RM^{(k)})_{k=1}^m) \mid M_j, S_{sd}, rm, lag, prec, skip \mid C_{max}$	Exakte mathematische Optimierung, Heuristiken
2011	Defersha (2011)	$FHm, ((RM^{(k)})_{k=1}^m) \mid M_j, S_{sd}, lag \mid C_{max}$	Exakte mathematische Optimierung
2012	Defersha/M. Chen (2012)	$FHm, ((RM^{(k)})_{k=1}^m) \mid M_j, S_{sd}, lag, skip \mid C_{max}$	Exakte mathematische Optimierung, Metaheuristiken
2013	Elmi/Topaloglu (2013)	$FHm, ((RM^{(k)})_{k=1}^m) \mid M_j, block \mid C_{max}$	Exakte mathematische Optimierung, Metaheuristiken
2016	Zabihzadeh/Rezaeian (2016)	$FHm, ((RM^{(k)})_{k=1}^m) \mid M_j, r_j, block \mid C_{max}$	Exakte mathematische Optimierung, Metaheuristiken

[44] Mit Informationen aus den fünf Literaturüberblicken von Ruiz/Vázquez-Rodríguez (2010), Ribas et al. (2010), Zacharias (2020, S. 25–35), Morais et al. (2013) und Fan et al. (2018).

von Defersha/M. Chen (2012). Des Weiteren enthält die Problemstellung von Ruiz et al. (2008) auch mehr β-Komponenten der vorliegenden Arbeit als die Problemstellung von Defersha/M. Chen (2012). Daher wird das Modell von Ruiz et al. (2008) als Basis für das exakte Modell der vorliegenden Arbeit herangezogen.

Es fällt auf, dass die Studie von Ruiz et al. (2008) auch über die Problemstellung der Arbeit hinausgehend realitätsnahe Ausprägungen der β-Komponente enthält. Durch Zugrundelegung dieses Modells für die vorliegende Arbeit und dessen Weiterentwicklung, kann ein Beitrag zum Schließen der Lücke zwischen Forschung und Anwendung geleistet werden, indem möglichst viele Ausprägungen in der β-Komponente in einem Modell betrachtet werden und die nicht benötigten je nach Anwendungsfall ausgelassen werden können. Des Weiteren fällt auf, dass die Ausprägung *unavail* in der β-Komponente bisher in keiner der von den Literaturüberblicken hervorgebrachten Studien in exakte Algorithmen integriert wurde.

3.3.3 Modell von Ruiz et al. (2008)

Durch das exakte Optimierungsmodell nach Ruiz et al. (2008, S. 1157–1158) kann mit den Entscheidungsvariablen x_{iljk} die Bearbeitungsreihenfolge der Aufträge auf jeder Maschine gewählt werden. Da die Entscheidungsvariablen x_{iljk} binär sowie C_{ij} und C_{max} reellwertig definiert sind, handelt es sich um ein gemischt-ganzzahliges Optimierungsproblem (engl. mixed integer program, MIP). Das Optimierungsmodell lässt sich wie folgt beschreiben:

$$\min \quad C_{max} \tag{3.2}$$

s.t.

$$\sum_{\substack{j \in \{G_i, 0\} \\ j \neq k, j \notin S_k}} \sum_{l \in E_{ij} \cap E_{ik}} x_{iljk} = 1 \qquad \forall k \in N,\ i \in F_k \tag{3.3}$$

$$\sum_{\substack{j \in G_i \\ j \neq k, j \notin P_k}} \sum_{l \in E_{ij} \cap E_{ik}} x_{ilkj} \leq 1 \qquad \forall k \in N,\ i \in F_k \tag{3.4}$$

$$\sum_{\substack{h \in \{G_{il}, 0\} \\ h \neq k, h \neq j \\ h \notin S_j}} x_{ilhj} \geq x_{iljk} \qquad \forall j, k \in N,\ j \neq k,\ j \notin S_k,\ i \in F_j \cap F_k,\ l \in E_{ij} \cap E_{ik}, \tag{3.5}$$

$$\sum_{l \in E_{ij} \cap E_{ik}} x_{iljk} + x_{ilkj} \leq 1 \qquad \forall j \in N, \, k = j+1, \ldots, n, \, j \neq k, \, j \notin P_k, \, k \notin P_j, \, i \in F_j \cap F_k$$

$$(3.6)$$

$$\sum_{k \in G_{il}} x_{il0k} \leq 1 \qquad \forall \, i \in M, l \in M_i, \tag{3.7}$$

$$x_{iljk} \in \{0, 1\} \qquad \forall j \in \{N, 0\}, k \in N, j \neq k, k \notin P_j, i \in F_j \cap F_k, l \in E_{i,j} \cap E_{i,k} \tag{3.8}$$

Nebenbedingungen zur Definition des Makespans:

$$C_{i0} = 0, \forall i \in M, \tag{3.9}$$

$$C_{ik} + V(1 - x_{iljk}) \geq \max \left\{ \max_{p \in P_k} C_{LS_{p,p}}, rm_{il}, C_{ij} + A_{iljk} \cdot S_{iljk} \right\}$$

$$+ \left(1 - A_{iljk}\right) \cdot S_{iljk} + p_{ilk},$$

$$\forall k \in N, i = FS_k, l \in E_{ik}, \, j \in \{G_{il}, 0\}, j \neq k, j \notin S_k \tag{3.10}$$

$$C_{ik} + V\left(1 - x_{iljk}\right) \geq \max \left\{ C_{i-1,k} + \sum_{\substack{h \in \{G_{i-1},0\} \\ h \neq k, h \notin S_k}} \sum_{\bar{l} \in E_{i-1,h} \cap E_{i-1,k}} \left(lag_{i-1,\bar{l},k} \cdot x_{i-1,\bar{l},h,k}\right),\right.$$

$$\left. rm_{il}, C_{ij} + A_{iljk} \cdot S_{iljk} \right\} + \left(1 - A_{iljk}\right) \cdot S_{iljk} + p_{ilk},$$

$$\forall k \in N, i \in \{F_k \setminus FS_k\}, l \in E_{ik}, \, j \in \{G_{il}, 0\}, j \neq k, j \notin S_k \tag{3.11}$$

$$C_{max} \geq C_{LS_j,j}, \forall j \in N, \tag{3.12}$$

$$C_{ij} \geq 0, \forall j \in N, i \in F_j. \tag{3.13}$$

Auch die folgenden Erklärungen basieren auf Ruiz et al. (2008, S. 1157–1158) und wurden an einigen Stellen angepasst, um die Verständlichkeit zu erhöhen.

Die Menge der Nebenbedingungen (3.3) garantiert, dass jeder Auftrag $k \in N$ auf jeder Bearbeitungsstufe $i \in F_k$, auf der dieser bearbeitet werden muss, genau einen Vorgänger hat. Bei dem Vorgänger j darf es sich weder um den Auftrag k selbst handeln ($j \neq k$), noch darf es sich um Aufträge handeln, die dem Auftrag k nachfolgen sollen ($j \notin S_k$). Des Weiteren können nur Aufträge j Vorgänger von Auftrag k in Bearbeitungsstufe i sein, die auf Bearbeitungsstufe i bearbeitet werden müssen ($j \in \{G_i, 0\}$) und auf einer Maschine l der Bearbeitungsstufe i auch qualifiziert sind ($l \in E_{ij} \cap E_{ik}$). Durch den Ausdruck $j \in \{G_i, 0\}$ werden zusätzlich für jede Maschine Dummyaufträge ($j = 0$) initialisiert, welche den ersten zu bearbeitenden

Auftrag auf jeder Maschine darstellen. Diese Dummyaufträge müssen selbst keinen Vorgänger haben, da sie nicht Teil der Menge der Aufträge N sind. Sie ermöglichen es, initiale Rüstzeiten zu Beginn des Bearbeitungsvorgangs zwischen dem Dummyauftrag und dem ersten Auftrag auf jeder Maschine zu berücksichtigen.

Die Menge der Nebenbedingungen (3.4) sorgt dafür, dass jeder Auftrag $k \in N$ auf jeder Bearbeitungsstufe $i \in F_k$, auf der der Auftrag k bearbeitet werden soll, einen oder keinen Nachfolger hat. Es können nur Aufträge j Nachfolger von Auftrag k in Bearbeitungsstufe i sein, die auf Bearbeitungsstufe i bearbeitet werden müssen ($j \in G_i$). Bei dem Nachfolger j darf es sich dabei weder um den Auftrag k selbst ($j \neq k$) noch um Aufträge handeln, die vor dem Auftrag k gefertigt werden sollen ($j \neq P_k$). Des Weiteren können nur Aufträge j Vorgänger von Auftrag k der Bearbeitungsstufe i sein, die für eine der Maschinen l qualifiziert sind, für die Auftrag k qualifiziert ist ($l \in E_{ij} \cap E_{ik}$).

Die Menge der Nebenbedingungen (3.5) stellt für alle Maschinen l sicher, dass, wenn ein Auftrag j auf einer fest gewählten Maschine l bearbeitet wird und dieser Auftrag j einen Nachfolger k auf dieser Maschine hat, dieser Auftrag j auch einen Vorgänger h auf derselben Maschine haben muss. Es können folgende Fälle für die Menge der Nebenbedingungen (3.5) eintreten. Um die Fälle zu erörtern, wird die Binärbedingung (3.8) miteinbezogen:

<u>Fall 1:</u> $x_{iljk} = 1 \implies \sum_{\substack{h \in \{G_{il}, 0\} \\ h \neq k, h \neq j \\ h \neq S_j}} x_{ilhj} \geq 1$.

Falls Auftrag j Vorgänger von Auftrag k ist, muss Auftrag j wiederum einen Vorgänger h auf der Maschine l haben.

<u>Fall 2:</u> $x_{iljk} = 0 \implies \sum_{\substack{h \in \{G_{il}, 0\} \\ h \neq k, h \neq j \\ h \neq S_j}} x_{ilhj} \geq 0$.

Falls Auftrag j kein Vorgänger von Auftrag k ist, kann Auftrag j selbst einen Vorgänger auf der Maschine l haben, aber muss dort nicht zwingend einen Vorgänger haben.

Durch die Nebenbedingungen, die unter (3.6) zusammengefasst werden, werden Kreuzbezüge verhindert. Das heißt, der fest gewählte Auftrag j darf nicht gleichzeitig Vorgänger und Nachfolger vom fest gewählten Auftrag k auf einer fest gewählten Bearbeitungsstufe i sein. Die Menge der Nebenbedingungen (3.7) stellt sicher, dass die Dummyaufträge auf jeder fest gewählten Maschine l der Bearbeitungsstufe i nur für höchstens einen Auftrag als Vorgänger fungieren können.

Die Menge der Nebenbedingungen (3.9) setzt die Fertigstellungszeitpunkte für alle Dummyaufträge $C_{io} = 0$ auf jeder Bearbeitungsstufe i. Die Menge der Nebenbedingungen (3.10) setzt obere Schranken für die Fertigstellungszeitpunkte C_{ik} für die erste Bearbeitungsstufe $i = FS_k$ jedes Auftrags k. Dabei werden nur die für den Auftrag k qualifizierten Maschinen ($l \in E_{FS_k k}$) überprüft. Für den Parameter V wird eine große Zahl gewählt. Die Nebenbedingungen (3.10) werden somit redundant, wenn $x_{FS_k ljk} = 0$, das heißt, wenn die Aufträge j nicht auf der jeweiligen Maschine l der Bearbeitungsstufe FS_k Vorgänger von k sind. Durch diesen Einsatz des Parameters V wird somit die obere Schranke für $C_{FS_k k}$ nur für Aufträge k gewählt, die tatsächlich auf den einzelnen Bearbeitungsstufen ausgeführt werden. Die rechte Seite der Gleichung setzt die obere Schranke wie im Folgenden beschrieben. Die obere Schranke der Fertigstellungszeit $C_{FS_k k}$ für die erste Bearbeitungsstufe von k muss größer sein als der letzte Fertigstellungszeitpunkt $C_{LS_p p}$ der Aufträge in P_k, die vor Auftrag k bearbeitet werden müssen. Des Weiteren stellen diese Nebenbedingungen sicher, dass die Fertigstellungszeit auf dieser Stufe größer als der Freigabezeitpunkt $rm_{FS_k l}$ von Maschine l auf der ersten Bearbeitungsstufe ist. Ebenfalls ist sie größer als der Fertigstellungszeitpunkt des Vorgängerauftrags j von Auftrag k sowie, falls schon gerüstet werden kann, bevor der Auftrag k auf der vorherigen Bearbeitungsstufe fertiggestellt ist, unter Beachtung der Rüstzeiten. Auf das Maximum der vorherigen Aufzählung werden zusätzlich die Prozesszeiten des Auftrags k auf der Maschine l in Bearbeitungsstufe FS_k sowie die Umrüstzeiten aufsummiert, für den Fall, dass erst gerüstet werden kann, wenn Auftrag k auf der vorherigen Bearbeitungsstufe fertig bearbeitet wurde.

Die Menge der Nebenbedingungen (3.11) setzt obere Schranken für die Fertigstellungszeitpunkte C_{ik} für alle auf die erste Bearbeitungsstufe folgenden Bearbeitungsstufen i jedes Auftrags k, um C_{ik} zu bestimmen. Dabei werden wieder nur die für den Auftrag k qualifizierten Maschinen überprüft. Für den Parameter v wird erneut eine große Zahl gewählt. Die Nebenbedingungen werden erneut redundant, falls die Entscheidungsvariable $x_{iljk} = 0$ gewählt wird, das heißt, C_{ik} wird dann nicht beeinflusst. Durch den Parameter V wird somit diese obere Schranke für C_{ik} nur für Aufträge k gewählt, die tatsächlich auf den einzelnen Bearbeitungsstufen ausgeführt werden. Die rechte Seite dieser Ungleichungen (3.11) unterscheidet sich lediglich folgendermaßen von (3.10). Statt wie in (3.10) im Maximumsausdruck auch die Aufträge P_k zu betrachten, die in jedem Fall vor Auftrag k gefertigt werden müssen, berücksichtigt der Maximumsausdruck in (3.11) den Fertigstellungszeitpunkt von Auftrag k auf der vorherigen Bearbeitungsstufe $i - 1$ summiert mit der Zeit lag_i, die zwischen der Bearbeitung von Auftrag k auf Bearbeitungsstufe $i - 1$ und i liegen muss.

Die Menge der Nebenbedingungen (3.12) definiert den Makespan als obere Schranke über alle Fertigstellungszeitpunkte C_{ij} der Aufträge j in deren letzter Bearbeitungsstufe $i \in LS_j$. Die Nebenbedingungen (3.13) sowie (3.8) definieren die Entscheidungsvariablen x_{iljk} und C_{ij}.

Die Einschränkungen der Mengen, über die die Summen in den Nebenbedingungen iteriert werden (wie beispielsweise vielfach $l \in E_{ij} \cap E_{ik}$ auf der linken Seite der Gleichungen), helfen dabei, möglichst viele Einträge der für das Optimierungsproblem entstehenden Matrix mit Nullen zu besetzen, sodass sie dünn besetzt wird und die Berechnungen der Optimierungsalgorithmen einfacher werden. Einschränkungen der Mengen auf der rechten Seite bzw. am Ende des Ausdrucks jeder Nebenbedingung reduzieren die Zeilenanzahl der entstehenden Matrix, was wiederum zur Komplexitätsreduktion beiträgt.

3.4 Heuristiken

Heuristiken sind in der Maschinenbelegungsplanung zeiteffiziente Optimierungstechniken, um zu entscheiden, welcher Auftrag welcher Maschine zugeordnet werden sollte. Es handelt sich dabei um Algorithmen, die einen zulässigen Maschinenbelegungsplan liefern, der aber nicht optimal sein muss.[45]

Das Wort „Heuristik" hat dabei seinen Ursprung im Altgriechischen und bedeutet so viel wie „herausfinden".[46] Auch in weiteren Disziplinen der Optimierung sind Heuristiken etabliert, um möglichst zeiteffizient nahezu optimale Lösungen für Optimierungsprobleme zu liefern. Im Gegensatz zu exakten mathematischen Optimierungsverfahren können Heuristiken nicht die Optimalität der Lösung beweisen. Sie liefern Näherungslösungen, für die durch die Heuristiken selbst nicht bewertet werden kann, wie weit die Lösungen vom Optimum entfernt sind.[47] Der Vorteil von Heuristiken ist, dass die Lösung der Fragestellungen insbesondere komplexer Probleme und großer Probleminstanzen der Realwelt weniger zeitintensiv ist als die Lösung mithilfe exakter mathematischer Modelle.[48]

---

[45] Jaehn/Pesch (2014), S. 53–54; Werner (2015), S. 5.
[46] Martí et al. (2018), S. V.
[47] Jaehn/Pesch (2014), S. 106.
[48] Martí et al. (2018), S. V.

Trotz der Ungenauigkeiten heuristischer Algorithmen ist das Forschungsgebiet der Heuristiken zur Lösung von Maschinenbelegungsproblemen umfangreich und sie werden in Praxis und Forschung zielführend eingesetzt.

3.4.1 Grundlegende konstruktive Heuristiken

Einige Arten konstruktiver Heuristiken werden besonders häufig zur Lösung hybrider Flow Shops verwendet und sind daher für diese Arbeit besonders relevant. Dazu zählen die NEH-Heuristik (NEH), die nach den Nachnamen seiner Autoren Nawaz, Enscore und Ham benannt wurde, der Algorithmus von Johnson (1954, S. 64), Shortest Processing Time First (SPT) und Longest Processing Time First (LPT). Die Heuristiken werden in den Algorithmen 3.1–3.3 nachfolgend in ihrer ursprünglichen Form vorgestellt und sind teils noch nicht auf hybride Flow Shops angepasst.

Die NEH-Heuristik liefert im Bereich der Flow Shops (FM) in vielen Fällen gute Ergebnisse.[49] NEH wurde zuerst von Nawaz et al. (1983, S. 92–94) zur Minimierung des Makespans für Flow Shops ($FM \parallel C_{max}$) konzipiert und wie folgt veröffentlicht:

Algorithmus 3.1 : NEH-Basisalgorithmus

1. Setze $count = 1$. Ordne die $|N| = n$ Aufträge j nach der Gesamtbearbeitungszeit $\sum_{i=1}^{m} p_{ij}$ in absteigender Reihenfolge, wobei p_{ij} die durchschnittliche Bearbeitungszeit von Auftrag j in Stufe i darstellt.

2. Wähle den ersten und zweiten Auftrag der Liste und plane sie im Flow Shop in beiden möglichen Reihenfolgen ein. Die Reihenfolge bleibt dabei für jede Bearbeitungsstufe erhalten. Wähle die Reihenfolge, die besser hinsichtlich C_{max} bewertet wird. Setze $count = 3$.

3. **Repeat until** $count = n$
   Wähle den nächsten noch nicht eingeplanten Auftrag j aus der Liste und plane diesen Auftrag in alle $count$-möglichen Positionen der im vorherigen Schritt generierten und ausgewählten Sequenzen ein. Wähle die Sequenz mit dem kleinsten C_{max}. Setze $count = count + 1$.

Johnson (1954, S. 64) konzipierte seinen Algorithmus in der ursprünglichen Form für das Problem $F2 \parallel C_{max}$. Der Algorithmus läuft angelehnt an seine ursprüngliche Form wie folgt ab.

---

[49] Allaoui/Artiba (2004), S. 437.

Algorithmus 3.2 : Johnsons Basisalgorithmus

---

1. Finde über alle Bearbeitungsstufen i und alle Aufträge j, die noch nicht eingeplant wurden, die kürzeste Prozesszeit $p_{min} := min_{i \in M, j \in N} p_{ij}$.

2. Wenn p_{min} auf der ersten Bearbeitungsstufe $i = 1$ vorkommt, sortiere den zugehörigen Auftrag j an den Anfang der Warteschlange.
   Wenn p_{min} auf der zweiten Bearbeitungsstufe $i = 2$ vorkommt, plane den zugehörigen Auftrag am Ende der Warteschlange ein.
   Wenn mehrere Aufträge die kürzeste Prozesszeit aufweisen, wähle den Auftrag mit der alphanumerisch kleineren Ordnung. Wenn ein Auftrag die aktuell kürzeste Prozesszeit auf beiden Bearbeitungsstufen aufweist, plane den zugehörigen Auftrag an den Anfang der Warteschlange ein.

3. Falls alle Aufträge eingeplant sind: STOP. Sonst gehe zu Schritt 1.

Pinedo (2016, S. 114) beschreibt LPT als gut geeignete Lösungsheuristik für das Problem $PM \| C_{max}$ wie folgt. Analog zu der Beschreibung des LPT-Algorithmus kann auch der SPT-Algorithmus formuliert werden.[50]

Algorithmus 3.3 : LPT/SPT-Basisalgorithmus

---

1. Ordne die Aufträge j nach ihren Prozesszeiten in absteigender/aufsteigender Reihenfolge, sodass der Auftrag, der die längste/kürzeste Prozesszeit aufweist, das erste Element der Liste darstellt. Im Fall von mehreren Bearbeitungsstufen oder mehreren Maschinen pro Bearbeitungsstufe muss vorher bestimmt werden, welche Prozesszeit betrachtet wird.

2. Immer wenn eine Maschine frei wird, wähle den nächsten noch nicht eingeplanten Auftrag j der Liste und plane diesen Auftrag auf der freigewordenen Maschine ein.

Earliest Completion Time (ECT) und Job Based Relation (JBR) stellen Möglichkeiten dar, die weiteren Bearbeitungsstufen nach der ersten Bearbeitungsstufe einzuplanen. Während ECT sich an den Fertigstellungszeitpunkten der vorherigen Stufe orientiert, verwendet JBR zur Planung der weiteren Stufen die Anstellreihenfolge in der ersten Bearbeitungsstufe. Die Vorgehensweisen werden in den Algorithmen 3.4 und 3.5 angelehnt an Ruiz et al. (2008) dargestellt.

---

[50] Ruiz (2018), S. 1207–1208.

Algorithmus 3.4 : ECT-Basisalgorithmus

1. Ordne die Aufträge j gemäß dem frühesten Fertigstellungstermin C_{ij} der vorherigen Bearbeitungsstufe in aufsteigender Reihenfolge, sodass der Auftrag, der als erstes verfügbar ist, das erste Element der Liste darstellt.

2. Immer wenn eine Maschine frei wird, wähle den nächsten noch nicht eingeplanten Auftrag j der Liste und plane diesen Auftrag auf der frei gewordenen Maschine ein.

Algorithmus 3.5 : JBR-Basisalgorithmus

1. Ordne die Aufträge j gemäß dem frühesten Anstellzeitpunkt der letzten Bearbeitungsstufe in aufsteigender Reihenfolge, sodass der Auftrag, der als erstes in der ersten Stufe angestellt wurde, das erste Element der Liste darstellt.

2. Immer wenn eine Maschine frei wird, wähle den nächsten noch nicht eingeplanten Auftrag j der Liste und plane diesen Auftrag auf der frei gewordenen Maschine ein.

Vorteile dieser konstruktiven Heuristiken sind, dass sie sehr schnell berechenbar und einfach anwendbar sind. Die Komplexität von LPT, SPT und ECT ist beispielsweise $\mathcal{O}(n \log n)$. Von Anwendenden, die sie in ihre Arbeit im Tagesgeschäft einbeziehen, wird die gute Nachvollziehbarkeit geschätzt.[51]

3.4.2 Inhaltsanalyse zu konstruktiven Heuristiken

Im Folgenden wird näher auf die Studien aus Tabelle 3.5 (vgl. Unterkapitel 3.2) eingegangen, die als Lösungsmethode mindestens eine konstruktive Heuristik verwenden. Wird nach dieser Lösungsmethode gefiltert, reduziert sich Tabelle 3.5 zu Tabelle 3.9. In Tabelle 3.9 werden zusätzlich die konstruktiven Heuristiken der Studien spezifiziert. Dabei werden ausschließlich die Bezeichnungen der Basisalgorithmen aus Abschnitt 3.4.1 verwendet, auf die die entwickelten Algorithmen der Studien zurückzuführen sind. Im Falle mehrerer getesteter Heuristiken pro Studie wird jeweils die Heuristik aufgeführt, die sich laut den Evaluationsergebnissen der Studie als die beste Heuristik herausgestellt hat. Behandeln die Studien lediglich eine Heuristik, wird diese aufgenommen.

---

[51] Ruiz (2018), S. 1208.

Tabelle 3.9 Zusammenfassung der für diese Arbeit relevanten Literatur zu Heuristiken aus den fünf Literaturüberblicken[52]

Jahr	Quelle	Maschinenbelegungsproblem	Beste konstruktive Heuristiken
1993	T. J. Sawik (1993)	$FHm, ((PM^{(k)})_{k=1}^m) \mid block, skip \mid C_{max}$	Johnson
1994	Ding/Kittichartphayak (1994)	$FHm, ((PM^{(k)})_{k=1}^m) \mid skip \mid C_{max}$	Johnson
1995	T. J. Sawik (1995)	$FHm, ((PM^{(k)})_{k=1}^m) \mid block, skip \mid C_{max}$	LPT
1997	Oğuz et al. (1997)	$FH2, (RM^{(1)}, 1^{(2)}) \mid M_j \mid C_{max}$	Johnson
2004	Allaoui/Artiba (2004)	$FHm, ((RM^{(k)})_{k=1}^m) \mid unavail, break \mid C_{max}, \bar{C}, \bar{T}, T_{max}, N_t$	NEH
	Kaczmarczyk et al. (2004)	$FHm, ((PM^{(k)})_{k=1}^m) \mid block, skip \mid C_{max}$	Johnson
	Wilson et al. (2004)	$FHm, ((PM^{(k)})_{k=1}^m) \mid batch, skip \mid C_{max}$	LPT
2006	Logendran et al. (2006)	$FHm, ((PM^{(k)})_{k=1}^m) \mid batch, skip \mid C_{max}$	LPT
2007	He et al. (2007)	$FH2, (RM^{(1)}, 1^{(2)}) \mid batch, M_j \mid C_{max}$	SPT
2008	Low et al. (2008)	$FH2, (RM^{(1)}, 1^{(2)}) \mid M_j \mid C_{max}$	Johnson
	Ruiz et al. (2008)	$FHm, ((RM^{(k)})_{k=1}^m) \mid M_j, S_{sd}, rm, lag, prec, skip \mid C_{max}$	NEH
2009	Jabbarizadeh et al. (2009)	$FHm, ((PM^{(k)})_{k=1}^m) \mid M_j, S_{sd}, unavail \mid C_{max}$	Johnson
2010	Javadian et al. (2010)	$FHm, ((PM^{(k)})_{k=1}^m) \mid S_{sd}, unavail, skip \mid C_{max}$	NEH
	Naderi et al. (2010)	$FHm, ((PM^{(k)})_{k=1}^m) \mid S_{sd}, skip \mid C_{max}$	ECT für die erste Stufe & NEH
	Zandieh et al. (2010)	$FHm, ((RM^{(k)})_{k=1}^m) \mid M_j, S_{sd}, lag, rm \mid C_{max}$	NEH
2018	Dios et al. (2018)	$FHm, ((PM^{(k)})_{k=1}^m) \mid skip \mid C_{max}$	SPT & LPT

[52] Mit Informationen aus den fünf Literaturüberblicken von uiz/Vázquez-Rodríguez (2010), Ribas et al. (2010), Zacharias (2020, S. 25–35), Morais et al. (2013) und Fan et al. 2018.

Falls Studien als Startlösung für deren Metaheuristiken zufällige Startlösungen verwenden, wird auf diese initialen Lösungsmethoden in dem vorliegenden Kapitel nicht näher eingegangen, da zufällige Lösungen keiner speziellen Systematik folgen und somit kein Methodenwissen angewendet wird, das nachgebildet werden kann. Zufällige Startlösungen sind jedoch auch für diese Arbeit eine Möglichkeit, initiale Lösungen zu generieren. Sie werden insbesondere im Bereich des GAs vielfach verwendet.

Von den Studien, die sich im Gegensatz dazu mit heuristischen Verfahren zur Bestimmung der Startlösungen beschäftigen, werden im Folgenden zuerst die Studien betrachtet, die mindestens in zwei β-Komponenten mit der behandelten Problemstellung aus Abschnitt 3.1.1 übereinstimmen, bevor nachfolgend die Studien betrachtet werden, die eine der β-Komponenten aus der Problemstellung der vorliegenden Arbeit beinhalten. Die folgende Analyse dient dem Zweck, zum Ende des Kapitels zu evaluieren, welche Heuristiken im Vergleich zu anderen am häufigsten gute Ergebnisse hinsichtlich der Komponenten der Problemstellung liefern.

Javadian et al. (2010) vergleichen sechs konstruktive Heuristiken für das Problem FHm, $((PM^{(k)})_{k=1}^{m}) \mid S_{sd}$, $unavail$, $skip \mid C_{max}$. Von den getesteten Heuristiken schneidet eine an die NEH angelehnte Heuristik am besten ab. NEH verwendet JBR für die folgenden Stufen.

Jabbarizadeh et al. (2009) testen für das Problem FHm, $((PM^{(k)})_{k=1}^{m}) \mid M_j$, S_{sd}, $unavail \mid C_{max}$ die Heuristiken SPT, LPT und eine an Johnson angelehnte Heuristik. Sie evaluieren, dass SPT bessere Ergebnisse als LPT liefert, jedoch die Johnson-Heuristik die besten Ergebnisse unter den Heuristiken dieser Studie liefert. Der Johnson-Algorithmus ordnet die Aufträge auf den folgenden Stufen angelehnt an Kurz/Askin (2003) mittels ECT.

Ruiz et al. (2008) vergleichen die Heuristiken SPT, LPT, „Least work remaining", „Most work remaining", „Most work remaining with average setup times" sowie NEH und ermitteln, dass NEH für das betrachtete Problem FHm, $((RM^{(k)})_{k=1}^{m}) \mid M_j$, S_{sd}, rm, lag, $prec$, $skip \mid C_{max}$ die besten Lösungen über alle getesteten Probleminstanzen liefert. Sie folgern, dass NEH im Vergleich zu anderen konstruktiven Heuristiken nicht nur für klassische Flow Shops gute Ergebnisse liefert, sondern auch für realitätsnahe hybride Flow Shops wie ihr Maschinenbelegungsproblem.

NEH wird von Ruiz et al. (2008) auf hybride Flow Shops erweitert. Dabei werden M_j sowie $skip$ erweitert, indem die durchschnittliche Gesamtprozesszeit $\sum_{i \in F_j} \frac{\sum_{l \in E_{ij}} p_{ilj}}{|E_{ij}|}$ über die Maschinen und Bearbeitungsstufen berechnet wird, auf der die Aufträge aktuell qualifiziert sind.

prec wird in den NEH integriert, indem in jedem NEH-Schritt für den einzuplanenden Auftrag die frühestmögliche und spätestmögliche Position in der bisher
aufgebauten Sequenz ausgewählt wird und der Auftrag nur in dem Bereich verschoben wird. So kann der Auftrag j weder vor einem Auftrag aus P_j noch nach einem
Auftrag aus S_j eingeplant werden. In jeder Stufe wird mit JBR die gleiche Reihenfolge für den NEH angenommen. Für die Auswahl der Maschine innerhalb einer
Bearbeitungsstufe i ziehen Ruiz et al. (2008, S. 1158–1159) die Maschinenzuweisung mittels ECT von Ruiz/Maroto (2006) heran, die die Maschine auswählt, die in
Anbetracht der Maschinenverfügbarkeit, der verschiedenen Prozesszeiten etc. den
Auftrag j als erstes auf der Bearbeitungsstufe i fertigstellt, das heißt, den kleinsten
Wert für C_{ij} liefert.

Zandieh et al. (2010) vergleichen für das Problem FHm, $((RM^{(k)})_{k=1}^{m})$ | M_j,
S_{sd}, lag, rm | C_{max} die Heuristiken SPT, NEH und LPT und ermitteln, dass NEH
mit JBR die besten Ergebnisse liefert.

Bis auf diese drei Studien stimmen die folgenden Studien zu konstruktiven Heuristiken nur in einer Ausprägung in der β-Komponente mit der zu behandelnden
Problemstellung der vorliegenden Arbeit (3.1) überein.

T. J. Swaik (1993, 1995) arbeitet für das Problem FHm, $((PM^{(k)})_{k=1}^{m})$ | *block*,
skip | C_{max} mit Abwandlungen des Johnson-Algorithmus und Abwandlungen
von LPT. Da die von T. J. Swaik (1993, 1995) adressierten Probleme *block* in
der β-Komponente enthalten, können die entwickelten Algorithmen nicht für die
bearbeitete Problemstellung der vorliegenden Arbeit angewendet werden.

Ding/Kittichartphayak (1994) entwickeln und vergleichen drei an Johnson angelehnte Heuristiken für ein Problem mit identischen Maschinen FHm, $((PM^{(k)})_{k=1}^{m})$
| *skip* | C_{max}.

Auch Oğuz et al. (1997) entwickeln eine Heuristik auf Basis der Johnson-Regel.
In dem hybriden Flow Shop $FH2$, $(RM^{(1)}, 1^{(2)})$ | M_j | C_{max} wird von zwei
Maschinen auf der ersten Bearbeitungsstufe und einer Maschine auf der zweiten
Stufe ausgegangen. Auf der ersten Bearbeitungsstufe treten dabei ausschließlich
Aufträge auf, die entweder auf der einen oder der anderen Maschine gefertigt werden
können.

Kaczmarczyk et al. (2004, S. 2093) wenden für FHm, $((PM^{(k)})_{k=1}^{m})$ | *block*,
skip | C_{max} die konstruktive Heuristik von Campbell et al. (1970) an, welche
einen Flow Shop mit zwei oder mehr Bearbeitungsstufen mit einer Erweiterung der
Johnson-Heuristik löst. Die Anstellstrategie für die folgenden Bearbeitungsstufen
wird mithilfe dieser Sequenz bestimmt. Dabei wird immer ein Auftrag zuerst für alle
Bearbeitungsstufen eingeplant, bevor der nächste Auftrag für alle Bearbeitungsstufen eingeplant wird (JBR). Für die Planung der folgenden Bearbeitungsstufe wird
die am frühesten verfügbare Maschine in Kombination mit JBR gewählt.

Allaoui/Artiba (2004) entwickeln für FHm, $((RM^{(k)})_{k=1}^m)$ | $unavail$, $break$ | C_{max}, $\bar{C}$, $\bar{T}$, T_{max}, N_t eine Kombination aus Simulation und Heuristiken. Dabei wurden die Simulationsergebnisse der Metaheuristik Simulated Annealing mit LPT, SPT und „Earliest Due Date" als Startlösungen mit dem NEH-Algorithmus verglichen. Hinsichtlich des Makespans und für den Fall, dass nach einem Maschinenausfall die vorher gefertigten Produkte dieses Auftrags weiterverwendet werden können (wie im Fall der vorliegenden Arbeit), analysieren sie, dass der NEH-Algorithmus die besten Simulationsergebnisse liefert.

Wilson et al. (2004) verwenden für das Problem FHm, $((PM^{(k)})_{k=1}^m)$ | $batch$, $skip$ | C_{max} zur Generierung einer initialen Lösung für ihren GA eine Kombination aus LPT und ECT. In der Studie wurde der Algorithmus vor allem für die Ausprägung $batch$ spezifiziert, weshalb die Studie für die in der vorliegenden Arbeit bearbeitete Problemstellung eine nachgelagerte Bedeutung hat.

Logendran et al. (2006, S. 70) vergleichen für das Problem FHm, $((PM^{(k)})_{k=1}^m)$ | $batch$, $skip$ | C_{max} zur Generierung einer initialen Lösung für ihre Tabu Search-Algorithmen drei konstruktive Heuristiken: Die erste Heuristik ordnet die Aufträge alphanumerisch und plant sie in dieser Reihenfolge auf die frei werdenden Maschinen ein. Die beiden anderen Heuristiken verwenden Abwandlungen von LPT. Dabei wird die Summe der Bearbeitungszeiten $\sum_{i=1}^m p_{ij}$ zur Sortierung der Aufträge j verwendet. Jedoch liefert im Vergleich keiner der konstruktiven Algorithmen signifikant bessere Ergebnisse als die anderen.

He et al. (2007) analysieren eine Heuristik für $FH2$, $(RM^{(1)}, 1^{(2)})$ | $batch$, M_j | C_{max}. In diesem Fall bedeutet M_j, dass die Aufträge der ersten Bearbeitungsstufe jeweils von bestimmten Maschinen bearbeitet werden können. In der zweiten Bearbeitungsstufe werden alle Aufträge in Chargen ($batches$) auf der gleichen Maschine abgearbeitet. Sie nutzen in ihrer Heuristik in der ersten Bearbeitungsstufe SPT und in der zweiten Bearbeitungsstufe zum einen ECT für die Maschinenzuordnung und zum anderen einen Algorithmus zur Minimierung der Prozesszeiten der Chargen.

Low et al. (2008) vergleichen für das Problem $FH2$, $(RM^{(1)}, 1^{(2)})$ | M_j | C_{max} insgesamt 16 Kombinationen von Heuristiken. Zuerst werden die folgenden vier Methoden genutzt, um eine Bearbeitungsreihenfolge zu erstellen:

- zufällige Zuordnung,
- SPT mit den Prozesszeiten der ersten Bearbeitungsstufe,
- LPT mit den Prozesszeiten der zweiten Bearbeitungsstufe,
- Algorithmus von Johnson.

Ist die Bearbeitungsreihenfolge der ersten Stufe erstellt, werden für jede Methode nach vier weiteren verschiedenen Regeln die Aufträge den Maschinen zugeordnet. Auf Basis ihrer Auswertungen evaluierten Low et al. (2008), dass die modifizierte Johnson-Regel, die die Maschinenzuordnung auf der ersten Stufe mit ECT durchführt, die besten Ergebnisse liefert. Dabei werden die Aufträge in der zweiten Bearbeitungsstufe mit ECT eingeplant.

Naderi et al. (2010) teilen für FHm, $((PM^{(k)})_{k=1}^m)$ | S_{sd}, $skip$ | C_{max} die Auftragsreihenfolge und die Maschinenzuordnung der Aufträge nicht in separate Schritte auf, sondern behandeln sie zusammen. Die erste Bearbeitungsstufe wird von Naderi et al. (2010, S. 238–239) mit ECT geplant. Dabei wird jeweils das Paar von Auftrag und Maschine gewählt, das zuerst einen Auftrag fertigstellen kann. Da ihr Problem S_{sd} berücksichtigt, ist dieses Vorgehen auf RM übertragbar. Die Maschinenauswahl auf den weiteren Stufen wird ebenso nach diesem Kriterium ECT getroffen, sobald die Aufträge für die jeweilige Stufe verfügbar sind. Für ihr Problem und ihre Testdaten stellt sich dieser konstruktive Algorithmus sowie ein an NEH angelehnter Algorithmus im Vergleich zu anderen konstruktiven Algorithmen als besonders gut heraus.

Dios et al. (2018) vergleichen für FHm, $((PM^{(k)})_{k=1}^m)$ | $skip$ | C_{max} 24 konstruktive Heuristiken und evaluieren, dass zwei auf SPT basierende (bSPTB, bSPT) und eine auf LPT basierende Heuristik die besten Resultate liefern:

- LPT: Die Aufträge werden absteigend gemäß $\sum_{i=1}^m p_{ij}$ sortiert. Die weiteren Bearbeitungsstufen werden mithilfe von ECT belegt.
- bSPT: SPT wird beginnend bei der letzten Stufe angewendet.
- bSPTB: Zuerst wird die Bearbeitungsstufe i mit der höchsten Gesamtprozesszeit eingeplant und mit den Prozesszeiten p_{ij} dieser Stufe wird SPT angewendet. Die weiteren Bearbeitungsstufen werden mithilfe von ECT belegt.

Auf Basis der vorangegangenen Auswertungen wurde Abbildung 3.3 konstruiert. In Abbildung 3.3 wird deutlich, dass LPT, SPT, NEH, Johnson und ECT der betreffenden Stufe in den Studien die vielversprechendsten Heuristiken darstellen. Der Johnson-Algorithmus wurde in sechs der Veröffentlichungen im Vergleich zu anderen Heuristiken als besonders gut sowie häufig verwendet evaluiert, der NEH-Algorithmus in fünf Studien, danach folgen LPT mit vier Studien, SPT mit zwei Studien und ECT auf der ersten Stufe mit einer Studie.

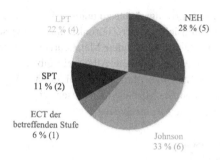

Abbildung 3.3 Verteilung der vielversprechendsten Heuristiken in den ausgewählten Studien des Literaturüberblicks

Im Bereich der Anstellstrategien für die weiteren Stufen fällt auf, dass ECT häufig im Zusammenspiel mit den genannten Heuristiken verwendet wird. Dabei werden die Aufträge auf die als erstes frei werdende Maschine eingeplant.[53] Es gibt jedoch auch andere Ansätze der Maschinenzuweisung. Naderi et al. (2010) weisen die Aufträge beispielsweise den Maschinen zu, die diese als erstes abarbeiten können (ECT der betreffenden Stufe). Diese Variante spielt insbesondere für S_{sd} in der β-Komponente oder RM in den weiteren Stufen eine Rolle. Eine weitere angewendete Strategie zur Einplanung der weiteren Stufen ist JBR.

Für die in der vorliegenden Arbeit bearbeitete Problemstellung kann gefolgert werden, dass die Heuristiken aus Abbildung 3.3 für die Planung der ersten Stufe, ECT und JBR für die weiteren Stufen sowie ECT ebenfalls für die Maschinenzuweisung berücksichtigt werden sollten.

3.4.3 Grundlegende Metaheuristiken

In diesem Kapitel werden die Studien aus Tabelle 3.5 aus Unterkapitel 3.2 analysiert, die sich mit Metaheuristiken befassen. Der Begriff Metaheuristik beschreibt übergeordnete Konstrukte für Algorithmen, um Näherungslösungen der optimalen Lösung zu finden, die sich dem Namen nach aus verschiedenen heuristischen Vorgehensweisen zusammensetzen.[54] Metaheuristiken bilden eine iterative heuristi-

---

[53] Jabbarizadeh et al. (2009); Zandieh et al. (2010); Dios et al. (2018); He et al. (2007).

[54] Schumacher (2016), S. 61–66; Gendreau/Potvi (2010), S. vii–xi; Pinedo (2016), S. 121.

sche Lösungsmöglichkeit, Lösungsräume zu untersuchen und versuchen, gegebene zulässige Startlösungen hinsichtlich der Zielfunktion zu verbessern.[55]

Einige in den Studien häufig verwendete Metaheuristiken werden im Folgenden zuerst in ihren Grundzügen beschrieben. Allgemein gibt es zwei Kategorien von Metaheuristiken – lokale Suchalgorithmen und evolutionäre Algorithmen. Daneben existieren weniger angewendete Mischformen dieser beiden Kategorien. Die wichtigsten Elemente *lokaler Suchverfahren* sind:[56]

- Aufbau der Nachbarschaft,
- Nachbarschaftsgröße,
- Bewertungskriterium,
- Abbruchkriterium.

Die Nachbarschaft kann auf verschiedene Arten aufgebaut werden. Zwei in dieser Arbeit häufig auftretende Beispiele sind:

- *swap:*: Zwei ausgewählte Aufträge werden in ihren Positionen vertauscht.
- *shift*: Ein Auftrag wird an eine andere Position des Maschinenbelegungsplans eingeplant.

Vielfach verwendete Nachbarschaftsgrößen sind:[57]

- First Improvement / Random Descent: Sobald eine bessere Lösung in der vorliegenden Nachbarschaft gefunden wird, wird in der neuen Nachbarschaft der besseren Lösung weitergesucht.
- Unbound: Alle Nachbarn werden geprüft und die beste Lösung gewählt.
- Steepest Descent: Es wird eine vorgegebene feste Anzahl (Größe der Nachbarschaft) von Nachbarn der aktuellen Lösung gesucht und die beste der gefundenen Lösungen als Startpunkt für eine neue Nachbarschaft festgelegt.

In den lokalen Suchverfahren haben sich Vorgehensweisen herausgebildet, die sich hinsichtlich der Akzeptanz von Lösungen unterscheiden:

---

[55] Schumacher (2016), S. 61–66; Jansen/Margraf (2008), S. 150; Werner (2015), S. 5; Jaehn/Pesch (2014), S. 53–54; Brucker (2007), S. 51; Naderi et al. (2010), S. 238.
[56] Leon/Ramamoorthy (1997), S. 117–120.
[57] Leon/Ramamoorthy (1997), S. 117–120.

- Lokale Suche – Anwendung einer Nachbarschaftsstrategie. Schlechtere Lösungen als die aktuell beste werden nicht akzeptiert.
- Variable Nachbarschaftssuche – Je Iteration wird zufällig eine andere Nachbarschaftstrategie gewählt, keine Akzeptanz schlechterer Lösungen.
- Tabu Search – Es wird eine Tabuliste gepflegt, die Lösungen oder Nachbarschaftsoperationen enthält, die innerhalb der nächsten Iteration vermieden werden sollen, um Zyklen zu verhindern. Schlechtere Lösungen als die aktuell beste werden nicht akzeptiert.
- Simulated Annealing – Erstmals wurde die Idee von Kirkpatrick et al. (1983) vorgestellt. Lokale Optima können im Laufe der Iterationen verlassen werden, indem schlechtere Zielfunktionswerte temporär akzeptiert werden.

Genetische Algorithmen (GA) sind Lösungsalgorithmen, die den Systematiken evolutionärer Prozesse biologischer Organismen nachempfunden sind. Sie gehören zur Kategorie evolutionärer Algorithmen und sind zur Lösung von Optimierungsproblemen weitverbreitet.[58] Die wichtigsten Elemente und der grundlegende Ablauf eines GA sind:[59]

1. Repräsentation – Darstellung der Maschinenbelegungspläne oder der Lösung.
2. Initialisierung – Setzen der Parameter für die Populationsgröße $population_{size}$, die auch die Anzahl der Startlösungen definiert und die Anzahl Generationen $generations$. Setze $count = 1$.
3. Evaluation der Lösungen – Im Fall der Arbeit ist dies die Auswertung der C_{max}-Werte pro Individuum.
4. Selektion – Die Wahrscheinlichkeit der Selektion wird in dieser Arbeit mit p_s bezeichnet. Diese Lösungen mit guten Zielfunktionswerten werden unverändert in die nächste Generation übernommen.
5. Crossover – Zwei Lösungen werden zu einer oder mehreren neuen Lösungen kombiniert, die in die nächste Generation übernommen werden. Die Wahrscheinlichkeit des Crossovers ist p_c.
6. Mutation – Einzelne Lösungen werden verändert. Die Wahrscheinlichkeit der Mutation wird in dieser Arbeit mit p_m bezeichnet.
7. Wenn das Abbruchkriterium (meist $count = generations$) erfüllt ist: STOP, ansonsten wiederhole die Schritte 3 bis 7.

---

[58] Zabihzadeh/Rezaeian (2016), S. 324.
[59] Defersha/M. Chen (2012); Wu et al. (2003), S. 1775; Zandieh et al. (2010), S. 736; Zabihzadeh/Rezaeian (2016), S. 324.

3.4.4   Inhaltsanalyse zu Metaheuristiken

Die Metaheuristiken, die im Folgenden vorgestellt werden, verwenden als Start-lösung jeweils Lösungen aus konstruktiven Algorithmen oder zufällig generierte Lösungen.[60]

Die Studien des Literaturüberblicks, die sich mit Metaheuristiken beschäftigen, werden in Tabelle 3.10 zusammengefasst. In dieser Tabelle wurde wiederum jeweils ergänzt, welches die in der Studie beste getestete Metaheuristik ist.

Jeweils in neun Studien aus Tabelle 3.10 schneiden die lokalen Suchverfahren besonders gut ab, ebenfalls in neun Studien werden GA als am besten evaluiert und verschiedene sonstige Algorithmen liefern in vier weiteren Studien die besten Ergebnisse. Diese Verteilung ist in Abbildung 3.4 visualisiert.

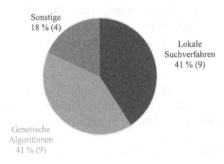

Abbildung 3.4 Verteilung der vielversprechendsten Metaheuristiken in den ausgewählten Studien des Literaturüberblicks

Lediglich die folgenden vier Veröffentlichungen behandeln *andere Algorithmen*:

- Attar et al. (2011) entwickeln für FHm, $((PM^{(k)})_{k=1}^{m})$ | $lag, r_j, S_{sd}, skip$ | C_{max} einen „Imperialist Competitive Algorithm" und analysieren, dass dieser bessere Ergebnisse als ein Simulated Annealing-Algorithmus liefert.
- Li/Pan (2015) entwickeln für das Problem FHm, $((PM^{(k)})_{k=1}^{m})$ | $unavail$ | C_{max} einen „Hybrid Artificial Bee Colony Algorithm", der einen „Artificial Bee Colony Algorithm" mit Tabu Search kombiniert.

---

[60] Beispielsweise verwenden Siqueira et al. (2018) eine zufällige Startlösung für eine variable Nachbarschaftssuche.

Tabelle 3.10 Zusammenfassung der für diese Arbeit relevanten Literatur zu Metaheuristiken aus den fünf Literaturüberblicken[61]

Jahr	Quelle	Maschinenbelegungsproblem	Beste Metaheuristik
1997	Leon/Ramamoorthy (1997)	$FHm, ((PM^{(k)})_{k=1}^m) \mid skip \mid C_{max}, \bar{T}$	Problem Spaced Local Search
1998	C.-L. Chen et al. (1998)	$FH2, ((PM^{(k)})_{k=1}^2) \mid skip \mid C_{max}$	Tabu Search
2003	Wu et al. (2003)	$FHm, ((RM^{(k)})_{k=1}^m) \mid M_j \mid C_{max}$	GA
2004	Allaoui/Artiba (2004)	$FHm, ((RM^{(k)})_{k=1}^m) \mid unavail, break \mid C_{max}, \bar{C}, \bar{T}, T_{max}, N_t$	Simulated Annealing
	Kaczmarczyk et al. (2004)	$FHm, ((PM^{(k)})_{k=1}^m) \mid block, skip \mid C_{max}$	Tabu Search
	Wilson et al. (2004)	$FHm, ((PM^{(k)})_{k=1}^m) \mid batch, skip \mid C_{max}$	GA
2006	Logendran et al. (2006)	$FHm, ((PM^{(k)})_{k=1}^m) \mid batch, skip \mid C_{max}$	Tabu Search
	Ruiz/Maroto (2006)	$FHm, ((RM^{(k)})_{k=1}^m) \mid M_j, S_{sd} \mid C_{max}$	GA
2009	Gholami et al. (2009)	$FHm, ((RM^{(k)})_{k=1}^m) \mid break, S_{sd} \mid C_{max}$	GA
	Jabbarizadeh et al. (2009)	$FHm, ((PM^{(k)})_{k=1}^m) \mid M_j, S_{sd}, unavail \mid C_{max}$	Simulated Annealing
	Tavakkoli-Moghaddam et al. (2009)	$FHm, ((PM^{(k)})_{k=1}^m) \mid block, rc, skip \mid C_{max}$	Memetic Algorithm
	Yaurima et al. (2009)	$FHm, ((RM^{(k)})_{k=1}^m) \mid M_j, S_{sd}, block \mid C_{max}$	GA
2010	Javadian et al. (2010)	$FHm, ((PM^{(k)})_{k=1}^m) \mid S_{sd}, unavail, skip \mid C_{max}$	Variable Nachbarschaftssuche
	Naderi et al. (2010)	$FHm, ((PM^{(k)})_{k=1}^m) \mid S_{sd}, skip \mid C_{max}$	Iterated Local Search
	Urlings et al. (2010)	$FHm, ((RM^{(k)})_{k=1}^m) \mid M_j, S_{sd}, rm, lag, prec, skip \mid C_{max}$	GA
	Zandieh et al. (2010)	$FHm, ((RM^{(k)})_{k=1}^m) \mid M_j, S_{sd}, lag, rm \mid C_{max}$	GA
2011	Attar et al. (2011)	$FHm, ((PM^{(k)})_{k=1}^m) \mid lag, r_j, S_{sd}, skip \mid C_{max}$	Imperialist Competitive Algorithm
2012	Defersha/M. Chen (2012)	$FHm, ((RM^{(k)})_{k=1}^m) \mid M_j, S_{sd}, lag, skip \mid C_{max}$	GA
2013	Elmi/Topaloglu (2013)	$FHm, ((RM^{(k)})_{k=1}^m) \mid M_j, block \mid C_{max}$	Simulated Annealing
2015	Li/Pan (2015)	$FHm, ((PM^{(k)})_{k=1}^m) \mid unavail \mid C_{max}$	Hybrid Artificial Bee Colony Algorithm
2016	Zabihzadeh/Rezaeian (2016)	$FHm, ((RM^{(k)})_{k=1}^m) \mid M_j, r_j, block \mid C_{max}$	GA
2018	Siqueira et al. (2018)	$FHm, ((RM^{(k)})_{k=1}^m) \mid M_j, skip \mid C_{max}, T^w$	Variable Nachbarschaftssuche

---

[61] Mit Informationen aus den fünf Literaturüberblicken von uiz/Vázquez-Rodríguez (2010), Ribas et al. (2010), Zacharias (2020, S. 25–35), Morais et al. (2013)und Fan et al. (2018).

- Tavakkoli-Moghaddam et al. (2009) wenden auf das Problem FHm, $((PM^{(k)})_{k=1}^{m})$ | $block$, rc, $skip$ | C_{max} einen kombinierten „Memetic Algorithm" inklusive variabler Nachbarschaftssuche an, wobei dieser bessere Ergebnisse liefert als ein GA.

- Leon/Ramamoorthy (1997) arbeiten für das Problem FHm, $((PM^{(k)})_{k=1}^{m})$ | $skip$ | C_{max}, $\bar{T}$ mit „Problem spaced local search". Bei dieser Heuristik werden nicht die Lösungen verändert, sondern die Daten des Problems, um neue Lösungen mit derselben Heuristik zu generieren. Die Originaldaten werden genutzt, um die Lösungsgüte zu evaluieren.

Die oben genannten Algorithmen sind für hybride Flow Shops nur wenig verbreitet. In der vorliegenden Arbeit sollen die gängigsten und vielversprechendsten Metaheuristiken für die hier zu bearbeitende Problemstellung getestet werden. Im Folgenden wird daher zuerst näher auf *lokale Suchverfahren* eingegangen. Zusätzlich werden nachfolgend gängige Parametereinstellungen für die Algorithmen analysiert.

C.-L. Chen et al. (1998) evaluieren für das Problem $FH2$, $((PM^{(k)})_{k=1}^{2})$ | $skip$ | C_{max} einen Tabu Search-Algorithmus. Die Länge der Tabuliste wurde zwischen fünf und zwölf Elementen gewählt. Darüber hinaus kann die Wahl der Startlösung laut ihrer Studie für die Güte und Laufzeit der Algorithmen von großer Bedeutung sein, sobald in dem Maschinenbelegungsproblem 50 oder mehr Aufträge einzuplanen sind. Als Nachbarschaftsstrategie wird $swap$ und als Nachbarschaftsgröße Unbound verwendet. In ihrer Evaluation setzen sie das Abbruchkriterium auf 200 Iterationen.

Wie in Abschnitt 3.4.2 analysiert, evaluieren Allaoui/Artiba (2004) für FHm, $((RM^{(k)})_{k=1}^{m})$ | $unavail$, $break$ | C_{max}, $\bar{C}$, $\bar{T}$, T_{max}, N_t, dass die Metaheuristik Simulated Annealing mit LPT, SPT und Earliest Due Date (EDD) als mögliche Startlösungen schlechtere Simulationsergebnisse liefert als der NEH.

Kaczmarczyk et al. (2004) wenden Tabu Search für FHm, $((PM^{(k)})_{k=1}^{m})$ | $block$, $skip$ | C_{max} an. Sie vertauschen in jeder Iteration zwei Aufträge in ihrer Position ($swap$). Die Positionen der beiden getauschten Aufträge werden in der Tabuliste gespeichert und das gespeicherte Paar der Positionen wird in den nächsten beiden Iterationen von der Vertauschung ausgeschlossen. Sie arbeiten mit einer Länge der Tabuliste von sieben Elementen. Diesem Vorgehen wird gefolgt, bis in 1 000 Iterationen keine Verbesserung aufgetreten ist. Es wird auf allen Bearbeitungsstufen die am frühesten verfügbare Maschine gewählt, um die Auftragssequenz sukzessiv einzuplanen.

Logendran et al. (2006) wenden ebenfalls Tabu Search an. Sie betrachten das Problem FHm, $((PM^{(k)})_{k=1}^{m})$ | $batch$, $skip$ | C_{max}. Dabei werden die Aufträge erneut paarweise in der Lösung vertauscht ($swap$). Die in den vorherigen Iterationen getauschten Aufträge werden in der Tabuliste gespeichert. Tabu Search wurde in dieser Studie keiner anderen Heuristik gegenübergestellt. Da die Studie mit *batch* arbeitet, sind im Algorithmus viele Details enthalten, die für die vorliegende Arbeit nicht relevant sind.[62]

Naderi et al. (2010) verwenden den Algorithmus Iterated Local Search, der immer eine größere Veränderung der Lösung vornimmt, wenn mit lokaler Suche keine Verbesserung zu erreichen ist. Die veränderte Lösung darf im Falle dieser größeren Veränderung schlechtere Zielfunktionswerte liefern als der beste Zielfunktionswert der vorherigen gewöhnlichen lokalen Suche. So soll das lokale Optimum möglichst verlassen werden können. Die Herausforderung ist, die Sprünge nicht zu groß werden zu lassen, um die Konvergenz des Algorithmus so gut wie möglich zu gewährleisten.[63] Für einzelne Testinstanzen liefert Iterated Local Search bessere Ergebnisse als die getesteten konstruktiven Heuristiken und dominiert dabei die anderen getesteten Metaheuristiken bis zu einer Anzahl von 80 Aufträgen. Iterated Local Search wird mit drei verschiedenen Strategien getestet, um die nächsten Bearbeitungsstufen zu besetzen:

1. JBR.
2. ECT – Für den Fall, dass zwei Aufträge gleichzeitig verfügbar sind, wird die Reihenfolge der ersten Bearbeitungsstufe gewählt.
3. Verschiebbarkeit von Aufträgen mittels lokaler Suche auf allen Bearbeitungsstufen.

Für Szenarien mit bis zu 20 Aufträgen und mehreren Bearbeitungsstufen wird die dritte Strategie als beste der drei Strategien evaluiert. Die anderen Strategien sind im Fall größerer Auftragszahlen leistungsstärker, wobei JBR durchschnittlich bessere Ergebnisse liefert als ECT.

In der Studie von Jabbarizadeh et al. (2009) liefert die Metaheuristik Simulated Annealing für das Problem FHm, $((PM^{(k)})_{k=1}^m) \mid M_j, S_{sd}, unavail \mid C_{max}$ im Gegensatz zu einem GA die besten Ergebnisse. In dem verwendeten Simulated Annealing-Algorithmus wird die Temperatur mit jedem Iterationsschritt verändert und pro Temperatur eine vorher definierte feste Anzahl von Nachbarn getestet (Steepest Descent). Zur Generierung eines Nachbarn wird *shift* genutzt. In den Bearbeitungsstufen $i > 1$ werden die Aufträge mit ECT eingelastet.

---

[62] Beispielsweise wird mit inneren und äußeren Schleifen des Algorithmus gearbeitet, um die Chargen zusammenzustellen.

[63] Naderi et al. (2010), S. 239.

Siqueira et al. (2018) passen eine variable Nachbarschaftssuche von Geiger (2008) für das Problem FHm, $((RM^{(k)})_{k=1}^{m})$ | M_j, $skip$ | C_{max}, T^w an. Es wird mit einer Menge von 100–400 zufälligen Lösungen begonnen. Die Studie legt nahe, jede Lösung acht bis zehn Mal zu verändern. Zufällig wird eine der folgenden sechs Nachbarschaftsstrategien zur Veränderung der Lösung angewendet:

- Vertauschung zweier Aufträge auf einer Maschine,
- Vertauschung dreier Aufträge auf einer Maschine,
- Änderung der Position eines Auftrags auf einer Maschine,
- Vertauschung zweier Aufträge im Maschinenbelegungsplan auf der gleichen oder auf unterschiedlichen Maschinen innerhalb einer Bearbeitungsstufe ($swap$),
- Änderung der Position eines Auftrags im Maschinenbelegungsplan innerhalb einer Bearbeitungsstufe ($shift$),
- Verlagerung von Blöcken dreier aufeinanderfolgender Aufträge an eine neue Position des Maschinenbelegungsplans.

Auch Auch Javadian et al. (2010) entwickeln und vergleichen für FHm, $((PM^{(k)})_{k=1}^{m})$ | S_{sd}, $unavail$, $skip$ | C_{max} eine variable Nachbarschaftssuche mit einem GA, wobei die variable Nachbarschaftssuche in ihren Tests bessere Ergebnisse liefert als der GA. Javadian et al. (2010) arbeiten für die erste Stufe mit einer Permutation und verändern diese mit beiden Algorithmen. Laut dieser Reihenfolge werden die Aufträge in der ersten Stufe auf der Maschine eingeplant, die als erstes frei wird. In den weiteren Stufen werden die Aufträge laut ECT auf die erste frei werdende Maschine eingelastet. Bestandteile[64] der variablen Nachbarschaftssuche von Javadian et al. (2010) sind folgende Nachbarschaftsstrategien, die auf die Permutation der ersten Bearbeitungsstufe angewendet werden:

- Auswahl eines Auftrags und Ermittlung der besten Position im gesamten Maschinenbelegungsplan.
- Wenn die erste Strategie eine Verbesserung des Makespans geliefert hat, sorgt die zweite Strategie dafür, lokale Minima wieder verlassen zu können, indem zwei Aufträge aus der Sequenz entnommen und an neuen Positionen eingefügt werden. Der Makespan darf sich verschlechtern. Danach wird die vorherige Strategie wiederholt.

---

[64] Die genaue Funktionsweise und die Abfolge gehen aus der Studie nicht hervor, deshalb können lediglich die Bestandteile des Algorithmus aufgelistet werden.

Auf Basis der Analyse zu lokalen Suchverfahren wurde Abbildung 3.5 konstruiert, um vielversprechende Verfahren zu identifizieren. Es wird deutlich, dass in den Studien Tabu Search, Simulated Annealing, Iterated Local Search und variable Nachbarschaftssuche angewendet werden. Dabei wird Tabu Search mit drei Studien am häufigsten getestet bzw. besonders gut evaluiert, Simulated Annealing ebenfalls in drei Studien, danach folgen die variable Nachbarschaftssuche mit zwei Studien und Iterated Local Search mit einer Studie. Als Anstellstrategie für die weiteren Bearbeitungsstufen werden, wie im Bereich der konstruktiven Heuristiken, vor allem ECT und JBR verwendet. Einige Studien wenden die lokalen Suchstrategien darüber hinaus auch auf die folgenden Stufen an.

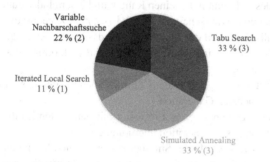

Abbildung 3.5 Verteilung der vielversprechendsten lokalen Suchverfahren in den ausgewählten Studien des Literaturüberblicks

Im Folgenden werden die Studien aus Tabelle 3.10 zu *GA* beleuchtet. Für diese Kategorien werden des Weiteren die verwendeten Parametereinstellungen analysiert.

Wilson et al. (2004) verwenden für FHm, $((PM^{(k)})_{k=1}^{m})$ | $batch$, $skip$ | C_{max} einen genetischen Algorithmus, der vor allem auf die Ausprägung $batch$ spezialisiert ist, weshalb in der vorliegenden Analyse nicht näher auf diese Studie eingegangen wird.

Gholami et al. (2009) entwickeln für das Problem FHm, $((RM^{(k)})_{k=1}^{m})$ | $break$, S_{sd} | C_{max} eine simulationsbasierte Variante eines GA basierend auf dem Algorithmus von Kurz/Askin (2004). Die Spezifika werden im Folgenden beschrieben.

- *Repräsentation:* Die erste Bearbeitungsstufe wird mithilfe des GA geplant. Dabei werden als Repräsentation reelle Zahlen verwendet. Die Zahlen vor dem Komma geben die Maschine an und die Zahlen nach dem Komma bestimmen die Reihen-

folge auf der Maschine. Die darauffolgenden Bearbeitungsstufen werden gemäß
ECT geplant. Des Weiteren wird aufgrund der reihenfolgeabhängigen Rüstzeiten
S_{sd} ECT auch für die Maschinenauswahl genutzt.

- *Initialisierung:* Die initialen Lösungen werden in der Studie zufällig erzeugt. Je
  nach Evaluationsszenario wird $population_{size} = \{50; 100; 150\}$ gewählt. Die
  Anzahl Generationen beträgt $generations = [200; 300]$.

- *Crossover:* Die Wahrscheinlichkeit des Crossovers ist $p_c = [0, 8; 0, 9]$, das heißt
  80 % bis 90 % der nächsten Generation wird mit Lösungen gefüllt, die durch
  Crossover gebildet werden. Sie entstehen jeweils aus zwei Chromosomen der
  letzten Generation, die mit der Rouletteradselektion ausgewählt werden.

  In der Rouletteradselektion werden die Individuen gemäß ihrer Performance
  gerankt. Jedes Individuum hat einen Rang κ und jedem Individuum wird gemäß
  diesem Rang eine Wahrscheinlichkeit $\xi(1 - \xi)^{\kappa-1}$ zugeordnet. Gemäß dieser
  Wahrscheinlichkeit wird das Individuum für das Crossover ausgewählt.

  Mit 70 % Wahrscheinlichkeit werden dabei die Merkmale des ersten Elternteils übernommen.

- *Mutation:* Zufällige $p_m = 1$ % der Chromosomen werden in sich verändert und
  sind Teil der nächsten Generation.

- *Selektion:* Die restlichen p_s % Lösungen mit den besten Zielfunktionswerten
  werden in die nächste Generation übernommen.

- *Evaluation der Lösung:* In der Simulation werden die Maschinenausfälle generiert und die Mittelwerte des C_{max} mit 5 bis 20 Replikationen ausgewertet.

Elmi/Topaloglu (2013) entwickeln und vergleichen für das Problem FHm,
$((RM^{(k)})_{k=1}^{m}) \mid M_j, block \mid C_{max}$ zwei Simulated Annealing-Algorithmen, wobei
der problemspezifische Algorithmus, der vor allem Spezifika bezüglich *block* explizit miteinbezieht, hinsichtlich des Makespans signifikant bessere Ergebnisse liefert.
Zabihzadeh/Rezaeian (2016) wenden für das Problem FHm, $((RM^{(k)})_{k=1}^{m}) \mid M_j$,
$r_j, block \mid C_{max}$ einen GA sowie eine Ant Colony Optimization an. Sie vergleichen
die Ergebnisse der Algorithmen für den Fall $r_j = 0$, $\forall j$ mit dem besten Simulated Annealing-Algorithmus von Elmi/Topaloglu (2013) und erhalten mit beiden
Algorithmen bessere Resultate, wobei der GA die besten Ergebnisse liefert. Parametereinstellungen des GA werden von Zabihzadeh/Rezaeian (2016) nicht genannt,
jedoch wird der grundlegende Aufbau des GA wie folgt beschrieben:

- *Repräsentation:* In jeder Lösung wird jedem Auftrag auf jeder Stufe zufällig eine
  Maschine und ein Roboter zum Transport zugewiesen. Darüber hinaus sind die
  Aufträge zur Bestimmung der Reihenfolge geordnet.

- *Initialisierung:* Zu Beginn werden in der Studie $population_{size}$ initiale Lösungen zufällig erzeugt. Die Anzahl Generationen *generations* wird festgesetzt.
- *Crossover:* Die Wahrscheinlichkeit des Crossovers ist p_c. Die Wahrscheinlichkeit der Lösungen der aktuellen Generation, in Crossover oder Mutation eingebunden zu werden, wird mithilfe einer Exponentialverteilung ermittelt. Die Lösungen mit einem besseren Makespan haben dabei eine höhere Wahrscheinlichkeit, gewählt zu werden.

  Die neuen Individuen entstehen jeweils durch „One point Crossover", wobei eine Stelle der Lösung gewählt wird und der Teil vor dieser Stelle von dem ersten Elter und der zweite Teil von dem zweiten Elter übernommen wird. Anschließend erfolgt eine Überarbeitung der Maschinen- und Roboterzuordnung, um zulässige Pläne zu generieren.
- *Mutation:* „*swap*", wobei zwei Aufträge inkl. ihrer Maschinen- und Roboterzuordnung in der Repräsentation getauscht werden.

Defersha/M. Chen (2012) entwickeln für das Problem FHm, $((RM^{(k)})_{k=1}^m)$ | M_j, S_{sd}, lag, $skip$ | C_{max} einen GA. Die Spezifika dieses Algorithmus sind stark auf die Komponente lag zugeschnitten. Daher werden nur die Teile des Algorithmus beschrieben, die auf die bearbeitete Problemstellung der vorliegenden Arbeit übertragbar sind. Die Bausteine des GA sind wie folgt ausgestaltet:

- *Repräsentation:* Es wird eine Permutation zur Repräsentation der Lösung verwendet. Dabei werden zwei Strategien zur Besetzung der Maschinen getestet, wobei ECT der betreffenden Bearbeitungsstufe die besten Ergebnisse liefert.
- *Crossover:* „k-way-tournament" – Eine Generation wird zusammengesetzt, indem Runde für Runde k Chromosomen ausgewählt werden und das Chromosom mit dem besten Makespan der nächsten Generation hinzugefügt wird. Die oben selektierten Individuen werden paarweise für das Crossover genutzt. Eine von zehn verschiedenen Crossover-Operationen wird mit zugewiesener Wahrscheinlichkeit ausgeführt.
- *Mutation:* Auf die entstandenen Chromosomen mittels Crossovers wird mit Wahrscheinlichkeit p_m eine von fünf Mutationstechniken angewendet.

Zandieh et al. (2010) entwickeln für das Problem FHm, $((RM^{(k)})_{k=1}^m)$ | M_j, S_{sd}, lag, rm | C_{max} einen GA, der mit den Heuristiken SPT, NEH und LPT aus der Literatur verglichen wird und deutlich bessere Ergebnisse als diese Heuristiken liefert. Urlings et al. (2010) erweitern diesen GA um weitere realistische β-Komponenten und evaluieren für FHm, $((RM^{(k)})_{k=1}^m)$ | M_j, S_{sd}, rm, lag, $prec$, $skip$ | C_{max}

fünf Ansätze evolutionärer Algorithmen. Die drei besten Algorithmen von Urlings et al. (2010) werden Basic Genetic Algorithm (BGA), Steady-State Genetic Algorithm (SGA) und Steady-State Genetic Algorithm with changing Assignment Rule (SGAR) genannt und im Folgenden aufgeführt. SGA ist dabei ein von Ruiz/Maroto (2006) entwickelter Algorithmus, die ihn auf das Problem FHm, $((RM^{(k)})_{k=1}^{m})$ | M_j, S_{sd} | C_{max} anwenden.

- *Repräsentation:* Permutation der Aufträge inkl. Auswahlfelder für eine Anstellstrategie. Dabei wird entweder eine von neun in der Studie vorgestellten Maschinenanstellstrategien für alle Aufträge verwendet (BGA und SGA) oder für jeden Auftrag eine individuelle Strategie (SGAR).
- *Initialisierung:* 25 % der Startlösungen entstehen mit NEH, die weiteren mit zufälligen Lösungen.
- *Selektion:* Die zwei besten Individuen bleiben unverändert (BGA), die schlechtesten Individuen werden mit besseren Individuen überschrieben, falls diese noch nicht in der Population vorkommen (SGA und SGAR).
- *Crossover:* In der Variante BGA wird eine aus drei Crossover-Strategien gewählt. In der Studie von Ruiz/Maroto (2006), die sehr ähnlich zu SGA ist, wird ein Crossover Operator verwendet, der wie folgt funktioniert. Zunächst werden die gemeinsamen Positionen beider Elternteile auf die beiden Nachkommen übertragen. Dann werden die Aufträge vor einem zufällig gewählten Schnittpunkt von dem direkten Elternteil auf den jeweiligen Nachkommen kopiert. Die fehlenden Elemente in den Nachkommen werden in der Reihenfolge des anderen Elternteils aufgefüllt.[65] Im Fall von SGAR wird die Anstellstrategie mit dem Auftrag in der Position verschoben, nur eine Mutation kann die Kombination von Auftrag und Anstellstrategie ändern.
- *Mutation:* Für alle drei Algorithmen werden die Mutationen *swap* und *shift* durchgeführt. Der Mutationsoperator wird auch auf die Anstellstrategien angewendet.

Yaurima et al. (2009) entwickeln einen GA für das Problem FHm, $((RM^{(k)})_{k=1}^{m})$ | M_j, S_{sd}, *block* | C_{max}. Sie evaluieren, dass der GA mit den folgenden Strategien besser ist als der auf das Problem angepasste Algorithmus von Ruiz/Maroto (2006). Sie haben dafür die Operationen und Parameter wie folgt eingestellt:

- *Repräsentation:* Die Permutation der ersten Bearbeitungsstufe wird zusammen mit der Maschinenzuweisung mit ECT verwendet.

---

[65] Ruiz/Maroto (2006), S. 788.

- *Initialisierung:* Die beste Populationsgröße ist laut den Evaluationen $population_{size} = 200$. Die initialen Lösungen werden zufällig erzeugt. Die Anzahl der Generationen beträgt $generations = [200; 300]$.
- *Mutation:* Die besten Ergebnisse liefert die Mutation $swap$ für $p_m = 10\ \%$ Mutationswahrscheinlichkeit.
- *Crossover:* Das in der Studie genutzte Crossover wird in der vorliegenden Arbeit nicht weiter beleuchtet, da es stark auf das Merkmal S_{sd} angepasst ist, das nicht Gegenstand der Arbeit ist. $p_c = 80\ \%$ der Chromosomen werden mittels Crossovers verändert. Die Selektion der Individuen für das Crossover wird mit „k-way-tournament" durchgeführt.
- *Abbruchkriterium:* Falls 25 Generationen ohne Verbesserung des C_{max} vorkommen, wird eine größere Veränderung durchgeführt. Diese größeren Veränderungen werden maximal zehn Mal durchgeführt.

Wu et al. (2003) entwickeln einen GA für das Problem $FHm,\ ((RM^{(k)})_{k=1}^m)\ |\ M_j\ |\ C_{max}$. Diese Studie ist die einzige der Studien zu GA, die keine β-Komponenten enthält, die nicht in der Problemstellung der vorliegenden Arbeit vorkommen. Eine erste Erweiterung des Algorithmus um $skip$ hat Fiedler (2020) vorgenommen.[66] Der ursprüngliche Algorithmus beinhaltet die folgenden Bestandteile.

- *Repräsentation:* Für die erste Bearbeitungsstufe wird eine Permutation von Aufträgen π_1 gewählt. Die Maschinenzuordnungen ψ aller Stufen werden ebenfalls in der Repräsentation bestimmt. Jede Zeile von ψ symbolisiert dabei eine Bearbeitungsstufe. In einer Zeile von ψ wird dabei jedem Auftrag aus π_1 eine Maschine der jeweiligen Stufe zugeordnet. Eine Beispielrepräsentation ist

$$(\pi_1, \psi) = ([72618534], \begin{bmatrix} 41112233 \\ 22122111 \end{bmatrix}),$$

wobei die erste Stufe in diesem Beispiel vier Maschinen und die zweite zwei Maschinen beinhaltet. Im Beispiel wurde Auftrag 7 auf der ersten Stufe zuerst Maschine 4 zugeordnet. Auftrag 2 wird in der ersten Stufe auf Maschine 1 gefertigt usw. Die Reihenfolge auf den Stufen $i > 1$ wird laut ECT der vorherigen Stufe bestimmt, lediglich die Maschinenzuordnungen sind in ψ bereits für die folgenden Stufen sichtbar.

---

[66] Diese Masterarbeit entstand im Zusammenhang mit der vorliegenden Arbeit und wurde von der Autorin betreut.

- *Initialisierung:* Zufällige Permutation der Aufträge zusammen mit einer zufälligen Zuordnung der Maschinen auf jeder Bearbeitungsstufe, die aus der Menge der qualifizierten Maschinen gezogen wird. Laut der Evaluation von Wu et al. (2003) liefert der Algorithmus mit $generations = [200; 250]$ gute Zielfunktionswerte, da sich das Ergebnis mit mehr Generationen nicht maßgeblich verbessert. Es wird des Weiteren $population_{size} = 200$ gewählt.

- *Crossover:* Für die Permutation der Aufträge und die Maschinenzuordnung werden zwei unterschiedliche Crossover-Operatoren mit ebenfalls zwei unterschiedlichen Wahrscheinlichkeiten verwendet – $p_c^1 = 0,2$ für die Permutationen und $p_c^2 = 0,8$ für die Maschinenzuordnungen.
    - Permutation π_1: Es werden zwei Individuen gewählt und in beiden Individuen die gleichen zufälligen Positionen[67] markiert. Nun werden die Aufträge auf diesen Positionen im ersten Individuum ausgewählt und die Reihenfolge gespeichert. Diese Aufträge werden im zweiten Individuum gelöscht und in der Reihenfolge des ersten Individuums im zweiten Individuum wieder aufgefüllt.
    - Maschinenzuordnung ψ mit „bi-point crossover": Für die Maschinenzuordnung werden zwei Schnittpunkte gewählt und die Sequenzen zwischen den beiden Schnittpunkten unter den zwei Individuen ausgetauscht. So entstehen zwei neue Individuen. Dabei werden die Schnittpunkte für jede Bearbeitungsstufe einzeln gewählt.

- *Mutation:* Zwei unterschiedliche Mutationsoperatoren werden für die Permutation und die Maschinenzuordnung mit ebenfalls zwei unterschiedlichen Wahrscheinlichkeiten $p_m^\pi = 0,05$ für die Permutationen und $p_m^\pi = 0,15$ für die Maschinenzuordnungen verwendet.
    - Für die Mutation der Permutation der Auftragsreihenfolge π_1 werden zwei zufällige Positionen eines Individuums ausgewählt und anschließend wird gleichverteilt einer von drei Mutationsoperatoren gewählt.
        1. Zwischen beiden Positionen wird die Reihenfolge der Aufträge umgedreht.
        2. Austausch der beiden Aufträge der ausgewählten Positionen.
        3. Die Permutation zwischen den beiden ausgewählten Positionen wird an den Anfang der Permutation verschoben und der Rest wird gemäß der vorherigen Reihenfolge nach rechts verschoben.

---

[67] Wie viele Positionen gewählt werden, ist nicht explizit aufgeführt. Im Beispiel der Studie werden vier Positionen ausgewählt.

- Maschinenzuordnung ψ: Auf einer ausgewählten Position werden die Maschinen gemäß M_j mit einer zufälligen Maschine ausgetauscht, die für den Auftrag qualifiziert ist.

• *Selektion:* Es wird die Rouletteradselektion mit $\xi = 0,09$ angewendet und das schlechteste Individuum der neuen Generation am Ende jedes Generationsschritts durch das beste Individuum der alten Generation ersetzt.

3.4.5 Rescheduling

Eine Möglichkeit, beispielsweise auf Maschinenausfälle zu reagieren, ist Rescheduling. Dieser Ansatz beantwortet, wann und wie auf Echtzeitereignisse mit neuen Maschinenbelegungsplänen reagiert werden kann.[68] Produktionsumgebungen sind von Natur aus dynamisch (siehe Unterkapitel 2.2) und nicht vollständig planbar, wie auch in Abschnitt 2.4.4 herausgearbeitet wurde.[69] Vor allem die Kategorie der „ungeplanten Stillstände" aus Abschnitt 2.4.4, zu der beispielsweise die Maschinenausfälle gehören, wurde in den deterministischen Modellen, die bisher in diesem Kapitel analysiert wurden, nicht berücksichtigt. Gholami et al. (2009, S. 190) unterscheiden im Rescheduling folgende Fragestellungen:

1. Wann sollte umgeplant werden?
2. Mit welchen Methoden sollte umgeplant werden?

Hinsichtlich der ersten Fragestellung, wann umzuplanen ist, sind in der Literatur drei Strategien zu finden:[70]

• *periodisch:* In regelmäßigen Abständen werden für eine vorgegebene Periode Maschinenbelegungspläne erstellt, die mit Algorithmen gelöst werden. Der Plan wird für die Zeit der Periode nicht verändert und erst zu Beginn der nächsten Periode überarbeitet, wobei der Plan dann unter Berücksichtigung der neuen Informationen berechnet wird. Nach einem Maschinenausfall müsste der Plan somit noch vollständig abgearbeitet werden, bevor auf der Maschine mit einem Auftrag der nächsten Periode begonnen werden könnte.

---

[68] Gholami et al. (2009), S. 192.
[69] Gholami et al. (2009), S. 190.
[70] Gholami et al. (2009), S. 190–192; Sabuncuoglu/Bayız (2000), S. 574–575; Vieira et al. (2003), S. 44–45, 51.

- *ereignisgesteuert:* Die Umplanung wird als Reaktion auf ein unerwartetes Ereignis ausgelöst, das den aktuellen Systemstatus verändert und miteinbeziehen kann.
- *hybrid:* Die hybride Strategie plant das System periodisch um, und es wird ebenfalls umgeplant, wenn ein unerwartetes Ereignis eintritt.

In Bezug auf die zweite Frage, welche Strategien für die Neuplanung zu verwenden sind, werden in der Literatur zwei Hauptstrategien beschrieben:[71]

- *Reparatur des Plans:* Die Reparatur des Zeitplans ist eine lokale Anpassung des aktuellen Plans und ist aufgrund der potenziellen Einsparung von Rechenzeit vorzuziehen, wobei die Stabilität des Systems erhalten bleibt. Gebräuchlichste Heuristiken für die Reparatur von Maschinenbelegungsplänen sind:
  - *Rechtsverschiebung:* Eine Rechtsverschiebungsheuristik verschiebt den verbleibenden Ablaufplan zeitlich um den Betrag der Ausfallzeit in die Zukunft. Im Falle eines hybriden Flow Shops sind zum einen die noch nicht bearbeiteten Aufträge auf der Maschine betroffen, die ausfällt, und zum anderen die folgenden Bearbeitungsstufen. Diese Strategie zieht somit im Fall des hybriden Flow Shops mehr Umplanungsaufwand nach sich, als es zum Beispiel in einem Flow Shop-Szenario oder in einer Produktionsumgebung mit parallelen Maschinen auf einer Stufe der Fall wäre.
  - *Match-up:* Alle vor einem Match-up-Punkt geplanten Aufträge können durch den Algorithmus umgeordnet werden.
  - *partielle Reparatur:* Bei der partiellen Reparatur werden nur ausgefallene Vorgänge neu eingeplant und beispielsweise an eine andere Stelle im Plan geschoben.
- *Vollständige Neuplanung:* Bei der vollständigen Neuplanung wird ein komplett neuer Plan erstellt. Eine vollständige Neuplanung liefert die besten Ergebnisse hinsichtlich der Zielfunktion. Darüber hinaus besteht jedoch die Gefahr, dass eine vollständige Neuplanung zu Instabilität, langen Rechenzeiten und mangelnder Kontinuität in den Abläufen führen kann, was zusätzliche Produktionskosten verursachen kann.

---

[71] Gholami et al. (2009), S. 190–192; Sabuncuoglu/Bayız (2000); Vieira et al. (2003), S. 54; Cowling/Johansson (2002).

3.4.6 Zusammenfassende Inhaltsanalyse hinsichtlich der β-Komponenten

Die β-Komponenten der Problemstellung aus (3.1) werden in den analysierten Algorithmen teils unterschiedlich behandelt. Welche Erkenntnisse die Analysen hervorgebracht haben, wird im Folgenden zusammengefasst.

1. *Maschinenqualifikationen (M_j)*
   In den vorgestellten mathematischen Verfahren wird mit Maschinenqualifikationen umgegangen, indem Vertauschungen nur unter zulässigen Maschinen erlaubt werden. Eine weitere Methode stellt die Zulässigkeitsprüfung am Ende des Algorithmus dar. Im Fall der zweiten Möglichkeit werden die Lösungen vertauscht, bis eine zulässige Lösung generiert wird.[72]

2. *Auslassen von Bearbeitungsstufen (skip)*
   In den Studien werden pro Bearbeitungsstufe jeweils nur die Aufträge betrachtet, die die Bearbeitungsstufe besuchen. Aufträge, die die vorherige Bearbeitungsstufe übersprungen haben, sind früher für die darauffolgende Bearbeitungsstufe verfügbar.[73]

3. *Umrüstzeit*
   Da die Umrüstzeit zwischen zwei Aufträgen in der bearbeiteten Problemstellung dieser Arbeit nur von der Bearbeitungsstufe abhängt, kann die Umrüstzeit, wie es laut Javadian et al. (2010, S. 220) in vielen Studien praktiziert wird, zur Prozesszeit des Auftrags hinzugerechnet werden, auf den umgerüstet wird. Da S_{sd} in der Problemstellung ausgeschlossen ist, sind somit keine Besonderheiten hinsichtlich der Umrüstzeiten zu beachten.

4. *Produkte, die vor anderen gefertigt werden müssen (prec)*
   Soll *prec* berücksichtigt werden, werden zuerst die Aufträge zum Einplanen verfügbar gemacht, die keine Vorgänger besitzen oder deren Vorgänger schon eingeplant sind. In den Studien des Literaturüberblicks wird *prec* des Weiteren integriert, indem für einen Auftrag in jedem Schritt die frühest- und spätestmögliche Position in der aktuellen Sequenz gespeichert wird und der Auftrag nur im gespeicherten Bereich verschoben werden kann. Damit wird sichergestellt, dass

---

[72] Low et al. (2008), S. 847–848; Ruiz et al. (2008).
[73] Dios et al. (2018)

der Auftrag weder vor einem Auftrag aus P_j noch nach einem Auftrag aus S_j eingeplant wird.[74],

5. *Freigabezeitpunkt einer Maschine (rm)*
   rm kann als eine spezielle Ausprägung von *unavail* gesehen werden. Die einzige Studie aus Tabelle 3.5 (vgl. Unterkapitel 3.2), die die Ausprägung rm in der β-Komponente berücksichtigt, ist Ruiz et al. (2008). In dieser Studie wird für jede Maschine in jeder Berechnung eines Maschinenbelegungsplans ein Freigabezeitpunkt als Parameterwert definiert. Im exakten Algorithmus von Ruiz et al. (2008) wird diese anfängliche Belegung der Maschine für die Berechnung des Makespans berücksichtigt. Dafür wird die Dauer der jeweiligen anfänglichen Belegung stets mit der Gesamtbearbeitungszeit auf der Maschine addiert. Das Einbauen der Ausprägung rm in die Heuristiken hingegen wird von Ruiz et al. (2008) nicht weiter spezifiziert. Es kann angenommen werden, dass die Maschinen in dieser Studie später als „verfügbar" gelten.

6. *Nichtverfügbarkeiten (unavail)*
   Jabbarizadeh et al. (2009, S. 951–952) integrieren die Intervalle für Instandhaltungsmaßnahmen, sodass sie in der Maschinenbelegungsplanung verschiebbar sind. Nach der Gesamtproduktionszeit auf der jeweiligen Maschine, nach der eine Instandhaltung für die Maschine gefordert wurde, müssen die Instandhaltungsmaßnahmen zwingend begonnen sein. Die Algorithmen von Jabbarizadeh et al. (2009) planen die Zeitspanne für die Instandhaltungsaktivitäten daher ein, falls der nächste auf der Maschine einzuplanende Auftrag die vorgegebene Gesamtbearbeitungszeit überschreiten würde, nach der eine Instandhaltung erfolgen muss.[75]

   Javadian et al. (2010) bauen Instandhaltungsmaßnahmen ebenfalls mit einem Abgleich der Gesamtbearbeitungszeiten aller Aufträge auf der betreffenden Maschine in den Algorithmus ein. Im Gegensatz zu Jabbarizadeh et al. (2009) wird eine Instandhaltungsmaßnahme eingefügt, falls mit der Einplanung des letzten Auftrags auf der Maschine die Gesamtbearbeitungszeit bereits überschritten wurde, nach der eine Instandhaltungsmaßnahme nötig ist.

---

[74] Ruiz et al. (2008), S. 1158–1159.
[75] Für ein anschauliches Beispiel der Integration der Instandhaltung nach dieser Methode vgl. Jabbarizadeh et al. (2009, S. 951–952).

Beide Methoden ermöglichen einen Maschinenbelegungsplan mit wenigen Lücken, da die Instandhaltungsmaßnahmen verschiebbar sind. Die Methoden integrieren jedoch auch das genaue Terminieren der Instandhaltungsaktivitäten zusätzlich in das Maschinenbelegungsproblem. Dadurch werden die Zeiten einer Instandhaltungsabteilung schwerer planbar.

Aus Sicht der Instandhaltung ist die Methode von Javadian et al. (2010) kritisch zu bewerten, da der geplante Zeitpunkt der Instandhaltung auf unbestimmt lange Zeit überschritten werden kann.

In dem Maschinenbelegungsproblem der vorliegenden Arbeit werden die Zeitspannen für die Instandhaltung fest vorgegeben und es ist nicht möglich, die Instandhaltung etwas eher oder später auszuführen. Diese Definition von *unavail* bezieht auch den Fall ein, in dem Maschinen, wie in Kapitel 2 analysiert, für bestimmte Zeitspannen aus anderen Gründen, wie Personalengpässen, nicht verfügbar sind. Um eine Lösung für all diese Fälle zur Verfügung zu stellen, wird für diese Arbeit der Umgang mit fixierten „Nichtverfügbarkeiten" von Maschinen angestrebt.

7. *Maschinenausfall (break)*
Maschinenbelegungsalgorithmen, die in Szenarien mit Maschinenausfällen angewendet werden, werden in der analysierten Literatur mithilfe der Simulation evaluiert.[76] Allaoui/Artiba (2004, S. 438) lagern beispielsweise die Berechnung des Maschinenbelegungsplans mit Sequenzen der Instandhaltung und der Maschinenausfälle mithilfe einer simulationsbasierten Optimierung in ein Simulationsmodul mit stochastischen Einflüssen aus.

Auch Gholami et al. (2009) verwenden in ihrem betrachteten GA simulationsbasierte Optimierung, in der in jeder Iteration der Zielfunktionswert durch Simulationsexperimente berechnet wird.

Eine weitere Möglichkeit, Maschinenausfälle zu berücksichtigen, ist Rescheduling, worauf in Abschnitt 3.4.5 eingegangen wurde.

8. *Nachfrageschwankungen*
Keine Studie des Literaturüberblicks kombiniert bisher Nachfrageschwankungen mit Maschinenbelegungsproblemen. Hierfür sollten Prognosemethoden integriert werden.

---

[76] Gholami et al. (2009), S. 191.

Durch die Betrachtung der einzelnen β-Komponenten wird deutlich, dass die Behandlung des Maschinenbelegungsproblems der vorliegenden Arbeit (3.1) mit mathematischen Lösungsverfahren nicht ausreichend ist. Daher werden in den folgenden Unterkapiteln ergänzend zu den klassischen Optimierungsmethoden auch Prognosemethoden und ereignisdiskrete Simulationsexperimente im Hinblick auf ihren Mehrwert für die Lösung des in dieser Arbeit definierten Maschinenbelegungsproblems analysiert.

3.5   Prognose externer stochastischer Einflussfaktoren

Externe stochastische Einflussfaktoren sind in der Maschinenbelegungsplanung variierende Nachfragemengen sowie die Verfügbarkeit von Rohstoffen und Halbfertigprodukten. Diese Faktoren liegen außerhalb der Kontrolle des Segments, können aber auf der Grundlage historischer Daten analysiert werden. Da die Verfügbarkeit von Rohstoffen in der Problemstellung der vorliegenden Arbeit als gegeben angesehen wird,[77] konzentriert sich dieses Unterkapitel auf die Prognose von Risikoartikeln und die Planung der Nachfragemengen.[78]

3.5.1   Kategorisierung mathematischer und statistischer Methoden für die PPS

Kategorien besonders relevanter Prognoseverfahren für die Bereiche PPS und Logistik wurden von Freitag et al. (2015, S. 25) und Kuhnle et al. (2017, S. 626) vorgestellt. Die Unterschiede der entwickelten Kategorien sind in Abbildung 3.6 visualisiert.

Den vier Kategorien – „Descriptive Analytics", „Diagnostic Analytics", „Predictive Analytics" und „Prescriptive Analytics" – werden von Kuhnle et al. (2017, S. 626) statistische und mathematische Analysemethoden zugeordnet. Die Zuordnung ist in Abbildung 3.7 zu sehen.

---

[77] Vgl. Abschnitt 3.1.
[78] Schumacher et al. (2020); Schumacher/Buchholz (2020).

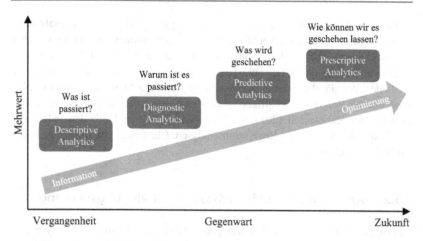

Abbildung 3.6 Kategorien statistischer und mathematischer Methoden für die PPS und die Logistik[79]

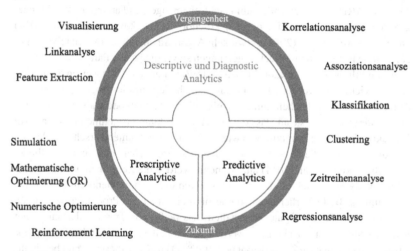

Abbildung 3.7 Besonders relevante statistische und mathematische Methoden für die PPS und die Logistik[80]

Im vorherigen Unterkapitel 3.4 wurden insbesondere die mathematische Optimierung und die Simulation aus dem Bereich der „Prescriptive Analytics" als beson-

---

[79] In Anlehnung an Freitag et al. (2015, S. 25.)

[80] In Anlehnung an Freitag et al. (2017, S. 626).

ders relevant für die Maschinenbelegungsplanung identifiziert. Im Gegensatz dazu ist die Prognose zukünftiger Nachfragemengen im Zusammenhang mit der Maschinenbelegungsplanung deutlich weniger gut erforscht und wird auf dieser Ebene[81] weit weniger angewendet. Der Fokus des Unterkapitels liegt somit auf Studien und Methoden, der „Predictive Analytics" auf dem Level der Maschinenbelegungsplanung, um eine Prognose zukünftiger Nachfragemengen auf dieser Ebene zu ermöglichen. Die von Kuhnle et al. (2017, S. 626) herausgearbeiteten Methoden im Bereich „Predictive Analytics" sind Regressionsanalysen, Clustering und Zeitreihenanalysen (vgl. Abbildung 3.7).

3.5.2 Studien im Umfeld der Maschinenbelegungsplanung

Im Folgenden werden in den drei Kategorien Clustering, Regressionsanalyse und Zeitreihenanalyse Ansätze aus der Literatur beleuchtet. Im Bereich der Zeitreihenanalysen werden vor allem Methoden wie Auto-Regressive Integrated Moving Average (ARIMA) angewendet, um Nachfragemengen und andere Entwicklungen über die Zeit zu prognostizieren.[82] Kück/Scholz-Reiter (2013), Kück et al. (2014), und Scholz-Reiter et al. (2014) entwickeln Algorithmen, um die optimale Vorhersagemethode bei unsicheren Nachfragemengen sowie die besten Parameter beispielsweise mithilfe von GA auszuwählen. Scholz-Reiter et al. (2014) weisen darauf hin, dass es wichtig ist, verschiedene Prognosemethoden für die Prognosen von Kundenbedarfen zu vergleichen, um eine möglichst gute Methode wählen zu können. Des Weiteren merken sie an, dass die in den letzten Jahren zunehmende Anzahl von Produktvarianten die Prognose von Kundenbedarfen zunehmend erschwert. Je nach Produkt kann sich die beste Vorhersagemethode unterscheiden. Um die Methoden von Scholz-Reiter et al. (2014) anzuwenden, werden die Zeitreihen nach 26 Kennzahlen analysiert. Kück et al. (2016) trainieren darauf aufbauend ein Neuronales Netz, um die beste Vorhersagemethode für Zeitreihen pro Produkt auszuwählen. Um eine hohe Prognosegüte zu erhalten, das heißt, aus Trends oder saisonalen Schwankungen lernen zu können, werden jedoch Zeitreihen mit vielen Datenpunkten über einen längeren Zeithorizont benötigt.[83] Da in der in dieser Arbeit bearbeiteten Problemstellung lediglich maximal elf Datenpunkte pro Zeitreihe und mehrere

---

[81] Vgl. Kapitel 2.

[82] Grundig (2018), S. 62; Schuh/Stich (2012b), S. 66; Schlittgen/Streitberg (2001), S. X, 1; Murray et al. (2015). Jedoch ist die je nach Anwendungsfall unterschiedlich. Beispiele für Studien zur Nachfrageprognose mit ARIMA-Modellen sind bei Moreira-Matias et al. (2013) und Bowen et al. (2020) zu finden.

[83] Schlittgen/Streitberg (2001), S. 3.

Zeitreihen pro Produkt vorliegen, unterscheidet sich die Problemstellung dieser Arbeit signifikant von dem Untersuchungsgegenstand der oben genannten Studien. Die oben vorgestellte Methode kann daher hier nicht verwendet werden. Die historischen Zeitreihen aus den Studien beinhalten dabei auch durchgehend Daten von bereits realisierten Bedarfen und nicht, wie im Fall der vorliegenden Arbeit, von geschätzten Bedarfen für die Zukunft. Die drei genannten Studien arbeiten dabei des Weiteren auf der Ebene der Fabrik und nicht auf der Ebene des Segments.

Ein grundlegender Unterschied zu der in der vorliegenden Arbeit analysierten Problemstellung liegt somit auch in der Position in der Lieferkette. Die in dieser Arbeit bearbeitete Problemstellung befindet sich am Ende der Lieferkette. Kunden stellen die erste Schicht der Lieferkette dar, sie verursachen die Nachfrage nach Produkten, aber die Nachfrage wird verzerrt und volatiler, wenn die Bestellmengen der Kunden über die verschiedenen Unternehmensebenen[84] geplant werden. Dieser Effekt wird Bullwhip-Effekt genannt.[85] Durch den Bullwhip-Effekt kann es beispielsweise zu folgender Situation kommen: Obwohl die Nachfrage nach Getränken im Einzelhandel stabil ist, schwankt sie aus Sicht des Herstellers stark. Wochen mit hohen Nachfragemengen wechseln sich für den Hersteller mit Wochen ohne Nachfrage ab.[86] analysieren und identifizieren die folgenden vier Hauptursachen für das Aufschaukeln der Nachfrage:

- Preisschwankungen,
- Rationierung,
- Losgrößenbildung,
- Nachfrageprognosen entlang der Lieferkette bzw. Produktionsebenen.[87]

Wenn das Unternehmen und seine Partner den Bullwhip-Effekt nicht aktiv verhindern, nimmt dieses Phänomen mit jeder Stufe in Bezug auf Auftragsvolatilität und -menge zu. Dieser Effekt kommt insbesondere in den niedrigsten Stufen längerer Lieferketten stark zum Tragen und die Unsicherheit bezüglich der Nachfrage wird in diesen Stufen besonders hoch.[88] Die Bedarfsschwankungen in der Problemstellung der Arbeit[89] sind produktspezifisch und es ist nicht möglich, jeden Auftrag im Detail zu modellieren. Daher

---

[84] Vgl. Abbildung 2.1 aus Abschnitt 2.1.

[85] H. L. Lee et al. (1997); Papier/Thonemann (2008), S. 29–30.

[86] Papier/Thonemann (2008, S. 29–30).

[87] Vgl. Abbildung 2.1 aus Unterkapitel 2.1.

[88] H. L. Lee et al. (1997), S. 555–557; Papier/Thonemann (2008), S. 29–30.

[89] Vgl. Unterkapitel 3.1.

ist eine Clusteranalyse auf Basis historischer Daten ratsam, um zwischen Aufträgen mit geringem, mittlerem und hohem Risiko zu unterscheiden. Es stellte sich im Zuge der Arbeit heraus, dass im Bereich der Nachfrageprognose für die Maschinenbelegungsplanung auf der Ebene des Segments[90] nach bestem Wissen der Autorin keine Studie zu Nachfrageschwankungen existiert.

Yan et al. (2013) bewegen sich auf dieser tieferen Ebene der Produktion, prognostizieren jedoch keinen Bedarf, sondern integrieren die Unsicherheit der Nachfrage in die Maschinenbelegungsplanung. Yan et al. (2013) stellen unter anderem einen GA zur Lösung eines Maschinenenbelegungsproblems mit lediglich einer Maschine, unsicheren Nachfragemengen und unsicheren Prozesszeiten vor, der stochastische Optimierung verwendet. Das Problem ist dabei vergleichbar mit $(1 \mid\mid N_t)$. Die Komplexität stochastischer Optimierungsprobleme ist höher als die Komplexität der zugehörigen deterministischen Modelle, weshalb nur kleinere Probleme stochastisch in akzeptabler Zeit gelöst werden können. Im Falle realistischer stochastischer hybrider Flow Shop-Probleme wie in der vorliegenden Arbeit ist diese Art der Modellierung wegen der hohen Komplexität und Laufzeit keine Option.[91]

Murray et al. (2015) bewegen sich wiederum auf einer höheren Ebene des Produktionssystems und verwenden k-means-Clustering, um in einem ersten Schritt Kunden in Gruppen einzuordnen. Mit dieser Methode werden Kundengruppen identifiziert, deren Bestellverhalten sich ähnelt. In einem zweiten Schritt werden die Auftragsmengen innerhalb dieser Gruppen für die PPS prognostiziert. Nach einem solchen zweistufigen System gehen ebenfalls Amalnick et al. (2020) vor. Die Nachfrage pro Kunde unterscheidet sich zwar von der Nachfrage nach Produkten oder Produktgruppen, jedoch wird die Idee für die vorliegende Arbeit übernommen und das k-means-Clustering für den Bereich der Nachfrage in der Maschinenbelegungsplanung näher analysiert.

3.5.3 k-means-Clustering

Clustering ist eine Methode, um eine Menge von Datenpunkten mithilfe einer gewählten Distanzmetrik in Gruppen (sogenannten Clustern) einzuteilen.[92] Zwei

---

[90] (Vgl. auch Abbildung 2.1 aus Unterkapitel 2.1).

[91] Baryannis et al. (2019), S. 2187.

[92] Die Struktur des Kapitels ist an die Struktur des Kapitels 2 der Bachelorarbeit von Gorecki (2020, S. 12–16) angelehnt. Diese Bachelorarbeit entstand im Zusammenhang mit der vorliegenden Arbeit und wurde von der Autorin betreut. Die Inhalte wurden vollständig überarbeitet und es wurden weitere Literaturquellen zur Erarbeitung der Inhalte herangezogen.

Datenpunkte innerhalb desselben Clusters haben dabei gemäß der gewählten Metrik einen geringeren Abstand zueinander als zwei Punkte unterschiedlicher Cluster.[93]

Als gewählte Metrik wird in dieser Arbeit ausschließlich der euklidische Raum verwendet, da hier Nachfragemengen aus Anwendungsbeispielen von realen Produktionsumgebungen analysiert werden sollen. Der euklidische Raum ermöglicht es, die Mittelpunkte der Cluster eindeutig zu bestimmen, indem in jeder Dimension der Mittelwert der Punkte dieser Dimension berechnet wird.[94]

Während hierarchische Clustering-Algorithmen die Anzahl der Cluster im Zuge ihrer Algorithmen bestimmen und anfangs jeder Datenpunkt ein eigenes Cluster bildet, wird partitionierenden Clustering-Algorithmen eine feste Anzahl k von Clustern übergeben. Zur Kategorie der partitionierenden Algorithmen gehören auch die k-means-Algorithmen. Die Idee von k-means wird im Folgenden vorgestellt.

Gegeben sei eine ganzzahlige Anzahl k der Cluster und eine Menge $Y \subset \mathbb{R}^d$ mit Datenpunkten $y \in Y$. Das Ziel eines k-means-Clusterings ist es, die Lage der k Clusterzentren $c_v \in C \subset \mathbb{R}^d$ mit $v \in \{1, ..., k\}$ so zu wählen, dass der Funktionswert von ϕ, der die Summe der Distanzen zwischen allen Datenpunkten y und dem nächstgelegenen Mittelpunkt c_v eines Clusters $C_v \subset Y$ berechnet, minimiert wird:[95]

$$\phi(Y, C) := \sum_{y \in Y} \min_{c_v \in C} \| y - c_v \|^2 \tag{3.14}$$

Dieses Optimierungsproblem exakt zu lösen, wäre NP-schwer.[96] Der am häufigsten in verschiedenen Varianten verwendete heuristische Algorithmus für dieses Problem ist der k-means-Algorithmus von Lloyd (1982) aus Algorithmus 3.6.[97] Schritt 2 des Algorithmus verringert $\phi(Y, C)$ in jeder Iteration.[98] Ein Verlauf eines k-means-Algorithmus wird beispielhaft in Abbildung 3.8 für den Raum $\mathbb{R}^2$ und $k = 2$ dargestellt.

---

[93] Gorecki (2020), S. 12–17; Everitt (2011), S. 1–13; Witten/Frank (2001), S. 80.

[94] Leskovec et al. (2020), S. 246–248.

[95] Arthur/Vassilvitskii (2007), S. 1–2; Hamerly/Drake (2015), S. 45–47.

[96] Arthur/Vassilvitskii (2007), S. 1.

[97] Arthur/Vassilvitskii (2007), S. 1.

[98] Arthur/Vassilvitskii (2007), S. 2.

Algorithmus 3.6 : k-means

1. Initialisierung: Wähle k zufällige Clusterzentren $c_v \in \mathbb{R}^d$, sodass $C = \{c_1, \dots, c_k\}$, $\tilde{C} := \{\}$.

2. **while** $\tilde{C} \neq C$, das heißt, solange sich die Positionen der Clusterzentren verändern, **do**

    (a) $\tilde{C} := C$
    (b) **for** $v \in \{1, \dots, k\}$

        Bestimme die Menge C_v als die Menge der Punkte $y \in Y$, für die gilt, dass y gemäß dem euklidischen Abstand näher an c_v als an allen anderen Mittelpunkten c_w liegt, wobei $w \neq v$.

    end for
    (c) **for** $v \in \{1, \dots, k\}$

        Bestimme c_v als den neuen Mittelpunkt der Menge C_v, das heißt $c_v := \frac{1}{|C_v|} \sum_{y \in C_v} y$.

    end for

    end while

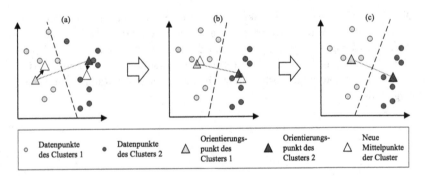

○	Datenpunkte des Clusters 1	● Datenpunkte des Clusters 2	△ Orientierungs-punkt des Clusters 1	▲ Orientierungs-punkt des Clusters 2	△ Neue Mittelpunkte der Cluster

Abbildung 3.8 Ablaufbeispiel des k-means-Algorithmus

Die initialen Clustermittelpunkte werden in diesem Beispiel, wie in Algorithmus 3.6 beschrieben, als zufällige Punkte im Raum gewählt. Bei diesem Vorgehen müssten viele Durchläufe des k-means-Algorithmus mit verschiedenen zufälligen initialen Punkten durchgeführt werden, um gute Ergebnisse zu erhalten. Eine weitere gängige Praxis ist, die initialen Clusterzentren aus der Menge der Punkte Y zu wählen.[99] Diese Idee wird mit dem k-means++-Algorithmus von Arthur/Vassilvitskii (2007, S. 3) aufgegriffen. Für den k-means++-Algorithmus wird des Weiteren die Funktion $D(y)$ eingeführt, die die kürzeste euklidische Distanz von Datenpunkt y zum nächstgelegenen Zentrum der Menge der Clusterzentren C angibt:

$$D(y) = \min_{c_v \in C} \| y - c_v \|_2.$$

Indem Schritt 1 von Algorithmus 3.6 ersetzt wird, resultiert im Folgenden der k-means++-Algorithmus in Algorithmus 3.7.

Algorithmus 3.7 : k-means++

---

1. Initialisierung:

   (a) Wähle initial zufällig ein Clusterzentrum c_1 aus der Menge der Datenpunkte $c_1 \in Y$.

   (b) **for** $v \in \{2, \ldots, k\}$

   Wähle zufällig ein Clusterzentrum c_v aus der Menge der Datenpunkte Y. Dabei wird Datenpunkt $y \in Y$ mit Wahrscheinlichkeit $\dfrac{D(y)^2}{\sum\limits_{y \in Y} D(y)^2}$ als neues Clusterzentrum gewählt. Somit werden mit hoher Wahrscheinlichkeit weit voneinander entfernte Clusterzentren gewählt und es wird verhindert, dass ein Datenpunkt zweimal gewählt wird.

   end for

2. Führe Schritt 2 des gewöhnlichen k-means-Algorithmus (Algorithmus 6) aus.

Für die Datenpunkte aus Abbildung 3.8 wird in Abbildung 3.9 ebenfalls ein Verlauf eines k-means++-Algorithmus beispielhaft dargestellt. Anstatt einen beliebigen Punkt zu wählen, wird nun als erstes ein Punkt der Menge (hellgraues Dreieck des linken Diagramms) als erster Mittelpunkt eines Clusters gewählt. Mit der höchsten Wahrscheinlichkeit wird dann der von diesem Mittelpunkt am weitesten entfernte Punkt (dunkelgraues Dreieck des linken Diagramms) des Datensatzes gewählt. Die-

---

[99] Arthur/Vassilvitskii (2007), S. 2.

ser Punkt wurde in diesem Minimalbeispiel als Mittelpunkt des zweiten Clusters
gewählt. Das Ergebnis des Minimalbeispiels (Abbildung 3.9c) bleibt in diesem
Fall gleich zu dem in Abbildung 3.8c. Das ist jedoch nicht zwingend der Fall.
Arthur/Vassilvitskii (2007) zeigen hingegen, dass der k-means++-Algorithmus im
Vergleich zum k-means-Algorithmus bessere Ergebnisse hinsichtlich der Minimie-
rung von ϕ liefert und der Algorithmus dabei schneller terminiert. Auch eine schnel-
lere Terminierung ist im Vergleich der Abbildungen 3.8 und 3.9 für den k-means++-
Algorithmus zu erkennen. Dieser terminiert statt im dritten Schritt bereits im zweiten
Schritt.

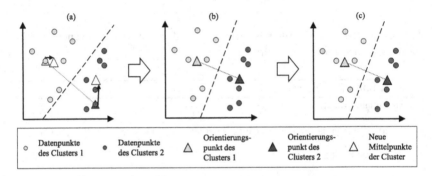

Abbildung 3.9 Ablaufbeispiel des k-means++-Algorithmus

Sowohl im k-means++-Algorithmus als auch im k-means-Algorithmus wird die
Anzahl der Cluster k fest vorgegeben. Um hier eine geeignete Anzahl von Clustern
zu finden, kann die Ellbogenmethode aus Algorithmus 3.8 angewendet werden.[100]

Algorithmus 3.8 : Ellbogenmethode

1. Lege einen Clustering-Algorithmus (beispielsweise k-means++) fest.
2. **for** $k \in \{2, \ldots, |Y|\}$

   Führe den festgelegten Clustering-Algorithmus mit k Clustern aus.
   Berechne ϕ für die Lösung mit k Clustern.

   end for
3. Erstelle den Graphen von ϕ in Abhängigkeit der Clusteranzahl k.

---

[100] Leskovec et al. (2020), S. 256–257; Gorecki (2020), S. 15–16.

Wie in Abbildung 3.10 veranschaulicht, wird grafisch der Knick im Graphen – der namensgebende Ellenbogen – als geeignete Anzahl der Cluster gewählt.[101] Diese beste Balance zwischen dem Wert für ϕ und der Clusteranzahl k kann auch analytisch mit der Methode von Satopaa et al. (2011) ermittelt werden.[102] Anschaulich wird das Vorgehen der Methode von Satopaa et al. (2011) in Abbildung 3.11 dargestellt. Nach der Transformation aus Abbildung 3.11 folgt eine Extremwertberechnung.

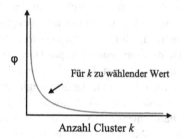

Abbildung 3.10 Ermittlung der Anzahl zu wählender Cluster nach der Ellbogenmethode[103]

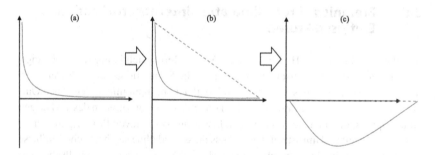

Abbildung 3.11 Idee des analytischen Vorgehens der Ellbogenmethode[104]

---

[101] Leskovec et al. (2020), S. 256–257; Gorecki (2020), S. 15–16.

[102] Satopaa et al. (2011)

[103] In Anlehnung an Leskovec et al. (2020, S. 256–257).

[104] In Anlehnung an Leskovec et al. (2011, S. 168).

3.5.4 Standardisierung der Daten

Eine Standardisierung von Daten ist für statistische Verfahren empfehlenswert, um mit verschiedenen beobachteten Kennzahlen in einer Untersuchung umzugehen.[105] Im vorangegangenen Beispiel des Clusterings können in jeder Dimension d verschiedene Wertebereiche genutzt werden. Da das euklidische Abstandsmaß für das k-means-Clustering verwendet wird, würden Distanzen in einer der Dimensionen mit großen Werten beispielsweise hohen Einfluss auf das Clustering haben, während eine andere Dimension mit kleinen Werten nur geringen Einfluss hat. Um diesen Effekten entgegenzuwirken, wird beispielsweise die Z-Standardisierung eingesetzt. Durch die Z-Standardisierung entstehen pro Dimension Beobachtungsmengen, die per Definition den Mittelwert $E(Z) = 0$ und die Standardabweichung $\sigma(Z) = 1$ haben. Dazu werden die Punkte der ursprünglichen Beobachtungsmenge pro Dimension (Zufallsvariable X) transformiert. Sei die ursprüngliche Standardabweichung der Beobachtungsmenge $\sigma(X)$ und der Erwartungswert $E(X)$, wird die standardisierte Zufallsvariable Z wie folgt berechnet:[106]

$$Z = \frac{X - E(X)}{\sigma(X)}.$$

3.6 Ereignisdiskrete Simulation interner stochastischer Einflussfaktoren

Simulationen können im Hinblick auf die Art der Berücksichtigung zufallsabhängiger Größen in deterministische und stochastische Simulationen untergliedert werden. Ein deterministisches Modell liefert bei gleichem Input immer denselben Output. Ein Beispiel sind die beschriebenen konstruktiven Algorithmen des vorherigen Unterkapitels, die mit deterministischen Erwartungswerten von Prozessparametern (wie Prozesszeiten, Umrüstzeiten und Ausschuss) und ohne stochastische Einflüsse arbeiten. Es gibt in diesen beschriebenen Modellen demnach keine zufallsabhängigen Größen. Maschinenbelegungsmodelle allein deterministisch zu beschreiben, vernachlässigt jedoch das stochastische Verhalten der Probleme in der Realität sowie der Einflussgrößen der Modelle. Die Beschränkung auf allein determinis-

---

[105] Die Struktur des Kapitels ist an die Struktur des Kapitels 2 der Bachelorarbeit von Gorecki (2020, S. 10) angelehnt. Die Inhalte wurden vollständig überarbeitet und es wurden weitere Literaturquellen zur Erarbeitung der Inhalte herangezogen.

[106] Gorecki (2020), S. 10; Jusepeitis (2007); Wooldridge (2013), S. 736.

tische Einflussgrößen kann daher zu falschen Rückschlüssen führen.[107] Enthält ein Modell hingegen zufallsabhängige Einflussgrößen, kann jedes Simulationsexperiment unterschiedliche Output-Ergebnisse erzeugen.[108]

Im Bereich der Simulation gibt es des Weiteren die Unterscheidung zwischen kontinuierlicher und ereignisdiskreter Simulation. Während sich in der kontinuierlichen Simulation die Zustandsgrößen permanent ändern und daher in dieser Art der Simulation Differenzialgleichungen Anwendung finden,[109] verändert hingegen ein diskretes, ereignisorientiertes System in einer Simulation nur zu bestimmten Ereigniszeitpunkten seine Zustandsgrößen.[110]

Diese ereignisdiskrete Simulation wird laut Tako/Robinson (2012) im Bereich des Lieferketten-Managements und der Logistik besonders häufig verwendet. Auch für die Modellierung in der PPS und damit im Speziellen in der Maschinenbelegungsplanung ist die ereignisdiskrete Simulation gut geeignet.[111] Dies wird aus den Anwendungen der Simulation in den analysierten Studien des Literaturüberblicks der vorherigen Unterkapitel 3.2–3.4 deutlich. Wenn im Folgenden der Begriff Simulation verwendet wird, ist daher ereignisdiskrete stochastische Simulation gemeint. Die im Literaturüberblick aufgeführten Studien von Allaoui/Artiba (2004) und Gholami et al. (2009), die Simulation nutzen, werden im Folgenden näher analysiert.

3.6.1 Inhaltsanalyse der Simulationsstudien

Für die Ausprägungen der β-Komponente der in dieser Arbeit bearbeiteten Problemstellung (vgl. Abschnitt 3.1.1) wird in Studien des Literaturüberblicks Simulation immer dann eingesetzt, wenn Studien die Ausprägung *break* berücksichtigen. Bezüglich dieser Modellierung der Maschinenausfälle werden im Folgenden die wichtigsten Aspekte der Studien von Allaoui/Artiba (2004) und Gholami et al. (2009) analysiert:

- *Simulationsexperimente in jeder Iteration:* Sowohl Allaoui/Artiba (2004) als auch Gholami et al. (2009) lagern, wie in den vorherigen Unterkapiteln erwähnt, alle Berechnungen der Zielfunktionswerte inklusive der Berücksichtigung der

---

[107] Law (2015), S. 241.

[108] H.-H. Wiendahl (2002), S. 28; Law (2015), S. 6, 71; Rose/März (2011), S. 13–14.

[109] Beispielsweise werden Differenzialgleichungen in der Finite-Elemente-Methode zur Simulation physikalischer Prozesse wie der Simulation des Wetters verwendet.

[110] Rose/März (2011), S. 13–14; Law (2015), S. 3.

[111] VDI 3633 Blatt 1 (2014); Clausen (2013), S. 4–5.

Maschinenausfälle und anderer Nebenbedingungen in ein stochastisches Simulationsmodell aus. Für jede Iteration der Heuristiken werden somit Simulationsexperimente zur Auswertung benötigt.

- *Nutzung produzierter Produkte:* Es werden zwei Fälle für die Weiternutzung der Produkte eines Auftrags unterschieden, der vor einem Maschinenausfall begonnen wurde:

1. Alle vor dem Maschinenausfall gefertigten Güter dieses Auftrags können verwendet werden und tragen zur Deckung des Bedarfs bei, wie im Fall der vorliegenden Arbeit.
2. Produzierte Güter des Auftrags, der unmittelbar vor dem Maschinenausfall gefertigt wurde, können nicht weiterverwendet werden.

Allaoui/Artiba (2004) betrachten beispielsweise sowohl den ersten als auch diesen zweiten Fall in den Experimenten ihrer Studie. Gholami et al. (2009, S. 193) untersuchen in ihrer Studie den ersten Fall.

- *Mehrere Replikationen:* Um verlässliche Kennzahlen ermitteln und statistisch valide Ergebnisse ableiten zu können, werden pro Simulationsszenario und Maschinenbelegungsplan mehrere Replikationen durchgeführt.[112]
- *Zwei Zufallsvariablen:* Die Maschinenausfälle werden im Simulationsmodell der Studie mithilfe zweier Zufallsvariablen modelliert:

1. *Zeitspanne zwischen zwei Ausfällen:*
   Die Berechnungen der Zeitspanne zwischen zwei Ausfällen werden mit der Weibullverteilung oder der Exponentialverteilung modelliert.[113] Für jede Maschine wird dabei der gleiche Erwartungswert für die Zeitspanne zwischen zwei Ausfällen angenommen.[114]
   In der Simulationsliteratur wird die Weibullverteilung zur Modellierung von Maschinenausfallzeitpunkten empfohlen und genutzt.[115] Auch im Rahmen des Graduiertenkollegs 2193 wurde die Modellierung von

---

[112] Gholami et al. (2009)

[113] Allaoui/Artiba (2004), S. 442–444; Gholami et al. (2009), S. 193–196. Die Exponentialverteilung ist dabei ein Spezialfall der Weibullverteilung.

[114] Gholami et al. (2009), S. 193.

[115] Law (2015), S. 290; Forbes/Evans (2011), S. 193–196.

Maschinenausfallzeitpunkten mit der Weibullverteilung im Bereich der Simulation von Energiebedarfen in den Untersuchungen von Meißner (2020, S. 30–34, 121–124) durchgeführt. Wegen der beiden genannten Punkte wird die Weibullverteilung auch in der vorliegenden Arbeit zur Modellierung von Zeitspannen zwischen Maschinenausfällen gewählt.

2. *Dauer des Ausfalls* (auch Reparaturzeit genannt):
Allaoui/Artiba (2004) setzen die Variable der Dauer der Reparatur auf drei feste Werte zwischen 0 % und 5 % des Makespans. (Gholami et al. 2009) modellieren die Reparaturzeit mithilfe einer Exponentialverteilung. Diese Ausfallzeit beeinflusst den Makespan C_{max}, indem die Ausfallzeit zur Bearbeitungszeit der ausgefallenen Maschine hinzugerechnet wird.[116] Jede Maschine hat in der Studie von Gholami et al. (2009, S. 193) den gleichen Erwartungswert für die Reparaturzeit.

Die Exponentialverteilung sowie die Weibullverteilung werden im Folgenden näher beschrieben, da sie auch für die Modellierung in der vorliegenden Arbeit genutzt werden.

3.6.2 Weibullverteilung

Die Dichtefunktion $f(X)$ der Weibullverteilung hängt von den Parametern a und b ab und ist wie folgt definiert:[117]

$$f(x) := \begin{cases} \frac{a}{b} \left(\frac{x}{b}\right)^{a-1} e^{-\left(\frac{x}{b}\right)^a}, & x > 0, \\ 0, & \text{sonst.} \end{cases}$$

Aus der Dichtefunktion der Weibullverteilung ergibt sich die Verteilungsfunktion $F(X)$ zu[118]

$$F(x) := \begin{cases} 1 - e^{-\left(\frac{x}{b}\right)^a}, & x > 0, \\ 0, & \text{sonst.} \end{cases}$$

---

[116] Gholami et al. (2009), S. 193–196.
[117] Forbes/Evans (2011), S. 193; Law (2015), S. 290–292.
[118] Forbes/Evans (2011), S. 193; Law (2015), S. 290–292.

Für unterschiedliche Parameterwerte von $a > 0$ und $b > 0$ sind die Dichtefunktion und die Verteilungsfunktion in Abbildung 3.12 visualisiert.[119]

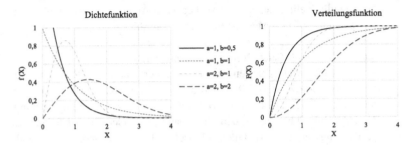

Abbildung 3.12 Dichte- und Verteilungsfunktion der Weibullverteilung für verschiedene Parameter a und b[120]

Die Formel für den Erwartungswert der theoretischen Weibullverteilung lautet:[121]

$$E(X) := b \cdot \Gamma\left(\frac{a+1}{a}\right).$$

Für diese Formel wird außerdem die Gammafunktion $\Gamma(z)$ benötigt, die die Erweiterung des Fakultätsausdrucks ist. Sei t der Integrationsparameter und z die Variable der Gammafunktion, ist die Gammafunktion definiert als:[122]

$$\Gamma(z) := (z - 1)!, \ z \in \mathbb{N} \setminus 0,$$

$$\Gamma(z) := \int_0^\infty t^{z-1} e^{-t} dt, \ z \in \{z \in \mathbb{R} | z > -1\}.$$

---

[119] Forbes/Evans (2011), S. 194; Meißner (2020), S. 30–34.

[120] In Anlehnung an Forbes/Evan (2011, S. 194); und Law (2015, S 120).

[121] Forbes/Evans (2011), S. 193.

[122] Srinivasan (2007), S. 297.

3.6.3 Exponentialverteilung

Wie oben beschrieben, kann die Exponentialverteilung für die Dauer des Maschinenausfalls herangezogen werden. Die Exponentialfunktion ist ein Sonderfall der Weibullverteilung mit $a = 1$ und $b = \lambda^{-1}$. Die resultierende Dichtefunktion ist von dem Parameter $\lambda > 0$ abhängig und lautet:[123]

$$f(x) \quad := \quad \begin{cases} \lambda e^{-\lambda X}, & x > 0, \\ 0, & \text{sonst.} \end{cases}$$

Aus dieser Dichtefunktion ergibt sich die folgende Verteilungsfunktion:[124]

$$F(x) \quad := \quad \begin{cases} 1 - e^{-\lambda x}, & x > 0, \\ 0, & \text{sonst.} \end{cases}$$

Für unterschiedliche Parameterwerte von λ werden in Abbildung 3.13 die Dichtefunktion und die Verteilungsfunktion dargestellt.[125] Aus den Diagrammen werden

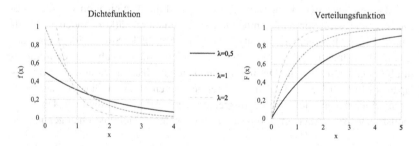

Abbildung 3.13 Dichte- und Verteilungsfunktion der Exponentialverteilung für verschiedene Parameter λ[126]

---

[123] Forbes/Evans (2011), S. 88; Law (2015), S. 287.

[124] Law (2015), S. 287; Forbes/Evans (2011), S. 88.

[125] Forbes/Evans (2011), S. 89–90.

[126] In Anlehnung an Forbes/Evans (2011, S. 89–90).

auch die Vorteile der Exponentialverteilung für die Beschreibung der Reparaturzeiten sichtbar: Die Exponentialverteilung ist ausschließlich im positiven Bereich
definiert, die Wahrscheinlichkeit für lange Wartezeiten ist gering und die Wahrscheinlichkeit im Bereich der kürzeren Wartezeiten ist hoch.[127] Dies entspricht der
Realität insoweit gut, als Ausreißer in langen Reparaturzeiten oft seltene Beobachtungen sind und deren absolute Häufigkeit für jede einzelne Reparaturzeit in diesem
Bereich gering ist. Auf der anderen Seite können die meisten Fehler schnell beho-
ben werden, da es sich nicht um eigentliche Maschinenausfälle handelt, sondern
beispielsweise Bedienfehler.

Ein weiterer Vorteil der Exponentialverteilung ist die einfache Parametrisierung
der theoretischen Verteilung durch ihren Erwartungswert:[128]

$$E(X) := \frac{1}{\lambda}.$$

3.6.4 Kombinierte Optimierungs- und Simulationsmethoden

Durch die Entwicklung hin zur Industrie 4.0 stehen im Produktionsbereich immer
mehr Daten und eine schnellere Computerinfrastruktur zur Verfügung. Daher kann
Simulation realitätsnäher angewendet werden und die Kombination von Optimierungsmethoden mit Simulationsmodellen ist in Studien verstärkt zu finden. In Abbildung 3.14 wird beispielhaft die Entwicklung der Anzahl der Studien im Bereich der
Endmontage über die Jahre aufgezeigt. Die Zahlen stammen dabei aus dem Literaturüberblick zu Studien mit Optimierung und ereignisdiskreter Simulation von Pra-
japat/Tiwari (2017, S. 215–216). Laut der genannten Studie stellt dabei der Auto-
mobilsektor das größte Anwendungsgebiet dieser Art von Studien dar. Über alle
Industriezweige werden am häufigsten zeitbezogene[129] Zielfunktionen genutzt.[130]

---

[127] Forbes/Eva (2011), S. 88.

[128] Forbes/Evans (2011), S. 88.

[129] Ein Beispiel für eine zeitbezogene Zielfunktion ist der Makespan C_{max}.

[130] Prajapat/Tiwari (2017), S. 215–216.

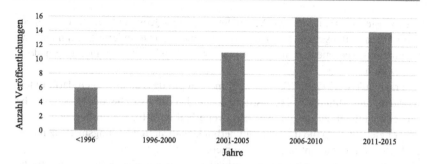

Abbildung 3.14 Entwicklung der Veröffentlichungszahlen der Studien über die Kombination von Optimierungs- und Simulationsstudien in Montagelinien[131]

Ein in Simulationsumgebungen häufig verwendetes Paket, um Optimierung und Simulation zu kombinieren, ist „OptQuest".[132] Dieses Paket ist laut Xu et al. (2010) in 13 Simulationsprodukten integriert. Unter anderem ist es für AnyLogic implementiert. OptQuest verwendet die Metaheuristiken Scatter Search und Tabu Search sowie des Weiteren neuronale Netze.[133] Auf diese Metaheuristiken ist die Optimierung mit OptQuest beschränkt und kann keine anderen Heuristiken oder Metaheuristiken zur Lösung der Optimierungsprobleme nutzen. In Unterkapitel 3.4 wurde jedoch analysiert, dass auch andere Heuristiken und Metaheuristiken besonders gute Ergebnisse für hybride Flow Shops und die Problemcharakteristika der vorliegenden Arbeit liefern. Des Weiteren wurde OptQuest nicht für die Lösung gemischt-ganzzahliger Optimierungsprobleme entwickelt, weshalb schon die Problemdefinition eine Herausforderung darstellt. OptQuest kann dagegen besonders gut und intuitiv für kontinuierliche Optimierungsprobleme eingesetzt werden, beispielsweise für die Optimierung von Prozessparameter(-tupeln).[134] Aus den genannten Gründen

---

[131] Entnommen aus Prajapat/Tiwari (2017, S. 216).
[132] Law (2015), S. 681–683; OptTek (2016).
[133] Law (2015), S. 684; Juan et al. (2015), S. 64.
[134] Fiedler (2020), S. 39.

wird in dieser Arbeit von der Anwendung von OptQuest abgesehen. Im Folgenden werden stattdessen alternative Kombinationen von Optimierungstechniken und Simulationsexperimenten analysiert. Tabu Search wird als Metaheuristik jedoch einbezogen.

Prajapat/Tiwari (2017, S. 215–216) merken an, dass sich Studien darin unterscheiden, ausschließlich stochastische oder deterministische und stochastische Modelle simultan zu nutzen. Nur der zweite Fall wird für die vorliegende Arbeit näher beleuchtet, da die im Literaturüberblick analysierten Lösungsmethoden zum größten Teil aus der Optimierung stammen.

Dabei wurden zwei Arten unterschieden, deterministische und stochastische Modelle simultan zu nutzen:

(I) In *hybriden Studien* werden deterministische Modelle genutzt, um Lösungsvorschläge zu generieren, die mit Simulationsexperimenten bewertet werden.

(II) Im Fall des Ansatzes, in dem *Modelle zum gegenseitigen Vergleich* und zur gegenseitigen Validierung genutzt werden, können Makespan-Werte eines deterministischen Modells mit den Werten eines realitätsnäheren Simulationsmodells verglichen werden.[135]

Auch weitere Literaturüberblicke wie beispielsweise die von Figueira/Almada-Lobo (2014, S. 123–126) und Juan et al. (2015) berücksichtigen diese beiden Fälle. Die Kategorie der hybriden Studien, die ereignisdiskrete Simulation und mathematische Optimierung kombinieren, wird im Folgenden näher beleuchtet, insbesondere vor dem Hintergrund, dass Simulationsexperimente sowohl mehr Rechenzeit als auch häufig mehr Modellierungsaufwand als deterministische Optimierungsmodelle benötigen.[136]

---

[135] Law (2015), S. 67–71; Balci (2003), Kastens/Büning (2014), S. 21
[136] Prajapat/Tiwari (2017), S. 219, 221, 224.

Figueira/Almada-Lobo (2014) unterscheiden drei Hauptbereiche der hybriden Simulations- und Optimierungsstudien:

1. *Zielfunktionsauswertung in jeder Iteration durch die Simulation*[137]
   Beispiele:

   - Vollständige Enumeration mit „Ranking and Selection",
   - Metaheuristiken mit Zielfunktionsauswertung durch die Simulation für jede Lösung.

2. *Simulation als ein Teil der Lösungsfindung*
   Neben Simulationsexperimenten werden deterministische Modelle eigenständig zur Lösungsfindung und -auswertung eingesetzt.

   (a) Die Optimierung einiger Variablen wird durch ein deterministisches Modell vor den Simulationsexperimenten ausgeführt und die Auswertung weiterer Variablen erfolgt durch Simulationsexperimente.[138]
   (a) Im Laufe der Simulation wird die Optimierung (mehrfach) genutzt.[139]

3. *Anpassung und Veränderung des analytischen Modells durch Simulationsergebnisse*

Wie beispielsweise bei Clausen et al. (2017) wird die Formulierung des exakten Modells mithilfe der Erkenntnisse aus Simulationsexperimenten angepasst.

Über die oben genannten Kategorien hinaus entwickeln Figueira/Almada-Lobo (2014, S. 129) unter anderem einen Fragenkatalog, der eine Hilfe darstellt, zu beantworten, welche Kombinationsmöglichkeit von Optimierungs- und Simulationsmethoden im jeweiligen Anwendungsfall verwendet werden sollte. Für Maschinenbelegungsprobleme, die die Komplexität der in dieser Arbeit bearbeiteten Problemstellung oder der beschriebenen Studien aus Abschnitt 3.2–3.4 aufweisen, werden die folgenden Kombinationen empfohlen:

---

[137] Figueira/Almada-Lobo (2014), S. 120–123.

[138] Figueira/Almada-Lobo (2014), S. 123–124, 126–128.

[139] Figueira/Almada-Lobo (2014), S. 124.

- *Analytisches Modell in Kombination mit ergänzender Simulation:*
  Der Fragebogen empfiehlt, die Kombinationsmethode unter Punkt (2a) der obigen Aufzählung anzuwenden. Ein erster Grund dafür ist, dass analytische Modelle in der Maschinenbelegungsplanung schon entwickelt wurden und damit Erfahrungswissen existiert, solche Modelle aufzubauen. Ein zweiter Grund, die Kombinationsmethode unter dem Punkt (2b) anzuwenden, ist, dass für die in dieser Arbeit bearbeitete Problemstellung wegen der zu modellierenden Maschinenausfälle sowohl Simulationsexperimente als auch Optimierung benötigt werden (vgl. Unterkapitel 3.4).

- *Metaheuristiken:*
  Metaheuristiken sollten laut dem Fragebogen exakten Methoden vorgezogen werden, da es sich um hochkomplexe kombinatorische Probleme handelt und meist nur die Rechenzeit der Metaheuristiken in der praktischen Anwendung vertretbar ist.

Der Frage, wie Metaheuristiken (mit ihren deterministischen Modellen) mit Simulationsläufen kombiniert werden können, widmet sich die Studie von Juan et al. (2015) näher. Juan et al. (2015) nennen die Kombination von Metaheuristiken und Simulation „Simheuristics".

Das Vorgehen von Simheuristics ist in Abbildung 3.15 dargestellt. Zuerst wird mit simplifizierten deterministischen Modellen und Simulationen mit wenigen Auswertungen gearbeitet, bevor die besten Ergebnisse der deterministischen und stochastischen Modelle durch umfangreichere Auswertungen des stochastischen Modells bewertet werden. Das Vorgehen zur Lösungsermittlung orientiert sich dabei an den zur Verfügung stehenden zeitlichen Ressourcen.[140]

---

[140] Juan et al. (2015), S. 66–68.

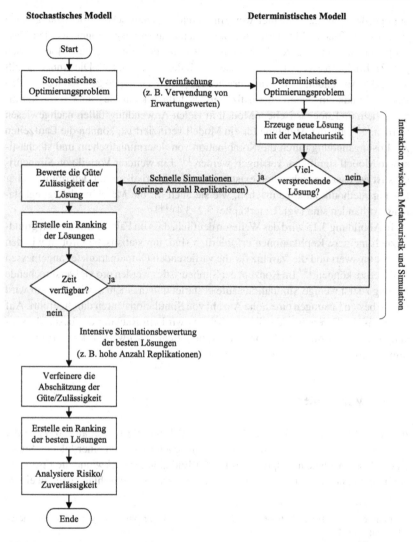

Abbildung 3.15 Simheuristics als Lösungsmethode für Optimierungsprobleme[141]

Für die Anwendung der Simheuristics wird die Modellannahme getroffen, dass die Unterschiede zwischen deterministischem und stochastischem Modell geringfü-

---

[141] In Anlehnung an Juan et al. (2015, S. 67).

gig sind, das heißt, dass beispielsweise im Bereich stochastischer Größen nur geringe Varianzen auftreten. Mit dieser Annahme kann davon ausgegangen werden, dass Lösungen mit einem guten Zielfunktionswert im deterministischen Modell auch gute Zielfunktionswerte im stochastischen Modell aufweisen.[142] Die Annahme gilt es vor der Anwendung von Simheuristics für jedes Paar von abgeleiteten Modellen aus der Praxis eingehend zu verifizieren.[143] Jedoch kann die Nähe von deterministischem und stochastischem Modell in vielen Anwendungsfällen nachgewiesen werden.[144] Falls die Annahme für ein Modell verifiziert ist, können die Laufzeiten zur Lösungsfindung durch die Kombination von deterministischem und stochastischem Modell signifikant verringert werden.[145] Ein weiterer Vorteil von Simheuristics ist es, dass sie sich schon existierende Metaheuristiken mit deterministischer Lösungsmethodik zunutze machen, wie sie auch für die Maschinenbelegungsplanung vorhanden sind (vgl. Unterkapitel 3.2–3.4).[146]

In Abbildung 3.15 wird des Weiteren deutlich, dass im Fall der Simulation grundsätzlich mehrere Replikationen erforderlich sind, um statistische Größen wie den Erwartungswert und die Varianz für die variierenden Outputparameter angemessen schätzen zu können.[147] Im Konzept der Simheuristics werden pro vielversprechende Lösung zuerst wenige Simulationsläufe gestartet und in einem zweiten Schritt wird für die besten Lösungen eine hohe Anzahl von Simulationsläufen durchgeführt. Auf der Basis der Ergebnisse des letzten Schritts wird ein Ranking der besten Lösungen erstellt. Um die Simulationsläufe zeiteffizient auszuwerten, können mehrere Simulationsexperimente parallel ausgeführt werden.[148]

3.6.5 Vorarbeiten

In den Vorarbeiten von Schumacher et al. (2017) und Poeting et al. (2017) zu der vorliegenden Arbeit wurden die besten gefundenen Lösungen einer lokalen Suche eines Maschinenbelegungsproblems bei der Entladung von Lkw und die Lösungen zur gleichmäßigen Verteilung der Auslastung einer Paketumschlaganlage in einem

---

[142] Juan et al. (2015), S. 66–68. Vgl. auch Aufzählungspunkt II vom Anfang dieses Abschnitts 3.6.4.

[143] Law (2015), S. 241.

[144] Juan et al. (2015), S. 66.

[145] Juan et al. (2015), S. 66–68.

[146] Juan et al. (2015), S. 63.

[147] Law (2015), S. 71.

[148] Ewing et al. (1997); Yau (1999); Pawlikowski et al. (1994); Rauber/Rünger (2013).

zweiten Schritt durch ein Simulationsmodell bewertet. Dieses Vorgehen folgt dem Konzept der Simheuristics, wobei die Simulationen mit wenigen Replikationen ausgelassen wurden, da für dieses Problem hohe Laufzeitunterschiede von Simulationsmodell und deterministischen Heuristiken bestehen.

Für den Anwendungsfall der vorliegenden Arbeit betrachtete Fiedler (2020) in seiner Masterarbeit[149] bereits ein reduziertes Problem mit den Ausprägungen $FH2$, $((RM^{(k)})_{k=1}^{2}) \mid M_j$, $skip \mid C_{max}$. Diese Arbeit analysierte insbesondere die Laufzeiten für eine Kombination von Simulations- und Optimierungstechniken, die zur Zielfunktionsauswertung in jeder Iteration der Metaheuristiken Simulationsläufe nutzt. Für das Problem wurden der GA von Wu et al. (2003), lokale Suchen sowie Tabu Searches des JAMES Frameworks[150] auf das Problem angepasst. Bereits für zehn Replikationen pro Iteration und 100 Iterationen lokaler Suche werden wegen der Simulationsauswertungen in jeder Iteration (vgl. Kategorie 1 aus Abschnitt 3.6.4) Laufzeiten von rund 88 bis rund 113 Minuten benötigt. Diese Laufzeiten sind für die Anwendung eines solchen Assistenzsystems in der Produktion nicht akzeptabel.

Deshalb wurde das Konzept der Simheuristics diesem Konzept – der Simulationsauswertungen in jeder Iteration – in weiteren Vorarbeiten zu der vorliegenden Arbeit vorgezogen. In der Studie von Schumacher et al. (2020) wurde das Konzept der Simheuristics auf das Problem $FH2$, $((RM^{(k)})_{k=1}^{2}) \mid M_j$, $skip \mid C_{max}$ angewendet. Dabei wurde ebenfalls ein reduziertes Praxisbeispiel der vorliegenden Arbeit betrachtet und die auf das Problem angepassten SPT, lokalen Suchen sowie Tabu Searches verglichen. Die Algorithmen sind der Studie zu entnehmen und werden in der vorliegenden Arbeit erweitert.

In diesem Unterkapitel wurde bereits deutlich, dass vor allem unvorhergesehene Ereignisse – wie Störungen – Abweichungen vom geplanten Ablauf hervorrufen und Grenzen der deterministischen Methoden aufzeigen.[151] Wenn Störungen und äußere unvorhersehbare Ereignisse mit hoher Wahrscheinlichkeit auftreten, können mithilfe der Simulation robuste und nachhaltige Lösungen ermittelt werden, indem beispielsweise Szenarien mit Maschinenausfällen simuliert werden.[152] Hier stellen Simulationsexperimente eine notwendige Ergänzung dar.

---

[149] Diese Masterarbeit entstand im Zusammenhang mit der vorliegenden Arbeit und wurde von der Autorin betreut.

[150] James Framework (2016)

[151] H.-H. Wiendahl (2002), S. 28; Schuh/Stich (2012a), S. 198; VDI 3633 Blatt 1 (2014), S. 26; Spath et al. (2013), S. 102.

[152] Spath et al. (2013), S. 102.

3.6.6 Modellierung von Einflussgrößen in Simulationsumgebungen

Neben Maschinenausfällen sind weitere typische Quellen für stochastische Einflüsse in Fertigungssimulationen beispielsweise Prozesszeiten und Umrüstzeiten, die in den deterministischen Modellen im Gegensatz zu Simulationsmodellen nur mit ihrem Erwartungswert betrachtet werden.[153] Um diese und weitere Prozessparameter zu modellieren, gibt es drei Möglichkeiten:[154]

1. Heranziehen der exakten empirischen Werte in der aufgetretenen Reihenfolge in der Praxis,
2. empirische Verteilungen,
3. theoretische Verteilungen.

Für diese Arbeit sind insbesondere empirische und theoretische Verteilungen relevant, deshalb wird in Abbildung 3.16 ein Ablaufdiagramm dargestellt, das für den Entscheidungsprozess zwischen empirischen und theoretischen Verteilungen herangezogen wird.

Welche dieser Möglichkeiten angewendet werden sollte, hängt von den vorliegenden Daten ab. In Abbildung 3.16 wird deutlich, dass die Nutzung von empirischen Verteilungen bevorzugt werden kann, wenn die Daten nur mithilfe der Kombination von zwei oder mehr Verteilungsfunktionen angenähert werden können oder die Anpassungsgüte nicht ausreichend ist. Ein Grund, theoretische Verteilungen zu bevorzugen, ist die Nutzung von Erfahrungswissen zur Schätzung von Parametern der Verteilung. Des Weiteren können Parameter auch durch Konstanten ersetzt werden, falls geeignete Daten fehlen. Allgemein ist ein Fitting von theoretischen Verteilungen mithilfe der vorliegenden Daten zu bevorzugen, um Ausreißern weniger Gewicht zu geben und in der Simulation nicht wiederholt die gleichen Werte zu ziehen.[155] Auch wenn keine Daten vorhanden sind, aber einige Charakteristika der stochastischen Prozesse, wie oben im Fall des Maschinenausfalls, bekannt sind und Erfahrungswissen genutzt werden kann, können theoretische Verteilungen eingesetzt werden.[156]

---

[153] Law (2015), S. 280.

[154] Law (2015), S. 283.

[155] Law (2015), S. 283–285

[156] Meißner (2020, S. 30–34, 121–124) und Abschnitt 3.6.1.

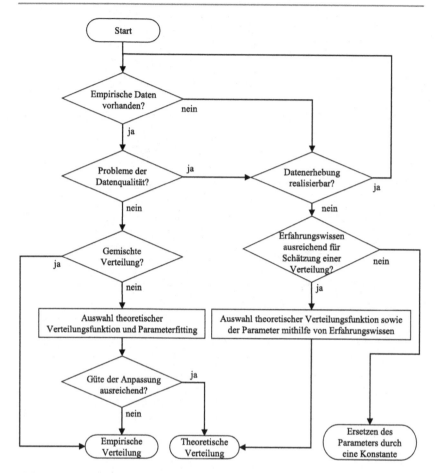

Abbildung 3.16 Entscheidungsprozess bezüglich empirischer und theoretischer Verteilungen zur Modellierung stochastischer Einflussgrößen für ereignisdiskrete Simulationsmodelle[157]

---

[157] In Anlehnung an Albert (2018, S. 37), Meißner (2020, S. 30–34, 121–124) und Law (2015, S. 283–285.) sowie Abschnitt 3.6.1.

Zwischenfazit und Forschungslücke

4

Um die Forschungslücke in Unterkapitel 4.2 detailliert zu analysieren, werden im Folgenden in Unterkapitel 4.1 die wichtigsten Erkenntnisse der in der vorliegenden Untersuchung bearbeiteten Problemstellung, des Stands der Forschung sowie die wichtigsten Aspekte zu Anpassungsfähigkeit und Praxisorientierung subsumiert.

4.1 Konsolidierung bisheriger Erkenntnisse

Für die Zusammenfassung der wichtigsten Punkte gilt es, zuerst zwischen dem formulierten Ausgangsproblem aus Kapitel 3 und weiteren Aspekten der Produktionstheorie aus Kapitel 2 zu unterscheiden, die als Grundlage dienen, um eine Übersicht einer im breiten Umfang praxisorientierten und anpassungsfähigen Maschinenbelegungsplanung zu entwickeln. Die Themengebiete werden in den folgenden beiden Abschnitten 4.1.1 und 4.1.2 daher einzeln behandelt.

4.1.1 Lösungsmethoden für die in dieser Arbeit bearbeitete Problemstellung

In dieser Arbeit wird das folgende Problem zugrunde gelegt, welches das Forschungsziel 1 adressiert, in dem bereits die immanenten Anforderungen [I2] und [I3] inkludiert sind.

$$FHm, ((RM^{(k)})_{k=1}^{m}) \mid M_j, \; unavail, \; break, \; rm, \; prec, \; skip \mid C_{max}$$

© Der/die Autor(en), exklusiv lizenziert an Springer Fachmedien Wiesbaden GmbH, 153
ein Teil von Springer Nature 2023
C. Schumacher, *Anpassungsfähige Maschinenbelegungsplanung eines praxisorientierten hybriden Flow Shops*,
https://doi.org/10.1007/978-3-658-41170-1_4

Die bearbeitete Problemstellung aus Abschnitt 3.1.1 dieser Untersuchung beinhaltet folgende weitere Aspekte, die nicht in Graham-Notation dargestellt werden können:

1. Nach der Behebung von Maschinenausfällen können vor dem Maschinenausfall bereits produzierte Produkte weiterverwendet werden und nur der Rest des Auftrags muss nach Unterbrechungen weiterproduziert werden.

2. Für die Produktionszeiten und den Ausschuss liegen für die Bearbeitungsstufen produkt- und maschinenbezogene empirische Verteilungen vor. Neue Maschinen und Produkte, für die keine historischen Daten vorliegen, sollen integriert werden können (erster Teil von [I1]).

3. Intralogistische Transportzeiten sind zu beachten (zweiter Teil von [I1]).

4. Auf der ersten Bearbeitungsstufe sind die Maschinen in zwei Gruppen aufgeteilt. Maschinen einer Gruppe können nicht gleichzeitig umgerüstet werden.

5. Es gibt minimale Losgrößen ([P3]).

6. (Mindest-)Bestände sollen integriert werden ([P2]).

7. Unsicherheit in den Nachfragemengen sollen einbezogen werden ([I4]).

8. Mit dem Rüsten kann auf allen Stufen begonnen werden, bevor der Auftrag auf der jeweiligen Stufe bereitsteht.

9. Das Umrüsten nach Nichtverfügbarkeiten ist nicht notwendig, da davon ausgegangen wird, dass innerhalb der Nichtverfügbarkeit umgerüstet wird.

10. Aufträge, die auf der vorherigen Bearbeitungsstufe bearbeitet werden, können Grundlage für mehrere verschiedene Aufträge auf der folgenden Bearbeitungsstufe sein. Jeder Auftrag hat dabei maximal eine Auftragsnummer als Vorgängerauftrag.

11. Das Erfahrungswissen des PPS-Teams soll in die Maschinenbelegungsplanung einbezogen werden. Das Planungsteam soll insbesondere Aufträge festsetzen können, die zeitlich nicht verschoben werden können ([P7]).

12. Der Maschinenbelegungsplan wird periodisch neu erstellt. Für jede neue Periode kommen neue einzuplanende Aufträge hinzu.

13. Restriktionen wie Maschinenqualifikationen sollen ausgelassen werden können, um Fabrikplanungsmaßnahmen unterstützen zu können ([A17]).

Da für verwandte Probleme der Problemstellung dieser Arbeit NP-Schwere nachgewiesen wurde, ist die hier bearbeitete Problemstellung ebenfalls NP-schwer. Um das Forschungsziel 2 zu adressieren, wurden mithilfe der fünf Literaturüberblicke 37 für diese Arbeit besonders relevante Studien extrahiert und insbesondere bezüglich ihrer verwendeten Lösungsmethoden mit den folgenden Ergebnissen analysiert.

Die Studie von Ruiz et al. (2008) wurde hinsichtlich des *exakten Modells* als am besten passend identifiziert. Dieses Modell soll im Folgenden um *unavail* erweitert und hinsichtlich der Prioritätsbedingungen verändert werden, um insbesondere die Güte der Heuristiken und Metaheuristiken der vorliegenden Arbeit evaluieren zu können. Des Weiteren kann dieser exakte Lösungsweg in Phasen herangezogen werden, in denen in der Produktion viel Rechenzeit zur Verfügung steht.

Laut Inhaltsanalyse der Studien sollten auf den folgenden Algorithmen basierende *konstruktive Heuristiken* für die in dieser Arbeit bearbeitete Problemstellung (3.1) getestet werden (absteigende Wichtigkeit):

- Johnson,
- NEH,
- LPT,
- SPT,
- ECT.

Als vielversprechendste Anstellstrategie für die weiteren Bearbeitungsstufen stellte sich ECT heraus. Des Weiteren wurde JBR einige Male angewendet. Auch für die Maschinenauswahl wurde ECT öfter genutzt.

Insbesondere die folgenden *iterativen Metaheuristiken* wurden als vielversprechend analysiert:

- Lokale Suchverfahren
  Im Bereich der lokalen Suchverfahren wurden dabei insbesondere die folgenden Verfahren häufig verwendet (absteigende Wichtigkeit):
  - Tabu Search,
  - Simulated Annealing,
  - variable Nachbarschaftssuche,
  - Iterated Local Search.
- Evolutionäre Algorithmen
  Im Bereich der Evolutionären Algorithmen wurden mit großer Mehrheit insbesondere GA als vielversprechend identifiziert.

Um *break* integrieren und die Verteilungen des Ausschusses und der Prozesszeiten berücksichtigen zu können, muss ergänzend zu den deterministischen Algorithmen eine ereignisdiskrete Simulation genutzt werden. Folgende Erkenntnisse sind für die Modellierung von Bedeutung:

- *Vor dem Maschinenausfall produzierte Güter* können in der in dieser Arbeit bearbeiteten Problemstellung nach dem Maschinenausfall zur Erfüllung der Nachfrage genutzt werden.

- Für die *Zufallsvariable der Dauer des Ausfalls* sollte die Exponentialverteilung herangezogen werden.
- Für die *Zufallsvariable der Zeitspanne zwischen zwei Ausfällen* sollte die Weibullverteilung herangezogen werden.
- Für die in dieser Arbeit bearbeitete Problemstellung wurde das Konzept der Simheuristics als vielversprechend identifiziert.
- *Modellierung von Verteilungen:*
  - Die Verwendung von *empirischen Verteilungen* wird empfohlen, wenn gemischte Verteilungen vorliegen, keine passende Verteilung identifiziert werden kann oder der Aufwand ein Fitting nicht rechtfertigt.
  - Die Verwendung von *theoretischen Verteilungen* wird empfohlen, wenn mit Erfahrungswissen gearbeitet wird oder die Güte der Anpassung auf Basis empirischer Daten ausreichend ist.

Es wird deutlich, dass die Punkte 1.–4. aus der Auflistung zu Beginn dieses Abschnitts sowie *break* durch den Einsatz eines ereignisdiskreten Simulationsmodells in den Lösungsmethoden dieser Arbeit berücksichtigt werden können.

Weitere Elemente aus der in dieser Arbeit bearbeiteten Problemstellung, die in die Konfiguration der Produktionsmenge einbezogen werden müssen, sind die Punkte 5.–7. aus der Aufzählung dieses Kapitels. Um diese Aspekte zu berücksichtigen, gilt es, die Produktionsmenge anzupassen. Als besonders vielversprechende Prognosemethode für Auftragsschwankungen hat sich das Clustering herausgestellt.

Die Aspekte 8.–13. der Aufzählung dieses Abschnitts können mit keiner der oben genannten Methoden gelöst werden und müssen in das Assistenzsystem für die Maschinenbelegungsplanung sowie in die Modellierung integriert werden.

4.1.2 Anpassungsfähige und praxisorientierte Maschinenbelegungsplanung

Im Folgenden werden Aspekte aus Kapitel 2 zusammengefasst, die eine Maschinenbelegungsplanung auf Basis der Analyse dieser Arbeit maximal anpassungsfähig und praxisorientiert ausgestalten. Diese Auflistung adressiert die Forschungsziele 1 und 3 aus Unterkapitel 1.2. Dabei wird zuerst auf die Praxisorientierung eingegangen. Mögliche praxisorientierte und anpassungsfähige Aspekte eines Assistenzsystem für die Maschinenbelegungsplanung, die als Anforderung an das Assistenzsystem der Maschinenbelegungsplanung für das jeweilige Unternehmen geprüft werden sollten, sowie immanente Aspekte, die in der vorliegenden Arbeit inkludiert sind, sind nachfolgend aufgelistet. Zur Verbesserung der Übersichtlichkeit werden sie in Kategorien unterteilt.

Ziele:

[P1] Erhebung und Vergleich von Kennzahlen im Bereich der produktionswirtschaftlichen Zielgrößen Auslastung, Durchlaufzeit, Bestände und Termintreue,

[A1] Änderungsoption der Zielfunktion, um veränderte Unternehmensziele abbilden zu können;

Nachfrage und Bestände:

[P2] Integration von Mindestbeständen und Beständen in Zwischen- und Endproduktlager,

[P3] Minimale und maximale Produktionsmengen,

[P4] Möglichkeit zur Aufteilung eines Auftrags,

[P5] Verschiedene Längen von Planungsperioden und verschiedene Prioritäten der Aufträge, um Liefertermine halten zu können.

Potenzielle Änderungen von Nachfragen und Beständen:

[A2] Zusätzlich zu produzierende Produkte,

[A3] Wegfall von produzierten Produkten,

[A14] Änderungsmöglichkeit von minimalen und maximalen Produktionslosgrößen,

[A15] Änderungsmöglichkeit von Mindestbeständen und Beständen der Zwischenund Endproduktläger,

[I4] Änderung von Bedarfs-/Auftragsmengen (ggf. auch innerhalb des aktuellen Planungshorizontes).

Einbeziehen des Menschen in die Maschinenbelegungsplanung:

[A11] Möglichkeit der manuellen Veränderung von softwareseitig erzeugten Maschinenbelegungsplänen,

[P7] Einbeziehen von Erfahrungswissen des PPS-Teams sowie Möglichkeit der manuellen Planung,

[P9] Digitale Visualisierung des Maschinenbelegungsplans und Nachvollziehbarkeit der Entstehung der Maschinenbelegungspläne sicherstellen,

[P11] Entscheidung, bis zu welchem Grad der Flexibilität und Wandlungsfähigkeit Änderungen automatisiert oder manuell angestoßen werden,

[P15] Das Maschinenbelegungstool soll als Assistenzsystem für das PPS-Team fungieren, wobei das Planungsteam im Zuge der Konstruktion des Assistenzsystems einbezogen werden soll.

Daten und Datenverarbeitung:

[A9] Integration neuer Daten und Datenverarbeitungen, die durch im Fabrikplanungsprozess installierte neue Sensoren aufgenommen werden,

[A10] (Kurzfristig) Veränderte und sich über die Zeit ändernde sowie aktualisierte Umrüstzeiten, Bearbeitungszeiten, Ausschussdaten und Logistikprozesszeiten,

[I1] Unsicherheit in Umrüstzeiten, Bearbeitungszeiten, Ausschussdaten, Logistikprozesszeiten und weitere Prozessparameter,

[P12] Datenerfassung, Entscheidungsfindung, Datenverarbeitungsvorgänge, Berechnungen der Maschinenbelegungspläne und Steuerung, zwischen zu steuerndem System und steuerndem System in Echtzeit und teils ohne menschliche Einwirkung,

[P14] Zur Verfügung stehende Massendaten analysieren, Zusammenhänge und Aggregation dieser Daten erarbeiten.

Lösungsverfahren und Software:

[P6] Integration von Prognoseverfahren in die Maschinenbelegungsplanung,

P8 Realistische Bewertung der Maschinenbelegungspläne hinsichtlich der Unsicherheit der Umrüstzeiten, Produktionszeiten, Ausschussdaten und Logistikprozesszeiten in Materialflusssimulationen,

[P10] Optimierung der produktionswirtschaftlichen Zielgrößen,

[P13] Maschinenbelegungsplanung „as a service".

Potenzielle strategische Änderungen in der Maschinenbelegungsplanung oder den Produktionsprozessen:

[A0] Änderung grundlegender Produktionsabläufe und -layouts,

[A4] Integration neuer Maschinen,

[A5] Entfernen von Maschinen,

[A6] Integration abweichender Logistikelemente (ggf. mit unterschiedlichen Transportkapazitäten und -eigenschaften im Vergleich zu den Logistikelementen in der aktuellen Produktion),

[A7] Integration abweichender Logistikprozesse,

[A8] Bereitstellung von Maschinenbelegungsalgorithmen in Materialflusssimulationen für die Fabrikplanung,

[A16] Integration zusätzlicher Restriktionen in der b-Komponente,

[A17] Nichtberücksichtigung integrierter Restriktionen und Wechsel zwischen implementierten Zielfunktionen.

Operative und taktische geplante und ungeplante Kapazitätsveränderungen im Bereich Maschinen, Personal und Logistikelemente:

[A12] Möglichkeit der Wiederholung von Planungsaufgaben,

[A13] Zeiten, in denen bestimmte Produkte nicht produziert werden können,

[I2] Geplante Nichtverfügbarkeit oder zusätzliche Verfügbarkeit von Maschinen (z. B. Sonderschichten oder Wartungsarbeiten),

[I3] Ungeplante Nichtverfügbarkeiten, d. h. Ausfälle von Maschinen, anderen Betriebsmitteln oder Produktionsfaktoren.

4.2 Identifikation der Forschungslücke und Herleitung der konkretisierten Forschungsfragen

Aus der einzelnen Betrachtung sowie Verknüpfung der Themenstränge aus den Kapiteln 2 und 3 werden im Folgenden die Forschungslücke und die detaillierten Forschungsfragen formuliert. Im Zuge der Literaturanalyse wurde deutlich, dass die in der vorliegenden Arbeit bearbeitete Problemstellung $FHm, ((RM^{(k)})_{k=1}^{m}) \mid M_j,$ *unavail, break, rm, prec, skip* $\mid C_{max}$ bisher in keiner Studie der Literaturüberblicke in dieser Zusammensetzung mithilfe von konstruktiven Heuristiken, Metaheuristiken oder exakter Optimierung gelöst wurde und ein Novum in der Literatur darstellt. Die in dieser Arbeit bearbeitete Problemstellung wurde von einem Anwendungsfall abgeleitet. Es handelt sich dabei um ein praxisrelevantes Problem, welches in vielen Produktionssystemen in ähnlicher Form auftritt. Die immanenten Komponenten der Maschinenbelegungsplanung wurden dabei im Problem berücksichtigt. Die Praxisorientierung der in dieser Untersuchung bearbeiteten Problemstellung zeigt sich ebenfalls in der Anzahl der betrachteten β-Komponenten. Eine Betrachtung von sechs β-Komponenten wurde in den für diese Arbeit relevanten Studien der Literaturüberblicke zu hybriden Flow Shops bisher nur von Ruiz et al. (2008)

und Urlings et al. (2010) vorgenommen – jedoch in anderen Zusammensetzungen. Des Weiteren gibt es laut dem Literaturüberblick bisher keine Studie, die *unavail* in exakten Modellen für hybride Flow Shops modelliert.

Es gibt in der Maschinenbelegungsplanung eine Lücke zwischen Theorie und Praxis, die sich zeigt, indem in der Theorie größtenteils Modelle mit wenigen β-Komponenten untersucht werden, die die Komplexität der Praxis nicht ausreichend abbilden. Die Prognose von Nachfrageänderungen und anderen Komponenten der Produktionsmenge wurde bisher ebenfalls nicht in den Zusammenhang mit der Maschinenbelegungsplanung gesetzt. Des Weiteren fehlt es am Konzept einer Kombination von deterministischen Algorithmen, ereignisdiskreter Simulation und statischer Prognose, um insbesondere geplante und ungeplante Nichtverfügbarkeiten von Maschinen, Unsicherheiten in den Prozessdaten, Nachfrageschwankungen in die Maschinenbelegungsplanung sowie die weiteren Charakteristika der Problemstellung der vorliegenden Arbeit einzubeziehen. Auch nachträgliche Veränderungen der Problemstrukturen von existierenden Problemen für die Maschinenbelegungsplanung, die Abhilfe für eine praxisorientiertere Maschinenbelegungsplanung sowie eine Übertragbarkeit und Anpassungsfähigkeit der Algorithmen schaffen könnten, wurden in den Studien des Literaturüberblicks bisher nicht betrachtet.

In Kapitel 3 wurden die potenziell geeignetsten Verfahren für die in dieser Arbeit bearbeitete Problemstellung identifiziert und in Abschnitt 4.1.1 zusammengefasst. Das Forschungsziel 2 konkretisiert sich damit in den folgenden drei Forschungsfragen.

Forschungsfrage 1
Welche Kombination von konstruktiven Heuristiken, iterativen Metaheuristiken, Anstellstrategien für die weiteren Bearbeitungsstufen und Maschinenzuordnungsstrategien liefert für den praxisorientierten hybriden Flow Shop der vorliegenden Arbeit die besten Ergebnisse?

Forschungsfrage 2
Wie kann das exakte Optimierungsmodell von Ruiz et al. (2008) an die bearbeitete Problemstellung der vorliegenden Arbeit angepasst werden und welche Lösungsqualität kann in welcher Zeit erzielt werden?

Forschungsfrage 3
Welches Konzept zur Kombination von deterministischen Algorithmen, ereignisdiskreter Simulation und statischer Prognose, um die weiteren immanenten Aspekte praxisorientierter Probleme – Maschinenausfälle, Unsicherheiten in den Prozessdaten sowie Nachfrageschwankungen – einzubeziehen, sollte in der Maschinenbelegungsplanung für die in dieser Arbeit bearbeitete Problemstellung angewendet werden?

Des Weiteren gilt es, die in Unterkapitel 4.1 genannten Aspekte zu integrieren, die über die Graham-Notation hinausgehen und die Produktionsmenge beeinflussen. Daher resultiert die folgende Frage, die das Forschungsziel 1 konkretisiert:

Forschungsfrage 4
Wie können minimale Losgrößen, Sicherheitsbestände, Ausschuss und Unsicherheiten in Nachfragemengen in das Produktionsvolumen integriert und welche Parameter können gewählt werden?

Ein weiteres Thema betrifft den Grad der Flexibilität und Wandlungsfähigkeit, der vorgehalten werden soll, damit Unternehmen auf Turbulenzen in einer angemessenen Zeit und in einem angemessenen Maß reagieren können. Aus Kapitel 2 und Abschnitt 4.1.2 ergibt sich die folgende Forschungsfrage für die Arbeit, um die Lücke zwischen Maschinenbelegungsplanungsstudien und der Anwendung der Algorithmen in der Praxis weiter zu schließen. Diese Forschungsfrage konkretisiert das Forschungsziel 3 und des Weiteren wird erneut das Forschungsziel 1 adressiert.

Forschungsfrage 5
Wie können mit einem Assistenzsystem der Maschinenbelegungsplanung Praxisorientierung, Flexibilität und Wandlungsfähigkeit ermöglicht und gewählt sowie die Anpassungsgeschwindigkeit erhöht werden?

Die oben genannten fünf Forschungsfragen haben somit die drei Forschungsziele aus Unterkapitel 1.2 konkretisiert, daher wird im weiteren Verlauf der Arbeit mit diesen fünf Forschungsfragen anstatt der Forschungsziele gearbeitet.

Entwicklung der Komposition von mathematischer Optimierung, Simulation und Prognose

5

Mithilfe der Beschreibungen dieses Kapitels 5 wird es möglich, das Konzept der Arbeit auch für weitere Anwendungsfälle zu adaptieren. Das folgende Kapitel ist gemäß Abbildung 5.1 aufgebaut. Abbildung 5.1 zeigt den Prozessablauf der entwickelten anpassungsfähigen Maschinenbelegungsplanung und des Assistenzsystems in einer an Business Process Model and Notation 2.0 (BPMN 2.0) angelehnten Schreibweise.

Im oberen Teil von Abbildung 5.1 ist zu sehen, dass die Quelle der Daten die betrieblichen Informationssysteme oder eine daraus extrahierte Datenbank darstellen. Die Daten aus drei Kategorien – Stamm- und Bewegungsdaten, historische Prozessdaten und historische Nachfragedaten – bilden die Grundlage für die grafische Benutzerschnittstelle (engl. Graphical User Interface, GUI) sowie die dahinterliegende Programmlogik. Während das Datenkonzept im Abschnitt 5.1.1 vorgestellt wird, wird in Abschnitt 5.1.2 ein prototypischer Softwareentwurf vorgestellt. Mithilfe der GUI können die Daten durch das PPS-Team näher analysiert werden (vgl. Abschnitt 5.1.2), das Clustering (vgl. Unterkapitel 5.4) und die Optimierungsalgorithmen (vgl. Unterkapitel 5.2 und 5.3) angestoßen sowie berechnete Maschinenbelegungspläne angezeigt werden (vgl. Abschnitt 5.1.2). Die Lösungen werden in einer Datenbank persistiert und können mithilfe von Simulationsexperimenten bewertet werden (vgl. Unterkapitel 5.5). Im Fall von Änderungen der Ausgangssituation kann der oben beschriebene Gesamtprozess bei Bedarf jederzeit neugestartet werden (vgl. Unterkapitel 5.6).

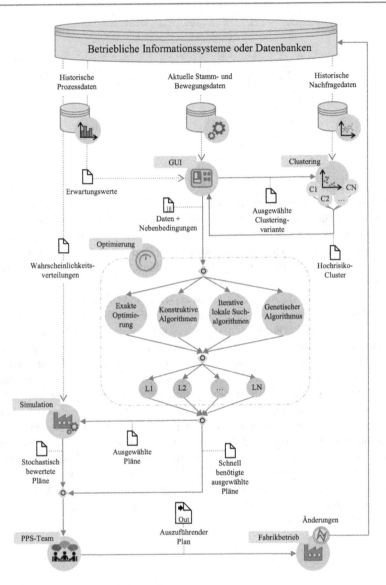

Abbildung 5.1 Grobkonzept des Assistenzsystems

5.1 Konzept der Implementierung

Um die Komposition von mathematischer Optimierung, Simulation und Prognose testen zu können, wird das Konzept für diese Arbeit softwareseitig umgesetzt. Dabei sind Daten aus drei Kategorien zu beachten, auf die in Abschnitt 5.1.1 näher eingegangen wird. Des Weiteren werden diese Daten mithilfe einer Software verarbeitet, die die Grundlage für die Modellierung des Problems sowie der Algorithmen darstellt. Ein beispielhafter Prototyp der Software wird daher in Abschnitt 5.1.2 vorgestellt.

5.1.1 Datenkonzept

Die für diese Arbeit relevanten Daten des Produktionssystems wurden in drei Kategorien getrennt. Während die Stamm- und Bewegungsdaten die Basis für das klassische Maschinenbelegungsproblem darstellen, helfen historische Prozessdaten sowie historische Nachfragedaten die auftretenden internen sowie externen Unsicherheiten des Produktionssystems zu modellieren. Im Folgenden werden die Datenkategorien und der Umgang mit Unsicherheit für die einzelnen Kategorien näher spezifiziert. Die drei Kategorien sowie deren Unterkategorien sind in Abbildung 5.2 zu finden.

In den meisten Studien über Maschinenbelegungsprobleme aus Kapitel 3 wird lediglich die Existenz der Kategorie der aktuellen *Stamm- und Bewegungsdaten* (Abbildung 5.2, mittlere Datenquelle) angenommen. Diese Kategorie beschreibt die deterministischen Eingabedaten des Problems, die teils auch in theoretischen Testinstanzen[1] für Maschinenbelegungsprobleme zu finden sind.

In diese Kategorie fallen die in Kapitel 3 beschriebenen Parameter. Über die beschriebenen Parameter hinaus werden die folgenden deterministischen Parameter benötigt, um die Problemstellung dieser Arbeit[2] in den Algorithmen zu beschreiben:

- Die Prioritäten $prio \in Prio$ und Auftragsgruppen $N_{prio} \subseteq N$ werden für die β-Komponente $prec$ benötigt. Anstatt wie von Ruiz et al. (2008) für jeden Auftrag k eine Menge P_k von Vorgängern zu definieren, werden Gruppen mit den Nummern

---

[1] Taillard (1993); Taillard (2016).
[2] Vgl. Unterkapitel 3.1.

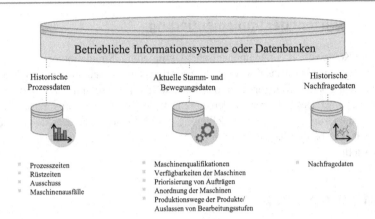

Abbildung 5.2 Datenkategorien der in dieser Arbeit bearbeiteten Problemstellung

$prio \in Prio$ definiert, die eine Rangfolge haben. Die Aufträge sind dabei in die Mengen N_{prio} geteilt.[3]

Damit können zum einen Aufträge modelliert werden, die besonders hohe Priorität haben und vor anderen Aufträgen gefertigt werden sollen. Zum anderen hat die Modellierung in Gruppen den Vorteil, dass keine Zirkelbezüge entstehen können, das heißt, Auftrag 1 kann Vorrang vor Auftrag 2 haben, aber Auftrag 2 kann nicht gleichzeitig Vorrang vor Auftrag 1 haben, denn diese Konstellation würde zur Unlösbarkeit des Problems führen. Des Weiteren können diese Prioritätsgruppen leicht in die Schreibweise von Ruiz et al. (2008) übersetzt werden und auch für die Modellierung von Aufträgen aus verschiedenen Perioden sehr nützlich sein.

- $j_B \in B$ wird für Zeiten der Nichtverfügbarkeit der Maschinen benötigt. Die Nichtverfügbarkeiten werden mit Startzeitpunkten t_{j_B0} und Endzeitpunkten t_{j_B1} initialisiert, wobei die Stufe i sowie die Maschine l für jeden Platzhalter j_B fest gewählt werden. Somit beinhalten die Mengen F_{j_B} und E_{ij_B} jeweils nur ein Element.

- Die Umrüstzeiten s_i werden pro Stufe i definiert, da die Umrüstzeiten für die in dieser Arbeit bearbeitete Problemstellung reihenfolge- und

---

[3] Angenommen, es gäbe zwei Prioritätsgruppen $G1$ und $G2$, $G1$ soll $G2$ vorgezogen werden, dann ist jeder Auftrag aus $G1$ für jeden Auftrag $k \in G2$ in P_k, das heißt, für alle $k \in G2$ gilt $P_k = G1$. Diese Einteilung in Gruppen hat sich für die Anwendungsfälle dieser Arbeit als praxisorientierter herausgestellt, wobei in der bearbeiteten Problemstellung dieser Arbeit jeder Auftrag j entsprechend nur einer Prioritätsgruppe $prio$ zugeordnet werden kann.

maschinenunabhängig definiert sind. Für das exakte Modell von Ruiz et al. (2008) gilt $S_{iljk} = s_i \ \forall \ j, k \in N, \ l \in M_i$.

- Für die Ausschussraten liegen produkt- und stufenbezogene stochastische Verteilungen für alle Stufen vor. Ausschussteile sind die Teile, die die Qualitätsprüfung nicht bestehen. r_{ij} bezeichnet den Erwartungswert der Ausschussrate. Abbildung 5.3 zeigt das Histogramm für die Ausschussrate eines beispielhaften Produkts. Um die geeignete Ausschussrate pro Produkt und Bearbeitungsstufe auszuwählen, werden die Quantilswerte der verfügbaren Wahrscheinlichkeitsverteilung pro Produkt und Stufe berücksichtigt. In der Problemstellung dieser Arbeit kann es pro Stufe des Weiteren mehrere Qualitätskontrollstellen $\theta = \{1, ..., \eta\}$ geben, an denen Ausschuss identifiziert wird. Abbildung 5.4 stellt das 90-%-Quantil eines exemplarischen Produkts an einer exemplarischen Kontrollstelle dar. Für jedes Produkt werden die Ausschussraten r_{ij}^{θ} in Abhängigkeit des Quantilswerts q, der Qualitätskontrollstellen θ und der Wahrscheinlichkeitsverteilung berechnet. Für jedes Produkt wird dabei der gleiche Quantilswert q verwendet.

- Verfügbare Teile auf Lager $stock_{ij}$ werden berücksichtigt, um den Bedarf zu decken, und es wird so geplant, dass der Sicherheitsbestand $safetystock_{ij}$ für jedes Produkt gefüllt ist.

- Die Auftragsmengen der Aufträge sind mit $demand_{ij}$ definiert, unterliegen Unsicherheit und können sich auch während der Woche ändern, in der der Auftrag produziert wird. $demand_{ij}^{min}$ bezeichnet die Mindestproduktionsmenge des Produktes j auf Stufe i. Dies und die Einbeziehung des Ausschusses, Lagerbestands und Sicherheitsbestands führt zum Produktionsvolumen $prod_{ij}$. Die benötigte deterministische Bearbeitungszeit für einen Auftrag ist daraus folgend $prod_{ij} \cdot p_{ilj}$.

Die Kategorie der Stamm- und Bewegungsdaten ist in der Problemstellung der Arbeit nicht mit Unsicherheit behaftet. Informationen über ein System beinhalten in der realen Welt in den meisten Fällen jedoch Unsicherheit. Historische Prozessdaten sowie historische Nachfragedaten werden in die meisten Studien nicht miteinbezogen, bieten jedoch Informationen über diese Unsicherheiten. Einige der Parameter, die Unsicherheit beinhalten, können durch statistische Modelle wie Verteilungen oder stochastische Prozesse somit nahe an den realen Gegebenheiten modelliert werden.

Zu den *historischen internen Prozessdaten* des Produktionssystems gehören Prozesszeiten, Rüstzeiten, Ausschuss und Maschinenausfälle. Sie stehen teilweise unter der Kontrolle des Unternehmens und werden im Produktionssystem gemessen.

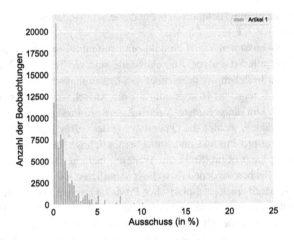

Abbildung 5.3 Histogramm der Ausschussraten eines exemplarischen Produkts auf einer ausgewählten Maschine

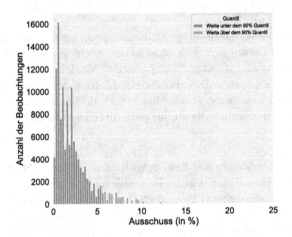

Abbildung 5.4 Histogramm der Ausschussraten eines exemplarischen Produkts mit 90-%-Quantil auf einer ausgewählten Maschine

In Abbildung 5.5 werden beispielhafte Boxplots von *Prozesszeiten* auf zwei ausgewählten Maschinen visualisiert. Wie hier zu sehen ist, ist es möglich, dass sich produkt- und maschinenbezogene Verteilungen selbst bei Maschinen desselben Typs unterscheiden. Unterschiede resultieren aus Einflussfaktoren wie beispielsweise Temperaturschwankungen, Standort der Maschine und Maschineneinstellungen, auch wenn die Maschinen als identisch angegeben sind. Die Ausprägung *RM* ist somit auch in einem Fall, in dem vom Maschinenhersteller identische Maschinen eingekauft wurden, eine sinnvolle Wahl.

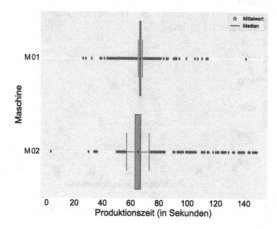

Abbildung 5.5 Boxplot der Bearbeitungszeiten einer Bearbeitungsstufe für ein beispielhaftes Produkt und Maschinen desselben Maschinentyps[4]

Die Verfügbarkeit und Qualität von internen Produktionsdaten variieren erheblich. In Tabelle 5.1 sind Szenarien aufgeführt, in denen Daten in verschiedenen Detaillierungsgraden zur Verfügung stehen. Die Tabelle zeigt, wie die *Prozesszeiten, Rüstzeiten und Ausschuss je nach Verfügbarkeit* in den deterministischen und stochastischen Modellen der Arbeit verwendet werden.

Ein zu berücksichtigender Aspekt sind die Auswirkungen von Ausreißern. Aufgrund ihrer hohen Werte ist es für Modelle realistischer, den Median anstelle des Mittelwerts für Bearbeitungs- und Rüstzeiten zu verwenden, um realistischere Maschinenbelegungspläne bei der Verwendung des deterministischen Optimierungsmodells zu berechnen. Ein beispielhaftes Histogramm der Prozesszeiten eines beispielhaften Produktes ist in Abbildung 5.6 zu sehen. Im Gegensatz dazu ist es

---

[4] In Anlehnung an Schumacher/Buchholz (2020).

für den Ausschuss zu empfehlen, den Mittelwert oder ein hohes Quantil zu verwenden (vgl. Abbildung 5.4), um eine Unterproduktion zu vermeiden. Wenn die benötigten Daten verfügbar sind, sollte für die Modelle die höchste Detailkategorie der Tabelle 5.1 verwendet werden. Falls für einzelne Produkte keine Verteilungen für Prozesszeiten, Umrüstzeiten und Ausschuss vorliegen, werden die deterministischen Daten des Optimierungsmodells für die Simulation genutzt.

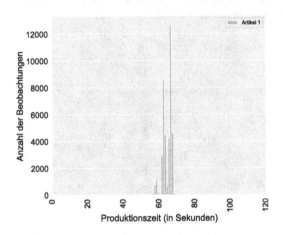

Abbildung 5.6 Histogramm der Prozesszeiten eines exemplarisches Produkts auf einer ausgewählten Maschine

Für Ausschuss, Prozesszeiten und Rüstzeiten liegen oft genügend Datenpunkte vor, um gemäß Tabelle 5.1 empirische Verteilungen zu generieren oder Parameter, Median und Mittelwerte für Verteilungen zu schätzen. Hingegen stellen *Maschinenausfälle* seltenere Ereignisse dar, über die im Vergleich zu dem Ausschuss, den Prozesszeiten und den Umrüstzeiten nur wenige Informationen zur Verfügung stehen. Wenige Daten im Bereich der Maschinenausfälle bedeuten nicht, dass diese Unsicherheit des Systems vernachlässigt werden kann. Es ist oft möglich, Standardmethoden aus der Eingabemodellierung anzuwenden, um eine Verteilung zu erzeugen (vgl. Abschnitt 3.6.1 und Abschnitt 3.6.2), die diese seltenen Ereignisse angemessen modelliert. Der Weg der Modellierung ist somit entgegengesetzt. Für *seltene Ereignisse* gilt, wie in den Studien der Inhaltsanalyse gesehen:

- Aus Erfahrungswerten oder Mittelwerten werden die Parameter der Verteilungen geschätzt und die theoretischen Verteilungen anschließend modelliert.

Tabelle 5.1 Datenkonzept der Produktionsparameter für Optimierung und Simulation[5]

Szenario	Prozesszeiten p_{ilj} und Umrüstzeiten s_i		Ausschussrate r_{ij}	
	Optimierung	Simulation	Optimierung	Simulation
Maschinenbezogene Daten pro Produkt sind verfügbar	Median pro Produkt und Maschine	Zufallswert aus der Verteilung pro Produkt und Maschine	Mittelwert oder Wert aus Quantil pro Produkt und Maschine	Zufallswert aus der Verteilung pro Produkt über alle Maschinen
Maschinenbezogene Daten pro Produkt reichen nicht aus, aber produktbezogene Daten auf der Stufe sind verfügbar	Median für das Produkt über alle Maschinen	Zufallswert aus der Verteilung für das Produkt über alle Maschinen	Mittelwert oder Wert aus Quantil für das Produkt über alle Maschinen	Zufallswert aus der Verteilung für das Produkt über alle Maschinen
Es sind keine produktbezogenen und maschinenbezogenen Daten vorhanden, aber produktbezogene Plandaten auf der betreffenden Stufe sind vorhanden	Plandaten für das Produkt auf der betreffenden Stufe	Plandaten für das Produkt auf der betreffenden Stufe	–	–
Es sind keine produktbezogenen und maschinenbezogenen Daten verfügbar, aber Daten für alle Produkte auf der betreffenden Stufe sind verfügbar	Median über alle Maschinen und Produkte	Zufallswert aus der Verteilung über alle Maschinen und Produkte	Mittelwert oder Wert aus Quantil über alle Maschinen und Produkte	Zufallswert aus der Verteilung über alle Maschinen und Produkte

- Seltene Ereignisse, die sich wie die Maschinenausfälle in der in dieser Arbeit bearbeiteten Problemstellung verhalten, können in die deterministischen Optimierungsalgorithmen nicht einbezogen werden, sondern erst in den Simulationsexperimenten Anwendung finden, da die deterministischen Berechnungen sonst verfälscht würden.

Die letzte Datenkategorie in Abbildung 5.2 sind die *historischen externen Daten*, unter die in dieser Arbeit die variierenden Nachfragedaten über die Zeit fallen. In

---

[5] Entnommen aus Schumacher/Buchholz (2020).

Abbildung 3.1 aus Abschnitt 3.5.2 wurde bereits näher auf das Problem und die Struktur der Daten eingegangen. In die Analysen dieser Arbeit werden ausschließlich vollständige Datenreihen einbezogen, das heißt, dass eine Anzahl von Beobachtungspunkten vor dem Produktionszeitpunkt festgesetzt wird (beispielsweise 11 Wochen) und vollständige Zeitreihen genau diese Anzahl von Datenpunkten enthalten. Die Daten werden in dieser Arbeit mithilfe des Clusterings weiterbehandelt.

Über oben genannte drei Kategorien hinausgehend werden für die in dieser Arbeit bearbeitete Problemstellung keine Daten einbezogen. Weitere Ereignisse können somit auch nicht prognostiziert werden, denn es gilt, dass nur Vorgänge prognostiziert werden können, die aus historischen Daten gelernt werden können.

5.1.2 Prototypischer Softwareentwurf

Um das Erfahrungswissen des PPS-Teams miteinbeziehen und Lösungen der Algorithmen generieren zu können, wird im Folgenden näher auf einen prototypischen Aufbau der Software eingegangen. Des Weiteren ist in Abschnitt 6.7.1 ein prototypischer Entwurf der GUI zu sehen, mithilfe derer das PPS-Team viele Einstellungen und Parameter konfigurieren kann. Da die Optimierungsalgorithmen in den folgenden Kapiteln besser anhand ihrer algorithmischen Schreibweise verdeutlicht werden können, werden im Klassendiagramm einige Methoden ausgelassen. Abbildung 5.7 enthält daher ein vereinfachtes Klassendiagramm des Assistenzsystems der Arbeit.

Die Einstellungen aus der GUI sowie die geladene Datenbank werden in die Klasse *Model* übernommen. Vor jeder Ausführung eines Optimierungsalgorithmus wird aus der Klasse *Model* ein Parameterobjekt der Klasse *Data* erzeugt, um als Momentaufnahme die Einstellungen der GUI für die Ausführung des Optimierungsalgorithmus festzuhalten. Während der Ausführung können weitere Einstellungen verändert werden, die dann keinen Einfluss auf die aktuellen Optimierungsläufe haben. Zum einen enthält die Klasse *Data* die aufgeführten Attribute wie die Prozesszeiten, Umrüstzeiten, Maschinenqualifikationen, Prioritäten der Aufträge, Nichtverfügbarkeiten der Maschinen, den Startzeitpunkt der Produktion, Verknüpfung der Produktnummern der zugehörigen Aufträge zwischen den Stufen und *job-Blocks*. Die *jobBlocks* werden intern für *prec* genutzt, um belegte Maschinen zu modellieren.

Des Weiteren enthält die Klasse *Data* Mengen von Aufträgen beispielsweise der Klassen *JobStageOne/JobStageTwo*, die die im Maschinenbelegungsplan einzuplanenden Aufträge darstellen. In Data ist auch eine Menge von Lagerbeständen (stockJobs) aus Produkten der ersten Stufe gespeichert, die für die Produktion der weiteren Stufen genutzt werden sollen. Jeder einzelne Auftrag dieser Menge enthält Informationen wie die Produktionsmenge, den Sicherheitsbestand, den Lagerbestand usw. aus der Klasse *AbstractJob*. Ein einzuplanender Auftrag der Klasse *AbstractJob* wird mithilfe der Klasse *Article* und mithilfe der Klasse *Model* erzeugt. Objekte der Klasse *Article* enthalten die Stamm- und Bewegungsdaten für die Produktnummern aus der Datenbank. Die Klasse *AbstractJob* hingegen aggregiert die Informationen zu den Aufträgen mithilfe der aktuellen Einstellungen aus der GUI sowie der Stamm- und Bewegungsdaten. *AbstractJob* enthält dabei Attribute, die in den erbenden Klassen sichtbar sind.

In der Klasse *Data* sind des Weiteren auch die Einstellungen über die anzuwendenden Optimierungsalgorithmen mithilfe der Klassen *Strategy* und *SecondStageStrategy* getroffen. So kann festgelegt werden, welche Algorithmen mit welcher Strategie der weiteren Stufen ausgeführt werden sollen. Im Zuge der Ausführung bekommt ein Algorithmus der Klasse *AbstractSearch* das Objekt der Klasse *Data* übergeben. Die Algorithmen unterteilen sich, wie auch in Abbildung 5.1 deutlich wurde, in konstruktive Algorithmen (Paket Constructive im Klassendiagramm aus Abbildung 5.7), iterative Algorithmen (Paket Iterative), den GA (Paket GA) und den exakten Algorithmus (Paket ILP).

Im Paket *Constructive* werden mithilfe der abstrakten Oberklasse *AbstractConstructiveSearch* die Algorithmen NEH (Klasse *NEHSearch*), Johnson (Klasse *JohnsonSearch*), SPT sowie LPT (Klasse *PriorityRuleSearch*) definiert. Im Paket Iterative werden mithilfe der abstrakten Oberklasse *AbstractIterativeSearch* die Klassen *LSearch* und *GASearch* gebildet. Die lokalen Suchen wurden mithilfe des JAMES Frameworks[6] realisiert und der GA wurde mithilfe von JMetal implementiert. Die Klasse *LSearch* generiert je nach gefordertem Algorithmus in Data einen der folgenden Algorithmen: SimulatedAnnealing, TabuSearch, SteepestDescent oder RandomDescent. Die genannten lokalen Suchen haben jeweils noch eine Nachbarschaft Neighbourhood und einen Move, welche ebenfalls mit *Data* spezifiziert werden. Der GA hat eine Klasse *GAProblem*, in der Restriktionen für das Problem gespeichert werden, und eine Klasse *DNA*, deren Objekte jeweils ein Individuum der Population enthalten, sowie die drei Klassen für die Operatoren GA-CrossoverOperator, GAMutationOperator und GASelectionOperator. Die Klasse *ILPSearch* verfügt über ein Objekt *Optimization*, die das exakte Optimierungsmodell mit seinen Nebenbedingungen enthält, konvertiert Objekte aus der Klasse *Data* in ILP-spezifische Objekte und führt Gurobi aus.

Alle Algorithmen generieren als Ergebnis ein Objekt der Klasse *Solution*, das den errechneten Maschinenbelegungsplan in Form von Start- und Endzeiten der einzelnen Aufträge enthält. Zusätzlich sind Informationen aus der Klasse *Data* enthalten,

---

[6] James Framework (2016).

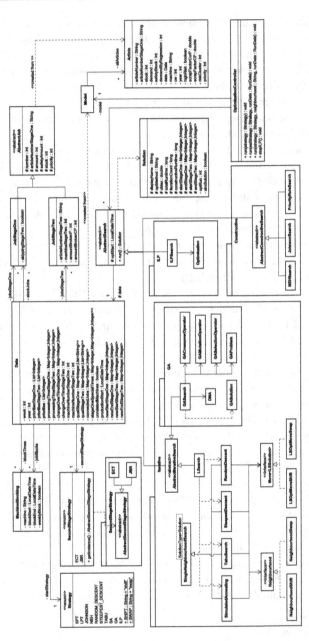

Abbildung 5.7 Vereinfachtes Klassendiagramm des Assistenzsystems

um zu unterscheiden, welcher Algorithmus auf welchen Daten und in welcher Zeit zu diesem Ergebnis geführt hat. Die detaillierte Funktionsweise aller Algorithmen wird in den folgenden Unterkapiteln näher entwickelt.

5.2 Exakte Optimierung

Die Ergebnisse des exakten Optimierungsmodells sollen zum einen als Vergleichswert für die Auswertungen dieser Arbeit dienen. Zum anderen soll PPS-Teams die Möglichkeit gegeben werden, mit Lösungen der exakten Optimierung zu arbeiten. Um das exakte Optimierungsmodell aus Abschnitt 3.3.3 implementieren, es um die β-Komponente *unavail* erweitern zu können und es in der Praxis einsetzen zu können, sind Anpassungen im Modell von Ruiz et al. (2008) nötig. Dieses Kapitel adressiert damit die Forschungsfrage 2 aus Unterkapitel 4.2.

Für den Einsatz der Lösung in der Praxis wurden von Mäckel (2021)[7] ein Postprocessing sowie eine angepasste Zielfunktion entwickelt, um Lücken im Maschinenbelegungsplan zu verhindern. Das Postprocessing optimiert das Ergebnis nicht nur hinsichtlich C_{max}, sondern ordnet den Plan im Anschluss an die Berechnung so an, dass alle Aufträge frühestmöglich eingeplant werden und nicht nur der C_{max}-Wert ausschlaggebend ist. Die angepasste Zielfunktion lautet $C_{sum} = C_{max} + \alpha * \sum_{j \in N} C_{LS_j,j}$. Das Postprocessing hat sich dabei jedoch als die effektivere Methode hinsichtlich des Ziels herausgestellt, alle Aufträge frühestmöglich einzuplanen.

Für die meisten Entwicklungsumgebungen müssen zuerst die Nebenbedingungen angepasst werden, um das Lösen des Modells mit einer Lösungssoftware (wie beispielsweise Gurobi) zu ermöglichen. Dazu werden alle Entscheidungsvariablen des Modells auf eine Seite der Ungleichungen gebracht. Darüber hinaus müssen für die meisten Entwicklungsumgebungen die Maximumsausdrücke der Ungleichungen (3.10) und (3.11) aus Abschnitt 3.3.3 aufgelöst werden. Da in den Gleichungen jeweils das Maximum über drei Argumente gebildet wird, werden aus den zwei genannten Nebenbedingungen insgesamt sechs Nebenbedingungen.

Da beide Vorgehensweisen für die Änderungen des Modells, die in diesem Kapitel durchgeführt werden, hilfreich sind, werden die Änderungen im Folgenden miteinbezogen. Aus den Ungleichungen der Nebenbedingungen (3.10) und (3.11)

---

[7] Diese Studienarbeit entstand im Zusammenhang mit der vorliegenden Arbeit und wurde von der Autorin betreut.

$$C_{ik} + V(1 - x_{iljk}) \geq \max \left\{ \max_{p \in P_k} C_{LS_p, p}, rm_{il}, C_{ij} + A_{iljk} \cdot S_{iljk} \right\}$$

$$+ \left(1 - A_{iljk}\right) \cdot S_{iljk} + prod_{ik} \cdot p_{ilk},$$

$$\forall k \in N, i \in FS_k, l \in E_{ik}, \; j \in \{G_{il}, 0\}, j \neq k, j \notin S_k \qquad (3.10)$$

$$C_{ik} + V\left(1 - x_{iljk}\right) \geq \max \left\{ C_{i-1,k} + \sum_{\substack{h \in \{G_{i-1}, 0\} \\ h \neq k, h \notin S_k}} \sum_{\bar{l} \in E_{i-1,h} \cap E_{i-1,k}} \left(lag_{i-1,\bar{l},k} \cdot x_{i-1,\bar{l},h,k}\right), \right.$$

$$\left. rm_{il}, C_{ij} + A_{iljk} \cdot S_{iljk} \right\} + \left(1 - A_{iljk}\right) \cdot S_{iljk} + prod_{ik} \cdot p_{ilk},$$

$$\forall k \in N, i \in \{F_k \setminus FS_k\}, l \in E_{ik}, \; j \in \{G_{il}, 0\}, j \neq k, j \notin S_k$$
$$(3.11)$$

werden beispielsweise folgende Nebenbedingungen

$$C_{ik} - V \cdot x_{iljk} \geq -V + rm_{il}$$

$$+ \left(1 - A_{iljk}\right) \cdot S_{iljk} + prod_{ik} \cdot p_{ilk},$$

$$\forall k \in N, i \in F_k, l \in E_{ik}, \; j \in \{G_{il}, 0\}, j \neq k, j \notin S_k \qquad (5.1)$$

$$C_{ik} - C_{ij} - V \cdot x_{iljk} \geq -V$$

$$+ S_{iljk} + prod_{ik} \cdot p_{ilk},$$

$$\forall k \in N, i \in F_k, l \in E_{ik}, \; j \in \{G_{il}, 0\}, j \neq k, j \notin S_k \qquad (5.2)$$

$$C_{ik} - C_{i-1,k} - V \cdot x_{iljk} - \sum_{\substack{h \in \{G_{i-1}, 0\} \\ h \neq k, h \notin S_k}} \sum_{\bar{l} \in E_{i-1,h} \cap E_{i-1,k}} \left(lag_{i-1,\bar{l},k} \cdot x_{i-1,\bar{l},h,k}\right) \geq -V$$

$$+ \left(1 - A_{iljk}\right) \cdot S_{iljk} + prod_{ik} \cdot p_{ilk},$$

$$\forall k \in N, i \in \{F_k \setminus FS_k\}, l \in E_{ik}, \; j \in \{G_{il}, 0\}, j \neq k, j \notin S_k$$
$$(5.3)$$

$$C_{ik} - C_{LS_p,p} - V \cdot x_{iljk} \geq -V$$
$$+ \left(1 - A_{iljk}\right) \cdot S_{iljk} + prod_{ik} \cdot p_{ilk},$$
$$\forall k \in N, i = FS_k, l \in E_{ik}, \; j \in \{G_{il}, 0\}, j \neq k, j \notin S_k, p \in P_k. \tag{5.4}$$

Um *prec* gemäß der in dieser Arbeit bearbeiteten Problemstellung zu definieren, wird Bedingung (5.4) weiter modifiziert. Bisher wurde von Ruiz et al. (2008) angenommen, dass die Aufträge P_k, die vor einem Auftrag v_k abgearbeitet werden müssen, alle Stufen des Produktionsprozesses bereits abgeschlossen haben müssen, bevor k beginnen kann. In der bearbeiteten Problemstellung in der vorliegenden Arbeit ist es jedoch lediglich wichtig, dass die Aufträge der Menge P_k auf derselben Stufe vor dem Auftrag k begonnen wurden, falls die Aufträge auf der gleichen Maschine produziert werden sollen. Um die Nebenbedingung zu konstruieren, wird Abbildung 5.8 zu Hilfe genommen. Für den Fall, dass p direkter Vorgänger von k auf Stufe i und Maschine l ist, gilt der Fall der Abbildung 5.8 b). Auftrag k kann direkt nach p begonnen werden und ist fertig nachdem umgerüstet worden und der Auftrag k innerhalb der Zeit p_{ilk} produziert worden. Dies kann wie folgt beschrieben werden:

$$C_{ik} = C_{ip} + S_{ilpk} + prod_{ik} \cdot p_{ilk}.$$

Für den Fall, dass p nur einer der Vorgänger, jedoch nicht der direkte Vorgänger von k auf Stufe i und Maschine l ist, gilt der Fall der Abbildung 5.8 a), dass zwischen p und k mindestens ein Auftrag j liegt und die Zeit länger als oben beschrieben ist. Dieser Fall kann wie folgt beschrieben werden:

$$C_{ik} > C_{ip} + S_{iljk} + prod_{ik} \cdot p_{ilk}.$$

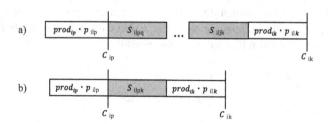

Abbildung 5.8 Beziehung von C_{ip} und C_{ik}, falls Auftrag p Vorgänger von Auftrag k ist

Da die Beachtung der Umrüstzeiten S_{iljk} und Prozesszeiten $prod_{ik} \cdot p_{ilk}$ durch
Nebenbedingung (5.2) gesichert wird, bleibt nur $C_{ik} \geq C_{ip}$ übrig, und die Nebenbedingung (5.4) wird angelehnt an die ursprüngliche Schreibweise der Nebenbedingung im Ausgangsmodell von Ruiz et al. (2008) aus Abschnitt 3.3.3 wie folgt
modifiziert:

$$C_{ik} + V(1 - x_{iljk}) + V(1 - \sum_{\substack{k_p \in \{G_{il}, 0\}, \\ k_p \notin S_p, k_p \neq p}} x_{ilk_p p}) \geq C_{ip},$$

$$\forall\, k \in N, i \in F_k \cap F_p, l \in E_{ik} \cap E_{ip}, \; j \in \{G_{il}, 0\}, j \neq k, j \notin S_k, p \in P_k.$$

Um die Nebenbedingung implementieren zu können, wird sie wie folgt umgestellt:

$$C_{ik} - C_{ip} - V \cdot x_{iljk} - V \cdot \sum_{\substack{k_p \in \{G_{il}, 0\}, \\ k_p \notin S_p, k_p \neq p}} x_{ilk_p p} \geq -2V,$$

$$\forall\, k \in N, i \in F_k \cap F_p, l \in E_{ik} \cap E_{ip}, \; j \in \{G_{il}, 0\}, j \neq k, j \notin S_k, p \in P_k.$$
$$\tag{5.5}$$

Die β-Komponente *unavail* kann angelehnt an die Studienarbeit von Mäckel
(2021), die im Zusammenhang mit vorliegender Arbeit entstand,[8] modelliert werden. Für *unavail* werden, wie in Abschnitt 5.1.1 beschrieben, in das Modell Aufträge

$$j_B \in B \subseteq N$$

als Platzhalter integriert, die vorher festgelegte Start- und Endzeitpunkte haben, um
Zeiträume zu definieren, in denen die Maschine nicht verfügbar ist oder für andere
Zwecke genutzt wird. Für $j_B \in B$ werden Startzeitpunkte $t_{j_B 0}$ und Endzeitpunkte
$t_{j_B 1}$ definiert. Daraus werden die für das Modell relevanten Parameter C_{ij} und
$prod_{ij} \cdot p_{ilj}$ für alle Aufträge j_B abgeleitet, wobei die Bearbeitungsstufe i sowie
die Maschine l für jeden Platzhalter j_B fest gewählt werden.

$$C_{ij_B} := t_{j_B 1}$$
$$p_{ilj_B} := t_{j_B 1} - t_{j_B 0}$$

---

[8] Diese Studienarbeit wurde von der Autorin betreut.

Die Bedingung zur Festlegung der Endzeitpunkte der Platzhalter wird wie folgt ergänzt:

$$C_{ij} = t_{j1}, \qquad \forall j_B \in B, i \in F_{j_B}. \qquad (5.6)$$

Die Nebenbedingungen (3.12) und (3.13) werden hinsichtlich der Platzhalter ebenfalls modifiziert. Sind sie von Ruiz et al. (2008) wie folgt definiert,

$$C_{max} \geq C_{LS_j j}, \qquad \forall j \in N, \qquad (3.12)$$
$$C_{ij} \geq 0, \qquad \forall j \in N, i \in F_j, \qquad (3.13)$$

werden sie im modifizierten Modell nur auf die Menge der Aufträge ohne die Platzhalter folgendermaßen angewendet:

$$C_{max} \geq C_{LS_j j}, \qquad \forall \, j \in N \setminus B, \qquad (5.7)$$
$$C_{ij} \geq 0, \qquad \forall \, j \in N \setminus B, i \in F_j. \qquad (5.8)$$

Das vollständige exakte Modell mit allen Änderungen wird abschließend im Folgenden aufgeführt. Dabei wird der erste Teil des Modells (3.2)–(3.9) aus dem Modell von Ruiz et al. (2008) übernommen (vgl. Abschnitt 3.3.3). Der zweite Teil des Modells (5.1)–(5.5) beinhaltet die Modifikationen, die für die Implementierung und für *prec* vorgenommen wurden. Der dritte Teil des Modells (5.6)–(5.8) beinhaltet die Erweiterungen des Modells für *unavail*.

Auch die Parameter A_{iljk} und lag_{ilk} werden im vollständigen Modell weiterhin aufgeführt. Wegen der speziellen Problemstellung vorliegender Arbeit[9] könnten die Parameter A_{iljk} und lag_{ilk} von Ruiz et al. (2008) schon spezifiziert gewählt werden. Dies wird hier jedoch erst in der Evaluation durchgeführt, damit das Modell die hohe Allgemeingültigkeit behält. Als Abbruchkriterium der exakten Optimierung wird in vorliegender Arbeit eine maximale Rechenzeit verwendet. Das folgende Modell kann somit für die Lösung von Maschinenbelegungsproblemen der Ausprägung $FHm, ((RM^{(k)})_{k=1}^m) \mid M_j, S_{sd}, rm, lag, prec, unavail, skip \mid C_{max}$ genutzt werden.

$$\min \quad C_{max} \qquad (3.2)$$

s.t.

---

[9] Vgl. Unterkapitel 3.1.

$$\sum_{\substack{j \in \{G_j, 0\} \\ j \neq k, j \notin S_k}} \sum_{l \in E_{ij} \cap E_{ik}} x_{iljk} = 1, \qquad \forall k \in N, \ i \in F_k \qquad (3.3)$$

$$\sum_{\substack{j \in G_i \\ j \neq k, j \notin P_k}} \sum_{l \in E_{ij} \cap E_{ik}} x_{ilkj} \leq 1, \qquad \forall k \in N, \ i \in F_k \qquad (3.4)$$

$$\sum_{\substack{h \in \{G_{il}, 0\} \\ h \neq k, h \neq j \\ h \notin S_j}} x_{ilhj} - x_{iljk} \geq 0, \qquad \forall j, k \in N, \ j \neq k, \ j \notin S_k, \ i \in F_j \cap F_k, \ l \in E_{ij} \cap E_{ik},$$

$$(3.5)$$

$$\sum_{l \in E_{ij} \cap E_{ik}} x_{iljk} + x_{ilkj} \leq 1, \qquad \forall j \in N, \ k = j + 1, \ldots, n, \ j \neq k, \ j \notin P_k, \ k \notin P_j, \ i \in F_j \cap F_k,$$

$$(3.6)$$

$$\sum_{k \in G_{il}} x_{il0k} \leq 1, \qquad \forall i \in M, l \in M_i, \qquad (3.7)$$

$$x_{iljk} \in \{0, 1\}, \qquad \forall j \in \{N, 0\}, k \in N, j \neq k, k \notin P_j, i \in F_j \cap F_k, l \in E_{i,j} \cap E_{i,k}. \qquad (3.8)$$

$$C_{i0} = 0, \forall i \in M, \qquad (3.9)$$

$$C_{ik} - V \cdot x_{iljk} \geq -V + rm_{il}$$
$$+ (1 - A_{iljk}) \cdot S_{iljk} + prod_{ik} \cdot p_{ilk},$$
$$\forall k \in N, i \in F_k, l \in E_{ik}, j \in \{G_{il}, 0\}, j \neq k, j \notin S_k, \qquad (5.1)$$

$$C_{ik} - C_{ij} - V \cdot x_{iljk} \geq -V$$
$$+ S_{iljk} + prod_{ik} \cdot p_{ilk},$$
$$\forall k \in N, i \in F_k, l \in E_{ik}, j \in \{G_{il}, 0\}, j \neq k, j \notin S_k, \qquad (5.2)$$

$$C_{ik} - C_{i-1,k} - V \cdot x_{iljk} - \sum_{\substack{h \in \{G_{i-1,0}\} \\ h \neq k, h \notin S_k}} \sum_{\bar{l} \in E_{i-1,h} \cap E_{i-1,k}} \left(lag_{i-1,\bar{l},k} \cdot x_{i-1,\bar{l},h,k} \right) \geq -V$$

$$+ \left(1 - A_{iljk} \right) \cdot S_{iljk} + prod_{ik} \cdot p_{ilk},$$

$$\forall\, k \in N, i \in \{F_k \setminus FS_k\}, l \in E_{ik}, j \in \{G_{il}, 0\}, j \neq k, j \notin S_k, \tag{5.3}$$

$$C_{ik} - C_{ip} - V \cdot x_{iljk} - V \cdot x_{ilk_p p} \geq -2V,$$

$$\forall\, k \in N, i \in F_k \cap F_p \cap F_{k_p}, l \in E_{ik} \cap E_{ip} \cap E_{ik_p}, j \in \{G_{il}, 0\}, j \neq k, j \notin S_k,$$

$$k_p \in \{G_{il}, 0\}, p \notin P_{k_p}, k_p \neq p, p \in P_k, \tag{5.5}$$

$$C_{ij} = t_{j1}, \; \forall j_B \in B, i \in F_{j_B}, \tag{5.6}$$

$$C_{max} \geq C_{LS_j,j}, \forall\, j \in N \setminus B, \tag{5.7}$$

$$C_{ij} \geq 0, \forall\, j \in N \setminus B, i \in F_j. \tag{5.8}$$

5.3 Heuristiken

Unter Berücksichtigung der Ergebnisse aus Unterkapitel 3.4 werden in dieser Arbeit SPT, LPT, NEH, Johnson sowie lokale Suchen, ein Tabu Search-Algorithmus, ein Simulated Annealing-Algorithmus und ein GA für das Problem der Arbeit entwickelt. Des Weiteren werden die Anstellstrategien ECT und JBR für die Einplanung auf den weiteren Bearbeitungsstufen entwickelt. Vorstufen von SPT, der lokalen Suchen, GA und Tabu Search wurden in Schumacher/Buchholz (2020), Schumacher et al. (2020) und Fiedler (2020) vorgestellt.[10] In der vorliegenden Arbeit werden sie um die Komponenten *prec* sowie *unavail* erweitert.

---

[10] Die Algorithmen wurden in den genannten Arbeiten für das Problem $FH2, (RM^{(1)}, PM^{(2)}) \mid M_j, skip \mid C_{max}$ entwickelt.

5.3.1 Integration von *unavail*

Erste Ansätze, um Johnson, NEH, JBR und die lokalen Suchen mit *unavail* zu erweitern, wurden in der Masterarbeit von Gojowczyk (2021) entwickelt, die in Zusammenhang mit der vorliegenden Arbeit entstanden ist.[11] Die Erkenntnisse dieser Masterarbeit werden im Folgenden grundlegend erweitert und in alle entwickelten Heuristiken dieses Unterkapitels integriert. Die Erweiterung der Algorithmen um *unavail* beeinflusst gegebenenfalls den Makespan C_{max}. Das daher nötige geänderte Vorgehen zur Einplanung der Aufträge und die Veränderung von C_{ij} werden im Folgenden dargelegt.

Für eine Nichtverfügbarkeit einer Maschine wird gemäß Abschnitt 5.1.1 ein Zeitraum der Nichtverfügbarkeit von Startzeitpunkt t_{jB0} bis Endzeitpunkt t_{jB1} gewählt oder aus der Datenbank geladen. Reicht die Zeit zwischen dem Bearbeitungsende C_{ij} des bisher letzten Auftrags auf einer Maschine i, auf der Auftrag j bisher als Letzter eingeplant ist, bis zum Startzeitpunkt t_{jB0} der Nichtverfügbarkeit nicht aus, um auf den einzuplanenden Auftrag k umzurüsten und diesen vollständig ohne Unterbrechung zu fertigen, wird der Auftrag k erst nach dem Zeitraum der Nichtverfügbarkeit begonnen. Um zu überprüfen, ob dieser Fall vorliegt, wird der Auftrag gemäß Abbildung 5.9 eingeplant und geprüft, ob $C_{ik} > t_{jB0}$ zutrifft und gleichzeitig $C_{ij} < t_{jB1}$ gilt.

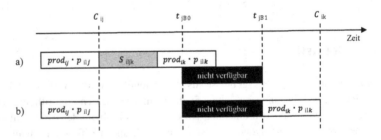

Abbildung 5.9 Nichtverfügbarkeit

Die Umrüstzeit nach Nichtverfügbarkeiten kann in der in dieser Arbeit bearbeiteten Problemstellung gemäß Unterkapitel 3.1 vernachlässigt werden. Eine ähnliche Vorgehensweise könnte aber auch gewählt werden, wenn für andere Maschinenbelegungsprobleme nicht während der Nichtverfügbarkeit gerüstet werden soll. Für die Problemstellung dieser Arbeit verschiebt sich der Fertigstellungszeitpunkt C_{ik}

---

[11] Die Masterarbeit wurde von der Autorin betreut.

des einzuplanenden Auftrags k auf Maschine l, auf der der Auftrag eingeplant werden soll, somit im Fall einer Überschneidung mit einer Nichtverfügbarkeit um $t_{j_B1} - C_{ij} + prod_{ik} \cdot p_{ilk}$ Zeiteinheiten. Der neue Fertigstellungszeitpunkt lautet:

$$C_{ik} = t_{j_B1} + prod_{ik} \cdot p_{ilk}.$$

Da durch das Verschieben eine Überschneidung mit einer späteren Nichtverfügbarkeit infrage kommt, muss diese Prüfung auch für die nächsten Nichtverfügbarkeiten der entsprechenden Maschine sukzessive erfolgen, bis der Auftrag ohne Überschneidung mit einer Nichtverfügbarkeit eingeplant werden kann. Das in diesem Kapitel geschilderte Verschieben von Aufträgen für die β-Komponente *unavail* erfolgt in den Algorithmen beim Einplanen der einzelnen Aufträge.

5.3.2 Konstruktive Heuristiken

Die entwickelten konstruktiven Algorithmen der ersten Stufe bestimmen maßgeblich die Reihenfolge der Aufträge in den weiteren Stufen. Alle entwickelten konstruktiven Algorithmen dieser Arbeit nutzen „Maschinenzuweisung mit ECT" (Algorithmus 5.1), um die Aufträge den Maschinen in der ersten Stufe zuzuweisen. Dieser Algorithmus plant das nächste Element einer geordneten Liste von Aufträgen sukzessive auf die Maschine ein, die den Auftrag als erstes fertigstellen kann.

Algorithmus 5.1 : Maschinenzuweisung mit ECT

---

1. Wähle aus *List* den nächsten einzuplanenden Auftrag j.
2. Plane den Auftrag j auf der Maschine ein, die den frühestmöglichen Fertigstellungszeitpunkt C_{ij} realisieren kann. Zur Ermittlung des Minimums der Fertigstellungszeitpunkte C_{ij} werden jeweils sowohl die aktuellen Fertigstellungszeitpunkte der Maschinen der betreffenden Stufe i und die Maschinenverfügbarkeiten aus *unavail* als auch die Fertigstellungszeitpunkte C_{i-1j}, die Menge der qualifizierten Maschinen E_{ij}, Umrüstzeiten s_i und Prozesszeiten $prod_{ij} \cdot p_{ilj}$ des noch einzuplanenden Auftrags j berücksichtigt. Speichere die Einplanung in π_i.
3. Entferne den Auftrag j aus *List*. Falls *List* $\neq \{\}$, gehe zu Schritt 1.
4. **return** π_i, den Maschinenbelegungsplan der Stufe i.

Um die weiteren Bearbeitungsstufen zu planen, kann einer der Algorithmen ECT (Algorithmus 5.2) oder JBR (Algorithmus 5.3) genutzt werden. ECT wählt aus allen einzuplanenden Aufträgen der weiteren Stufe den Auftrag sowie die Maschine mit dem geringsten Fertigstellungszeitpunkt der betreffenden Stufe aus, um diesen als erstes auf die betreffende Stufe einzuplanen. JBR beachtet hingegen die Reihenfolge der ersten Bearbeitungsstufe und plant eine nach Einplanungszeitpunkten auf der ersten Stufe sortierte Liste sukzessive auf die Maschinen der weiteren Stufen ein. Gewählt wird ebenfalls die Maschine, die den frühestmöglichen Fertigstellungszeitpunkt auf dieser weiteren Bearbeitungsstufe (gemäß Algorithmus 5.1) realisieren kann.

Algorithmus 5.2 : ECT

for all $i \in M \setminus \{1\}$

---

1. Erstelle eine Liste einzuplanender Aufträge j für die Stufe i und speichere sie in *List*.
2. Wähle aus *List* den Auftrag j mit dem frühestmöglichen Fertigstellungszeitpunkt C_{ij}. Zur Ermittlung des Minimums der Fertigstellungszeitpunkte C_{ij} werden jeweils sowohl die aktuellen Fertigstellungszeitpunkte der Maschinen der Stufe i und die Maschinenverfügbarkeiten aus *unavail* als auch die Fertigstellungszeitpunkte C_{i-1j}, die Maschinenqualifikationen gemäß E_{ij}, Umrüstzeiten s_i und Prozesszeiten $prod_{ij} \cdot p_{ilj}$ der noch einzuplanenden Aufträge $j \in List$ berücksichtigt.
   Falls j nicht auf der vorherigen Stufe produziert wird, gilt $C_{i-1j} = 0$ und der Auftrag kann bereits zu Beginn der Bearbeitungszeit auf der nächsten Stufe eingeplant werden.
   Speichere die Einplanung in π.
3. Entferne den Auftrag j aus *List*. Falls *List* $\neq \{\}$, gehe zu Schritt 2.

return Maschinenbelegungsplan π mit $C_{max}(\pi)$.

Algorithmus 5.3 : JBR

for all $i \in M \setminus \{1\}$

---

1. Sortiere die Aufträge j, die in der Stufe i produziert werden, aufsteigend nach dem Bearbeitungsbeginn auf der vorherigen Stufe $C_{i-1j} - prod_{i-1ij} \cdot p_{i-1lj}$ und speichere die Reihenfolge in *List*. Falls zwei Aufträge den gleichen Bearbeitungsbeginn aufweisen, wähle zuerst den Auftrag, der auf der Maschine der kleinsten Ordnung eingeplant ist.
   Falls Aufträge j nicht auf der vorherigen Stufe gefertigt werden müssen, sortiere diese in alphanumerischer Reihenfolge an den Anfang von *List*.
2. Führe die Maschinenzuweisung mit ECT (Algorithmus 3.1) durch.
3. Speichere die Einplanung in π.
4. Entferne den Auftrag j aus *List*. Falls *List* $\neq \{\}$, gehe zu Schritt 2.

return Maschinenbelegungsplan π mit $C_{max}(\pi)$.

In diesen konstruktiven Algorithmen kann *prec* wie folgt integriert werden. Wenn die Einplanung aller Aufträge einer Prioritätsgruppe mithilfe eines konstruktiven Algorithmus in der ersten Stufe abgeschlossen ist, werden für diese Prioritätsgruppe die weiteren Stufen mit Algorithmus 5.2 oder Algorithmus 5.3 entsprechend eingeplant. Anschließend werden die Aufträge der darauffolgenden Prioritätsgruppen auf den ersten und den weiteren Stufen eingeplant.

Für einige Algorithmen dieses Unterkapitels wird *List* als eine Permutation von Aufträgen auf einer Stufe zu Hilfe genommen. Sollen beispielsweise Aufträge in der Reihenfolge j_2, j_3, j_1 eingeplant werden, werden sie als $List = (j_2, j_3, j_1)$ gespeichert. Wurden den Aufträgen aus der Permutation *List* nachfolgend Maschinen zugewiesen, stellt π_i den Maschinenbelegungsplan der Stufe i dar.

Das nachfolgende Beispiel beinhaltet mittels π_1 eine exemplarische Permutation der Bearbeitungsstufe $i = 1$. Jede Zeile von π_1 beinhaltet dabei die Permutation für eine Maschine der ersten Stufe. In diesem Beispiel gibt es exemplarisch drei Maschinen in der ersten Bearbeitungsstufe. Die erste Maschine der ersten Stufe bearbeitet im genannten Beispiel dabei zuerst Auftrag 7, dann Auftrag 2, nachfolgend Auftrag 6 usw.

$$\pi_1 = \begin{pmatrix} 7\ 2\ 6\ 1\ 8\ 5\ 3\ 4 \\ 9\ 10\ 11\ 12 \\ 14\ 16\ 15\ 17 \end{pmatrix}$$

Mit $C_{max}(\pi_1)$ wird in diesem Kapitel der Wert des Makespans des Maschinenbelegungsplans für π_1 nach der Anwendung der Anstellstrategie JBR oder ECT für die weiteren Stufen bezeichnet.

Wurden alle Stufen eingeplant, wird der vollständige Maschinenbelegungsplan, der alle Stufen enthält, in π gespeichert. In π können auch vorläufige Maschinenbelegungspläne gespeichert werden, in denen noch Aufträge fehlen. $C_{max}(\pi)$ bezeichnet wiederum den Wert des Makespans des Maschinenbelegungsplans π.

Im Folgenden werden die Sortierregeln der Listen für die erste Bearbeitungsstufe entwickelt. Diese Algorithmen nutzen für die Maschinenzuweisung sowie die Einplanung der weiteren Stufen jeweils die Algorithmen 5.1 bis 5.3.

Mit SPT/LPT aus Algorithmus 5.4 werden die Aufträge aufsteigend (absteigend) entsprechend ihrer durchschnittlichen Bearbeitungszeiten in der ersten Stufe geordnet und danach sukzessive auf die Maschinen in der ersten Stufe und den weiteren Stufen mit der ausgewählten Anstellstrategie (ECT oder JBR) eingeplant.

Algorithmus 5.4 : SPT/LPT

> **for all** $prio \in Prio$
>
> (a) Ordne die Aufträge $j \in N_{prio}$ aufsteigend/absteigend gemäß ihren durchschnittlichen Prozesszeiten auf Stufe 1 $\left(\sum_{l \in E_{1j}} prod_{1j} \cdot \frac{p_{1lj}}{|E_{1j}|} \right)$ und speichere die Liste in $List$. Wenn zwei Aufträge die gleiche Prozesszeit haben, ordne die Aufträge alphanumerisch.
>
> (b) Führe die Maschinenzuweisung für $List$ auf der ersten Stufe mit ECT (Algorithmus 1) durch.
>
> (c) Führe ECT (Algorithmus 3.2) oder JBR (Algorithmus 3.3) für die weiteren Stufen aus.
>
> **return** Maschinenbelegungsplan π mit $C_{max}(\pi)$.

Mit dem NEH-Algorithmus in Algorithmus 5.5 wird gemäß der absteigenden durchschnittlichen Prozesszeit sukzessive ein Auftrag mehr zum Plan hinzugefügt. Für diesen Auftrag j werden alle möglichen Positionen in der bereits bestehenden Sequenz der ersten Bearbeitungsstufe getestet. Für jede Position des Auftrags j und der dazugehörigen Permutation werden auch die Maschinenzuweisungen für die erste Stufe mit ECT (Algorithmus 5.1) durchgeführt und die folgenden Bearbeitungsstufen mit JBR oder ECT geplant. Nach dem Vergleich der Pläne wird die beste Position für diesen nächsten Auftrag j ausgewählt. Das Verschieben des Auftrags j wird dabei nur innerhalb der Prioritätsgruppe N_{prio} des Auftrags j durchgeführt.

Der Johnson-Algorithmus plant den Maschinenbelegungsplan nach den kleinsten vorkommenden Prozesszeiten über alle Bearbeitungsstufen. Kommt die kleinste Bearbeitungszeit auf der ersten Stufe vor, wird der zugehörige Auftrag in der ersten Bearbeitungsstufe am Anfang der Warteschlange $List$ eingeplant, sonst am Ende der Warteschlange $List$. Auf diese Weise wird immer der Auftrag als nächstes eingeplant, der auf einer der Stufen die niedrigste Prozesszeit aufweist. Dieses Vorgehen wird in Algorithmus 6 für jede Prioritätsgruppe einzeln durchgeführt, beginnend mit der wichtigsten Prioritätsgruppe.

Algorithmus 5.5 : NEH

for all $prio \in Prio$

---

1. Ordne die Aufträge $j \in N_{prio}$ absteigend gemäß ihren durchschnittlichen Prozesszeiten über alle qualifizierten Stufen $\left(\sum_{i \in F_j, l \in E_{1j}} prod_{ij} \cdot \frac{p_{ilj}}{|E_{ij}||F_j|} \right)$ und speichere die Liste in $List1$. Wenn zwei Aufträge die gleiche Prozesszeit haben, ordne die Aufträge alphanumerisch.

2. Wähle den ersten Auftrag aus $List1$ und speichere diesen in $List2$.

3. Setze $count := 2$.

4. **while** $count \leq |N_{prio}|$

   (a) $C_{max}^{best} := \infty$.

   (b) Wähle den nächsten noch nicht eingeplanten Auftrag vj aus $List1$.

   (c) $\widehat{count} := 0$.

   (d) **while** $\widehat{count} \leq count$

      i. Plane j in Position $\widehat{count}$ von $List2$ ein und speichere die Liste in $List2_{\widehat{count}}$. Aufträge können nur Positionen direkt vor oder hinter Aufträgen aus N_{prio} der gleichen Prioritätsgruppe $prio$ einnehmen.

      ii. Führe die Maschinenzuweisung von $List2_{count}$ mit ECT (Algorithmus 1) für Stufe 1 durch.

      iii. Führe ECT (Algorithmus 3.2) oder JBR (Algorithmus 3.3) für die weiteren Stufen aus. Speichere das Ergebnis in π^{count}.

      iv. **if** $C_{max}(\pi^{count}) < C_{max}^{best}$

         $List2_{best} := List2_{count}$.

         $C_{max}^{best} := C_{max}(\pi^{count})$.

      v. Setze $\widehat{count} := \widehat{count} + 1$.

   (e) $count := count + 1$.

   (f) $List2 := List2_{best}$.

5. Führe die Maschinenzuweisung mit ECT (Algorithmus 3.1) mit $List2$ für Stufe 1 durch.

6. Führe ECT (Algorithmus 3.2) oder JBR (Algorithmus 3.3) für die weiteren Stufen aus.

return Maschinenbelegungsplan π mit $C_{max}(\pi)$.

Algorithmus 5.6 : Johnson

---

1. **for all** $prio \in Prio$

   (a) **while** $N_{prio} \neq \{\}$

   i. Finde über alle Bearbeitungsstufen i aus der Menge der Aufträge N_{prio} mit der Priorität $prio$, den Auftrag j mit der kürzesten Prozesszeit $p_{min} := min_{i \in M, j \in N_{prio}} prod_{ij} \cdot \sum_{l \in E_{ij}} \frac{p_{ilj}}{|E_{ij}|}$. Wenn mehrere Aufträge die kürzeste Prozesszeit aufweisen, wähle den Auftrag j mit der alphanumerisch kleineren Ordnung.

   ii. Wenn p_{min} auf der ersten Bearbeitungsstufe $i = 1$ vorkommt oder die Prozesszeit auf allen Bearbeitungsstufen gleich ist, sortiere den zugehörigen Auftrag j an den Anfang von $List$.
   Wenn p_{min} auf einer späteren Bearbeitungsstufe i vorkommt, plane den zugehörigen Auftrag an das Ende von $List$ ein.

   iii. $N_{prio} := N_{prio} \setminus \{j\}$.

   (b) Führe die Maschinenzuweisung mit ECT (Algorithmus 3.1) mit $List$ für Stufe 1 durch.

   (c) Führe ECT (Algorithmus 3.2) oder JBR (Algorithmus 3.3) für die weiteren Stufen aus.

2. **return** Maschinenbelegungsplan π mit $C_{max}(\pi)$.

5.3.3 Lokale Suchen und Tabu Search

Ausgehend von einer der generierten initialen Lösungen der konstruktiven Heuristiken aus Abschnitt 5.3.2 optimieren in dieser Arbeit unter anderem sechs Algorithmusvarianten lokaler Suchen und Tabu Search die Lösung. Die Algorithmen wurden mit Ideen des Java-Frameworks JAMES[12] in der Masterarbeit von Fiedler (2020)[13] zum ersten Mal präsentiert, die im Zusammenhang mit vorliegender Arbeit entstand. Daraufhin wurden die Algorithmen in den Vorveröffentlichungen zur vorliegenden Arbeit von Schumacher/ Buchholz (2020) und Schumacher et al. (2020) weiterentwickelt. Schließlich werden sie in der vorliegenden Arbeit den anderen Algorithmen der vorliegenden Arbeit angeglichen und um die Komponenten $prec$ und $unavail$ erweitert.

Als Repräsentation der Sequenz für die erste Bearbeitungsstufe wird wie für die konstruktiven Algorithmen π_1 verwendet. Die weiteren Bearbeitungsstufen werden

---

[12] James Framework (2016).

[13] Diese Masterarbeit wurde von der Autorin betreut.

auf Basis dieser Repräsentation mithilfe der Prioritätsregeln ECT (Algorithmus 5.2) und JBR (Algorithmus 5.3) belegt.

Die sechs Algorithmusvarianten sind in den Algorithmen 5.7 und 5.8 zusammengefasst, wobei in beiden Algorithmen $method \in \{shift, swap\}$ gewählt werden kann, wodurch schon insgesamt vier Varianten entstehen. Außerdem kann Algorithmus 5.8 mit oder ohne Tabuliste ($tabu \in \{true, false\}$) ausgeführt werden, wodurch zwei weitere Varianten zustande kommen.

Algorithmus 5.7 : Lokale Suche – Random Descent

---

1. Gegeben sei eine Lösung π_1 mit Makespan $C_{max}(\pi_1)$.
   Wähle die Parameter $method \in \{shift, swap\}$ und $iterations \in \mathbb{N}$.

2. **for all** $prio \in Prio$

   Setze $iterations_{prio} := \left\lfloor \frac{iterations}{|Prio|} \right\rfloor$.

   while $iterations_{prio} \neq 0$

      i. Dupliziere $\tilde{\pi}_1 := \pi_1$.
      ii. Wähle in $\tilde{\pi}_1$ zufällig einen Auftrag j der aktuellen Prioritätsgruppe. Dieser ist aktuell auf Maschine l eingeplant.
      iii. **if** $method = shift$

          Wähle eine Maschine $\tilde{l}$ mit $\tilde{l} \neq l$. Verschiebe Auftrag j auf eine zufällige Position auf Maschine $\tilde{l}$ innerhalb der aktuellen Prioritätsgruppe $prio$.

      iv. **if** $method = swap$

          Wähle in $\tilde{\pi}_1$ zufällig einen Auftrag $\tilde{j}$ der aktuellen Prioritätsgruppe $prio$ mit $\tilde{j} \neq j$. Auftrag $\tilde{j}$ ist aktuell auf Maschine $\tilde{l}$ eingeplant. Tausche die Positionen von Auftrag j und Auftrag $\tilde{j}$.

      v. Speichere die Lösung in $\tilde{\pi}_1$.
      vi. **if** $\tilde{\pi}_1$ zulässig, d. h. $\tilde{l} \in E_{1j}$ usw.

          Führe ECT (Algorithmus 3.2) oder JBR (Algorithmus 3.3) für die weiteren Stufen aus.
          Berechne Makespan $C_{max}(\tilde{\pi}_1)$.
          if $C_{max}(\tilde{\pi}_1) < C_{max}(\pi_1)$
             $\pi_1 := \tilde{\pi}_1$.

      vii. $iterations_{prio} := iterations_{prio} - 1$.

3. **return** π_1 with $C_{max}(\pi_1)$.

Algorithmus 5.8 : Tabu Search und Lokale Suche – Steepest Descent

1. Gegeben sei eine Lösung π_1 mit Makespan $C_{max}(\pi_1)$.
   Wähle die Parameter $method \in \{shift, swap\}$ und $iterations, tabulist, maxNeighbors \in \mathbb{N}$.
   Wähle $tabu \in \{true, false\}$.

2. **for all** $prio \in Prio$

   Setze $iterations_{prio} := \left\lfloor \frac{iterations}{|Prio|} \right\rfloor$.
   while $iterations_{prio} \neq 0$

   (a) Dupliziere $\tilde{\pi}_1 := \hat{\pi}_1 := \pi_1$. Initialisiere die Mengen $S := J := \{\}$.
   (b) **for all** $j \in N_{prio}$, wobei j auf Maschine l eingeplant ist.
      if $method = shift$
         for all Maschinen $\bar{l}$ in π_1, wobei $l = \bar{l}$ möglich ist.
         i.   Ausgehend von π_1 verschiebe Auftrag j auf eine zufällige Position der Prioritäts-
              gruppe $prio$ auf Maschine $\bar{l}$ (wobei nicht die gleiche Position gewählt wird, falls l
              $= \bar{l}$), wobei die Aktion nicht in T_{list} enthalten sein darf, falls $tabu == true$.
         ii. Speichere die Lösung in $\tilde{\pi}_1$.
         iii. $S = S \cup \{\tilde{\pi}_1\}$.
         iv. $iterations_{prio} := iterations_{prio} - 1$.

      if $method = swap$

      $J = J \cup j$.
      for all Aufträge $\bar{j} \in N_{prio} \setminus J$, wobei $\bar{j}$ auf Maschine $\bar{l}$ eingeplant ist.
      i.   Ausgehend von π_1 tausche die Positionen von Auftrag j mit Auftrag $\bar{j}$, sodass Auftrag j
           hinterher auf Maschine $\bar{l}$ und Auftrag $\bar{j}$ hinterher auf Maschine l eingeplant ist, wobei die
           Aktion nicht in T_{list} enthalten sein darf, falls $tabu == true$.
      ii. Speichere die Lösung in $\tilde{\pi}_1$.
      iii. $S = S \cup \{\tilde{\pi}_1\}$.
      iv. $iterations_{prio} := iterations_{prio} - 1$.
      Mische die Reihenfolge der Menge S und wähle die ersten $maxNeighbors$- Elemente als Menge S.
      Falls $|S| \leq maxNeighbors$, übernehme S unverändert.
      for all $\tilde{\pi}_1 \in S$.

      Führe ECT (Algorithmus 3.2) oder JBR (Algorithmus 5.3) für die wei-
      teren Stufen aus.
      Berechne Makespan $C_{max}(\tilde{\pi}_1)$.
      if $\tilde{\pi}_1$ zulässig, d. h. $\bar{l} \in E_{1j}$ usw.
         if $C_{max}(\tilde{\pi}_1) == C_{max}(\pi_1)$ && $tabu == true$
            $\pi_1 := \tilde{\pi}_1$.
         else if $C_{max}(\tilde{\pi}_1) < C_{max}(\pi_1)$
            $\pi_1 := \tilde{\pi}_1$.

   (c) Speichere die Veränderung von $\hat{\pi}_1$ zu π_1 in $move$. $T_{list} = T_{list} \cup (\hat{\pi}_1, move)$. Falls $|T_{list}| > tabulist$,
       entferne das älteste Element aus T.

3. **return** π_1 with $C_{max}(\pi_1)$.

Die Varianten der Algorithmen unterscheiden sich wie folgt:

- Nachbarschaftsstrategie: Wird *shift* in einem der Algorithmen ausgewählt, wird in jeder Iteration ein zufällig ausgewählter Auftrag an eine andere zufällige Stelle im bestehenden Plan gesetzt. Im Gegensatz dazu tauscht *swap* die Positionen zweier zufällig gewählter Aufträge. Innerhalb beider Operationen werden durch Schritt 2.vi in Algorithmus 5.7 jeweils die Maschinenqualifikationen und Prioritätsvorgaben sowie weitere Restriktionen beachtet. Nach jeder Durchführung einer dieser Operationen wird für die neue Lösung der Makespan ausgewertet.
- Die Algorithmen 7 (Random Descent) und 8 (Steepest Descent) unterscheiden sich in der Größe der Nachbarschaften. Random Descent generiert eine neue Lösung aus der bestehenden. Wenn diese neue Lösung zulässig ist und hinsichtlich C_{max} besser evaluiert wird, ist sie der Ausgangspunkt für die erneute Modifikation (vgl. Abschnitt 3.4.3). Im Gegensatz dazu testet Steepest Descent zunächst für alle Aufträge j die Anzahl $maxNeighbors$ von Lösungen in der Nachbarschaft der aktuellen Lösung, die mit der gewählten Nachbarschaftsstrategie (*shift* oder *swap*) für den vorliegenden Auftrag erzeugt werden können und wählt die beste Lösung für die nächste Iteration.
- Algorithmus 5.8 kann mit oder ohne Tabuliste T_{list} ausgeführt werden (*tabu* ∈ {*true*, *false*}). Die Tabuliste enthält Elemente $(\pi_1, move)$, die bereits getestet wurden. Falls $(\pi_1, move) \in T_{list}$, vermeiden es die Algorithmen, eine Nachbarschaftoperation *move* ausgehend von der Lösung π_1 erneut zu testen, falls die Lösung π_1 wieder angenommen wird. Tabu Search akzeptiert hinsichtlich des C_{max} auch gleich gute Lösungen, da mit der Tabuliste die Gefahr des Zykelns reduziert werden kann. Maximal enthält die Tabuliste die folgende Anzahl der Elemente $|T_{list}| = tabulist$.

5.3.4 Simulated Annealing

Simulated Annealing wurde in der Optimierung erstmals von Kirkpatrick et al. (1983) vorgestellt und stellt eine Erweiterung der lokalen Suche dar. Mit Simulated Annealing-Algorithmen ist es möglich, lokale Optima im Laufe der Iterationen zu verlassen, das heißt, schlechtere Zielfunktionswerte temporär zu akzeptieren. Dies stellt den größten Unterschied des Simulated Annealing zur Funktionsweise lokaler Suchen dar.

Simulated Annealing simuliert die Abkühlung kristalliner Feststoffe (z. B. Stahl) nach deren Erhitzung. Je langsamer die Abkühlung des Feststoffs durchgeführt wird, desto stabiler wird der ausgekühlte Feststoff sein, da die Atome Zeit haben, sich zu ordnen. Dieser Ordnungsvorgang kann zwischendurch eine Verschlechterung des Stabilitätszustandes bewirken. Je höher die Temperatur noch ist, desto mehr Bewegung der Atome ist möglich. Im Simulated Annealing-Algorithmus entspricht die Bewegung der Atome der Wahrscheinlichkeit, mit der schlechtere Lösungen akzeptiert werden.[14]

Die Konstruktion des Algorithmus für die Problemstellung der vorliegenden Arbeit basiert auf dem Simulated Annealing-Algorithmus von Jabbarizadeh et al. (2009, S. 953). Zwei entscheidende Parameter im Simulated Annealing sind die Anfangstemperatur T_0 und die maximale Iterationszahl $iterations$. Des Weiteren gibt es verschiedene Methoden, nach denen sich der Prozess der Abkühlung der initialen Temperatur T_0 auf die finale Temperatur T_f beschreiben lässt und durch den folglich die jeweils aktuelle Temperatur T_s bestimmt wird. Jabbarizadeh et al. (2009, S. 953) ermitteln nach einem Vergleich mit drei anderen Methoden den folgenden Prozess der Abkühlung als besonders vielversprechend für hybride Flow Shops:

$$T_s = \frac{\frac{(T_0 - T_f)(iterations + 1)}{iterations}}{s + 1} + T_0 - \frac{(T_0 - T_f)(iterations + 1)}{iterations}, \quad s = 1, 2, ..., iterations$$

(5.9)

Die Wahl der Parameter $iterations$ und T_0 beeinflusst die Wahrscheinlichkeit, mit der eine veränderte Lösung als zweite Lösung akzeptiert wird.

Das Vorgehen des Algorithmus 5.9 zum Simulated Annealing für die Anstellplanung ist in Teilen ähnlich zum Vorgehen des Algorithmus 5.7 der lokalen Suche – Random Descent.[15] Es wird ebenso von einer Startlösung π_1 ausgegangen. Dabei wird ein zusätzlicher Parameter gewählt, sodass die Parameter T_0 und $iterations$ zu wählen sind. $T_f := 1$ wird festgesetzt, da Jabbarizadeh et al. (2009, S. 953) in ihrer Studie diese Temperatur als besonders gut geeignet analysieren. Des Weiteren werden zwei Lösungsstränge anstatt eines Lösungsstrangs innerhalb des Algorithmus verfolgt. Die Lösung π_1 sowie der Makespan $C_{max}(\pi_1)$ stehen im Algorithmus für die bisher beste Lösung und $\tilde{\pi}_1$ sowie $C_{max}(\tilde{\pi}_1)$ für eine weitere Lösung. Diese

---

[14] Jabbarizadeh et al. (2009), S. 953; Nikolaev/Jacobson (2010), S. 1–2; Schumacher (2016), S. 73–75; Allaoui/Artiba (2004), S. 437–438; Pinedo (2016), S. 126–128.

[15] Die folgenden Beschreibungen des Simulated Annealings sind an die Beschreibungen in Schumacher (2016, S. 75–76) angelehnt.

Algorithmus 5.9 : Simulated Annealing – Random Descent

1. Gegeben sei eine zulässige Lösung π_1 mit Makespan $C_{max}(\pi_1)$.
   Wähle $iterations > 1$, $T_s := T_0 > 1$, $T_f := 1$ und $s := 1$. Setze $\tilde{\pi}_1 := \pi_1$.
   Wähle den Parameter $method \in \{shift, swap\}$.

2. **while** $T_s > T_f$

   (a) Führe mit $\tilde{\pi}_1$ die Schritte (2ii) bis (2v) der lokalen Suche – Random Descent aus
       Algorithmus 7 aus, die $\hat{\pi}_1$ zurückgeben.
   (b) **if** $\hat{\pi}_1$ zulässig, d. h. $\tilde{l} \in E_{1j}$ usw.

   Führe ECT (Algorithmus 3.2) oder JBR (Algorithmus 3.3) für die weiteren
   Stufen aus.
   Berechne den Makespan $C_{max}(\tilde{\pi}_1)$.
   if $C_{max}(\hat{\pi}_1) < C_{max}(\pi_1)$

   $\qquad \pi_1 := \hat{\pi}_1$ und $\tilde{\pi}_1 := \hat{\pi}_1$.

   else if $\exp\left(\frac{-(C_{max}(\pi_1) - C_{max}(\hat{\pi}_1))}{T_s}\right) > U[0, 1]$

   $\qquad \tilde{\pi}_1 := \hat{\pi}_1$.

   (c) Aktualisiere T_s mit (5.28), $s := s + 1$.

3. **return** π_1 with $C_{max}(\pi_1)$.

---

weitere Lösung $\tilde{\pi}_1$ kann hinsichtlich des Makespans schlechter werden als die bisher beste Lösung. Durch die weitere Lösung wird es ermöglicht, lokale Optima zu verlassen.

Die Schleife in Schritt 2 wird so lange ausgeführt, bis T_s auf die Endtemperatur T_f oder kleiner reduziert wurde. Schritt (2a) verändert $\tilde{\pi}_1$, wie in der lokalen Suche – Random Descent, mit $shift$- oder $swap$-Operationen zu $\hat{\pi}_1$. Falls $\hat{\pi}_1$ einen besseren Zielfunktionswert liefert als die bisher beste Lösung π_1, werden π_1 und $\tilde{\pi}_1$ mit $\hat{\pi}_1$ überschrieben. Ist er nicht besser, kann die Lösung in Schritt (2b) mit der Wahrscheinlichkeit aus Schritt (2b), die von der aktuellen Temperatur abhängig ist, trotzdem als zweite Lösung $\tilde{\pi}_1$ akzeptiert werden.

Die Wahrscheinlichkeit aus Schritt (2b), dass Lösungen akzeptiert werden, nimmt mit steigendem Unterschied zwischen $C_{max}(\hat{\pi}_1)$ und $C_{max}(\pi_1)$ sowie sinkender Temperatur T_s ab. Somit werden zu Beginn des Algorithmus die meisten verschlechternden Züge akzeptiert, wohingegen am Ende mit hoher

Wahrscheinlichkeit nur die Züge akzeptiert werden, die den Zielfunktionswert verbessern. In Schritt 3 des Algorithmus wird die beste bisher ermittelte Lösung π_1 mit dem zugehörigen Makespan C_{max} zurückgegeben.[16]

5.3.5 Genetischer Algorithmus (GA)

Der GA von Wu et al. (2003), der in Abschnitt 3.4.4 analysiert wurde, wird für die vorliegende Arbeit erweitert. Die Masterarbeit von Fiedler (2020), die im Zusammenhang mit der vorliegenden Arbeit entstand,[17] erweiterte den Algorithmus bereits um die β-Komponente *skip* und änderte dafür die Repräsentation leicht ab. Für die in vorliegender Arbeit bearbeitete Problemstellung wurde der Algorithmus des Weiteren um die β-Komponenten *prec* und *unavail* erweitert und an einigen Stellen weiter modifiziert. Die Komponenten des GA werden im Folgenden aufgeführt.

- *Repräsentation:* Es wird ein Tupel (π, ψ) der Aufträge der jeweiligen Prioritätsgruppe gewählt. Da im Fall dieser Arbeit die Aufträge zwischen den Bearbeitungsstufen so verknüpft sind, dass ein Auftrag auf der ersten Bearbeitungsstufe die Grundlage für mehrere Aufträge auf der weiteren Bearbeitungsstufe bilden kann, wird die Repräsentation in dieser π-Komponente geändert. Zusammenhängende Aufträge haben auf allen Stufen laut der Definition der in dieser Arbeit bearbeiteten Problemstellung aus Unterkapitel 3.1 jeweils die gleiche Priorität. Die Aufträge, die die Bearbeitungsstufe überspringen, werden nicht in der Repräsentation der jeweiligen Stufe aufgeführt. Die Maschinenzuordnung wird ebenfalls in der Repräsentation bestimmt. Eine Beispielrepräsentation ist

$$(\pi, \psi) = ([7\,2\,6\,1\,8\,5\,3\,4 \quad 9\,10\,11\,12], \begin{bmatrix} 4\,1\,1\,1\,2\,2\,3\,3 \\ 2\,2\,1\,2 \end{bmatrix}),$$

wobei die erste Stufe in diesem Beispiel vier Maschinen und die zweite Stufe zwei Maschinen beinhaltet (vgl. Ziffern in ψ). Der Maschinenbelegungsplan ergibt sich schließlich aus der Kombination des ersten Elements von π mit der ersten Zeile von ψ und des zweiten Elements von π mit der zweiten Zeile von ψ. Ansonsten gleicht die obige Repräsentation in ihrer Funktion der Repräsentation von Wu et al. (2003), die bereits in Abschnitt 3.4.4 mit einem Beispiel erläutert wurde.

---

[16] Jabbarizadeh et al. (2009, S. 953).

[17] Diese Masterarbeit wurde von der Autorin betreut.

Diese Repräsentation wurde auch gewählt, um eine disparate Repräsentation zu den lokalen Suchen zu untersuchen. Während im Zuge der entwickelten lokalen Suchverfahren die weiteren Stufen mit ECT oder JBR besetzt werden, kann in dieser Repräsentation jeder Auftrag auf jeder Stufe einzeln verschoben werden sowie einer anderen Maschine zugewiesen werden.

- *Initialisierung:* Der GA wird mit einer zufälligen Permutation der Aufträge zusammen mit einer zufälligen Zuordnung der Maschinen auf jeder Bearbeitungsstufe initialisiert. Die Maschinenzuordnung wird so lange gezogen, bis sie zulässig ist. Die Parameter *generations* und *population$_{size}$* werden für jede Prioritätsgruppe verwendet, d. h., es gibt *generations* · *population$_{size}$* · $|Prio|$ Evaluationen von Lösungen.

- *Roulette-Selektion:* Die Individuen werden gemäß ihrer Performance C_{max} von Rang $\kappa = 1, ..., population_{size}$ gerankt. Jedes Individuum hat einen Rang κ. Jedem Individuum wird gemäß diesem Rang eine Wahrscheinlichkeit $\xi(1 - \xi)^{\kappa-1}$ zugeordnet. Mit *population$_{size}$* Wiederholungen werden Lösungen gezogen. So entsteht die neue Generation. Das beste Individuum der neuen Generation wird am Ende jedes Generationsschritts gespeichert, mit dem bisher besten Individuum über alle Generationen abgeglichen und am Ende wird das beste Individuum der gesamten Suche ausgegeben.

- *Crossover:* Für die Permutation der Aufträge π und die Maschinenzuordnung ψ werden zwei unterschiedliche Crossover-Operatoren mit ebenso zwei unterschiedlichen Wahrscheinlichkeiten verwendet.

  - Permutation π: Je zwei zufällige Individuen $\acute{\pi}$ und $\grave{\pi}$ einer Generation werden für jede Stufe einzeln jeweils mit Wahrscheinlichkeit p_{c1}^π durch ein Crossover verändert. So kann es vorkommen, dass eine der Stufen, mehrere Stufen oder keine der Stufen verändert wird. Sei zur Veranschaulichung die erste Stufe für die Individuen zum Crossover ausgewählt. π_I bezeichnet dabei die Permutation der ersten Stufe, womit im Beispiel von oben $\pi_I = (7\,2\,6\,1\,8\,5\,3\,4)$ gilt. Die Permutationen der entsprechenden Stufe $\acute{\pi}_I$ und $\grave{\pi}_I$ werden daraufhin verändert. Im Falle des Crossovers der betreffenden Bearbeitungsstufe wird parallel für beide Individuen für jede Position in $\acute{\pi}_I$ und $\grave{\pi}_I$ mit einer Wahrscheinlichkeit p_{c2}^π entschieden, ob die Position für das Crossover markiert wird. Nun wird das Crossover gemäß Abbildung 5.10 durchgeführt. Dazu wird die Reihenfolge der Aufträge auf den gewählten Positionen von Individuum $\acute{\pi}_I$ gespeichert und die Aufträge der gewählten Positionen werden in Individuum $\grave{\pi}_I$ gelöscht. In der Reihenfolge aus $\grave{\pi}_I$ werden die Positionen in Individuum $\acute{\pi}_I$ nachfolgend wieder aufgefüllt. In Abbildung 5.10 ist dabei nur die Veränderung von $\acute{\pi}_I$ hin zu $\grave{\pi}_I$ dargestellt. Die Veränderung von $\grave{\pi}_I$

erfolgt im Algorithmus analog und wird simultan durchgeführt. Dies wird in Abbildung 5.10 jedoch ausgelassen.

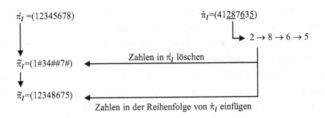

Abbildung 5.10 Crossover[18]

- Maschinenzuordnung ψ: Für alle Individuen – unabhängig davon, ob die Permutation bereits durch Crossover verändert wurde – wird mit Wahrscheinlichkeit p_c^ψ für alle Stufen gleichzeitig ein Crossover der Maschinenzuordnungen je Zeile von ψ durchgeführt. Dabei wird lediglich eine Zufallszahl gezogen, sodass alle Stufen gleichzeitig verändert werden oder alle Stufen unverändert bleiben. Falls ein Crossover durchgeführt wird, werden für jede Stufe zweier Individuen zwei zufällige Schnittpunkte gewählt und die Sequenzen zwischen den beiden Schnittpunkten der Individuen getauscht. So entstehen zwei auf allen Stufen veränderte Individuen. Dabei können die Schnittpunkte für jede Bearbeitungsstufe unterschiedlich gewählt sein.

- *Mutation:* Zwei unterschiedliche Mutationsoperatoren werden für die Permutation π und die Maschinenzuordnung ψ mit ebenso zwei unterschiedlichen Wahrscheinlichkeiten p_m^π für die Permutationen und p_m^ψ für die Maschinenzuordnungen verwendet.

  - Für die Permutation der Auftragsreihenfolge π wird für jede Stufe jeweils mithilfe der Wahrscheinlichkeit p_m^π entschieden, ob die Permutation dieser Stufe des Individuums mutiert wird. So kann es vorkommen, dass nur eine der Stufen, einige, alle oder auch keine der Stufen verändert werden. Falls eine Mutation einer Stufe durchgeführt wird, werden zwei zufällige Positionen in der Permutation ausgewählt und anschließend wird einer der folgenden drei Mutationsoperatoren zufällig mit Wahrscheinlichkeit $\frac{1}{3}$ angewendet:

    1. Zwischen den beiden Positionen wird die Reihenfolge der Elemente umgedreht.

---

[18] In Anlehnung an Wu et al. (2003).

2. Austausch der beiden Elemente der ausgewählten Positionen.
3. In der Permutation zwischen den beiden ausgewählten Positionen werden die Elemente gemischt und diese gemischte Sequenz wird ans Ende der Permutation verschoben. Der restliche Anteil der Permutation wird gemäß der vorherigen Reihenfolge nach links verschoben.

– Maschinenzuordnung ψ: Mit Wahrscheinlichkeit p_m^ψ wird eine der Stufen für die Mutation ausgewählt. Die Bearbeitungsstufe wird dabei gleichverteilt ausgewählt. Danach wird gleichverteilt eine zufällige Position auf der ausgewählten Stufe gewählt. Die Maschine wird durch eine zufällig gewählte Maschine ersetzt. Als neue Maschine könnte auch die gleiche Maschine gezogen werden.

• *Zulässigkeit*: Entsteht durch eine Crossover- bzw. Mutations-Operation ein nicht zulässiges Individuum, wird das Individuum direkt nach der jeweiligen Operation verworfen und es wird mit dem ursprünglichen Individuum weitergearbeitet.

5.4 Prognoseverfahren

Um Hochrisikoartikel zu identifizieren und Nachfragemengen zu prognostizieren, werden die in den Vorarbeiten dieser Arbeit vorgestellten Methoden von Gorecki (2020), Schumacher et al. (2020) und Schumacher/Buchholz (2020) des Clusterings und der Berechnung des Produktionsvolumens weiterentwickelt.

5.4.1 Konzept der Vorarbeiten zum *k*-means-Clustering als Prognoseinstrument für Nachfrageschwankungen

Die Inhalte der oben genannten Vorarbeiten werden im Folgenden erläutert. Um das entsprechende Produktionsvolumen pro Auftrag und Bearbeitungsstufe ($prod_{ij}$) zur Deckung der endgültigen Nachfrage prognostizieren zu können, müssen Ausschuss und Auftragsschwankungen berücksichtigt werden. Daher werden sowohl die aktuell bekannte Nachfrage pro Auftrag und Bearbeitungsstufe $demand_{ij}$ als auch historische Daten zu Ausschuss und Nachfrage analysiert.

Ein Hochrisikoartikel ändert seine Nachfrage häufig und signifikant in den Wochen vor und während der Produktion (vgl. Abbildung 3.1 in Unterkapitel 3.1), während bei Aufträgen mit geringem Risiko die zu vorherigen Zeitpunkten erwarteten Mengen und die Endnachfrage sehr ähnlich sind. Zum Clustering der Nachfragedaten und damit zur Identifikation von Hochrisikoartikeln wird der

k-means++-Algorithmus auf die historischen Nachfragedaten mit den folgenden drei Parametern angewendet:

- Historische Wahrscheinlichkeit für einen Anstieg der Nachfrage des Produkts von einer bestimmten Anzahl von Produkten oder mehr innerhalb der letzten Woche (emp_{prob}). Die Grenze von Produkten sollte durch das Unternehmen gewählt werden, indem entschieden wird, welche Anzahl zusätzlicher Produkte für eine Produktion kritisch ist und nur noch schwer bewerkstelligt werden kann. Bei dieser Kennzahl handelt es sich um eine relative Häufigkeit, die misst, in wie viel Prozent der Fälle in der Vergangenheit von diesem Produkt in der Woche der Produktion die kritische Anzahl von Produkten oder mehr nachgefragt wurde, als es in den Nachfragedaten eine Woche vor Auslieferung des Auftrags ersichtlich war.
- Durchschnittliche Zunahme der Nachfrage (Anzahl der Produkte) pro Auftrag in der letzten Woche (wird nur gezählt, wenn sich die Nachfrage erhöht hat) ($mean\_pos\_diff$).
- Varianz innerhalb des Variationskoeffizienten für die Nachfrage der letzten drei Beobachtungen der zuvor bestellten Mengen eines Produkts ($var\_vark\_last\_3$). Dabei ist der Variationskoeffizient $VarK(X)$ einer Zufallsvariable X definiert als:[19]

$$VarK(X) = \frac{\sigma(X)}{E(X)}. \tag{5.10}$$

Produkte in den Clustern mit Clusterzentren mit dem höchsten Wert gemäß der Summennorm ($emp\_prob + mean\_pos\_diff + var\_vark\_last\_3$) werden als Hochrisikoartikel bezeichnet. Die Nachfrage $demand_{ij}$ nach Hochrisikoartikeln wird daher mit einem produktbezogenen Sicherheitsfaktor $SF2_{ij}$ multipliziert, wobei $1 \geq SF2_{ij} \geq 2$. Die Nachfrage $demand_{ij}$ von Nichthochrisikoartikeln wird mit $SF2_{ij} = 1$ multipliziert, sodass diese durch $SF2_{ij}$ nicht verändert wird.[20]

Das Verfahren zur Reservierung von Produktionsslots für benötigte höhere Mengen in Maschinenbelegungsplänen kann auch auf andere Nichthochrisikoartikel angewendet werden, z. B. wenn das Unternehmen hohe Strafen zahlen muss, weil es weniger als die benötigte Kundennachfrage produziert. Die Nachfragemenge wird in diesem Fall mit einem weiteren Sicherheitsfaktor $SF1$ multipliziert. Mit diesem

---

[19] Gorecki (2020), S. 11.
[20] Schumacher et al. (2020); Schumacher/Buchholz (2020).

Sicherheitsfaktor werden Aufträge adressiert, deren Produktion zeitweise beispielsweise zusätzliche Unsicherheiten birgt. Diese Anwendung der Sicherheitsfaktoren stellt auch eine Möglichkeit dar, ein erfahrenes PPS-Team einzubeziehen, indem dieses entscheiden kann, wie hoch der Sicherheitsfaktor und damit der Grad der Überproduktion ist.

5.4.2 Clustering

Die Ideen der gewählten Dimensionen – emp_prob, $mean\_pos\_diff$, $var\_vark\_last\_3$ – des k-means++-Algorithmus (vgl. Algorithmus 5.7 aus Unterkapitel 3.5) der oben beschriebenen Veröffentlichungen bleiben auch für diese Arbeit bestehen.

In den Vorarbeiten wurde jedoch lediglich die Kennzahl $mean\_pos\_diff$ Z-standardisiert, die weiteren beiden Dimensionen wurden nicht standardisiert, da der Wertebereich klein war. Zum einen werden aus Gründen der Konsistenz alle Dimensionen standardisiert. Zum anderen werden für die Dimension $var\_vark\_last\_3$ Anpassungen vorgenommen. Die Kennzahl $var\_vark\_last\_3$ wird in dieser Arbeit im Vergleich zu $mean\_vark\_last\_3$ getestet. $mean\_vark\_last\_3$ beschreibt pro Produkt den Mittelwert des Variationskoeffizienten über die Zeitreihe der letzten drei Beobachtungen anstatt der Varianz.

Eine zusätzliche Erweiterung des k-means++-Ansatzes im Gegensatz zu den Veröffentlichungen von Gorecki (2020), Schumacher et al. (2020) und Schumacher/Buchholz (2020) stellt die analytische Ermittlung der Ellbogenmethode von Satopaa et al. (2011) dar. Des Weiteren wurde für die Clusterzentren eine automatische Bewertungskennzahl $B(c_v)$ eingeführt, die die Dimensionen $mean\_pos\_diff_{cv}$ und emp_prob_{cv} der Clustermittelpunkte c_v am wichtigsten bewertet, da sie die relative Häufigkeit sowie die Größe der Abweichung zeigen. Die Dimensionen $var\_vark\_last\_3_{cv}$ bzw. $mean\_vark\_last\_3_{cv}$ haben mittels der Bewertungsmetrik hingegen nachgelagerte Bedeutung.

$$B(c_v) = 2 * emp\_prob_{c_v} + 2 * mean\_pos\_diff_{c_v} + var/mean\_vark\_last\_3_{c_v}$$

Die beiden Cluster c_v mit den höchsten Werten $B(c_v)$ werden als Hochrisikoartikel eingestuft. Nachträglich sollte der Hochrisikostatus jedes Produktes vom PPS-Team angepasst werden können, da diesem gegebenfalls aktualisierte Informationen zu einem Produkt vorliegen können. So kann das Erfahrungswissen des Planungsteams genutzt werden (vgl. Abschnitt 5.1.2 sowie Abschnitt 6.7.1).

5.4.3 Ermittlung des Produktionsvolumens

Mithilfe der Ergebnisse und der Berechnung des Produktionsvolumens aus Schumacher et al. (2020) und Schumacher/Buchholz (2020) fiel auf, dass die Ausschussrate für einige Produkte auch im Zuge der Betrachtung von Quantilswerten der Histogramme des Ausschusses sehr hoch gewählt wird. In der Produktion kann dies einen zu hohen Lagerbestand und zu hohe Produktionsmengen für die jeweilige Woche verursachen. Die mithilfe der Quantile q zu hoch gewählten Ausschussraten sind auf eine niedrige Datenqualität zurückzuführen. Im Folgenden wird daher ein Limit für die Ausschussrate r_{max} eingeführt. Die Ausschussrate r_{ij}^{θ} der Qualitätskontrollstelle θ kann mit folgendem Ausdruck berechnet werden:

$$r_{ij}^{\theta} := \min\left\{r_{ij}^{\theta}(q), r_{max}\right\}.$$

In der Problemstellung dieser Arbeit kann es pro Stufe des Weiteren mehrere Qualitätskontrollstellen $\theta = \{1, ..., \eta\}$ geben, an denen Ausschuss identifiziert wird. Die Ausschussraten sind damit voneinander abhängig. Diese Abhängigkeit kann in der Formel wie folgt abgebildet werden und führt zum Ausschussfaktor $\bar{r}_{ij}$:

$$\bar{r}_{ij} := \prod_{\theta=1}^{\eta}\left(1 - r_{ij}^{\theta}\right).$$

Da die Stufen der in dieser Arbeit bearbeiteten Problemstellung voneinander abhängig sind, ist es wichtig, die Nachfrage der folgenden Bearbeitungsstufe $prod_{i+1j}$ in die Produktionsmenge einzubeziehen.[21] Zudem müssen $stock_{ij}$ und $safetystock_{ij}$ auf der jeweiligen Stufe beachtet werden. Des Weiteren wird die Nachfrage hier bereits durch die Sicherheitsfaktoren $SF1_{ij}$ und $SF2_{ij}$ erhöht (vgl. Abschnitt 5.4.1). Dabei ist zu beachten, dass die Produktionsmenge durch den Lagerbestand $stock_{ij}$ in der Berechnung auch negativ werden könnte. Dies wird durch den Maximumsausdruck der folgenden Formel verhindert. Die Produktionsmenge $prod_{ij}^{2}$ ohne Einbeziehen des Ausschuss ergibt sich damit zu

---

[21] Dies wird nur durchgeführt, wenn im zweiten Tab der beispielhaften GUI (vgl. Abbildung 6.35 aus Abschnitt 6.7.1) unter „Demand Corrections" der Haken bei „Fit demand stage one to stage two" gesetzt ist.

$$prod_{ij}^2 := \max\left\{\left(\max\{demand_{ij} \cdot SF2_{ij}, prod_{i+1j}\} - stock_{ij} + safetystock_{ij}\right) \cdot SF1_{ij}, 0\right\} \quad (5.11)$$

Die Gesamtheit der analysierten Faktoren inklusive des Ausschuss führt insgesamt zu folgender vorläufiger Formel der Berechnung der Produktionsmenge:

$$prod_{ij}^1 := \left\lceil \frac{prod_{ij}^2}{\bar{r}_{ij}} \right\rceil.$$

Als letzte Bedingung für die Produktionsmenge gilt noch, dass laut der in dieser Arbeit bearbeiteten Problemstellung eine Mindestproduktionsmenge von $demand_{ij}^{min}$ produziert werden soll, falls eine Produktion des Produkts durchgeführt wird. Dazu wird $prod_{ij}^{min}$ definiert als

$$prod_{ij}^{min} := \left\lceil \frac{demand_{ij}^{min}}{\bar{r}_{ij}} \right\rceil.$$

Insgesamt gilt somit, dass das Produktionsvolumen $prod_{ij}$, das eingeplant werden sollte, in dieser Arbeit wie in (5.12) definiert ist.

$$prod_{ij} := \begin{cases} \max\{prod_{ij}^1, prod_{ij}^{min}\}, & \text{falls } prod_{ij}^1 > 0, \\ 0, & \text{sonst.} \end{cases} \quad (5.12)$$

Für die Berechnung des Produktionsvolumens $prod_{ij}$ wird dabei wegen der Definition des Mindestproduktionsvolumens $prod_{ij}^{min}$ die Fallunterscheidung beachtet, ob produziert wird oder nicht. Das Mindestproduktionsvolumen muss nur für den Fall beachtet werden, dass produziert wird. Für jedes Produkt wird mit der resultierenden Formel 5.12 von der letzten Stufe, auf der das Produkt produziert wird, bis zur ersten Stufe vorgegangen. Dieses Vorgehen ist nötig, um die Abhängigkeit der Produktionsmengen aus (5.11) zu beachten.

5.5 Ereignisdiskrete Simulation

Für eine realitätsnahe Bewertung der Maschinenbelegungspläne sowie zur Integration von *break* wird in dieser Arbeit zusätzlich die Simulation verwendet.[22] Ein Simulationslauf, in dem realistischen Bedingungen abgebildet werden, ist jedoch aufwendig und sollte nicht zur Bewertung suboptimaler Pläne verwendet werden. Daher werden mit den deterministischen Algorithmen[23] zunächst Pläne generiert und die besten Lösungen anschließend mit Simulationsexperimenten analysiert.[24] Pro simulativer Analyse werden mehrere Replikationen durchgeführt. Beispielsweise können Quantile des Schätzers für C_{max} ein Indikator für die Robustheit des Plans darstellen. Ein schmaler Abstand im Gegensatz zu einem größeren Abstand gewählter Quantile deutet auf ein gut vorhersagbares Verhalten hin, das selbstredend in einer industriellen Umgebung wünschenswert ist.

Im Gegensatz zum deterministischen Optimierungsmodell verwendet das ereignisdiskrete Simulationsmodell für viele Prozesse Zufallswerte, wie beispielsweise in Tabelle 5.1 in Abschnitt 5.1.1 angegeben, und bildet diese Prozesse detailgetreuer ab. Im Folgenden wird sowohl analysiert, wie die Komponenten der Problemformulierung $FHm, ((RM^{(k)})_{k=1}^m) \mid M_j, unavail, break, rm, prec, skip \mid C_{max}$ aus (3.1) abgedeckt werden können, als auch, wie die Merkmale 1 bis 4 der Produktionsprozesse aus dem Unterkapitel 4.1.1 des Zwischenfazits sowie weitere für die Produktionsprozesse wichtige Merkmale aus Unterkapitel 4.1.1, die aus dem Unterkapitel 3.1.1 abgeleitet wurden, in das Simulationsmodell integriert werden können.

Zuerst werden die Komponenten der genannten Problemformulierung hinsichtlich ihrer Repräsentation im Simulationsmodell erörtert. Insbesondere liegt der Fokus darauf, wie sich die Modellierung im deterministischen Optimierungsmodell von der in den Simulationsexperimenten unterscheidet.

- *FHm*

  Die auf den Bearbeitungsstufen zu fertigenden Aufträge sowie die Maschinenbelegungspläne aus der Optimierung werden zusammen mit Stamm- und Bewegungsdaten und den historischen Prozessdaten (vgl. Abbildung 5.2 in Abschnitt 5.1.1) aus der Datenbank in die Simulation geladen (vgl. Abbildung 5.1 aus Kapitel 5). Aufträge, die nur Lagerbestand aufweisen und für die in der

---

[22] Teile dieses Unterkapitels sind inhaltlich angelehnt an die Vorveröffentlichungen von Schumacher/ Buchholz (2020) und Schumacher et al. (2020).

[23] Vgl. Unterkapitel 5.2 und 5.3.

[24] Vgl. Abbildung 5.1 zu Beginn des Kapitels 5.

Planungsperiode keine zusätzlichen Teile produziert werden, werden in die Liste der zu fertigenden Aufträge nicht aufgenommen, sondern nur die Aufträge sind Teil des Produktionsplans, die durch die Optimierungsalgorithmen auch in die Maschinenbelegungspläne einbezogen wurden. Jeder Auftrag auf den folgenden Bearbeitungsstufen hat gemäß Unterkapitel 3.1 maximal eine Produktnummer als Vorgängerauftrag auf der vorherigen Bearbeitungsstufe. Existiert nur ein Auftrag mit dieser Produktnummer, wird dieser verwendet. Existieren mehrere Aufträge auf der vorherigen Stufe, wird derjenige mit der höchsten Produktionsmenge verknüpft, die bisher nicht zugeordnet wurde. Die Verbindung der Aufträge stellt das Simulationsmodell zu Beginn her. Der Unterschied zum Optimierungsmodell besteht darin, dass nicht nur der Startzeitpunkt auf den weiteren Stufen durch die Verknüpfung beeinflusst wird, sondern auch die produzierbaren Mengen insbesondere durch die Betrachtung der Unsicherheit des Ausschusses.

- $(RM^{(k)})_{k=1}^m$
  Die Verteilungen der Prozesszeiten werden in der ersten Stufe je nach Verfügbarkeit der Daten laut dem Datenkonzept (vgl. Tabelle 5.1 aus Abschnitt 5.1.1) je Produktnummer gebildet. Im Fall dieser Arbeit werden aufgrund der „unrelated machines" empirische Verteilungen genutzt, um nicht für jede der vielen Produktnummern Verteilungen anpassen und aktualisieren zu müssen. So wird es Systemarchitekten im Unternehmen ermöglicht, mit der Änderung der Datenbank auch die Eingangsdaten der Simulation unmittelbar zu ändern. Dies erhöht wiederum die Akzeptanz und die Einsatzmöglichkeit von Erfahrungswissen. Des Weiteren erleichtert die Anwendung empirischer Verteilungen das Zusammenfassen von Verteilungen gemäß Tabelle 5.1 aus Unterkapitel 5.1.1, wenn für Produkte noch keine historischen Daten zur Verfügung stehen. Wichtig zu bemerken ist, dass diese Wahrscheinlichkeitsverteilungen, aus denen Zufallszahlen gezogen werden, sich aus den Daten eines abgegrenzten Zeitraums der bereitgestellten Daten aufbauen. Wird der historische Betrachtungszeitraum der Prozessdaten (vgl. Abbildung 5.2 aus Abschnitt 5.1.1) geändert, ändern sich gegebenenfalls auch die Simulationsergebnisse.

- M_j und *prec*
  Da die Maschinenqualifikationen und Auftragsprioritäten bereits in den Optimierungsalgorithmen berücksichtigt werden und ausschließlich Pläne der Optimierungsalgorithmen simuliert werden, ist eine zusätzliche Validierung im Simulationsmodell nicht erforderlich.

- *skip*
  Eine Besonderheit in der Modellierung stellen die Aufträge dar, die nur auf bestimmten Stufen gefertigt werden oder ausreichend Lagerbestand mit Teilen der vorherigen Stufen zur Verfügung haben. Für sie wird im Optimierungsmodell

zu Anfang ein fiktiver Lagerbestand angelegt, um sie ab dem Zeitpunkt 0 in der jeweiligen Stufe produzieren zu können.

- *break*
  Da *break* in den Optimierungsalgorithmen bisher nicht berücksichtigt werden kann, ist dies die einzige Komponente aus der Notation aus (3.1), die ausschließlich durch das Simulationsmodell berücksichtigt wird.
  Fällt ein Maschinenausfall in die Produktionszeit (vgl. Abbildung 5.11 a), wird die Produktion des Auftrags unterbrochen und der Rest des Auftrags wird nach dem Maschinenausfall weiterproduziert (vgl. Abbildung 5.11 b, $prod^1_{ij}/prod^2_{ij}$ bezeichnen die aufgeteilten Produktionsmengen eines Auftrags j auf Stufe i vor bzw. nach einem Maschinenausfall).
  Wie im Zwischenfazit aus Unterkapitel 4.1.1 dargestellt sowie in Abschnitt 3.6.1 analysiert, wird die Häufigkeit des Ausfalls in dieser Arbeit mithilfe der Weibullverteilung und die Dauer des Ausfalls mithilfe der Exponentialverteilung modelliert. Um die erste Ausfallzeit unabhängig vom Startzeitpunkt der Simulation modellieren zu können, muss vor dem Beobachtungszeitraum eine große Anzahl von Maschinenausfallzeitpunkten gezogen und aneinandergereiht werden, bevor der erste Maschinenausfall für den Simulationszeitraum gezogen werden kann.

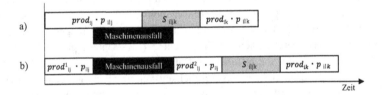

Abbildung 5.11 Modellierung des Maschinenausfalls innerhalb der Produktionszeit

- *unavail* und *rm*
  Schichtzeiten, Wartungsvorgänge und verspätete Maschinenverfügbarkeiten (geplante Stillstände) werden sowohl in das Optimierungsmodell als auch Simulationsmodell gleichermaßen ohne stochastische Einflüsse einbezogen. Sie werden bereits mithilfe des deterministischen Modells vereinigt und dem Simulationsmodell in der Datenbank übergeben. Wenn sich Nichtverfügbarkeiten überlappen, verlängert sich die Gesamtzeit des geplanten Stillstands nicht.

Im Simulationsmodell muss zusätzlich das Zusammenspiel von Maschinen-ausfällen (ungeplanten Stillständen) und den oben genannten geplanten Stillstän-den berücksichtigt werden. Maschinenausfälle sind nur in der Produktionszeit für das Modell von Relevanz. Die Expertenschätzungen beziehen sich auf diese Zeiten, in denen Maschinenausfälle auftreten und die Produktion stören. Sie wer-den daher, falls sie in die geplante produktionsfreie Zeit fallen würden, nach der produktionsfreien Zeit modelliert (vgl. Abbildung 5.12).

Schätzungen von Experten in Bezug auf den Erwartungswert der Abstände zweier Maschinenausfälle beziehen sich im Fall der vorliegenden Arbeit nicht auf die Produktionsstunden der Maschine, sondern auf die Kalenderzeit. Daher wird die geplante produktionsfreie Zeit von der Zeitspanne zwischen zwei Ausfällen nicht abgezogen.

Abbildung 5.12 Konzept der Überschneidung von Maschinenausfall und Nichtverfügbar-keit

- C_{max}-Berechnung
  Sobald die Simulation startet, wird die Modellzeit mit null initialisiert und C_{max} wird dabei immer weiter gemäß der Modellzeit hochgezählt.

Im Folgenden wird analysiert, wie insbesondere die Merkmale 1 bis 4 der Produk-tionsprozesse aus dem Zwischenfazit in Abschnitt 4.1.1 in das Simulationsmodell integriert werden können.

1. Nach der Behebung von Maschinenausfällen können vor dem Maschinenausfall bereits produzierte Produkte weiter-verwendet werden und nur der Rest des Auftrags muss nach Unterbrechungen weiterproduziert werden. Dieser Punkt wurde bereits unter *break* analysiert.
2. Nicht nur für die Produktionszeiten, auch für die Umrüstzeiten und den Aus-schuss können für die Bearbeitungsstufen produkt- und maschinenbezogene

empirische Verteilungen genutzt werden. Neue Maschinen und Produkte, für die keine Verteilungen vorliegen, sollen integriert werden können.

Umrüstzeiten können mit stochastischen Verteilungen gemäß dem Vorgehen der Produktionszeiten behandelt werden. Im Modell dieser Arbeit wird dabei ausschließlich von nicht reihenfolgeabhängigen Umrüstzeiten ausgegangen, wie in den Abschnitten 5.1.1 und 3.1.1 deutlich wurde. Umrüstzeiten hängen im Modell dieser Arbeit ausschließlich von den Bearbeitungsstufen i ab und nicht von den Aufträgen, auf die umgerüstet wird, oder von dem Auftrag, der vor dem Umrüstvorgang produziert wurde. Daher wird eine gemeinsame Verteilung für die Umrüstzeiten aller Produkte einer Stufe genutzt.

Der Umgang mit den empirischen Verteilungen der Ausschussraten kann ebenfalls Tabelle 5.1 aus Abschnitt 5.1.1 entnommen werden. Wenn bedingt durch den Ausschuss – beispielsweise für die Produktionsmenge der zweiten Stufe – nicht genügend Teile aus der ersten Stufe zur Verfügung stehen, wird das Produktionsvolumen der zweiten Stufe reduziert (vgl. die Ausführungen zu FHm). Darüber hinaus gibt es laut den Annahmen dieser Arbeit η Qualitätsprüfstationen pro Stufe, an denen Ausschussteile identifiziert werden. Für alle Stationen werden die Ausschussraten im Simulationsmodell mit separaten auftragsbezogenen Verteilungen modelliert.

3. Intralogistische Transportzeiten sind zu beachten.

Sowohl die Verpackung als auch der logistische Prozessablauf zwischen den Stufen sollten durch die Simulation detailliert modelliert werden (vgl. Abbildung 6.5). Dazu können in verschiedenen Simulationsumgebungen vorgefertigte Logistikelemente genutzt werden, für die beispielsweise Blockierungen durch das Überkreuzen von Logistikwegen bereits automatisch integriert werden. Des Weiteren ist die Kapazität der verschiedenen Logistikelemente zu berücksichtigen, sodass die Produkte nur in vorher definierten Chargen transportiert werden können. Die Kapazität der einzelnen Transportmittel sollte dabei in einer Datenbank definiert sein und geändert werden können. In Simulationsumgebungen kann auch die Position der Zwischenlager bestimmt werden und Geschwindigkeiten für Transportmittel sowie Gehgeschwindigkeiten von Mitarbeitenden sind teils auswählbar, wodurch die Prozesse realistischer modelliert werden können.

4. Auf der ersten Bearbeitungsstufe sind die Maschinen in zwei Gruppen aufgeteilt. Maschinen einer Gruppe können nicht gleichzeitig umgerüstet werden.

Daher werden die Maschinen der ersten Stufe auch im Modell in zwei verschiedene Gruppen eingeteilt. Somit können nur zwei Maschinen gleichzeitig gerüstet werden, wenn sie nicht zur selben Gruppe gehören. Hilfsmittel für das Rüsten können als Ressourcen modelliert werden. Ein Umrüstvorgang benötigt eine Maschine und ein Umrüstwerkzeug. So wird ebenfalls sichergestellt, dass nach einer Nichtverfügbarkeit kein Umrüsten stattfinden muss (vgl. Abbildung 5.9 in Abschnitt 5.3.1).

5.6 Anpassungsfähige und praxisorientierte Maschinenbelegungsplanung

Im Fall von Änderungen und Turbulenzen entsteht wiederum ein Neustart des zu Beginn des Kapitels beschriebenen Prozesses aus Abbildung 5.1 (am Anfang des Kapitels 5). Beispielsweise können sich Änderungen der Daten aufgrund eines Maschinenausfalls ergeben, fixierte Zeitslots können durch das PPS-Team verschoben werden, es kann zu Nachfrageänderungen kommen oder die Optimierungsparameter sollen anders gewählt werden. Unter Änderungen fällt auch die voranschreitende Zeit. All diese und weitere Änderungen würden ein Update in den in Abschnitt 5.1.1 genannten Datenkategorien verursachen. Des Weiteren kann sich das Maschinenbelegungsproblem durch Fabrikplanungsmaßnahmen grundlegend ändern.

Während die Ausführungen des Kapitels 2 dazu dienen, die für dieses Unterkapitel grundlegenden Aspekte maximaler Praxisorientierung sowie Anpassungsfähigkeit der Maschinenbelegungsplanung zu definieren, sind die Modellannahmen bezüglich der Praxisorientierung und Anpassungsfähigkeit aus Unterkapitel 3.1 im Modell in den vorherigen Unterkapiteln dieser Arbeit umgesetzt. In diesem Unterkapitel soll es jedoch vordergründig um die maximale Praxisorientierung sowie Anpassungsfähigkeit gehen.

Um schnell auf Turbulenzen reagieren zu können, wird mithilfe der Auflistung aus Abschnitt 4.1.2 und der Erkenntnisse aus Unterkapitel 2 in diesem Kapitel ein Überblick entwickelt, um den Grad der Flexibilität und der vorgehaltenen Wandlungsfähigkeit definieren zu können. Nach der Reaktion auf die Turbulenzen oder nach Änderungen von Daten wird, wie in Abbildung 5.1 zu Beginn des Kapitels 5 beschrieben, der Prozess der Maschinenbelegungsplanung neu angestoßen. Des Weiteren wird eine Übersicht praxisorientierter Merkmale gegeben, in welcher aufeinander aufbauenden Reihenfolge die Merkmale integriert werden sollten.

Anwendungsfälle für diese Übersichten und Vorgehensweisen sind die folgenden:

- Der Grad der Flexibilität und vorgehaltenen Wandlungsfähigkeit der Maschinenbelegungsplanung kann im Zuge von Fabrikplanungsmaßnahmen visualisiert und gezielt verändert werden.

- Vor der Entwicklung eines Assistenzsystems zur Maschinenbelegungsplanung kann gewählt und fundiert diskutiert werden, welche praxisorientierten Merkmale integriert werden sollten sowie welche Flexibilität und Wandlungsfähigkeit benötigt wird, um ein an die Bedürfnisse des PPS-Teams sowie die Ziele des Unternehmens angepasstes Assistenzsystem zu entwickeln.

- Es kann beim Auftreten von Turbulenzen nachvollzogen werden, ob das Assistenzsystem der Maschinenbelegungsplanung mit der aufgetretenen Turbulenz umgehen kann und welche Instrumente als Wandlungsbefähiger zur Verfügung stehen.

5.6.1 Anpassungsfähigkeit

Die Stufen der *Anpassungsfähigkeit* eines Assistenzsystems der Maschinenbelegungsplanung, die in dieser Arbeit entwickelt wurden, werden in Abbildung 5.13 dargestellt. In der Abbildung sind insbesondere auf die Maschinenbelegungsplanung wirkende Turbulenzen aufgeführt. Die unterschiedlichen Farben der Ringe haben in diesem Kapitel noch keine Bedeutung.

Leicht zu händelnde und häufig auftretende Turbulenzen oder Handlungsoptionen werden in Assistenzsysteme der Maschinenbelegungsplanung mit hoher Wahrscheinlichkeit integriert, da diese Fälle im Zuge der Entwicklung von Assistenzsystemen meist präsenter sind. Diese Turbulenzen sind in den äußeren Ringen dargestellt. Hingegen erfordern strategische Anpassungen oder größere Turbulenzen oft einen Wandlungsbedarf des Assistenzsystems der Maschinenbelegungsplanung, der nicht vorgehalten wird. Solche Anpassungen und Turbulenzen treten seltener auf und sind in den inneren Ringen aufgeführt.

Die einzelnen Turbulenzen der Abbildung 5.13 und Gegenmaßnahmen im Assistenzsystem der Maschinenbelegungsplanung werden in vier Kategorien – Maschinenbelegungsproblem, Betriebs(hilfs)mittel, Produktionsmenge und -planung sowie Simulation und stochastische Einflüsse – unterteilt und im Folgenden näher erläutert.

[A0] Änderung des *Produktionslayouts und -ablaufs*

- Die Änderung grundlegender Produktionsabläufe und -layouts ist in allen vier Kategorien eine besonders tiefgreifende Änderung für die Maschinenbelegungsplanung. Für das Maschinenbelegungsproblem kann dies die Änderung der α-Komponente bedeuten. Falls für das Maschinenbelegungsproblem   Optimierungsalgorithmen   und   Simulationsmodelle verwendet werden, könnten diese Modelle beispielsweise unbrauchbar werden. Deshalb ist die Änderung des Produktionsablaufs in Abbildung 5.13 mittig angesiedelt und somit mit den größten Umstrukturierungen für die Maschinenbelegungsplanung in allen Teilbereichen verbunden.

1. Strukturelle Änderungen bezüglich des *Maschinenbelegungsproblems*

[A1]   Änderungsoption der Zielfunktion, um veränderte Unternehmensziele abbilden zu können

Beispielsweise kann es, wie in Kapitel 2 beschrieben, durch geänderte Produktionsstrategien zu einer Verschiebung der Wichtigkeit von Kennzahlen kommen, an denen die Produktionseffizienz oder -effektivität gemessen werden kann, oder es können Einschränkungen von Kunden neu auftreten. Mit diesem Punkt werden zusätzliche und geänderte γ-Komponenten des Problems adressiert.

[A13]   Zeiten, in denen bestimmte Produkte nicht produziert werden können

Zeiten, in denen bestimmte Produkte nicht produziert werden können, wurden hingegen in den Studien des Literaturüberblicks nicht integriert, daher wird dieser Punkt nicht als klassische β-Komponente gesehen. Die Integration ist deutlich weniger komplex als die anderer β-Komponenten. Die Komplexität der Integration ist ungefähr mit der Integration der Maschinenqualifikationen vergleichbar.

[A16]   Integration zusätzlicher Restriktionen in der β Komponente

Mit diesem Punkt werden zusätzliche und geänderte β-Komponenten des Problems adressiert. Beispiele dafür sind in Abschnitt 3.1.2 zu finden. Wie β-Komponenten in bestehende Algorithmen integriert werden können, wurde in den vorangegangenen Unterkapiteln 5.2 und 5.3 verdeutlicht. Ein Beispiel ist *unavail* aus dem Punkt [I3].

[A17]   Nichtberücksichtigung integrierter Restriktionen und Wechsel zwischen implementierten Zielfunktionen

Integrierte β-Komponenten wahlweise zu berücksichtigen, auszulassen oder zwischen verschiedenen implementierten Zielfunktionen zu wechseln, falls mehrere implementiert sind, sollte in jeder Entwicklung eines Assistenzsystems für die Maschinenbelegungsplanung mit überschaubarem Aufwand möglich sein. Wie in den Algorithmen des Unterkapitels 5.3 zu sehen, können sie meist modular abgegrenzt werden (vgl. *prec*), wenn im Algorithmendesign, wie in dieser Arbeit, darauf geachtet wird.

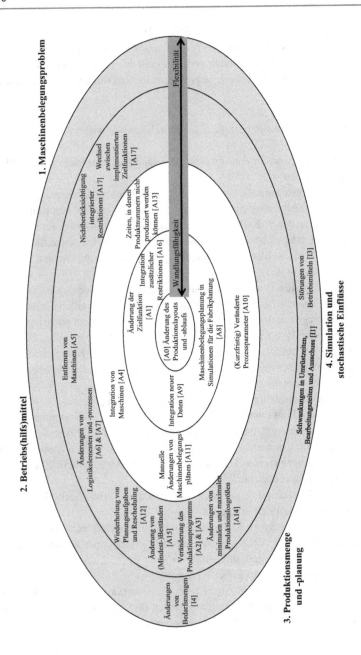

Abbildung 5.13 Flexibilität und Wandlungsfähigkeit eines Assistenzsystems der Maschinenbelegungsplanung für die in dieser Arbeit bearbeitete Problemstellung

Die Motivation für den Wechsel zwischen verschiedenen Zielfunktionen ist ebenfalls die Änderung der Bedeutung der Kennzahlen durch geänderte Produktionsstrategien. Die Anwendung und der Wechsel zwischen implementierten Zielfunktionen sind weit weniger aufwendig als neue Zielfunktionen zu integrieren (vgl. den ersten Aufzählungspunkt).

2. Änderungen auf Ebene der *Betriebs(hilfs)mittel*

[A4]   Integration neuer Maschinen
Die Integration neuer Maschinen kann neue Charakteristika sowie ebenfalls veränderte Produktionsgeschwindigkeiten mit sich bringen. Zuerst kann es jedoch vorkommen, dass keine Daten vom Maschinenhersteller mitgeliefert wurden oder es zum Produkt keine Erfahrungswerte gibt, weshalb mit den Mittelwerten, Medianen sowie aggregierten Verteilungen gemäß Abschnitt 5.1.1 gearbeitet werden kann. Jedoch ist der Wandlungsbedarf höher einzuschätzen als für die Integration neuer Produkte, da meist das Modell selbst und nicht nur die Daten in der Datenbank geändert werden müssen. Dies hängt wiederum stark von der Implementierung ab.

[A5]   Entfernen von Maschinen
Das Entfernen von Maschinen kann im Problem dieser Arbeit mit *unavail* gelöst werden. Da es sich bei dieser β-Komponente, wie in der vorliegenden Arbeit analysiert, um eine immanente Anforderung für Maschinenbelegungsprobleme handelt, sollte diese β-Komponente für praxisorientierte Probleme integriert werden.

[A6] & [A7]   Entfernen oder Integration (neuer) Logistikelemente und -prozesse (ggf. mit unterschiedlichen Transportkapazitäten und -eigenschaften im Vergleich zu den Logistikelementen in der aktuellen Produktion)
Sowohl in der Simulation können Änderungen bezüglich der Logistikelemente Turbulenzen nach sich ziehen als auch in deterministischen Modellen (z. B. Veränderung von *lag*). Die internen Logistikprozesse haben aber meist einen geringeren Anteil an der gesamten Produktionszeit, weshalb eine Änderung in diesem Bereich nicht immer zwingend nötig und z. B. für *lag* in diesem Modell mit weniger Wandlungsbedarf verbunden ist. In einigen Simulationsumgebungen können sie darüber hinaus mit vorimplementierten Lösungen umgesetzt werden, die beispielsweise die Gehgeschwindigkeit von Personen bereits berücksichtigen.

3. *Produktionsmenge und -planung*

Turbulenzen in dieser Kategorie beschreiben die Auslöser typischer und häufig auftretender Steuerungsmaßnahmen der Maschinenbelegungsplanung. In Bezug auf die Produktionsmenge und -planung können weitere folgende Änderungsmöglichkeiten in das Assistenzsystem integriert werden, um die Flexibilität des Systems zu erhöhen.

[A2] Zusätzlich zu produzierende Produkte
      Die Integration neuer Produkte kann neue Charakteristika sowie ebenfalls veränderte Produktionsgeschwindigkeiten mit sich bringen. Zuerst kann es jedoch vorkommen, dass keine Prozessdaten und Verteilungen bekannt sind, weshalb mit den Mittelwerten, Medianen sowie aggregierten Verteilungen gemäß Abschnitt 5.1.1 gearbeitet werden kann.

[A3] Wegfall von produzierten Produkten
      Der Wegfall von produzierten Produkten stellt keine speziellen Anforderungen an die Maschinenbelegungsplanung. Wenn diese kurzfristig nicht produziert werden, fällt dies unter den Punkt [I4].

[A9] Integration neuer Daten und Datenverarbeitungen, die durch im Fabrikplanungsprozess installierte neue Sensoren aufgenommen werden
      Sich ergebende Änderungsmöglichkeiten und mögliche Datenkategorien werden beispielsweise durch die Punkte [A4], [A6], [A7], [A10] und [I1] beschrieben. Je nachdem welche Daten neu integriert werden sollen, bedarf es im ungünstigsten Fall einer Überarbeitung von Teilen der Modelle. Somit ist diese Änderung in der Abbildung 5.13 nahe zur Mitte als Maßnahme einer hohen (vorgehaltenen) Wandlungsfähigkeit angesiedelt.

[A11] Möglichkeit der manuellen Veränderung von softwareseitig erzeugten Maschinenbelegungsplänen
      Die größte Herausforderung der manuellen Veränderung von softwareseitig erzeugten Maschinenbelegungsplänen stellt die Sicherstellung der problemspezifischen Restriktionen wie der β-Komponenten oder der maschinenbezogenen Prozesszeiten dar. Falls dies nicht mit einer Liveüberprüfung gelöst werden kann, könnte die Zulässigkeit von veränderten Maschinenbelegungsplänen in einem ersten Schritt geprüft werden.

[A12] Möglichkeit der Wiederholung von Planungsaufgaben und Rescheduling
      Im Zuge größerer Änderungen wie der in diesem Kapitel beschriebenen Punkte bedarf es nach der ersten Planerstellung teils eines Reschedulings. Für diese Arbeit wird die Methode der vollständigen Neuplanung (vgl. Abschnitt 3.4.5) gewählt. Mithilfe der β-Komponenten *unavail* und *prec* sowie der kurzen Rechenzeiten der Heuristiken ist dies für das Modell der

vorliegenden Arbeit hinsichtlich der Lösungsqualität sowie der Rechenzeit die effizienteste Lösung. Hinsichtlich des Zeitpunktes einer Umplanung wird die ereignisgesteuerte Strategie gewählt. In der Simulation ist eine Rechtsverschiebungsstrategie mit der Aufteilung des Auftrags umgesetzt, die für den Notfall ebenfalls gewählt werden kann. Bessere Ergebnisse verspricht jedoch eine vollständige Neuplanung.

[A14] Änderungsmöglichkeit von minimalen und maximalen Produktionslosgrößen

Minimale Produktionslosgrößen wurden in die Formel des Produktionsvolumens in Unterkapitel 5.4 einbezogen. Maximale Produktionslosgrößen könnten durch die Aufteilung großer Aufträge integriert werden. Maximale Produktionslosgrößen können helfen, logistische Zielgrößen zu verbessern. Auch eine Änderung kann über diese Formel sowie eine Umsetzung in einer Benutzerschnittstelle oder Datenbank realisiert werden

[A15] Änderungsmöglichkeit von Mindestbeständen und Beständen in Zwischen- und Endproduktlagern

Auch Mindestbestände und Bestände wurden in die Formel des Produktionsvolumens in Unterkapitel 5.4 einbezogen. Ebenso können über diese Formel eine Änderung sowie eine Umsetzung in einer Benutzerschnittstelle oder Datenbank realisiert werden.

[14] Änderung von Bedarfs-/Auftragsmengen (ggf. auch innerhalb des aktuellen Planungshorizontes)

Die Änderung von Bedarfsmengen tritt dabei wie in der in dieser Arbeit bearbeiteten Problemstellung auch hinsichtlich der Entwicklung hin zur Losgröße 1 häufig auf, wurde als einer der immanenten Aspekte für Maschinenbelegungsplanungsprobleme identifiziert und ist damit eine Maßnahme mit hohem operativen Charakter, bezüglich der das Assistenzsystem in dieser Arbeit flexibel ausgestaltet sein muss.

4. *Simulation und stochastische Einflüsse*

[A8] Bereitstellung von Maschinenbelegungsalgorithmen in Materialflusssimulationen für die Fabrikplanung

Layoutveränderungen und Maschinenbelegungsplanung in einer Materialflusssimulation abzubilden und Algorithmen für mehrere Layoutvarianten bereitzustellen, würde die Anpassungsfähigkeit in der Simulation in hohem Maße steigern. Dies ist jedoch eine aktuelle Herausforderung in der Forschung. Erste Forschungsansätze

zur Synthese von Simulationsmodellen sind bei Kallat et al. (2020)
zu finden.

[A10] (Kurzfristig) Veränderte und sich über die Zeit ändernde sowie
aktuelle Umrüstzeiten, Bearbeitungszeiten, Ausschuss und Logistikprozesszeiten

Hinsichtlich der Verteilungen und Erwartungswerte von Prozesszeiten, Umrüstzeiten und Ausschuss kann für die Anwendung in der
Praxis eine Live-Anpassung entwickelt werden, um die Verteilungen nach der Analyse von ausgewählten Kennwerten anzupassen
und die Verteilungen nicht vor jedem Lauf vollständig aktualisieren
zu müssen.[25] Eine mögliche Weiterentwicklung dieses Ansatzes ist
es des Weiteren, aktuelle Werte stärker zu gewichten als die Werte
der Vergangenheit und auch nicht die Gesamtheit der Werte zur
Anpassung von Verteilungen miteinbeziehen zu müssen, um eine
auf die aktuelle Situation möglichst gut passende und praxisnahe
Lösung erarbeiten zu können. Dazu könnten für außergewöhnliche Situationen zeitweise historische Daten nicht einbezogen und
Planwerte gemäß der Tabelle 5.1 gewählt werden. Ein umfassendes
Konzept müsste jedoch erarbeitet werden.

[A11] & [A13] Unsicherheit in Umrüstzeiten, Bearbeitungszeiten, Ausschussdaten, Logistik- prozesszeiten und weitere Prozessparameter & ungeplante Nichtverfügbarkeiten, d.h. Ausfälle von Maschinen, anderen
Betriebsmitteln oder Produktionsfaktoren

Wie in Abschnitt 3.6 gezeigt wurde, können stochastische Einflüsse mithilfe von Materialflusssimulationen abgebildet und die
Pläne somit realistisch bewertet werden. Die Umsetzung zeigte
das Unterkapitel 5.5.

5.6.2 Praxisorientierung

Praxisorientierte Elemente im Assistenzsystem, die helfen, die Lücke zwischen
Theorie und Praxis weiter zu schließen und die schrittweise Einführung von Industrie 4.0-Technologien in die Maschinenbelegungsplanung zu ermöglichen, werden
nachfolgend in Abbildung 5.14 gemäß ihrem Beitrag zu einer Entwicklung hin

---

[25] Diese Idee wird am Lehrstuhl IV bereits in einer Masterarbeit von Jonas Stilling verfolgt,
die im Zusammenhang mit der vorliegenden Arbeit entstand, von der Autorin der Arbeit
betreut wurde und zur Einreichung der vorliegenden Arbeit angemeldet und in Bearbeitung
ist, aber noch nicht abgegeben wurde.

zur Industrie 4.0 dargestellt und wie folgt in den vier Stufen der Industrie 4.0 aus Abschnitt 2.5 kategorisiert. Die Darstellung ist dabei ebenfalls an Abbildung 2.14 angelehnt und gestaltet die dort vorgegebenen Stufen für die Maschinenbelegungsplanung aus. Die unterschiedlichen Farben der Stufen haben in diesem Kapitel noch keine Bedeutung.

3. *Sichtbarkeit*

[P1] Erhebung und Vergleich von Kennzahlen im Bereich der produktionswirtschaftlichen Zielgrößen Auslastung, Durchlaufzeit, Bestände und Termintreue

[P2] Integration von Mindestbeständen und Beständen in Zwischen- und Endproduktlagern,

[P3] Minimale und maximale Produktionslosgrößen,

[P5] Verschiedene Längen von Planungsperioden und verschiedene Prioritäten der Aufträge, um Liefertermine halten zu können,

[P7] Einbeziehen von Erfahrungswissen des PPS-Teams sowie Möglichkeit der manuellen Planung,

[P9] Digitale Visualisierung des Maschinenbelegungsplans und Nachvollziehbarkeit der Entstehung der Maschinenbelegungspläne sicherstellen.

4. *Transparenz*

[P14] Zur Verfügung stehende Massendaten analysieren, Zusammenhänge und Aggregation dieser Daten erarbeiten

5. *Prognosefähigkeit und Optimierung*
Diese Stufe ist die zentrale Entwicklungsstufe dieser Arbeit. Die Methoden der vorherigen Unterkapitel 5.2 bis 5.5 gestalten diese Stufe für die vorliegende Arbeit aus.

[P4] Möglichkeit zur manuellen Aufteilung eines Auftrags,

[P6] Integration von Prognoseverfahren in die Maschinenbelegungsplanung,

[P8] Realistische Bewertung der Maschinenbelegungspläne mithilfe von Materialflusssimulationen,

[P10] Optimierung der produktionswirtschaftlichen Zielgrößen,

[P15] Das Maschinenbelegungstool soll als Assistenzsystem für das PPS-Team fungieren, wobei das Planungsteam im Zuge der Konstruktion des Assistenzsystems einbezogen werden soll.

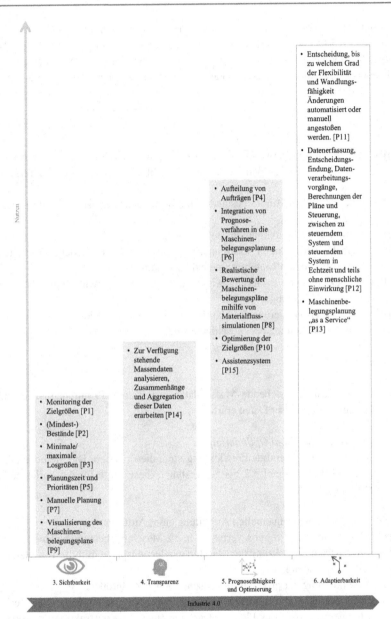

Abbildung 5.14 Vier Schritte praxisorientierter Assistenzsysteme der Maschinenbelegungsplanung für hybride Flow Shops

6. *Adaptierbarkeit*

[P11] Entscheidung bis zu welchem Grad der Flexibilität und Wandlungsfähigkeit Änderungen automatisiert werden oder manuell angestoßen werden,

[P12] Datenerfassung,   Entscheidungsfindung,   Datenverarbeitungsvorgänge, Berechnungen der Pläne und Steuerung, zwischen zu steuerndem System und steuerndemSystem in Echtzeit und teils ohne menschliche Einwirkung,

[P13] Maschinenbelegungsplanung „as a Service",

Mit diesen Reifegradstufen kann transparent entschieden werden, welche praxisorientierten Merkmale in die Maschinenbelegungsplanung integriert werden sollten. Abbildung 5.14 macht gleichzeitig deutlich, welche Reifegradstufen der Industrie 4.0 damit unterstützt werden sowie aufeinander aufbauen.

Evaluation der entwickelten Verfahren

6

Das in der Arbeit zu betrachtende Evaluationsszenario besteht aus einem zwei-stufigen hybriden Flow Shop eines Automobilzulieferers, der die Spezifika des in Unterkapitel 3.1 definierten Problems aufweist. In diesem Kapitel wird gezeigt, wie eine möglichst gute Parameterkonfiguration sowie eine adäquate Verfahrens- und Algorithmenauswahl für Anwendungsfälle in der Praxis gefunden werden können.

Dazu werden in Unterkapitel 6.1 das Anwendungsbeispiel aus der Praxis und die modellseitige Umsetzung gemäß dem Konzept aus Kapitel 5 detailliert. In Unterka-pitel 6.2 werden die betrachteten Zeiträume der Evaluation sowie die Auftragslasten in diesen Zeiträumen analysiert. In Unterkapitel 6.3 wird das detaillierte Vorge-hen dieses Kapitels zur Evaluation der Methoden mithilfe von Evaluationsszena-rien konstruiert, bevor in Unterkapitel 6.4 die Optimierungsergebnisse ausgewertet und die besten heuristischen Verfahren inklusive ihrer Parameterkonfigurationen identifiziert werden. Unterkapitel 6.5 untersucht daraufhin die Prognoseverfahren im Zusammenspiel mit den Optimierungsergebnissen und Unterkapitel 6.6 wertet Simulationsexperimente aus, um die besten Maschinenbelegungspläne auszuma-chen sowie die geeignete Parameterkonfiguration für die Prognoseverfahren fest-zulegen. Abschließend wird in Abschnitt 6.7 eine beispielhafte Implementierung einer Benutzerschnittstelle vorgestellt, um das Konzept der anpassungsfähigen und praxisorientierten Maschinenbelegungsplanung an der Problemstellung und dem Anwendungsfall dieser Arbeit umsetzen zu können.

Ergänzende Information Die elektronische Version dieses Kapitels enthält Zusatzmaterial sowie digitale farbige Abbildungen zur besseren Unterscheidung der Daten. Auf diese ergänzenden Materialien kann über folgenden Links zugegriffen werden https://doi.org/10.1007/978-3-658-41170-1_6.

6.1 Anwendungsbeispiel und Modellierung

Im Anwendungsfall, der zur Evaluation dieser Arbeit herangezogen wird, handelt es sich um eine Produktion in einer segmentierten Fabrik, welche einer Lieferkette und einem internationalen Verbund von Fabriken angehört. Die einzelnen Segmente sind in Abbildung 6.1 dargestellt. Der zweistufige Produktionsprozess, für den die Produktion in der Evaluation dieser Arbeit geplant werden soll, umfasst die Segmente Spritzguss und Lackierung (vgl. Markierung in Abbildung 6.1). Im Unternehmen ist eine einzige Organisationseinheit für die simultane Planung und Steuerung beider Segmente verantwortlich.

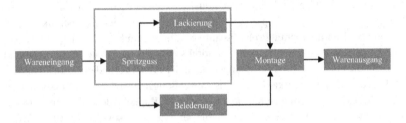

Abbildung 6.1 Übergeordneter Prozessablauf

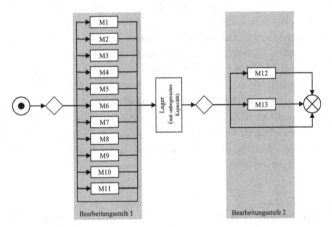

Abbildung 6.2 Detaillierter Prozessablauf des zweistufigen hybriden Flow Shops im Anwendungsfall[1]

---

[1] In Anlehnung an Schumacher/Buchholz (2020).

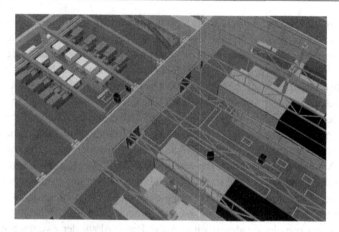

Abbildung 6.3 Produktionslayout des Anwendungsfalls in AnyLogic 8.5

Abbildung 6.2 stellt den detaillierten Aufbau des zweistufigen Produktionsprozesses der Segmente Spritzguss und Lackierung dar. Abbildung 6.3 zeigt den Produktionsablauf des Anwendungsfalls dazu in der 3-D-Ansicht von AnyLogic 8.5. Das Anwendungsbeispiel weist neben den Spezifika des in Unterkapitel 3.1 definierten Problems die folgenden weiteren Charakteristika auf. Falls die Charakteristika zu Besonderheiten in den Modellierungen führen, wird dies im Folgenden ebenfalls aufgeführt:

- Während sich auf der ersten Stufe elf Maschinen befinden, stehen auf der zweiten Stufe zwei Maschinen zur Verfügung (vgl. Abbildung 6.2). Die Maschinen der ersten Stufen weisen unterschiedliche Produktionsgeschwindigkeiten pro Auftrag auf (RM). Auf der zweiten Stufe befinden sich identische parallele Maschinen mit unterschiedlichen Produktionsgeschwindigkeiten pro Auftrag (PM).
- Beide Stufen können übersprungen werden (vgl. Abbildung 6.2).
- Im Anwendungsfall existiert zwischen den beiden Bearbeitungsstufen ein produktionsnahes Lager, das unendliche Kapazität aufweist (vgl. Abbildung 6.2).
- Produzierte Produkte, die in der ersten Stufe über Förderbänder zu einer Qualitätsprüfstation transportiert werden, können sich gegenseitig blockieren. Dies kann zu Zeitverlusten im Produktionsprozess führen. In AnyLogic kann dies mit vorgefertigten Komponenten für Förderbänder gelöst werden.

Um die Produkte zwischen den Stufen zu transportieren, werden sie in Klein-
ladungsträgern befördert. Eine bestimmte Anzahl von produzierten Teilen passt
in einen Kleinladungsträger und eine bestimmte Anzahl Kleinladungsträger wiederum auf einen Wagen, der die Produkte über zwei Zwischenläger zur zweiten
Stufe transportiert (vgl. Abbildung 6.5). Die Daten, wie viele Produkte auf einen
Kleinladungsträger und wie viele Kleinladungsträger auf einen Wagen passen,
werden in den Simulationsexperimenten pro Artikel aus der Datenbank bezogen.

● Die Produktionszeiten liegen für die erste Stufe produkt- und maschinenbezogen vor. Für die zweite Stufe liegen die Produktionszeiten produktbezogen vor.
Der Median der Produktionszeit auf der ersten Stufe beträgt 50 Sekunden pro
produziertem Teil, der Median der Produktionszeit auf der zweiten Stufe fünf
Sekunden pro produziertem Teil. Die Produkte auf der zweiten Stufe sind in Rahmen zusammengefasst, das heißt, mehrere Produkte werden gleichzeitig lackiert
und somit gemeinsam abgearbeitet. Außerdem wird auf der zweiten Stufe mit
einem Förderband gearbeitet, das die Rahmen durch die Lackierstraße befördert
(vgl. Abbildung 6.4). Auf einem Rahmen finden zwischen acht und 20 Teile
Platz.

Im konzipierten Optimierungsmodell stellt die Produktionszeit auf der zweiten Stufe die Zeit dar, welche zum Aufhängen eines Teils auf den Rahmen zur
Verfügung steht. Diese Modellierung hat sich als hinreichend für die Maschinenbelegungsplanung des Anwendungsfalls herausgestellt. Die Prozesszeiten
werden in der zweiten Stufe mithilfe der Geschwindigkeit des Förderbands und
der Anzahl Teile pro Rahmen auf jedes Teil heruntergerechnet.

Im Simulationsmodell werden die Prozesszeiten der zweiten Stufe insofern
dargestellt, als die Teile nicht nur einzeln modelliert werden, sondern auch mehrere Teile auf einem Rahmen zusammengefasst werden und der letzte Rahmen
des Auftrags gegebenenfalls weniger Teile enthält. Somit erweitert das Simulationsmodell das deterministische Optimierungsmodell auch in diesem Punkt um
eine realistischere Komponente.

Die Prozesszeit pro Rahmen, d. h. die Geschwindigkeit der Maschinen auf
der zweiten Stufe, wird als nicht stochastisch angenommen, da es sich um ein
Fließband mit konstanter Geschwindigkeit handelt. Stochastische Verteilungen
pro Rahmen liegen nicht vor. Lediglich Maschinenausfälle sowie geplante Stillstände unterbrechen diese konstante Geschwindigkeit des Fließbands. Maschinenausfälle und geplante Stillstände werden jedoch durch die weiteren in diesem
Kapitel beschriebenen Annahmen abgedeckt.

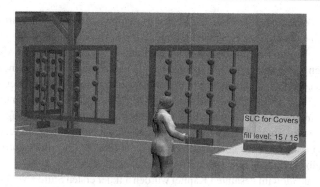

Abbildung 6.4 Ansicht der Lackierrahmen in Verosim aus dem Simulationsmodell von Delbrügger/Rossmann (2019)[2]

- Auf der zweiten Stufe liegen keine Maschinenqualifikationen vor, das heißt, jedes Produkt kann auf beiden Maschinen der zweiten Stufe gefertigt werden. Auf der ersten Stufe liegen Daten zur Maschinenqualifikation vor. Falls für ein Produkt auf einer Stufe keine Daten vorliegen, wird davon ausgegangen, dass dieses Produkt auf allen Maschinen dieser Stufe gefertigt werden kann.
- Für die Umrüstenzeiten liegen Mediane und keine Verteilungen der Umrüstzeiten des Automobilzulieferers vor. Für die Umrüstzeit auf der ersten Stufe werden 100 min angenommen und die Umrüstzeit auf der zweiten Stufe liegt bei 4 min. Daher werden gemäß Tabelle 5.1 in Abschnitt 5.1.1 die deterministischen Daten im Simulationsmodell genutzt. Die Modellierung im Simulationsmodell im Fall von Verteilungen ist jedoch äquivalent und sie wurde für den allgemeineren Fall der Verteilungen in Unterkapitel 5.5 beschrieben. In der ersten Stufe gibt es zwei Krane und für jeden Rüstvorgang einer Maschine wird ein Kran benötigt. Der erste Kran kann nur eine definierte Gruppe von Maschinen in der ersten Stufe erreichen und der zweite Kran nur die übrigen Maschinen. Zwei Maschinen können bloß gleichzeitig gerüstet werden, wenn sie nicht zur selben Gruppe gehören, das heißt, wenn sie nicht denselben Kran für den Vorgang benötigen.
- Für den Ausschuss liegen produktbezogene empirische Verteilungen des Automobilzulieferers für beide Stufen vor.

---

[2] In Anlehnung an Delbrügger/Rossmann (2019).

- Es gibt eine Liste von Zeiten, in denen Maschinen aufgrund von Wartungsvorgängen nicht produzieren können. Zeiten für präventive Instandhaltung sind fest vorgegeben und nicht verschiebbar, weil davon ausgegangen wird, dass Ressourcen wie der Personaleinsatz unabhängig geplant und so im Vorhinein fixiert werden. Feste Schichtzeiten gibt es darüber hinaus nicht, diese gibt es teils nur an Feiertagen, weshalb sie wie Wartungsvorgänge modelliert werden können.

- Die minimale Losgröße ist für diese Evaluation null, damit die Nachfragemengen für eine Wochenproduktion so wenig wie möglich verfälscht werden. Jedoch gibt es Szenarien im Anwendungsfall, für die die minimale Losgröße benötigt wird, weshalb sie im Konzept dieser Arbeit berücksichtigt ist.

- Zur Evaluation im gesamten Kapitel wurden auf der ersten Stufe zwei Prioritätsprodukte und auf der zweiten Stufe acht Prioritätsprodukte ausgewählt. Diese zehn Aufträge haben über alle Wochen hinweg eine höhere Priorität als die restlichen Aufträge. Die ausgewählten zehn Produkte haben dabei alle die gleiche Prioritätsgruppe „1", das heißt, dass sie bevorzugt behandelt werden. Alle restlichen Produkte haben im Gegensatz dazu die Prioritätsgruppe „2", das heißt, sie werden nicht bevorzugt behandelt.

- Für alle Testwochen beträgt der Sicherheitsbestand $safetystock_{ij} = 0$. Der Lagerbestand $stock_{ij}$ wird dagegen in allen Wochen einbezogen.

- Die Nachfragemengen werden pro Produkt 11 Wochen im Voraus prognostiziert. Für die Prognosemethoden wird angenommen, dass die kritische Grenze für einen Anstieg der Nachfrage bei 500 Teilen oder mehr beträgt. Auf Basis dieser Information wird die Kennzahl emp_prob für das Clustering ermittelt, die misst, in wie viel Prozent der Fälle in der Vergangenheit von diesem Produkt in der Woche der Produktion 500 Produkte oder mehr nachgefragt wurden, als in den Nachfragedaten eine Woche vor Auslieferung der Auftragsmenge ersichtlich war.

- Die Sicherheitsfaktoren $SF1_{ij}$ werden mit $SF1_{ij} = 1, 0$ gewählt, da diese Erfahrungswissen des PPS-Teams pro Auftrag voraussetzen, welches für diese Arbeit nicht gegeben ist.

- Das Planungsteam gab an, dass geschätzt eine der 13 Maschinen (Summe der Maschinen in der ersten und zweiten Stufe) alle zwei Wochen innerhalb der Produktionszeit ausfällt. Es wird dabei von zwei Wochen in der Kalenderzeit ausgegangen, es sind also nicht zwei Wochen in der reinen Produktionszeit gemeint, sondern Unterbrechungen der Produktion können in den zwei Wochen vorkommen. Jedoch fällt ein Maschinenausfall nur auf, falls er innerhalb der Produktionszeit der Maschine passiert, und stört nur dann den Betrieb. Maschinenausfälle, die in Nichtverfügbarkeiten auftreten, werden von dieser Expertenschätzung nicht berücksichtigt. Der Erwartungswert des Abstands zwischen zwei

Maschinenausfällen (vgl. Abscnitt 3.6.2) pro Maschine wurde vom PPS-Team somit auf 182 Tage geschätzt, das bedeutet

$$E(X) = b \cdot \Gamma \left(\frac{a+1}{a} \right) \overset{!}{=} 182 \text{ Tage.}$$

Da aus dem Erfahrungswissen des Planungsteams sowie aus den Daten keine weiteren Schätzungen für die Parameter a oder b entnommen werden können, wurde die grafische Darstellung der Weibullverteilung mit dem PPS-Team für verschiedene Parameterwerte von a bewertet und auf $a = 8$ festgesetzt. b kann so mit der obigen Gleichung ermittelt werden.

- Die Dauer eines Ausfalls schätzt das Team auf einen Tag. Bezüglich der Dauer der Maschinenausfälle, die mit der Exponentialverteilung geschätzt wird, gilt somit

$$E(X) = \frac{1}{\lambda} \overset{!}{=} 1 \text{ Tag.}$$

- Um die erste Ausfallzeit unabhängig vom Startzeitpunkt der Simulation modellieren zu können, werden vor dem Beobachtungszeitraum 5 000 Maschinenausfallzeitpunkte gezogen, bevor der erste Maschinenausfall in den Simulationszeitraum fällt.
- Abbildung 6.5 zeigt die Simulationsarchitektur für den Anwendungsfall der Arbeit, die in AnyLogic 8.7.1 aufgebaut ist.
- Mögliche weitere Änderungen als Erweiterung zu den immanenten Aspekten für praxisorientierte Maschinenbelegungsprobleme, die integriert werden können sollen und damit Maßnahmen im Rahmen der Flexibilität sein sollen, sind:
  - Wiederholung von Planungsaufgaben,
  - Änderung von Mindestbeständen,
  - Änderung minimaler Produktionslosgrößen,
  - Veränderung des Produktionsprogramms,
  - Entfernen von Maschinen,
  - Änderung der Kapazität von Logistikelementen,
  - Nichtberücksichtigung integrierter Restriktionen für Fabrikplanungsmaßnahmen,
  - Wechsel zwischen den möglichen Zielfunktionen im MIP.

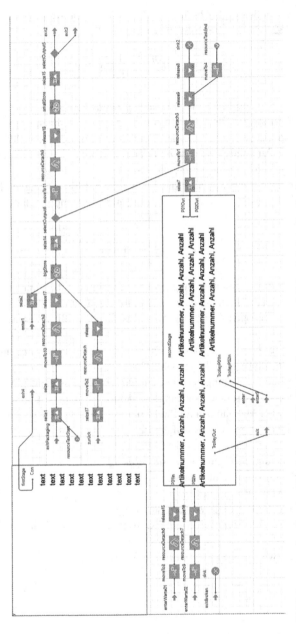

Abbildung 6.5 Struktur des Simulationsmodells für den Anwendungsfall der Arbeit in AnyLogic 8.7.1

6.2   Evaluationszeiträume

Für die in Unterkapitel 6.1 beschriebene Produktion liegen Nachfragedaten über eine Zeitspanne von drei Jahren vor, die im Bearbeitungsprozess der vorliegenden Arbeit gemeinsam mit dem Unternehmen erhoben wurden. Um Maschinenbelegungspläne für einige Wochen zu evaluieren, werden zwei Zeiträume aus den Daten gewählt, in denen die Datenqualität hoch und das Evaluationsszenario besonders realistisch ist, da in diesen Zeiträumen auch Daten zu Lagerbeständen vorliegen. Der erste Zeitraum bildet neun Wochen und der zweite Zeitraum elf Wochen ab. Die Evaluationszeiträume liegen dabei rund eineinhalb Jahre auseinander.

Die durchschnittlichen Anzahlen der Aufträge sind in Tabelle 6.1 aufgeführt. Während in beiden Evaluationszeiträumen auf der ersten Stufe jeweils im Durchschnitt über die Wochen eine ähnliche Anzahl von Aufträgen bestellt wurde, werden im zweiten Evaluationszeitraum auf der zweiten Stufe deutlich weniger Aufträge bestellt als auf der ersten Stufe und im Vergleich zum ersten Evaluationszeitraum. Der Anteil der Aufträge, die bereits vollständig auf Lager liegen, ist im Evaluationszeitraum 2 auf der zweiten Stufe ebenfalls mit 50 % im Vergleich zu den anderen Daten, die zwischen 10–18 % liegen, deutlich erhöht. Somit sind die Produktionsmengen im zweiten Evaluationszeitraum und auf der zweiten Stufe am niedrigsten.

Tabelle 6.1 Durchschnittliche Anzahlen der (Fertigungs-)Aufträge

	Evaluationszeitraum 1		Evaluationszeitraum 2	
	Aufträge pro Woche	Aufträge pro Woche abzüglich erfüllter Aufträge auf Lager	Aufträge pro Woche	Aufträge pro Woche abzüglich erfüllter Aufträge auf Lager
Stufe 1	49	40	47	42
Stufe 2	52	41	34	17

Die Summe der Nachfragemengen pro Woche abzüglich des Lagerbestands der Aufträge, die in der betreffenden Woche produziert werden, wird in Abbildung 6.6 gezeigt. Auch hier wirkt sich die geringere Anzahl der Aufträge des zweiten Evaluationszeitraums aus. Die Verteilung der Auftragsmengen über die Aufträge pro Woche ist in Abbildung 6.7 visualisiert. Dabei zeigen Abbildung 6.7 und die Analyse der Daten, dass nur wenige Aufträge eine Menge von mehr als 7 Tsd. zu produzierenden Teilen aufweisen, daher wurde der Bereich der Bestellmengen von 0 bis 7 Tsd. Teilen in Abbildung 6.8 erneut detaillierter betrachtet. Darüber hinaus ist in

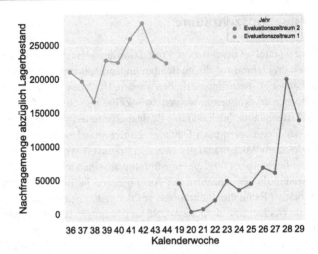

Abbildung 6.6 Summe der Nachfragemengen abzüglich des Lagerbestands der zu produzierenden Produkte pro Woche

den Abbildungen 6.7 sowie 6.8 der Mittelwert eingezeichnet. In diesen Abbildungen wird des Weiteren deutlich, dass die Anzahl der Auftragsmengen unterhalb des Mittelwerts deutlich höher ist als oberhalb. Die vorangegangenen Beobachtungen werden auch in den statistischen Kenngrößen in Tabelle 6.2 deutlich. Der Median von 636 Stück weicht stark vom Mittelwert mit 2.217 Stück ab. Zudem ist die Standardabweichung mit 4.153 Stück als sehr hoch zu bewerten. Die Analyse identifiziert somit eine große Streuung der Auftragsmengen sowie viele kleine Aufträge im Evaluationszeitraum.

Tabelle 6.2 Statistische Kenngrößen der Auftragsmengen abzüglich des Lagerbestands pro Auftrag über die Wochen gerundet auf ganze Zahlen

Mittelwert der Auftragsmengen	2.217
Median der Auftragsmengen	636
Standardabweichung der Auftragsmengen	4.153

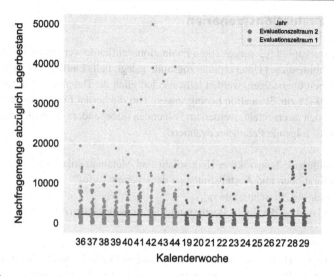

Abbildung 6.7 Auftragsmengen abzüglich des Lagerbestands pro Auftrag über die Wochen

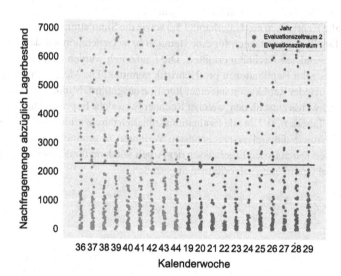

Abbildung 6.8 Auftragsmengen abzüglich des Lagerbestands pro Auftrag über die Wochen begrenzt auf Auftragsmengen von 0 bis 7 Tsd. Stück

6.3   Evaluationsszenarien

Die in Unterkapitel 6.2 vorgestellten Evaluationszeiträume werden für alle folgenden Abschnitte dieses Unterkapitels zugrunde gelegt. Falls Laufzeiten den Rahmen dieser Arbeit übersteigen, werden teilweise lediglich die Daten aus den Kalenderwochen 19–29 zur Evaluation herangezogen. Um die besten Einstellungen für das Unternehmen zu ermitteln, werden im Folgenden insbesondere die besten Konfigurationen für folgende Parameter evaluiert:

- auszuführende konstruktive Heuristiken und Metaheuristiken inkl. Parameterkonfigurationen und Anstellstrategien der zweiten Stufe,
- Limit für die Ausschussrate r_{max},
- Quantilswert q, der für die Bestimmung der Ausschussraten $r_{ij}^{\theta}(q)$ benötigt wird,
- $SF2_{ij}$.

Um die besten Heuristiken sowie die oben angegebenen Parameter zu ermitteln, werden die Evaluationen sukzessive gemäß den in Tabelle 6.3 aufgelisteten Evaluationsszenarien durchgeführt. Für die Evaluationen werden die Rechner mit den Rechnerkonfigurationen aus Tabelle 6.4 genutzt.

Für alle Heuristiken aus Unterkapitel 5.3 sowie die Simulationsexperimente wurden in Tabelle 6.5 Laufzeiten für eine Iteration bzw. Generation auf den verschiedenen verwendeten Rechnern ermittelt. Die Laufzeiten wurden dabei über jeweils mindestens zehn Replikationen pro Heuristik gemittelt. Die Metaheuristiken wurden dabei in jeder Replikation mit einer Iteration ausgeführt. Mithilfe der Daten aus Tabelle 6.5 wurde entschieden, welcher Rechner für welche Experimente verwendet wird (vgl. Tabelle 6.3). Um alle Evaluationsszenarien durchzuführen und die besten Parameter sowie die vielversprechendsten Verfahren zu ermitteln, wurden für die Läufe, deren Daten in den Ergebnissen der Arbeit wiedergefunden werden können, 78 408-mal Optimierungsalgorithmen angestoßen.

Tabelle 6.3 Evaluationsszenarien der Arbeit

Szenario	Abschnitt	Verfahren	Replikationen Optimierung	Replikationen Simulation	Nachfragedaten	r_{max} in %	q in %	SF2	Nachfrageanpassung vorherige Stufe	Kalenderwochen	Läufe gesamt	Rechner
OPT	6.4.1	exakte Optimierung	1	–	letzte Woche	0	–	1.0	false	20	20	GPU3
KONST	6.4.2	alle 8 Kombinationen aus konstruktiven Heuristiken mit JBR und ECT	1	–	letzte Woche	0	–	1.0	false	20	160	P
META1	6.4.3	Parameteroptimierung für den GA und alle lokalen Suchverfahren kombiniert mit der schlechtesten konstruktiven Heuristik sowie mit JBR und ECT	20	–	letzte Woche	0	–	1.0	false	20	48800	HAL
META2	6.4.3	4 beste Metaheuristiken ggf. kombiniert mit den 2 besten konstruktiven Heuristiken und der besten Anstellstrategie = insgesamt 7 Kombinationen	20	–	letzte Woche	0	–	1.0	false	20	2800	HAL
META3	6.4.3	beste Metaheuristik im Vergleich zu zufälligen Lösungen (fit demand = false)	20	–	letzte Woche	0	–	1.0	false	20	800	HAL
SCRAP-MINMAX	6.5.1	Analyse der minimalen und maximalen Ausschussraten über alle Produkte	–	–	–	–	–	–	–	144	1	P
SCRAP	6.5.1	5 beste Kombinationen von Metaheuristiken	20	–	letzte Woche	10, 15, 20	88, 90, 92, 95, 98	1.0	true	11	16500	HAL

(Fortsetzung)

Tabelle 6.3 (Fortsetzung)

Szenario	Abschnitt	Verfahren	Replikationen Optimierung	Replikationen Simulation	Nachfrage-daten	r_{max} in %	q in %	SF?	Nachfrage-anpassung vorherige Stufe	Kalender-wochen	Läufe gesamt	Rechner
CLUSTER	6.5.2	Lage der Cluster	–	–	–	–	–	–	–	144	1	P
SFCM	6.5.2	Analyse verschiedener Kennzahlen zur Auftragserfüllung	–	–	–	–	–	–	–	11	1	P
OPTSIM	6.6.1	Vergleich der Simulationsergebnisse mit den Ergebnissen des deterministischen Modells für das beste Optimierungsverfahren	1	40	letzte Woche	0	–	1.0	false	11	451	GPU2 & HAL
METASIM	6.6.1	Simulationsergebnisse der 5 besten Metaheuristiken	1	40	letzte Woche	0	–	1.0	false	11	2200	GPU2
PROGSIM	6.6.2	Simulationsergebnisse der 3 besten Metaheuristiken und ggf. bester konstruktiver Heuristik und Anstellstrategie	3	6	vorletzte Woche	10	88, 92, 98	1.05, 1.1, 1.2, 1.3	true	11	7128	GPU2

Tabelle 6.4 Genutzte Rechnerkonfigurationen und Software

Rechner	Prozessor	Kerne	RAM	Betriebssystem	Kernel	Java-Version	Python	Gurobi
P	Intel®Core™i7-3770 CPU @ 3.40GHz, 64 Bit	8	24 GB	Windows 10 Pro	Microsoft Windows (Version 10.0.19043.1237)	Oracle Java 1.8.0_221	3.8.3	9.0.3
HAL	Intel®Xeon®CPU E5-2690 v2 @ 3.00GHz, 64 Bit	40	128 GB	Debian GNULinux 9	Linux 4.9.0-14-amd64	Oracle Java 1.8.0_181	3.5.3	–
GPU2	Intel®Xeon®CPU E5-2699 v4 @ 2.20GHz, 64 Bit	44	64 GB	Debian GNULinux 9	Linux 4.9.0-16-amd64	Oracle Java 1.8.0_181	3.5.3	–
GPU3	Intel®Xeon®Platinum 8160 CPU @ 2.10GHz, 64 Bit	96	512 GB	Debian GNULinux 9	Linux 4.9.0-14-amd64	Oracle Java 1.8.0_181	3.5.3	9.0.3

Tabelle 6.5 Rechenzeiten einer Iteration

Heuristik	Laufzeit HAL	Laufzeit P
SPT	16 ms	~ 1 ms
LPT	25 ms	~ 1 ms
Johnson	37 ms	~ 1 ms
NEH	31 ms	530 ms
GA	13,2 ms	200 ms
Random Descent ($shift$)	< 1 ms	1.370 ms
Random Descent ($swap$)	< 1 ms	1.210 ms
Steepest Descent ($shift$)	< 1 ms	1.590 ms
Steepest Descent ($swap$)	< 1 ms	1.140 ms
Tabu Search ($shift$)	< 1 ms	2.190 ms
Tabu Search ($swap$)	< 1 ms	2.070 ms
Simulated Annealing ($shift$)	< 1 ms	1.820 ms
Simulated Annealing ($swap$)	< 1 ms	1.690 ms
Simulationsexperiment	24.357 ms (GPU2)	–

6.4   Optimierungsergebnisse

Der erste Schritt, um die Algorithmen zu evaluieren, ist es, ein Gütemaß mithilfe der exakten Optimierung im Evaluationsszenario OPT zu definieren. Damit werden die konstruktiven Heuristiken und die Metaheuristiken in den Szenarien KONST und META1 bis META3 evaluiert. META1 wählt dabei die besten Parametereinstellungen mit der schlechtesten Heuristik gemäß KONST. In META2 werden die besten Metaheuristiken mit den besten konstruktiven Heuristiken kombiniert und META3 zeigt die Wirksamkeit der Algorithmen im Gegensatz zur Auswertung zufälliger Lösungen.

6.4.1   Exakte Lösung und Festlegung der Bewertungskriterien

Das exakte Optimierungsmodell kann aus der GUI gestartet werden. Dabei kann sowohl die maximale Dauer der Optimierung, nach der das beste Ergebnis zurückgegeben werden soll, als auch ein maximaler Gap eingestellt werden.[3] Als Abbruchkriterium für diese Evaluation wurde die maximale Rechenzeit der Optimierung gewählt und diese auf drei Tage begrenzt. Als Lösungssoftware für das exakte Modell wird Gurobi genutzt (vgl. Tabellen 6.3 und 6.4 in Unterkapitel 6.3). Die im exakten Modell in Unterkapitel 5.2 eingeführte große Zahl V wird für diese Evaluation in der Java-Implementierung mit $V = 5$ Mio. initialisiert. Der Grund ist, dass die obere Schranke der Fertigstellungszeitpunkte C_{ij} auf der linken Seite der Gleichungen im Anwendungsfall mit 4, 84 Mio. Sekunden unter den $V = 5$ Mio. Sekunden bleibt. Diese Kalkulation kommt zustande, indem in dieser Arbeit angenommen wird, dass die resultierenden Maschinenbelegungspläne, die lediglich auf eine Woche ausgelegt sind, im Laufe der Berechnungen maximal 8 Wochen = 4, 84 Mio. Sekunden dauern. Auch der Fall, dass ein Plan acht Wochen dauert, ist unwahrscheinlich und in den meisten Fällen werden Zeiten zwischen einer und drei Wochen erreicht.

Außerdem können für die in dieser Arbeit bearbeitete Problemstellung die von Ruiz et al. (2008) definierten Parameter A_{iljk} und lag_{ilk} gewählt werden. Gewählt wird $A_{iljk} = 1$, da mit dem Rüsten auf der zweiten Stufe schon vor Beendigung der ersten Stufe begonnen werden kann. Gewählt wird $lag_{ilk} = 0$, da nur mit dem Rüsten, jedoch nicht mit dem Abarbeiten des Auftrags auf der nächsten Stufe begonnen werden darf, bevor dieser auf der vorherigen Stufe zu Ende bearbeitet worden ist.

Tabelle 6.6 zeigt die Lösungen der Zielfunktion des exakten Optimierungsmodells aus Unterkapitel 5.2 nach drei Tagen Laufzeit C_{max}^{3Tage} für alle Wochen der Evaluationszeiträume. Darüber hinaus ist der Zeitpunkt der letzten Verbesserung in Tabelle 6.6 aufgeführt.

Vor allem in den Wochen 36 bis 44, in denen die Produktion besonders hoch ausgelastet war, kann die Optimalität der Lösungen nach drei Tagen Laufzeit nicht mit Sicherheit nachgewiesen werden. Die Gaps zur unteren Schranke betragen durchschnittlich über alle Wochen 13 %. Die Ergebnisse der Heuristiken und Metaheuristiken lieferten jedoch keine signifikant besseren Werte. In Tests, in denen einzelne Wochen mit 14 Tagen maximaler Laufzeit evaluiert wurden (C_{max}^{14Tage}), zeigten sich ebenfalls keine signifikanten Verbesserungen hinsichtlich des C_{max}, wie Tabelle 6.7 zu entnehmen ist. Auch hinsichtlich des Gaps sind für die lange zusätzliche Laufzeit keine signifikanten Verbesserungen zu beobachten.

Trotz der Tatsache, dass mittels des exakten Optimierungsmodells nicht in allen Wochen des Evaluationsszenarios die optimale Lösung gefunden oder bewiesen

---

[3] Die Anbindung von GUI, Datenmodell und Optimierungsmodell wird in der Studienarbeit von Mäckel (2021) näher spezifiziert.

Tabelle 6.6 Exakte Lösungen nach drei Tagen maximaler Laufzeit

Kalenderwoche	$C_{max}^{3 Tage}$ in Tagen	Gap in %	letzte Verbesserung von C_{max} nach
36	9,2	36,59	2,2 Tagen
37	8,9	37,74	4 Stunden
38	6,6	13,65	1,5 Stunden
39	9,3	28,15	2,969 Tagen
40	9,1	38,74	45 Minuten
41	9,6	41,08	1 Stunde
42	8,5	19,04	1,7 Tagen
43	6,7	5,57	2,2 Tagen
44	7,5	36,84	2,6 Tagen
19	6,7	0,00	9 Sekunden
20	5,3	0,00	1 Sekunde
21	8,6	0,00	1 Sekunde
22	6,6	0,00	1 Sekunde
23	8,2	0,00	2 Sekunden
24	6,2	0,00	2 Sekunden
25	5,6	0,00	58 Sekunden
26	8,1	0,00	3 Sekunden
27	4,6	8,57	3 Minuten
28	9,2	0,00	5 Minuten
29	7,9	0,00	15 Sekunden

werden konnte, können die in Tabelle 6.6 aufgeführten Werte als Vergleich für die Heuristiken herangezogen werden. Die Ergebnisse der Heuristiken und Metaheuristiken Heu_{sol} werden daher in den folgenden Abschnitten ins Verhältnis zu dem besten Ergebnis der exakten Optimierung $Best_{sol}$ gesetzt. Als Gütemaß der Algorithmen wird, angelehnt an Yaurima et al. (2009, S. 1456), neben dem C_{max} der relative Abstand der erhaltenen Lösung zur besten Lösung gemäß Tabelle 6.6 gewählt:

$$\text{Relativer Abstand zum Optimum} = \frac{Heu_{sol} - Best_{sol}}{Best_{sol}}.$$

Tabelle 6.7 Vergleich einiger Lösungen der Evaluationswochen mit Gap nach drei und vierzehn Tagen Laufzeit

Kalenderwoche	$C_{max}^{3\,Tage}$ in Tagen	$C_{max}^{14\,Tage}$ in Tagen	Gap in % nach 3 Tagen	Gap in % nach 14 Tagen
36	9,2	9,2	36,59	36,11
39	9,3	9,2	28,15	27,69
41	9,6	9,6	41,08	41,08
44	7,5	6,7	36,84	28,96

6.4.2 Konstruktive Heuristiken

Um die Güte der konstruktiven Heuristiken zu ermitteln, werden der Makespan sowie der relative Abstand über die 20 ausgewählten Kalenderwochen in den Abbildungen 6.9 und 6.10 verglichen.

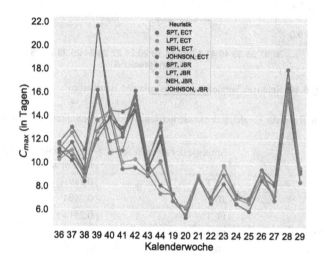

Abbildung 6.9 Makespan-Vergleich der konstruktiven Heuristiken[4]

Mit Tabelle 6.8 werden des Weiteren die Mittelwerte der relativen Makespan-Werte aus Abbildung 6.10 zusammengefasst. Es wird aus allen Auswertungen deutlich, dass SPT mit beiden Anstellstrategien für die weitere Stufe die schlechteste Per-

---

[4] Auf eine digitale farbige Darstellung des Diagramms, kann über folgenden Link zugegriffen werden https://doi.org/10.1007/978-3-658-41170-1_6.

formance aufweist und NEH mit beiden Strategien die beste konstruktive Heuristik ist. Im Mittelfeld dominiert LPT die Johnson-Heuristik. Die beste Anstellstrategie ist in Kombination mit allen Heuristiken ECT.

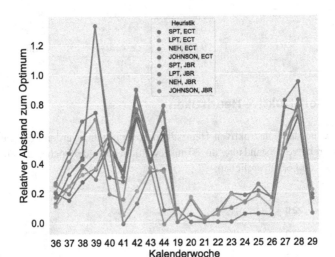

Abbildung 6.10 Relativer Vergleich der konstruktiven Heuristiken[5]

Tabelle 6.8 Relativer Vergleich der konstruktiven Heuristiken gemittelt über alle Kalenderwochen

Heuristik	Strategie der zweiten Stufe	durchschnittlicher relativer Makespan
NEH	ECT	0,2491
NEH	JBR	0,2494
LPT	ECT	0,2514
JOHNSON	ECT	0,2823
LPT	JBR	0,2975
JOHNSON	JBR	0,3299
SPT	ECT	0,3874
SPT	JBR	0,4112

[5] Auf eine digitale farbige Darstellung des Diagramms, kann über folgenden Link zugegriffen werden https://doi.org/10.1007/978-3-658-41170-1_6.

6.4.3 Metaheuristiken

Um die Metaheuristiken zu evaluieren, wird zuerst SPT als der schlechteste konstruktive Algorithmus für alle Metaheuristiken als initiale Lösung gewählt, damit die Verbesserungspotenziale der Lösungen möglichst hoch sind. So kann mit dem Evaluationsszenario META1 (vgl. Tabelle 6.3 aus Unterkapitel 6.3) die Metaheuristik gefunden werden, die vor allem schlechte initiale Lösungen bestmöglich verbessert. Schlechte Pläne zu verbessern, ist für die Produktion entscheidender, als einen guten Plan noch mehr zu verbessern, um hohe Makespan-Werte möglichst zu verhindern. Dazu werden für jede Metaheuristik mehrere Parameterkonfigurationen getestet. Die Liste der Parameterkonfigurationen ist Tabelle 6.9 zu entnehmen. Für alle Metaheuristiken sind die Ergebnisse der Parameteroptimierungen mit SPT als initialer Lösung dem Anhang A2. im elektronischen Zusatzmaterial zu entnehmen.

Pro Metaheuristik wird aus den Tabellen des Anhangs A.2 im elektronischen Zusatzmaterial sowie den zugehörigen Auswertungen die beste Parameterkonfiguration inklusive der Anstellstrategie ermittelt. Die besten Konfigurationen pro Metaheuristik sowie der relative Vergleich dieser besten Konfigurationen mit dem Optimum sind Tabelle 6.10 zu entnehmen. Die Ergebnisse der besten Konfigurationen der Metaheuristiken im Vergleich der verschiedenen Metaheuristiken über die einzelnen Wochen sind zudem in Abbildung 6.11 dargestellt. Im Gegensatz zu den konstruktiven Heuristiken enthalten die Metaheuristiken in ihrer Vorgehensweise Unsicherheit und liefern nicht in jeder Auswertung das gleiche Ergebnis, daher wurden in dieser Arbeit pro Metaheuristik jeweils mehrere Auswertungen durchgeführt. Für das vorliegende Szenario META1 werden 20 Replikationen pro Woche durchgeführt. Die Anzahl der Replikationen pro Metaheuristik ist für alle Evaluationsszenarien auch der Tabelle 6.3 aus Unterkapitel 6.3 zu entnehmen. In Abbildung 6.11 und den folgenden Abbildungen dieses Kapitels 6 sind wegen der angewendeten Replikationen zudem die 95-%-Konfidenzintervalle über die Replikationen integriert, die an den Balken jedes Punktes eingezeichnet sind. Die Abweichung der Werte pro Lösung ist dabei meist als gering zu bewerten, was an den lediglich kurzen Balken der Konfidenzintervalle pro Kalenderwoche erkennbar ist.

Es wird aus den Auswertungen in Abbildung 6.11 und Tabelle 6.10 ersichtlich, dass der GA im Evaluationsszenario META1 die besten Ergebnisse liefert. Des Weiteren wird deutlich, dass die Vertauschungsstrategie *shift* die Strategie *swap* für alle Metaheuristiken dominiert. Des Weiteren liefert die Metaheuristik Simulated Annealing für beide Vertauschungsstrategien die schlechtesten Ergebnisse. ECT dominiert als Anstellstrategie für die zweite Stufe für alle Metaheuristiken die Anstellstrategie JBR. Da die lokalen Suchstrategien nach dieser Parameteroptimierung jeweils 5 000 Funktionsauswertungen beinhalten und der GA hingegen

Tabelle 6.9 Parameterkonfigurationen für Evaluationsszenario META1 mit SPT als initialer Lösung

Metaheuristik	Strategie der zweiten Stufe	Getestete Parameterkonfigurationen
Random Descent ($method = shift$)	{ETC; JBR}	$iterations = \{100;\ 1\ 000;\ 5\ 000\}$
Random Descent ($method = swap$)	{ETC; JBR}	$iterations = \{100;\ 1\ 000;\ 5\ 000\}$
Steepest Descent ($method = shift$)	{ETC; JBR}	$iterations = \{100;\ 1\ 000;\ 5\ 000\}$, $maxNeighbours =$ unbound
Steepest Descent ($method = swap$)	{ETC; JBR}	$iterations = \{100;\ 1\ 000;\ 5\ 000\}$, $maxNeighbours = \{15;\ 30\}$
Tabu Search ($method = shift$)	{ETC; JBR}	$iterations = \{100;\ 1\ 000;\ 5\ 000\}$, $maxNeighbours =$ unbound, $tabulist = \{5;\ 15\}$
Tabu Search ($method = swap$)	{ETC; JBR}	$iterations = \{100;\ 1\ 000;\ 5\ 000\}$, $maxNeighbours = \{15;\ 30\}$, $tabulist = \{5;\ 15\}$
Simulated Annealing ($method = shift$)	{ETC; JBR}	$iterations = \{100;\ 1\ 000;\ 5\ 000\}$, $T_0 = \{30;\ 60\}$
Simulated Annealing ($method = swap$)	{ETC; JBR}	$iterations = \{100;\ 1\ 000;\ 5\ 000\}$, $T_0 = \{30;\ 60\}$
GA	–	$population_{size} = \{300\}$, $generations = \{300\}$, $p_{c1}^{\pi} = \{0,1;\ 0,2\}$, $p_c^{\psi} = \{0,5;\ 0,8\}$, $p_m^{\pi} = \{0,05;\ 0,1\}$, $p_m^{\psi} = \{0,1;\ 0,15\}$, $\xi = \{0,09\}$, $p_{c2}^{\pi} = \{0,3;\ 0,5\}$
GA$_{5000}$	–	$population_{size} = \{200\}$, $generations = \{25\}$, $p_{c1}^{\pi} = \{0,1;\ 0,2\}$, $p_c^{\psi} = \{0,5;\ 0,8\}$, $p_m^{\pi} = \{0,05;\ 0,1\}$, $p_m^{\psi} = \{0,1;\ 0,15\}$, $\xi = \{0,09\}$, $p_{c2}^{\pi} = \{0,3;\ 0,5\}$

90 000 Funktionsauswertungen nutzt, wurde zusätzlich für 5 000 Funktionsauswertungen die beste Parameterkonfiguration des sogenannten GA$_{5000}$ optimiert. Weiterhin dominiert der GA$_{5000}$ laut Tabelle 6.10 die lokalen Suchstrategien.

Im Folgenden werden für das Evaluationsszenario META2 die Metaheuristiken GA, Random Descent ($shift$), Tabu Search ($shift$) und Steepest Descent ($shift$)

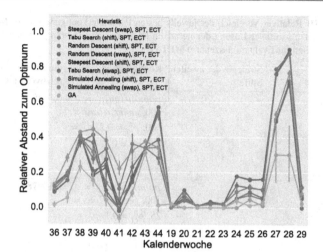

Abbildung 6.11 Relativer Vergleich der jeweils besten Parameterkonfigurationen pro Metaheuristik in Evaluationsszenario META1[6]

weiterverfolgt und mit NEH und LPT als initialen Lösungen kombiniert. Der GA erhält weiterhin zufällige Startlösungen. Alle Parametereinstellungen für die Metaheuristiken werden dabei ab diesem Punkt der Arbeit stets auf Basis der Tabelle 6.10 gewählt. Darüber hinaus wird im Folgenden ausschließlich ECT als Anstellstrategie der zweiten Stufe für die iterativen lokalen Suchverfahren verwendet.

Tabelle 6.11 und Abbildung 6.12 zeigen für Evaluationsszenario – Beste Metaheuristiken kombiniert mit den zwei besten konstruktiven Heuristiken und der besten Anstellstrategie (insgesamt sieben Kombinationen) (META2), ähnlich wie die Auswertungen zu den konstruktiven Heuristiken KONST in Abschnitt 6.4.2, dass LPT von NEH auch in Kombination mit einer darauffolgenden Anwendung der Metaheuristiken dominiert wird. Alle Werte der iterativen lokalen Suchverfahren mit NEH und LPT als initialen Lösungen sind dabei besser als mit SPT als initialer Lösung. Diese Beobachtungen zeigen den deutlichen Einfluss der initialen Lösung auf die Endergebnisse.

Weiterhin liefert der GA die besten Ergebnisse (vgl. Tabelle 6.11 im Vergleich zu Tabelle 6.10). Darauf folgen die iterativen lokalen Suchverfahren, wobei Tabu Search ($shift$) mit NEH als initialer Lösung für die lokalen Suchverfahren die besten Ergebnisse im Evaluationsszenario liefert. Daher wird im Folgenden für iterative

---

[6] Auf eine digitale farbige Darstellung des Diagramms, kann über folgenden Link zugegriffen werden https://doi.org/10.1007/978-3-658-41170-1_6.

Tabelle 6.10 Relativer Vergleich der jeweils besten Parameterkonfiguration pro Metaheuristik mit SPT als initialer Lösung der iterativen lokalen Suchverfahren gemittelt über alle Kalenderwochen für Evaluationsszenario META1

Heuristik	Strategie der zweiten Stufe	Konfiguration	durchschnittlicher relativer Makespan
GA	–	$population_{size} =$ 300, $generations =$ 300, $p_{c1}^\pi = 0.2$, $p_c^\psi =$ 0.8, $p_m^\pi = 0.1$, $p_m^\psi =$ 0.15, $\xi = 0.09$, $p_{c2}^\pi =$ 0.5	0,0688
GA$_{5000}$	–	$population_{size} =$ 200, $generations =$ 25, $p_{c1}^\pi = 0.1$, $p_c^\psi =$ 0.8, $p_m^\pi = 0.1$, $p_m^\psi =$ 0.15, $\xi = 0.09$, $p_{c2}^\pi =$ 0.5	0,13978
Random Descent (*shift*)	ECT	$iterations = 5\,000$	0,1701
Tabu Search (*shift*)	ECT	$iterations = 5\,000$, $maxNeighbours =$ unbound, $tabulist =$ 15	0,1735
Steepest Descent (*shift*)	ECT	$iterations = 5\,000$, $maxNeighbours =$ unbound	0,1775
Simulated Annealing (*shift*)	ECT	$iterations = 5\,000$, $T_0 = 30$	0,2179
Tabu Search (*swap*)	ECT	$iterations = 5\,000$, $maxNeighbours =$ 15, $tabulist = 15$	0,2192
Random Descent (*swap*)	ECT	$iterations = 5\,000$	0,2223
Steepest Descent (*swap*)	ECT	$iterations = 5\,000$, $maxNeighbours =$ 30	0,2256
Simulated Annealing (*swap*)	ECT	$iterations = 5\,000$, $T_0 = 30$	0,2425

lokale Suchverfahren NEH vorrangig als initiale Lösung verwendet. Der GA_{5000} ist in dieser Evaluation gleichauf mit der zweitbesten lokalen Suchstrategie Steepest Descent (*shift*) (vgl. Tabelle 6.11 und Abbildung 6.12).

Abschließend wird der GA gegen die Generierung zufälliger Maschinenbelegungspläne im Szenario META3 getestet. Für die zufällige Lösung werden mittels des GA 90 000 zufällige initiale Lösungen generiert und aus diesen Lösungen der C_{max} des Plans mit dem niedrigsten Wert ausgegeben. Damit weisen der GA und die zufällige Generierung von Lösungen die gleiche Anzahl Funktionsauswertungen auf (*generations* $*$ *population$_{size}$* $= 300 \cdot 300 = 90\,000$). Das Ergebnis ist Abbildung 6.13 sowie Tabelle 6.12 zu entnehmen. Während sich im Bereich der niedrigeren Auftragslasten, die in den Kalenderwochen 19–29 auftreten,[7] die Zielfunktionswerte des GA und der 90 000 zufälligen Lösungen annähernd gleichen, weisen die Ergebnisse der Kalenderwochen mit hoher Auslastung deutliche Unterschiede auf. Für die Kalenderwochen mit hoher Auftragslast ist in Abbildung 6.13 zu sehen, dass der GA in jeder der Wochen bessere oder mindestens gleichwertige Ergebnisse im Vergleich zu den 90 000 zufälligen Lösungen liefert.

In den Kalenderwochen mit niedriger Auftragslast ist es wahrscheinlich, dass die Auswertung der 90 000 zufälligen Lösungen nahe an eine vollständige Enumeration herankommt. Somit sind die Ergebnisse hier besonders gut. In den Wochen

Tabelle 6.11 Relativer Vergleich der besten Metaheuristiken gemittelt über alle Kalenderwochen mit NEH und LPT als initialen Lösungen im Fall der iterativen lokalen Suchverfahren und ECT als Anstellstrategie der zweiten Stufe für Evaluationsszenario META2

Metaheuristik	konstruktive Heuristik	durchschnittlicher relativer Makespan
GA	–	0,0688
Tabu Search (*shift*)	NEH	0,1350
GA_{5000}	–	0,1398
Steepest Descent (*shift*)	NEH	0,1398
Random Descent (*shift*)	NEH	0,1399
Tabu Search (*shift*)	LPT	0,1621
Random Descent (*shift*)	LPT	0,1669
Steepest Descent (*shift*)	LPT	0,1673
–	NEH	0,2491
–	LPT	0,2514
–	SPT	0,3666

---

[7] Vgl. Unterkapitel 6.2.

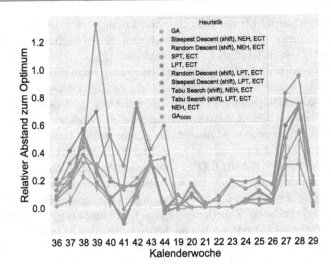

Abbildung 6.12 Die besten Metaheuristiken mit NEH und LPT als initialen Lösungen im Evaluationsszenario META2[8]

mit vielen Aufträgen, die deutlich kritischer für die Produktion sind, kommen die 90 000 zufälligen Lösungen wahrscheinlich nicht der vollständigen Enumeration nahe und die Ergebnisse des GA sind deutlich besser als die der 90 000 zufälligen Lösungen. Dieses Resultat zeigt sich auch mittels der durchschnittlichen relativen Abweichung in Tabelle 6.12. Der durchschnittliche relative Makespan der 90 000 zufälligen Lösungen ordnet sich dabei insgesamt in die Resultate aus Tabelle 6.11 etwas besser ein als die iterativen lokalen Suchverfahren. Für diesen Vergleich ist jedoch zu beachten, dass die iterativen Suchverfahren lediglich mit 5 000 anstatt 90 000 Funktionsauswertungen durchgeführt wurden. Umfangreiche Parameter-

Tabelle 6.12 Relativer Vergleich der besten Parameterkonfiguration des GA im Vergleich zu dem besten Ergebnis aus 90 000 zufälligen Lösungen für Evaluationsszenario META3

Heuristik	durchschnittlicher relativer Makespan
GA	0,0688
Bester C_{max} aus 90 000 zufälligen Lösungen	0,1101

---

[8] Auf eine digitale farbige Darstellung des Diagramms, kann über folgenden Link zugegriffen werden https://doi.org/10.1007/978-3-658-41170-1_6.

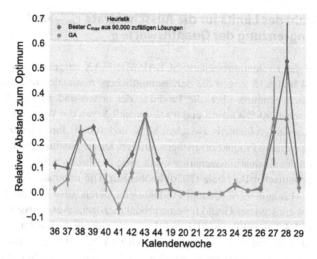

Abbildung 6.13 Relativer Vergleich der besten Parameterkonfiguration des GA im Vergleich zum besten Ergebnis aus 90 000 zufälligen Lösungen in Evaluationsszenario META3[9]

tests mit einer höheren Anzahl von Funktionsauswertungen als 5 000 gelten für diese Arbeit als weiterer Forschungsbedarf, da in hier nur einige Parameter getestet werden konnten und der Kern der vorliegenden Arbeit nicht die Parameteroptimierung darstellt.

6.5 Prognoseverfahren

In diesem Kapitel gilt es nun, erste Einschätzungen für eine geeignete Wahl des Limits für die Ausschussrate r_{max} und den Quantilswert q zu erhalten, der für die Bestimmung der Ausschussraten $r_{ij}^{\theta}(q)$ benötigt wird. Dazu werden die Evaluationsszenarien SCRAP-MINMAX und SCRAP in Abschnitt 6.5.1 ausgewertet. Im weiteren Verlauf des Kapitels werden zudem Untersuchungen für eine geeignete Wahl des Sicherheitsfaktors $SF2_{ij}$ sowie die Clustering-Methode getätigt. Dazu werden die Evaluationsszenarien CLUSTER und SFCM zu Hilfe genommen. Im Folgenden werden ausschließlich die Wochen KW 19–29 betrachtet, um die Laufzeiten der Auswertungen zu reduzieren.

---

[9] Auf eine digitale farbige Darstellung des Diagramms, kann über folgenden Link zugegriffen werden https://doi.org/10.1007/978-3-658-41170-1_6.

6.5.1 Wahl des Limits für die Ausschussrate r_{max} und Eingrenzung der Quantilswerte q

Zuerst wird das Evaluationsszenario SCRAP-MINMAX ausgewertet. Die Abbildungen 6.14 und 6.15 zeigen die durchschnittlichen, minimalen und maximalen Ausschussraten gemittelt über alle Produkte der ersten und zweiten Stufe. Im Bereich zwischen 90-%-Quantil und 99-%-Quantil liegen die Werte der maximalen Ausschussrate größtenteils zwischen 80 % und 100 %. Ihre Einbeziehung in $prod_{ij}$ hätte extreme Produktionsmengen zufolge. Dieser Einfluss auf die Produktionsmengen des Evaluationsszenarios wurde, wie in Abschnitt 5.4.3 beschrieben, auch von Schumacher/Buchholz (2020) beobachtet. Die minimale Ausschussrate zeigt, dass es bis zum 99-%-Quantil Produkte gibt, deren Ausschussrate nahe 0 % liegt. Dies ist ein weiterer Grund für eine produktbezogene Ausschussrate, wie sie in Abschnitt 5.4.3 eingeführt wird. Es wird außerdem deutlich, dass im Bereich des 50-%-Quantils die maximale Ausschussrate knapp unter 10 % liegt und sich die maximale Ausschussrate bis knapp vor dem 90-%-Quantil im Bereich unter 20 % bewegt. Die durchschnittliche Ausschussrate zwischen dem 90-%-Quantil und dem 99-%-Quantil bewegt sich zwischen 5 % und 20 %.

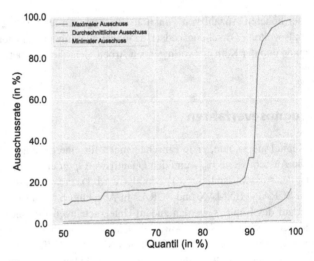

Abbildung 6.14 Ausschussraten pro Quantilswert[10]

---

[10] Auf eine digitale farbige Darstellung des Diagramms, kann über folgenden Link zugegriffen werden https://doi.org/10.1007/978-3-658-41170-1_6.

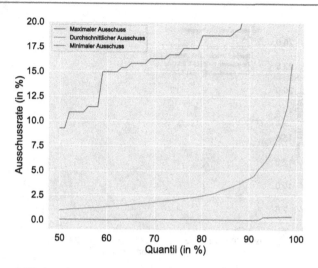

Abbildung 6.15 Ausschussraten pro Quantilswert eingeschränkt auf maximal 20 % Ausschussrate[11]

Die beiden zuletzt genannten Punkte führen dazu, dass für diese Arbeit im Szenario SCRAP die Werte $r_{max} = \{10\ \%; 15\ \%; 20\ \%\}$ als Limits der Ausschussrate getestet werden. Von Schumacher/Buchholz (2020) wurde analysiert, dass Quantilswerte q für den Anwendungsfall mindestens mit ca. $q = 90\ \%$ gewählt werden sollten, um die Aufträge adäquat zu erfüllen. Daher werden für diese Arbeit die Werte $q = \{88\ \%; 90\ \%; 92\ \%; 95\ \%; 98\ \%\}$ getestet.

Im Folgenden werden mithilfe der Abbildungen 6.16, 6.17 und 6.18 beispielhaft die verschiedenen Obergrenzen 10 %, 15 % und 20 % in Bezug auf das 88-%-Quantil hinsichtlich des Makespans verglichen. Vor allem in Wochen mit hohen Makespan-Werten wirkt sich die Grenze von 10 % mit einer Reduktion des Makespans stark aus (vgl. Abbildung 6.16). In Woche 28 verringert sich der Makespan-Wert des besten Verfahrens beispielsweise um über sieben Tage bei Änderung der Obergrenze von 20 % auf 10 %. Auch in Woche 27 verringert sich der Wert von rund zehn Tagen auf sieben Tage. Drei Tage mehr für die Produktion zu brauchen, wäre nicht verhältnismäßig. Auch eine Anwendung der Ausschussratengrenze von 15 % verbessert die Situation nicht maßgeblich, wie die Abbildungen 6.17 und 6.19 zeigen.

---

[11] Auf eine digitale farbige Darstellung des Diagramms, kann über folgenden Link zugegriffen werden https://doi.org/10.1007/978-3-658-41170-1_6.

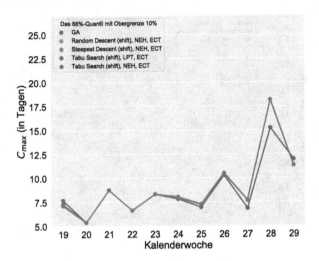

Abbildung 6.16 C_{max} des 88-%-Quantils mit $r_{max} = 10\,\%^{12}$

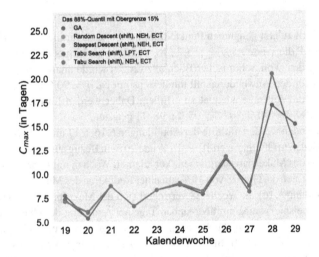

Abbildung 6.17 C_{max} des 88-%-Quantils mit $r_{max} = 15\,\%^{13}$

---

[12] Auf eine digitale farbige Darstellung des Diagramms, kann über folgenden Link zugegriffen werden https://doi.org/10.1007/978-3-658-41170-1_6.

[13] Auf eine digitale farbige Darstellung des Diagramms, kann über folgenden Link zugegriffen werden https://doi.org/10.1007/978-3-658-41170-1_6.

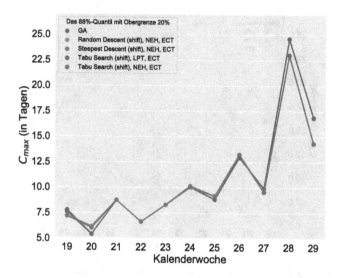

Abbildung 6.18 C_{max} des 88-%-Quantils mit $r_{max} = 20\,\%$[14]

Ein ähnliches Bild zeigt sich bei Betrachtung des 98-%-Quantils im elektronischen Zusatzmaterial unter Anhang A.3. Dies zeigt auch der Mittelwert des Makespans über alle Quantile und alle Optimierungsverfahren in Abbildung 6.19, weshalb der kleinste Wert für die Grenze der Ausschussrate von 10 % als sinnvollste der drei Alternativen gewählt wird. Weitere Auswertungen zur Ausschussrate im elektronischen Zusatzmaterial unter Anhang A.3 bestätigen diese Auswahl ebenfalls. Die Obergrenze der Ausschussrate von 10 % wirkt sich in einer adäquaten Reduktion des Makespans aus.

Als letzter Punkt für diesen Abschnitt steht die Evaluation der Quantile mit dem Evaluationsszenario SCRAP aus. Der Vergleich der verschiedenen Quantilswerte mit 10 % als Obergrenze der Ausschussrate ist in Abbildung 6.20 zu sehen. Es wird deutlich, dass ein höheres Quantil je nach Verfahren trotzdem zu niedrigen Makespan-Werten führen kann, die mit den Makespan-Werten kleinerer Quantile vergleichbar sind. Eine Erklärung dafür ist, dass Aufträge im Maschinenbelegungsplan durch die Algorithmen anders angeordnet werden. Da mit diesen Auswirkungen noch keine finale Entscheidung bezüglich der Quantile getroffen werden kann, sind für die Auswahl der Quantile weitere Tests erforderlich. Um Laufzeiten zu reduzieren, werden die Werte wegen der geringen Unterschiede (vgl. Abbildung 6.20) auf $q = \{88\,\%;\ 92\,\%;\ 98\,\%\}$ eingeschränkt.

---

[14] Auf eine digitale farbige Darstellung des Diagramms, kann über folgenden Link zugegriffen werden https://doi.org/10.1007/978-3-658-41170-1_6.

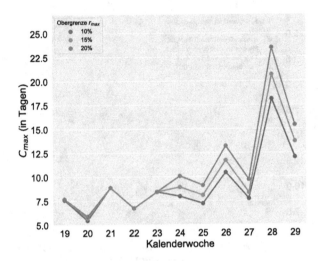

Abbildung 6.19 C_{max} aller Obergrenzen gemittelt über alle Quantile[15]

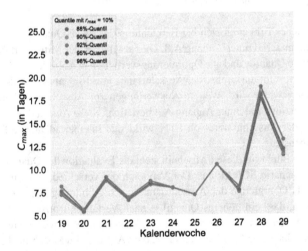

Abbildung 6.20 C_{max} aller Quantile mit $r_{max} = 10\%$[16]

---

[15] Auf eine digitale farbige Darstellung des Diagramms, kann über folgenden Link zugegriffen werden https://doi.org/10.1007/978-3-658-41170-1_6.

[16] Auf eine digitale farbige Darstellung des Diagramms, kann über folgenden Link zugegriffen werden https://doi.org/10.1007/978-3-658-41170-1_6.

6.5.2 Wahl der Clustering-Methode und Eingrenzung der Wahl des Sicherheitsfaktors $SF2$

Zuerst wird das Evaluationsszenario CLUSTER angewendet. Nach der Analyse der Daten mit der Ellbogenmethode wurden in Schumacher et al. (2020), Gorecki (2020), Schumacher/Buchholz (2020) vier Cluster für den Anwendungsfall der Arbeiten berechnet. Das Ergebnis dieses Clusterings wird in Abbildung 6.21 dargestellt. Die Produkte des dritten und vierten Clusters (in Abbildung 6.21 grün und blau markiert) sind als Hochrisikoartikel definiert.

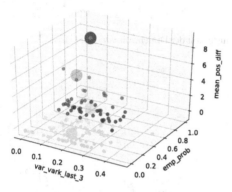

Abbildung 6.21 Cluster mit der Methode der Vorarbeiten[17,18]

Werden die in dieser Arbeit gewählte analytische Herangehensweise der Ellbogenmethode sowie die standardisierten Kennzahlen angewendet, entstehen wie in den Veröffentlichungen von Gorecki (2020), Schumacher et al. (2020), Schumacher/Buchholz (2020) weiterhin vier Cluster. In Abbildung 6.23 werden die vier entstehenden Cluster für die Anwendung der Dimension *mean_vark_last_3* gezeigt. In Abbildung 6.22 wird die Clusterbildung mithilfe der Anwendung der ursprünglichen Dimension *var_vark_last_3* gezeigt. Die beiden daraus entstehenden Clustering-Methoden werden kurz mit *mean* und *var* bezeichnet.

Im folgenden Evaluationsszenario SFCM wird mithilfe von Kennzahlen verglichen, welche Auswirkungen die Anwendung der Dimension *mean_vark_last_3* im Gegensatz zu *var_vark_last_3* auf die Erfüllung der Aufträge hat.

---

[17] In Anlehnung an Gorecki (2020), Schumacher/Buchholz (2020).

[18] Auf eine digitale farbige Darstellung des Diagramms, kann über folgenden Link zugegriffen werden https://doi.org/10.1007/978-3-658-41170-1_6.

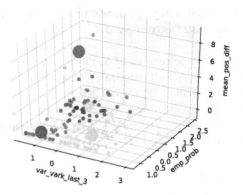

Abbildung 6.22 Cluster mit der Dimension $var\_vark\_last\_3$[19]

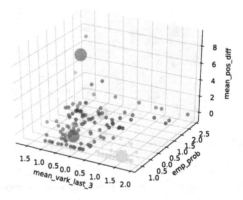

Abbildung 6.23 Cluster mit der Dimension $mean\_vark\_last\_3$[20]

Abbildung 3.1 aus Abschnitt 3.1.1 hat bereits ein Beispiel für verschiedene Zeit-verläufe der prognostizieren Mengen eines Auftrags aufgezeigt. Der letzte Wert in jeder Zeitreihe zeigt die tatsächliche Nachfrage, die schließlich geliefert wird. Die anderen Punkte zeigen die Entwicklung der zuvor vom Kunden angegebenen Bestellmenge für das gleiche Datum. Für die Evaluation werden der vorletzte sowie der letzte Punkt der analysierten Wochen genutzt. Pro Woche und Auftrag wird

---

[19] Auf eine digitale farbige Darstellung des Diagramms, kann über folgenden Link zugegriffen werden https://doi.org/10.1007/978-3-658-41170-1_6.

[20] Auf eine digitale farbige Darstellung des Diagramms, kann über folgenden Link zugegriffen werden https://doi.org/10.1007/978-3-658-41170-1_6.

die Zeitreihe genutzt, für die das Enddatum der Zeitreihe in der zu analysierenden Woche liegt.

Die Nachfrage des vorletzten Prognosepunkts $demand_{ij}^{secondlast}$ wird dabei für identifizierte Hochrisikoartikel mit dem Sicherheitsfaktor $SF2_{ij}$ multipliziert und mit der Nachfrage des letzten Prognosepunkts $demand_{ij}^{last}$ verglichen. Um in einem Auftrag, der durch diese Nachfrageaufstockung nicht komplett erfüllt wurde, zu ermitteln, wie hoch die Anzahl der fehlenden Teile ist, wird somit wie folgt vorgegangen:

$$Fehlende\ Teile_{ij} = demand_{ij}^{last} - demand_{ij}^{secondlast} \cdot SF2_{ij}.$$

Im Folgenden werden darüber hinaus weitere Kennzahlen ausgewertet, um den geeigneten $SF2_{ij}$ sowie die vielversprechendste Clustering-Methode (für die Abbildungen kurz CM) für den Anwendungsfall zu bestimmen. Eine Ausschussrate wird hier, wie die Formel zeigt, noch nicht benötigt. Für die Auswertungen wird der Einfachheit halber für alle Hochrisikoartikel derselbe Sicherheitsfaktor (für die Abbildungen kurz SF) gewählt ($SF2_{ij} = SF$). Für Nichthochrisikoartikel gilt $SF2_{ij} = 1$. In Abbildung 6.24 sowie in Tabelle 6.13 wird ersichtlich, dass mit einer Steigerung des Sicherheitsfaktors der Anteil nicht erfüllter Aufträge abnimmt. Des Weiteren ist zu erkennen, dass die Clustering-Methode *mean* hinsichtlich dieser Kennzahl für jede Wahl des Sicherheitsfaktors bessere Ergebnisse liefert als die Clustering-Methode *var*.

Tabelle 6.13 Aggregierter Anteil nicht erfüllter Aufträge über alle Wochen je Sicherheitsfaktor und Clustering-Methode

Sicherheitsfaktor	Clustering-Methode	Anteil nicht erfüllter Aufträge
1,8	*mean*	0,450
1,8	*var*	0,467
1,2	*mean*	0,499
1,2	*var*	0,506
1,05	*mean*	0,515
1,05	*var*	0,519

Darüber hinaus wurde im Evaluationsszenario SFCM pro Woche das Maximum der fehlenden Teile mithilfe von Abbildung 6.25 ausgewertet. Auch hier ist zu sehen, dass die fehlenden Teile in den meisten Wochen mit einer Erhöhung des Sicherheitsfaktors abnehmen, jedoch bleibt in manchen Wochen das Maximum fehlender Teile

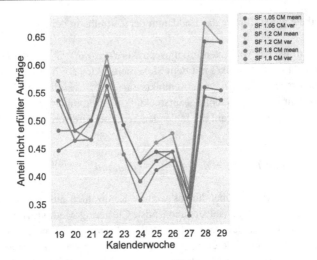

Abbildung 6.24 Anteil nicht erfüllter Aufträge[21]

auch nach Variation des Sicherheitsfaktors gleich. In sieben der elf betrachteten
Wochen wird der Auftrag, für den die meisten Teile fehlen, jedoch durch das Clus-
tering identifiziert und das Maximum fehlender Teile wurde insbesondere mit der
Clustering-Methode *mean* und $SF2 = 1, 8$ reduziert, wie in Abbildung 6.25 und
Tabelle 6.14 deutlich wird. Tabelle 6.14 zeigt, dass *mean* auch für diese Kennzahl
bessere Ergebnisse liefert als *var*.

Tabelle 6.14 Durchschnittliches Maximum fehlender Teile über alle Wochen je Sicherheitsfaktor und Clustering-Methode

Sicherheitsfaktor	Clustering-Methode	Anzahl Teile
1,8	mean	3341
1,8	var	4346
1,2	mean	4446
1,2	var	4812
1,05	mean	5122
1,05	var	5224

---

[21] Auf eine digitale farbige Darstellung des Diagramms, kann über folgenden Link zugegriffen
werden https://doi.org/10.1007/978-3-658-41170-1_6.

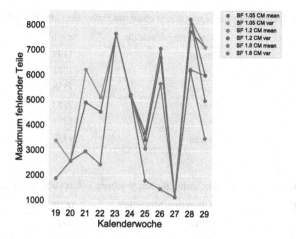

Abbildung 6.25 Maximum fehlender Teile[22]

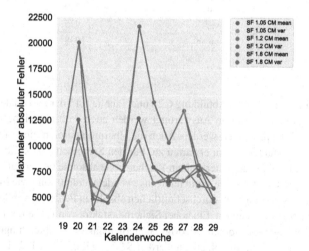

Abbildung 6.26 Maximaler absoluter Fehler[23]

---

[22] Auf eine digitale farbige Darstellung des Diagramms, kann über folgenden Link zugegriffen werden https://doi.org/10.1007/978-3-658-41170-1_6.

[23] Auf eine digitale farbige Darstellung des Diagramms, kann über folgenden Link zugegriffen werden https://doi.org/10.1007/978-3-658-41170-1_6.

Tabelle 6.15 Durchschnittlicher maximaler absoluter Fehler über alle Wochen

Sicherheitsfaktor	Clustering-Methode	Anzahl Teile
1,05	mean	7194
1,05	var	7271
1,2	mean	7538
1,2	var	7752
1,8	var	11253
1,8	mean	11739

Tabelle 6.16 Mittelwert des durchschnittlichen absoluten Fehlers über alle Wochen

Sicherheitsfaktor	Clustering-Methode	Anzahl Teile
1,05	mean	691
1,05	var	693
1,2	mean	707
1,2	var	709
1,8	var	975
1,8	mean	1038

Des Weiteren wurde in Abbildung 6.26 und Tabelle 6.15 der maximale absolute Fehler ausgewertet. In diese Auswertung werden auch Aufträge einbezogen, für die zu viele Teile produziert werden. Auch die Überproduktion nimmt mit steigendem Sicherheitsfaktor wie zu erwarten zu. Für den Sicherheitsfaktor 1,8 weist die Produktion in einigen der untersuchten Wochen hohe absolute Fehler auf. Ein solch hoher Sicherheitsfaktor sollte somit nicht angewendet werden. Ähnliche Ergebnisse sind in der Auswertung zum durchschnittlichen absoluten Fehler in Abbildung 6.27 und Tabelle 6.15 zu erkennen. Ein hoher Sicherheitsfaktor von 1,8 ist für die weitere Analyse damit ausgeschlossen. Niedrige Sicherheitsfaktoren sollten hingegen weiter untersucht werden. Im Folgenden werden $SF2 = \{1, 05; 1, 1; 1, 2; 1, 3\}$ weiter evaluiert. Mithilfe der aggregierten Werte der Kennzahlen maximaler absoluter Fehler und durchschnittlicher absoluter Fehler in den Tabellen 6.15 und 6.16 kann für die niedrigeren Sicherheitsfaktoren 1,05 und 1,2 wiederum beobachtet werden, dass die Clustering-Methode *mean* die Methode *var* dominiert, weshalb ausschließlich *mean* in den weiteren Evaluationsszenarien betrachtet wird.

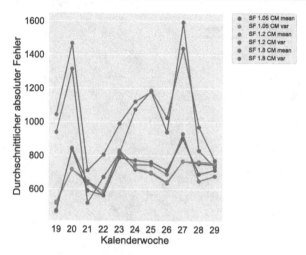

Abbildung 6.27 Durchschnittlicher absoluter Fehler[24]

6.6   Simulationsexperimente

Um *break* sowie stochastische Verteilungen einzubeziehen und deren Auswirkungen auf Prozesskennzahlen zu evaluieren, werden im Folgenden die Ergebnisse der Simulationsexperimente aufbereitet. Mit diesen abschließenden Auswertungen können zudem weitere Einschätzungen zur Validierung der Modelle sowie zur Wahl der Parameter $SF2$ und q getätigt werden. Dafür werden die Evaluationsszenarien, OPTSIM, METASIM und PROGSIM ausgewertet.

6.6.1   Vergleich der besten Metaheuristiken

Im Szenario OPTSIM werden Simulationsergebnisse und Optimierungsergebnisse verglichen, um die Modelle gegenseitig zu validieren (vgl. Abschnitt 3.6.4, Punkt II). In Abbildung 6.28 ist zu sehen, dass die Ergebnisse vor allem für niedrige Auftragslagen nahe beieinander liegen. Wenn eine höhere Auftragslast vorherrscht oder Aufträge mit langer Prozesszeit eingeplant werden müssen, wirken sich die Maschinenausfälle und die stochastischen Einflüsse stärker auf die Simulationsergebnisse aus.

---

[24] Auf eine digitale farbige Darstellung des Diagramms, kann über folgenden Link zugegriffen werden https://doi.org/10.1007/978-3-658-41170-1_6.

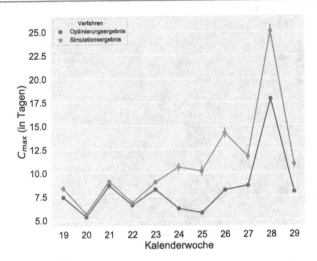

Abbildung 6.28 Vergleich der Makespan-Werte von Simulationsexperimenten und deterministischem Optimierungsmodell für Maschinenbelegungspläne des GA mit 90 000 Zielfunktionsauswertungen im Szenario OPTSIM[25]

In einem zweiten Schritt wird das Szenario METASIM ausgewertet. Hier werden sowohl der Ausschuss als auch Sicherheitsfaktoren in der Optimierung zuerst vernachlässigt ($r_{max} = 0\,\%$, $SF2 = 1$). Der entstehende Maschinenbelegungsplan wird daraufhin simuliert. Um zu evaluieren, welche Auswirkung Maschinenausfälle auf die Maschinenbelegungspläne im Evaluationsszenario haben, wird pro Metaheuristik der Plan mit dem besten C_{max} pro Woche gewählt und mit 40 Replikationen simuliert. Falls durch den Ausschuss oder eine zu geringe Produktionsmenge zu wenig Teile produziert werden, kann in der zweiten Stufe im Simulationsmodell nur eine reduzierte Auftragsmenge produziert werden.

Abbildung 6.30 zeigt den Vergleich von Optimierungsergebnissen und Simulationsergebnissen hinsichtlich der Kennzahl C_{max} exemplarisch für die Woche 19. Es ist zu erkennen, dass die Optimierungsergebnisse niedrigere oder maximal ähnliche C_{max}-Werte im Vergleich zum unteren Whisker der Simulationsergebnisse berechnen. Dies ist plausibel und trägt wiederum zur gegenseitigen Validierung beider Modelle bei, deren Kongruenz damit nochmals unterstrichen wird.

Des Weiteren zeigen die Boxplots in Abbildung 6.30 das 25 %-Quantil sowie das 75 %-Quantil und den Median. Es ist zu erkennen, dass die Lösung, die der Tabu

---

[25] Auf eine digitale farbige Darstellung des Diagramms, kann über folgenden Link zugegriffen werden https://doi.org/10.1007/978-3-658-41170-1_6.

Search ($shift$)-Algorithmus mit LPT in der betreffenden Woche hervorgebracht hat, besonders stabil gemäß den stochastischen Einflüsse sowie den Maschinenausfällen und den sonstigen Spezifika des Simulationsmodell reagiert. Tabu Search ($shift$) mit LPT ist in den Auswertungen des Abschnitts 6.4.3 nur der fünftbeste Algorithmus. In der betreffenden Woche wäre die durch diesen Algorithmus hervorgebrachte Lösung jedoch zu bevorzugen. Es zeigt sich mit dieser Auswertung, dass es vor allem hinsichtlich der Robustheit der Lösungen für den vorliegenden Anwendungsfall sinnvoll ist, für die zu planende Woche Simulationsexperimente durchzuführen.

Abbildung 6.29 zeigt den Mittelwert des C_{max} der Simulationsexperimente inklusive der 95-%-Konfidenzintervalle über die Replikationen. Es ist zu erkennen, dass die besten Verfahren der deterministischen Auswertungen nicht zwingend die besten Ergebnisse in den Simulationsexperimenten liefern. Die Abweichung der Werte pro Lösung ist dabei als gering zu bewerten, was an den lediglich kurzen Balken der Konfidenzintervalle pro Kalenderwoche erkennbar ist. Auch die durchschnittlichen Makespan-Werte weichen trotz Maschinenausfällen bei der Wahl nicht stark von der Optimierung ab (vgl. Abbildungen 6.28, 6.29 und 6.30 des geeigneten Plans). Die Wahl der besten Verfahren sollte jedoch mithilfe der Simulation getroffen werden, falls die Planungszeit dafür vorhanden ist.

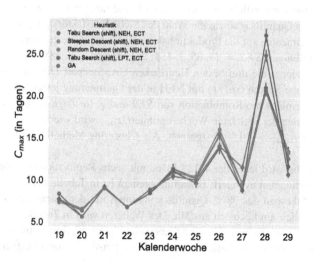

Abbildung 6.29 C_{max} der Simulationsergebnisse zu METASIM[26]

---

[26] Auf eine digitale farbige Darstellung des Diagramms, kann über folgenden Link zugegriffen werden https://doi.org/10.1007/978-3-658-41170-1_6.

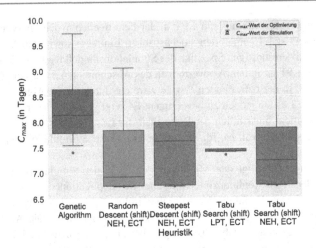

Abbildung 6.30 Boxplot der Woche 19

6.6.2 Wahl der Quantile q und des Sicherheitsfaktors $SF2$

Abschließend wird mithilfe des Szenarios PROGSIM evaluiert, welchen Einfluss die Wahl des Quantils q sowie die Wahl des Sicherheitsfaktors $SF2$ in den Simulationsexperimenten auf die Produktionskennzahlen hat. Getestet werden die Parametereinstellungen $SF2 = \{1,05; 1,1; 1,2; 1,3\}$ und $q = \{88\,\%; 92\,\%; 98\,\%\}$. Dazu produzieren die drei besten Heuristiken GA, Steepest Descent $(shift)$ mit NEH und Tabu Search $(shift)$ mit NEH in der Optimierung jeweils drei Maschinenbelegungspläne pro Kombination von $SF2$ und q. Im Zuge dessen werden die Nachfragedaten der vorletzten Woche optimiert. r_{max} wird wie in Unterkapitel 6.5 erörtert auf $r_{max} = 10\,\%$ festgesetzt. Als Clustering-Methode wird *mean* fest gewählt.

Pro Woche wird jeder der 1 188 Pläne mit sechs Replikationen in den Simulationsexperimenten evaluiert. Erwartungsgemäß ist in Tabelle 6.17 zu erkennen, dass der Makespan des 98-%-Quantils kombiniert mit dem Sicherheitsfaktor 1,3 durchschnittlich am höchsten ausfällt. Des Weiteren wird in Tabelle 6.17 ersichtlich, dass der Makespan stärker vom Sicherheitsfaktor beeinflusst wird als von dem gewählten Quantilswert. Dafür könnte die Obergrenze r_{max} ausschlaggebend sein (Abbildung 6.31).

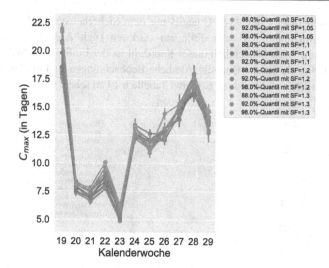

Abbildung 6.31 Vergleich der Makespan-Werte der Simulationsexperimente mit der Clustering-Methode $mean$[27]

Tabelle 6.17 Vergleich der Makespan-Werte der Simulationsexperimente mit der Clustering-Methode $mean$

Sicherheitsfaktor	Quantil in %	Makespan
1,05	92	11,44
1,05	88	11,6
1,1	92	11,67
1,1	88	11,72
1,05	98	11,76
1,2	88	11,8
1,1	98	11,9
1,2	98	12,28
1,3	88	12,34
1,2	92	12,4
1,3	92	12,41
1,3	98	12,8

[27] Auf eine digitale farbige Darstellung des Diagramms, kann über folgenden Link zugegriffen werden https://doi.org/10.1007/978-3-658-41170-1_6.

Die Kombination des 98-%-Quantils mit dem Sicherheitsfaktor 1,3 reduziert auch das Maximum fehlender Teile am stärksten (vgl. Abbildung 6.32 und Tabelle 6.18). Auch hinsichtlich dieser Kennzahl ist der Einfluss des Sicherheitsfaktors stärker als der des Quantils. Ähnliche Beobachtungen sind im Anteil nicht erfüllter Aufträge in Abbildung 6.33 und Tabelle 6.19 zu sehen.

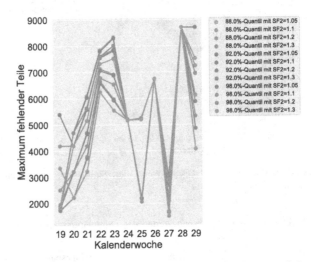

Abbildung 6.32 Maximum fehlender Teile in Simulationsexperimenten mit der Clustering-Methode $mean$[28]

Ähnlich wie im Fall der Quantile q mit der Obergrenze r_{max} könnte es auch für den Sicherheitsfaktor $SF2$ sinnvoll sein, eine Obergrenze von zusätzlich zu produzierenden Teilen zu definieren. Die Überproduktion ist gemäß den Auswertungen der Tabelle 6.17 jedoch nicht so hoch zu bewerten wie die Überproduktion durch hohe Quantilswerte ohne Obergrenze in der Vorarbeit zu dieser Arbeit von Schumacher/Buchholz (2020). Im Hinblick darauf, dass aus Sicht des Unternehmens die vollständige Erfüllung der Aufträge höchste Priorität hat, sollten insbesondere aufgrund der Ergebnisse zum Maximum fehlender Teile (vgl. Tabelle 6.18) und dem Anteil nicht erfüllter Aufträge (vgl. Tabelle 6.19) die Parameter $q = 98\%$ und $SF2 = 1,3$ gewählt werden.

---

[28] Auf eine digitale farbige Darstellung des Diagramms, kann über folgenden Link zugegriffen werden https://doi.org/10.1007/978-3-658-41170-1_6.

Tabelle 6.18 Maximum fehlender Teile in Simulationsexperimenten mit der Clustering-Methode *mean*

Sicherheitsfaktor	Quantil in %	Maximum fehlender Teile
1,3	98	4 728,45
1,3	92	4 779,09
1,3	88	4 844,36
1,2	92	4 943,64
1,2	98	5 000,55
1,2	88	5 125,64
1,1	98	5 236,36
1,05	98	5 500,55
1,05	88	5 636,45
1,1	92	5 648,27
1,1	88	5 654,82
1,05	92	5 753,27

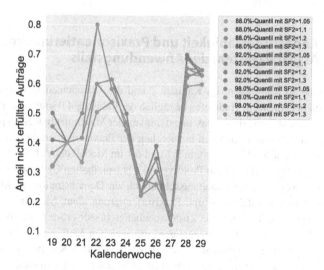

Abbildung 6.33 Anteil nicht erfüllter Aufträge in Simulationsexperimenten mit der Clustering-Methode *mean* [29]

---

[29] Auf eine digitale farbige Darstellung des Diagramms, kann über folgenden Link zugegriffen werden https://doi.org/10.1007/978-3-658-41170-1_6.

Tabelle 6.19 Anteil nicht erfüllter Aufträge in Simulationsexperimenten mit der Clustering-Methode *mean*

Sicherheitsfaktor	Quantil in %	Anteil nicht erfüllter Aufträge
1,3	98	0,4
1,3	92	0,42
1,3	88	0,42
1,2	98	0,43
1,2	92	0,44
1,2	88	0,44
1,1	98	0,45
1,05	98	0,47
1,1	92	0,47
1,1	88	0,48
1,05	92	0,48
1,05	88	0,48

6.7 Anpassungsfähigkeit und Praxisorientierung im Assistenzsystem des Anwendungsfalls

Während die Ausführungen des Kapitels 2 und die Übersichten in Unterkapitel 5.6 dazu dienen, die Reifegradstufen bezüglich der Industrie 4.0 sowie die maximal mögliche Ausgestaltung der Anpassungsfähigkeit der Maschinenbelegungsplanung zu definieren, sind die Annahmen hinsichtlich der Praxisorientierung und Anpassungsfähigkeit aus den Unterkapiteln 3.1 und 6.1 im Modell der Arbeit umgesetzt. Dazu wird in Abschnitt 6.7.1 ein Prototyp einer beispielhaften GUI vorgestellt, die jedoch in der vorliegenden Arbeit ausschließlich zur Demonstration der Möglichkeiten der Anpassungsfähigkeit und Praxisorientierung dient. Sie wird aber einmal in Gänze vorgestellt, um die Zusammenhänge besser erörtern zu können. In Abschnitt 6.7.2 wird darauf eingegangen, mit welchen Methoden der definierte Grad der Anpassungsfähigkeit sowie die praxisorientierten Komponenten in das Assistenzsystem der Arbeit integriert und detailliert ausgestaltet werden.

6.7.1 Benutzerschnittstelle

Im ersten Tab der GUI (vgl. Abbildung 6.34) kann über den Button „Import Database" eine Datenbank mit den historischen externen und internen Stamm- und Bewegungsdaten importiert werden. In diesem Tab können des Weiteren die historischen Prozessdaten und externen Daten analysiert sowie visualisiert werden. Für jedes Produkt können Diagramme zu Prozesszeiten, Ausschuss und historischer Nachfrage angezeigt und abgespeichert werden, insofern dieses Produkt Daten in der jeweiligen Kategorie aufweist. Beispiele der vier Diagramme, die ausgewählt werden können, sind in den Abbildungen 3.1 (vgl. Abschnitt 3.5.2), 5.3, 5.5 und 5.6 gegeben (vgl. Abschnitt 5.1.1). Diese Visualisierung der Daten hilft dem PPS-Team dabei, die Produkte einzuschätzen und die Berechnungen des Programms besser nachzuvollziehen.

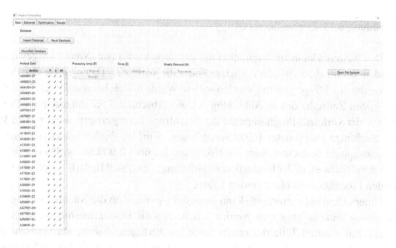

Abbildung 6.34 Erster Tab der GUI.

Im zweiten Tab der GUI (vgl. Abbildung 6.35) werden die Nachfragedaten ausgewählt, für die die Maschinenbelegungspläne optimiert werden sollen. Für diese Arbeit werden vor allem Maschinenbelegungspläne für Nachfragedaten der Vergangenheit optimiert. Genauso ist es aber auch möglich, die aktuelle Woche auszuwählen, dafür müssen die Daten lediglich in der aktuellen Datenbasis eingepflegt sein.

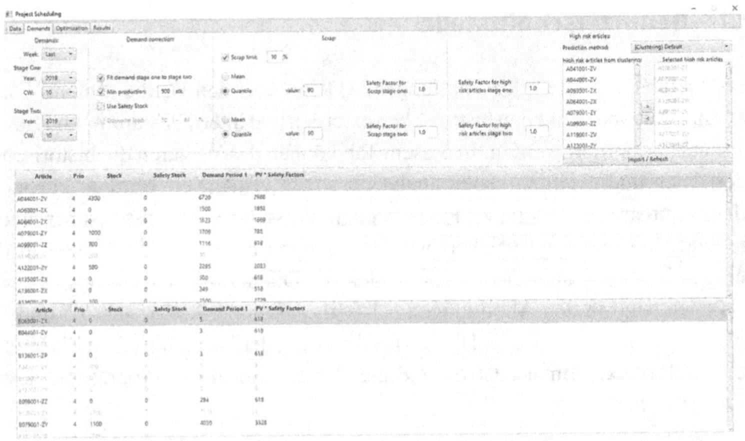

Abbildung 6.35 Zweiter Tab der GUI

Des Weiteren kann zur Evaluation mit der Dropdown-Liste „Week" ausgewählt werden, ob für diese Woche die letzten oder die vorletzten Datenpunkte der Prognose der Nachfrage gewählt werden sollen. Würde beispielsweise für das Datum der ersten Zeitreihe des in Abbildung 3.1 aus Abschnitt 3.5.2 dargestellten Produktes der vorletzte Prognosepunkt der Nachfrage herangezogen werden, würde die Nachfrage knapp unter 1 500 Stück liegen. Wird für die Nachfrage der letzte Prognosepunkt betrachtet, liegt die Nachfrage bei über 2 000 Stück. Diese Funktion ermöglicht es, in der Evaluation zu simulieren, dass sich Bedarfe innerhalb der letzten Produktionswoche geändert haben.

Unter „Demand correction" kann eingestellt werden, ob die Nachfragemengen der ersten Stufe so angepasst werden sollen, dass die Produktionsmengen für die zweite Stufe genug Teile der ersten Stufe zur Verfügung haben, um vollständig produziert zu werden. Auch die Mindestproduktionsmenge kann in diesem Tab eingegeben werden. Mit den gesetzten Haken kann des Weiteren der Sicherheitsbestand sowie die Mindestproduktionsmenge angewendet werden.

Unter „Scrap" kann über die Anwendung eines Limits für den Ausschuss entschieden und ausgewählt werden, ob die Ausschussrate gemäß einem Quantil oder dem Mittelwert berechnet werden soll. Des Weiteren können Werte für Sicherheitsfaktoren hinsichtlich des Ausschusses und der Hochrisikoartikel eingegeben werden.

Die Auflistung auf der rechten Seite unter „High risk articles" zeigt, welche Produkte aktuell der Gruppe der Hochrisikoartikel durch das Clustering zugeordnet wurden. Die Produkte können dabei vom PPS-Team jederzeit als Nichthochrisiko-artikel und andere Nichthochrisikoartikel als Hochrisikoartikel klassifiziert werden. Falls die beschriebenen Einstellungen oben geändert werden, kann die Ansicht der Nachfragedaten unten mit „Import/Refresh" aktualisiert werden.

In der Ansicht der Nachfragedaten kann die Prioritätsgruppe geändert werden. Zudem werden der Lagerbestand, der Sicherheitsbestand sowie die Nachfrage und das Produktionsvolumen angezeigt.

Im dritten Tab der GUI (vgl. Abbildung 6.36) unter „Constraints" können links oben bei „Opt start" zuerst das Datum und die Uhrzeit des Startzeitpunktes des Maschinenbelegungsplans gesetzt werden. Dieser Startzeitpunkt taucht in der Anzeige des Maschinenbelegungsplans auf. Darunter kann unter „Min quali-fications" gewählt werden, ob es in den Stufen eine Mindestanzahl qualifizierter Maschinen pro Produkt geben soll. Des Weiteren kann „Unrelated machines" ange-hakt werden, falls von unterschiedlichen Prozesszeiten der Produkte pro Maschine ausgegangen werden soll. Wird der Kasten abgehakt, wird von parallelen Maschinen ausgegangen.

Des Weiteren ist im dritten Tab durch das Deaktivieren des Hakens bei „Blocked times of machines" das Entfernen aller Nichtverfügbarkeiten von Maschinen mög-lich. Sie werden dann nicht in die Berechnung einbezogen und blockieren keine Maschine. Auch einzelne geplante Wartungsarbeiten oder andere Stillstände kön-nen im dritten Tab aus der Liste gelöscht oder hinzugefügt werden.

Im unteren Teil des dritten Tabs können die entwickelten Heuristiken, Meta-heuristiken sowie das ILP ausgeführt werden. Alle Parameter können hier einzeln verändert werden und für die Heuristiken können die zugrunde liegende Starteu-ristik sowie die Anstellstrategie für die zweite Stufe gewählt werden. Werden für die Metaheuristiken die Haken bei „Neighbors" entfernt, wird der Parameterwert auf „unbound" gesetzt, das heißt, dass in jeder Iteration die gesamte Nachbarschaft durchsucht wird. Der untere Button „Start All Heuristics" führt alle aufgeführten Heuristiken und Metaheuristiken mit den eingestellten Parametern nacheinander aus und die Ladebalken unter „Progress of optimization runs" zeigen den gesamten sowie den einzelnen Fortschritt der Heuristiken an.

Für das ILP kann ein Zeitlimit und ein Gap eingestellt werden, nach dem abgebro-chen werden soll. Des Weiteren ist es möglich, eine alternative Zielfunktion $\sum C_{ij}$ mithilfe des Hakens bei „Opt CSum" auszuwählen und ein „Post Processing" nach der Optimierung auszuführen, bei dem alle Aufträge frühestmöglich eingeplant wer-den. Die Reihenfolge des Maschinenbelegungsplan bleibt dabei erhalten, es werden nur Wartezeiten vermieden, die bei einer exakten Optimierung mit der Zielfunktion C_{max} entstehen können.

Abbildung 6.36 Dritter Tab der GUI

Im vierten Tab der GUI (vgl. Abbildung 6.37) werden die Ergebnisse der Algorithmen mit Laufzeiten, Iterationsanzahlen, Zielfunktionswerten und dem verwendeten Verfahren in der Tabelle angezeigt. Zudem können über die Buttons oben links bereits generierte Maschinenbelegungspläne der Optimierung und aus Simulationsexperimenten geladen werden. Durch die Auswahl eines berechneten Maschinenbe-

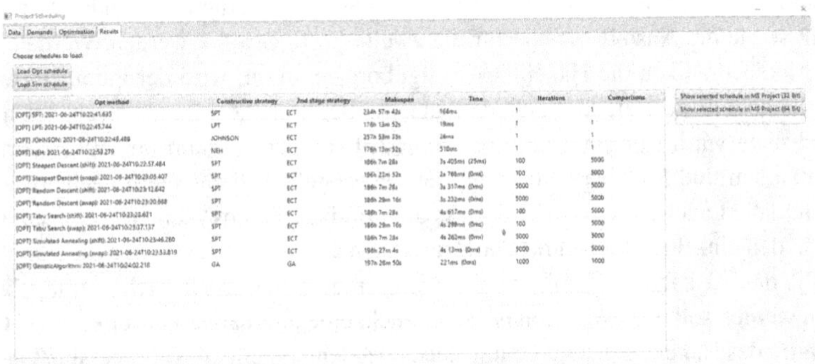

Abbildung 6.37 Vierter Tab der GUI

legungsplans in der Tabelle dieses vierten Tabs und das Drücken eines der Buttons „Show selected schedule in MS Project" wird der zugehörige Maschinenbelegungsplan in MS Project angezeigt. Ein Beispiel eines Maschinenbelegungsplans ist in Abbildung 6.38 zu finden.

Abbildung 6.38 Beispiel der Ausgabe eines Maschinenbelegungsplans in Microsoft Project

6.7.2 Praxisorientierung und Anpassungsfähigkeit

Im Bereich der *Praxisorientierung* hin zu einer Maschinenbelegungsplanung gemäß der Industrie 4.0 wurden viele der Aspekte integriert, die in der dritten bis fünften Stufe in Abbildung 5.14 (vgl. Abschnitt 5.6.2) genannt sind. In Abbildung 5.14 sind diese Stufen grau unterlegt und ihre Ausgestaltung wird im Folgenden näher spezifiziert.

3. Im Anwendungsfall existieren Funktionalitäten innerhalb der ERP- und MES-Systeme, welche ausschließlich diese dritte Stufe der *Sichtbarkeit* aus Abbildung 5.14 berücksichtigen. Die Funktionalitäten sind jedoch in den Systemen verteilt und werden kaum genutzt. Die Anforderungen dieser Stufe sind rudimentärer umgesetzt, sodass aktuelle Aufträge und Lagerbestände angezeigt werden. Für eine Maschinenbelegungsplanung auf verschiedenen Maschinen wird dieses System nicht in der vorgesehenen Funktionalität genutzt, da es sich dafür nicht bewährt hat. Optimierungen sind mit dem System nicht möglich. Diese Stufe kann im Anwendungsfall jedoch als bereits abgedeckt betrachtet und rudimentär für eine manuelle Planung eingesetzt werden.

In der Software der vorliegenden Arbeit werden das Monitoring der produktionswirtschaftlichen Zielgrößen (im Fall der Arbeit der Makespan) sowie die Visualisierung des Maschinenbelegungsplans und eine manuelle Planungsmöglichkeit mittels *unavail* oder *prec* und M_j (vgl. Abschnitt 5.6.1) durch die GUI integriert in Abschnitt 6.7.1 ermöglicht. Der Maschinenbelegungsplan wird durch das entwickelte Assistenzsystem dieser Arbeit mithilfe von Microsoft Project wie in Abbildung 6.38 visualisiert.

Das Einschließen von Mindestbeständen und minimalen sowie maximalen Produktionslosen wird durch die Formel zur Berechnung des Produktionsvolumens des Unterkapitels 5.4 gewährleistet. Des Weiteren sind die Aufträge inklusive der Sicherheitsbestände, Produktionsmengen, Prioritäten der Aufträge sowie Bestände im zweiten Tab der GUI visualisiert (vgl. Abbildung 6.36).

Die Planungsperiode kann beliebig gewählt werden und mithilfe der β-Komponente *prec* können auch mehrere Wochen mit Prioritäten nacheinander eingeplant werden. Allerdings muss in der Datenbank für den Bedarf das gleiche Datum ausgewählt sein, was aber vom PPS-Team leicht zu ändern ist.

4. Die Stufe der *Transparenz* wird durch den Abschnitt 5.1.2 und das Unterkapitel 5.4 abgedeckt, indem Massendaten in den Diagrammen der GUI aggregiert und visualisiert (vgl. Abbildungen 5.3–5.5 in Abschnitt 5.1.1) sowie durch das Clustering analysiert werden (vgl. Abbildungen 6.21–6.22 in Abschnitt 6.5.2). Dies wird in den ersten beiden Tabs der beispielhaft aufgebauten GUI umgesetzt (vgl. Abbildungen 6.34 und 6.35). Diese Daten der Diagramme werden mithilfe der Aggregation und Vereinzelung der Daten aus Tabelle 5.2 in Abschnitt 5.1.1 sowie in der Formel des Produktionsvolumens aus Unterkapitel 5.4 im Assistenzsystem weiterverarbeitet und -verwendet.

5. Den Kern des Assistenzsystems der Arbeit bildet die fünfte Stufe der Industrie 4.0 – *Prognosefähigkeit und Optimierung*. Dabei ist die Optimierung der Gesamtbearbeitungszeit das Oberziel des Assistenzsystems und deckt damit den Punkt Optimierung produktionswirtschaftlicher Zielgrößen aus Abbildung 5.14 ab. Des Weiteren wird eine hohe Verfügbarkeit des Produktionssystems durch das Programm unterstützt, indem sich nach Änderungen ergebende Szenarien durch den Einsatz von Heuristiken schnell neu optimiert werden können. Die Optimierung des Produktionssystems wird zudem insofern unterstützt, als verschiedene Parametereinstellungen getestet werden können.

Mithilfe der Datenbank können Auftragsmengen manuell verändert werden und in Microsoft Project kann die Position von Aufträgen in Maschinenbelegungsplänen rudimentär geändert werden. Des Weiteren kann *unavail* genutzt werden, um Aufträge festsetzen zu können, die zeitlich nicht verschoben werden können. Die Software fungiert als Assistenzsystem für das PPS-Team und nutzt mit den oben beschriebenen Werkzeugen das Erfahrungswissen des PPS-Teams. Das PPS-Team kann dazu zahlreiche Parameter über die GUI konfigurieren, sich über den Systemzustand informieren, verschiedene Längen anzeigen lassen und diese bewerten (vgl. Abschnitt 6.7.1).

Über die klassische Maschinenbelegungsplanung hinausgehend sind mit dem Assistenzsystem, welches für diese Arbeit implementiert wurde, noch zwei weitere Verfahren verknüpft – die Clustering-Verfahren und die Materialflusssimulation. Auch sie sind mit der Verknüpfung mit der Optimierung hinsichtlich der Stufen der Industrie 4.0 auf der Ebene der *Prognosefähigkeit und Optimierung* anzusiedeln und komplettieren diese Stufe für die vorliegende Arbeit.

6. Die Stufe der *Adaptierbarkeit* aus Abbildung 5.14 wurde aus folgenden Gründen ausgelassen: Auf das Erfahrungswissen des PPS-Teams soll nicht verzichtet werden, sondern es soll gemäß Unterkapitel 3.1 genutzt werden. Für die erste Erprobungsphase der Software ist es des Weiteren nötig, den vollen Überblick über die Entscheidungen zu haben und ein eigenständig transferierbares Produkt vorführen sowie testen zu können. Dies soll auch die Akzeptanz der Software erhöhen (vgl. Abschnitt 2.5.4). Die Software soll deshalb noch nicht „as a Service" bereitgestellt werden. Des Weiteren würde es den Rahmen der Softwareentwicklung in dieser Arbeit übersteigen, die Software an die innerbetrieblichen Informationssysteme der Produktion anzubinden.

Nachdem die Basis mit den praxisorientierten Komponenten geschaffen wurde, wird im Folgenden die *Anpassungsfähigkeit* des Systems der Arbeit analysiert. Während aus Abbildung 5.13 die grau unterlegten Ringe in dieser Arbeit umgesetzt wurden, wurden die weiß unterlegten Ringe auch nach Rücksprache mit dem Unternehmen gemäß Unterkapitel 3.1 nicht priorisiert und nicht berücksichtigt. Die Punkte in den weißen Ringen können zugleich als weiterer Forschungsbedarf ausgemacht werden. Im Folgenden wird daher darauf eingegangen, wie die Punkte im dunkel unterlegten Bereich umgesetzt wurden.

1. Hinsichtlich der Kategorie *Problemformulierung* wurden zwei Aspekte umgesetzt. Für die exakte Optimierung wurden zwei Zielfunktionen als Auswahlmöglichkeiten implementiert, wobei die Makespan-Minimierung bevorzugt werden sollte, wie in Unterkapitel 5.2 zur exakten Optimierung erläutert ist.

   Die Nichtberücksichtigung integrierter Restriktionen der β-Komponenten stellt gemäß Unterkapitel 3.1 ebenfalls einen wichtigen Bestandteil der Arbeit dar. Dass Restriktionen im Assistenzsystem auch ausgelassen werden können, wird teils bereits in der GUI ersichtlich (dritter Tab in Abbildung 6.36). Wie β-Komponenten ausgelassen werden können und welchen Nutzen das Auslassen hat, wird jeweils im Folgenden detaillierter erläutert.

$prec$: Im zweiten Tab der GUI (vgl. Abbildung 6.35) wird den Aufträgen eine Prioritätsgruppe zugewiesen. Um $prec$ auszulassen, wird für alle Aufträge die gleiche Prioritätsgruppe gewählt. Diese manuelle Änderung in der GUI hat direkte Auswirkung auf die Modelle. In den Optimierungsmodellen des Kapitels 5 gibt es dann lediglich eine Prioritätsgruppe, daraus folgt $|Prio| = 1$ und $N_{prio} = N$. In den Heuristiken und Metaheuristiken bedeutet dies beispielsweise, dass die zugehörigen Schleifen nur einmal durchlaufen werden.

M_j: In der GUI kann die minimale Anzahl der qualifizierten Maschinen pro Produktnummer ausgewählt werden. Dies hat die Funktion, dass schnell modelliert werden kann, wie sich Maschinenbelegungspläne verbessern können oder wie diese beeinflusst werden. Für folgende Anwendungsfälle kann die Funktion genutzt werden und diese können wie folgt umgesetzt werden:

(a) Im ersten Fall kann getestet werden, wie sich eine Mindestanzahl qualifizierter Maschinen auswirken kann. Mit der Implementierung kann eine untere Schranke des C_{max} ermittelt werden. Falls eine Maschine nur für eine definierte Anzahl von Maschinen qualifiziert ist, die unterhalb der in der GUI eingestellten Mindestanzahl liegt, wird angenommen, dass das Produkt für alle Maschinen qualifiziert ist.

(b) Wird die Erweiterung der Maschinenqualifikationen für einzelne Produkte in Erwägung gezogen, kann in der Datenbank die Qualifikation der einzelnen Maschine für die Produkte geändert werden. Wird eine der Einstellungen über einen bestimmten Zeitraum ausgewertet, kann dies Erkenntnisse über die Veränderung der Zielfunktionswerte bezüglich der Änderung von M_j liefern.

(c) Alle Maschinenqualifikationen können ausgelassen werden, um eine untere Schranke des C_{max} hinsichtlich M_j ermitteln zu können.

Die drei vorgestellten Werkzeuge sind insbesondere für Fabrikplanungsmaßnahmen wertvoll, da die Qualifizierung der Maschinen für jedes Produkt erneut mit Kosten, Zeit und Kundenkommunikation verbunden ist.

RM: Im dritten Tab kann des Weiteren gewählt werden, ob die Maschinengeschwindigkeit pro Bearbeitungsstufe unterschiedlich (RM) oder identisch (PM) gewählt werden soll. Ist der Haken für „unrelated" (RM) gesetzt, wird das Modell im höchsten Detaillierungsgrad aus Tabelle 5.1 aus Abschnitt 5.1.1 umgesetzt. Ist der Haken nicht gesetzt, wird der höchste Detaillierungsgrad ausgelassen. Dann wird angenommen, dass jede Maschine die gleiche Geschwindigkeit bezüglich eines Produktes aufweist. In der Optimierung wird der Median über die Verteilung aller Maschinen genutzt und in der Simulation die Verteilung der Prozesszeiten über alle Maschinen. Dieser Fall dient auch der Verifikation des Modells. Falls die Datenqualität für die einzelnen Maschinen als nicht ausreichend bewertet werden kann, können so die Prozesszeiten maschinenübergreifend modelliert werden.

unavail: Des Weiteren wird im dritten Tab (vgl. Abbildung 6.36) die Integration oder das Entfernen der β-Komponente *unavail/rm* möglich. Ist der Haken nicht gesetzt, bleibt die Menge B der Nichtverfügbarkeiten leer. So kann für Produktionsspitzen modelliert werden, wie sich der Plan ändert, wenn alle geplanten Wartungsarbeiten und Stillstände verschoben werden. Auch einzelne geplante Wartungsarbeiten oder andere Stillstände können im dritten Tab aus der Liste gelöscht oder hinzugefügt werden. Sie werden dann nicht in die Berechnung einbezogen und blockieren.

2. In der Kategorie der *Betriebshilfsmittel* sind das Entfernen, die Integration oder die Änderung von Logistikelementen und Prozessen in dem Maße umgesetzt, dass die Kapazitäten der Transportbehälter und Trolleys in der Datenbank geändert werden können. Dies hat direkte Auswirkungen auf die Optimierungsmodelle und Simulationsmodelle. Sowohl das Simulationsmodell als auch Optimierungsmodell reagieren bei einem erneuten Laden der Datenbank auf die Änderung. Des Weiteren kann die Kapazität der Lackierrahmen der zweiten Stufe in der Datenbank angepasst werden. Weiterer Wandlungs- oder Flexibilitätsbedarf hinsichtlich der Logistikelemente wurde im Anwendungsfall der Arbeit nicht identifiziert. Denkbar wäre jedoch der Austausch der Technologien im Bereich der Logistikelemente, dieser Änderungsbedarf ist jedoch der Wandlungsfähigkeit zuzuschreiben.

   Das Entfernen von Maschinen kann, wie in Unterkapitel 5.6 beschrieben, mit *unavail* gelöst werden. Daher kann im dritten Tab (vgl. Abbildung 6.36) eine Blockierung der Maschine für den genannten Produktionszeitraum hinzugefügt werden. Ist das Entfernen der Maschinen auf Dauer angedacht, so kann auf diese Weise erste Abhilfe geschaffen werden, bevor softwareseitig Veränderungen eingepflegt werden.

3. Durch die Änderungsmöglichkeiten im Bereich *Produktionsmenge und -planung* kann die Maschinenbelegungsplanung durch die realistische Ausgestaltung des Problems der Arbeit auch innerhalb einer Planungsperiode einfach wiederholt werden. Dazu können die β-Komponenten, M_j sowie *prec* oder *unavail* genutzt werden.

Tritt entweder ein Maschinenausfall auf oder die Maschine wird durch die Instandhaltung kurzfristig beansprucht oder aber ein Kundenauftrag verändert sich bzw. kommt neu hinzu, können die bereits laufenden Aufträge mithilfe von M_j und mithilfe der Datenbank auf die Maschinen festgesetzt werden, auf denen sie gerade produziert werden. Mit $prec$ werden die gerade laufenden Aufträge priorisiert, indem sie zur höchsten Prioritätsgruppe hinzugefügt werden, sodass sie als erstes auf der festgesetzten Maschine eingeplant werden.

Eine weitere Möglichkeit, die aktuell laufenden Aufträge zu modellieren, bietet $unavail$ in der GUI. Falls die Endzeitpunkte der Aufträge bekannt sind und sich die Mengen der laufenden Aufträge nicht verändert haben, können für belegte Maschinen, die sich aktuell im Produktionsbetrieb befinden, Nichtverfügbarkeiten mit der Dauer der aktuellen Aufträge hinzugefügt werden.

Wie schon in Abschnitt 5.6.1 angesprochen, sind die Punkte der Produktionsplanung und des Produktionsvolumens auf der linken Seite von Abbildung 5.13 größtenteils in der Formel für das Produktionsvolumen aus Unterkapitel 5.4 enthalten. Die minimale Produktionslosgröße kann in der GUI geändert werden. Hier kann durch das Hakensetzen auch entschieden werden, ob überhaupt eine Mindestproduktionsmenge angewendet wird und die Größenordnung dieser kann per Eingabe eingestellt werden (vgl. Abbildung 6.35). Auch dies ist für Tests bei Fabrikplanungsmaßnahmen hilfreich, um über die Anwendung einer Mindestproduktionsmenge fundiert entscheiden zu können. Dies wirkt sich unmittelbar auf die in Unterkapitel 5.4 vorgestellte Formel aus.

Werden die Sicherheitsfaktoren $SF1_{ij} = SF2_{ij} = 1, 0$ gewählt, wird das Clustering nicht berücksichtigt und keine Einschätzung des PPS-Teams bezüglich der Produktionsmengen einbezogen. Ebenso werden Sicherheitsbestände in der Datenbank festgesetzt und im zweiten Tab der GUI angezeigt. Mithilfe der GUI können diese Mindestbestände per Haken angewendet oder ausgelassen werden (vgl. Abbildung 6.35). Eine weitere Anpassungsmöglichkeit sind die Nachfragemengen, die über die Datenbank geändert werden können. Gibt es Veränderungen im Produktionsprogramm, können in der Datenbank jederzeit Stammdaten ergänzt werden und die Optimierungsmodelle sowie die Simulationsmodelle werden automatisch durch das Laden der Datenbank angepasst. Auch Abschnitt 5.1.1 trägt mit der Tabelle 5.1 zu dieser Flexibilität hinsichtlich des Produktionsprogramms bei, indem die fehlenden Daten durch aggregierte Daten ersetzt werden. So kann das Assistenzsystem mit fehlenden Stammdaten für neue Produkte Produktionspläne erstellen.

4. Im *Simulationsmodell* werden die Schwankungen in Bearbeitungszeiten und Ausschuss berücksichtigt sowie die Störungen von Betriebsmitteln modelliert. Auf beide Aspekte wurde sowohl in Abschnitt 5.1.1 als auch in Unterkapitel 5.5 detaillierter eingegangen. Für diese Punkte der Anpassungsfähigkeit stellt die Simulation einen unerlässlichen Baustein dar.

Diskussion der Ergebnisse

7

In der vorliegenden Arbeit wurden analytische Verfahren für einen praxisorientierten hybriden Flow Shop eines Anwendungsfalls verglichen. Dieses Beispiel diente des Weiteren dazu, die Wandlungsfähigkeit und Praxisorientierung der Maschinenbelegungsplanung gemäß der Entwicklung hin zur Industrie 4.0 zu analysieren und weiterzuentwickeln.

In Unterkapitel 7.1 werden die wichtigsten Erkenntnisse der Arbeit mithilfe der Forschungsfragen aus Kapitel 4 zusammengefasst. In Unterkapitel 7.2 werden zum Vergleich der gewonnenen Erkenntnisse des Anwendungsfalls mit der bestehenden Literatur die vorliegenden Ergebnisse mit den Erkenntnissen aus Kapitel 3 abgeglichen. In Unterkapitel 7.3 wird der Einfluss der Limitationen der vorliegenden Arbeit auf die Ergebnisse für den Anwendungsfall der Arbeit erörtert. Schließlich werden in Unterkapitel 7.4 noch Handlungsempfehlungen für den Anwendungsfall zusammengefasst.

7.1 Zusammenfassung der Ergebnisse und Beantwortung der Forschungsfragen

In der vorliegenden Arbeit werden acht Heuristiken, 17 Metaheuristiken, eine Formulierung eines gemischt-ganzzahligen Optimierungsmodells, ein Simulationsmodell, drei Prognoseverfahren in Kombination mit einer Berechnung des Produktionsvolumens, zwei Übersichten zur Praxisorientierung, Flexibilität und Wandlungsfähigkeit sowie ein Konzept zur Kombination der Verfahren für einen realistischen hybriden Flow Shop entwickelt und evaluiert. In der Problemstellung der vorliegenden Arbeit, auf die die genannten Methoden angewendet werden, sind

© Der/die Autor(en), exklusiv lizenziert an Springer Fachmedien Wiesbaden GmbH,   277
ein Teil von Springer Nature 2023
C. Schumacher, *Anpassungsfähige Maschinenbelegungsplanung eines praxisorientierten hybriden Flow Shops*,
https://doi.org/10.1007/978-3-658-41170-1_7

die in Maschinenbelegungsproblemen immanenten Charakteristika der geplanten und ungeplanten Nichtverfügbarkeiten von Maschinen, der Unsicherheiten in Prozessdaten sowie der Nachfrageschwankungen inkludiert. Des Weiteren werden die Charakteristika der unterschiedlichen Maschinengeschwindigkeiten innerhalb jeder Stufe, der Freigabetermine für Maschinen am Anfang des Produktionszeitraums, der Maschinenqualifikationen, der Möglichkeit, dass Aufträge Stufen überspringen, und der Prioritätsgruppen von Aufträgen einbezogen. Das Ziel ist, die Gesamtbearbeitungszeit zu minimieren. Eine Validierung des entwickelten Konzepts wird anhand der Daten durchgeführt, die in der Zusammenarbeit mit einem Praxispartner erhoben wurden.

Forschungsfrage 1
Welche Kombination von konstruktiven Heuristiken, iterativen Metaheuristiken, Anstellstrategien für die weiteren Bearbeitungsstufen und Maschinenzuordnungsstrategien liefert für den praxisorientierten hybriden Flow Shop der vorliegenden Arbeit die besten Ergebnisse?

In dieser Arbeit wurden wie oben erwähnt hinsichtlich der heuristischen Optimierungsverfahren acht Heuristiken sowie 17 Metaheuristiken entwickelt. Im deterministischen Evaluationsszenario mit 5 000 Zielfunktionsauswertungen wird der Algorithmus Tabu Search (*shift*) mit NEH als initialer Lösung, mit Earliest Completion Time (ECT) zur Einplanung der weiteren Stufen und mit ECT für die Maschinenzuweisung im Vergleich zu den weiteren untersuchten Algorithmen als am besten evaluiert.

Wird der GA mit 90 000 Funktionsauswertungen evaluiert, werden die Ergebnisse deutlich besser und unterscheiden sich für den Evaluationszeitraum durchschnittlich nur noch um rund 6,9 % von der besten ermittelten Lösung des MIP. Der GA mit 90 000 Funktionsauswertungen generiert des Weiteren im Vergleich zu der Auswertung von 90 000 zufälligen Lösungen eine bessere Lösungsqualität hinsichtlich des durchschnittlichen relativen Makespans, womit für den Anwendungsfall gezeigt werden kann, dass der Einsatz der Methodik des Algorithmus vorteilhaft und sinnvoll für das Unternehmen ist.

Als konstruktive Heuristik schneidet NEH für den Anwendungsfall am besten ab. Im Zuge der Evaluation der lokalen Suchstrategien zeigt sich durchgängig, dass das Verändern der Position eines Auftrages (*shift*) vielversprechender ist als das Tauschen zweier Positionen im Maschinenbelegungsplan (*swap*). Alle *shift*-Varianten der Algorithmen dominieren im Anwendungsfall deren *swap*-Varianten. Des Weiteren dominiert ECT als Strategie der Belegung der weiteren Stufen durchgängig die Strategie JBR.

Die Laufzeiten der Heuristiken und Metaheuristiken betragen im Vergleich zum MIP statt drei Tage im Mittel 13 Sekunden und maximal 20 Sekunden.

Forschungsfrage 2
Wie kann das exakte Optimierungsmodell von Ruiz et al. (2008) an die bearbeitete Problemstellung der vorliegenden Arbeit angepasst werden und welche Lösungsqualität kann in welcher Zeit erzielt werden?

Forschungsfrage 2 zielt auf die Erweiterung des MIP-Modells um die Komponenten der Nichtverfügbarkeit von Maschinen (*unavail*) und Prioritätsgruppen (*prec*) ab. Die Nichtverfügbarkeit von Maschinen wird durch das Hinzufügen einer Menge von Platzhalter-Aufträgen modelliert, die Maschinen zu festen Zeiten blockieren und die nicht verschiebbar sind, da sie nur für eine Maschine qualifiziert sind.

Um *prec* an die im Anwendungsfall benötigten Prioritätsgruppen anzupassen, wurden die Nebenbedingungen, die den Makespan definieren, im Modell angepasst, indem nun die Rangfolge der Prioritätsgruppen für jede einzelne Maschine beachtet werden muss. Darüber hinaus definieren Ruiz et al. (2008), dass Aufträge in der Menge P_k, die vor dem Auftrag k bearbeitet werden müssen, bereits in allen Stufen abgeschlossen sein müssen, bevor mit der Produktion von Auftrag k begonnen werden kann. Für das Problem der vorliegenden Arbeit ist es lediglich wichtig, dass die Aufträge der Menge P_k bereits auf der gleichen Stufe begonnen wurden, bevor der Auftrag k produziert wird, wenn die Aufträge auf der gleichen Maschine produziert werden sollen. Daher wurden auch unter diesem Aspekt Anpassungen der Nebenbedingungen für den Makespan vorgenommen. Des Weiteren wird der Parameter $A_{iljk} = 1$ gewählt, da in der Problemstellung der vorliegenden Arbeit mit dem Rüsten auf der folgenden Stufe begonnen werden kann, bevor der Auftrag auf der aktuellen Stufe abgeschlossen ist. Es wird $lag_{ilk} = 0$ gewählt, da in der Problemstellung der vorliegenden Arbeit die Bearbeitung des Auftrags auf einer Stufe nicht begonnen werden darf, bevor sie auf der vorherigen Stufe abgeschlossen ist. Für den Anwendungsfall werden die Rüstzeiten nicht sequenzabhängig gewählt, da in den Daten kein Zusammenhang mit der Reihenfolge der Aufträge existiert sowie das Problem der Arbeit diesen Aspekt nicht einschließt. Die Modellierung der Rüstzeiten kann jedoch beibehalten werden.

Die Gaps zur unteren Schranke betragen im Anwendungsbeispiel dieser Arbeit im Durchschnitt 13 %. In 50 % der Fälle konnte dabei mit dem Einsatz der unteren Schranke des MIP-Modells Optimalität nachgewiesen werden. Vor allem in den Wochen, in denen die Produktion besonders hoch ausgelastet war, kann die Optimalität der Lösungen nach drei Tagen Laufzeit nicht mit Sicherheit nachgewiesen werden. Die Ergebnisse der Heuristiken und Metaheuristiken lieferten jedoch keine signifikant besseren Werte, weshalb auch in Fällen auf die Optimalität der exakten Lösung geschlossen werden kann, in denen sie nicht bewiesen werden kann. In Tests, in denen einzelne Wochen mit 14 Tagen maximaler Laufzeit evaluiert wurden, zeigten sich ebenfalls keine signifikanten Verbesserungen hinsichtlich des C_{max}, wie Tabelle 6.7 (vgl. Abschnitt 6.4.1) zu entnehmen ist. Auch hinsichtlich des Gaps sind für die lange zusätzliche Laufzeit keine signifikanten Verbesserungen zu beobachten. Auch nach 15 Minuten würden jedoch 50 % der Szenarien im Anwendungsfall optimal gelöst werden. Dies geht aus der Analyse der Zeiten der letzten Verbesserungen der MIP-Ergebnisse hervor.

> *Forschungsfrage 3*
> Welches Konzept zur Kombination von deterministischen Algorithmen, ereignisdiskreter Simulation und statischer Prognose, um die weiteren immanenten Aspekte praxisorientierter Probleme – Maschinenausfälle, Unsicherheiten in den Prozessdaten sowie Nachfrageschwankungen – einzubeziehen, sollte in der Maschinenbelegungsplanung für die in dieser Arbeit bearbeitete Problemstellung angewendet werden?

In der PPS und dem volatiler werdenden Umfeld (vgl. Kapitel 1) ist es wichtig, möglichst robuste Maschinenbelegungspläne freizugeben, die auch hinsichtlich stochastischer Einflüsse wie Schwankungen der Prozesszeiten, Unsicherheiten in Produktionsmengen oder Maschinenausfällen möglichst gute Makespans liefern. Dazu wird gemäß Abbildung 5.1 (am Anfang des Kapitels 5) zuerst die Produktionsmenge (falls gewünscht) mithilfe des Clusterings berechnet. Anschließend werden Lösungen mithilfe der deterministischen Algorithmen generiert. Danach werden ausgewählte Pläne, falls es die Planungszeiten erlauben, mit Simulationsexperimenten evaluiert, bevor das PPS-Team den freizugebenden Plan auswählt. Falls sich Änderungen der Daten ergeben, kann der Prozess mithilfe einer vollständigen Neuplanung im Rescheduling sowie des Einsatzes von $unavail$, $prec$ und M_j wiederholt werden.

Für das Simulationsmodell konnte verifiziert werden, dass die Simulationsergebnisse bezüglich des Makespans für den Anwendungsfall nahe an den Optimierungsergebnissen liegen. Es lohnt sich für den Anwendungsfall, pro Woche mehrere Lösungen zu evaluieren, da die Robustheit der verschiedenen Lösungen trotz eines ähnlichen Makespans erheblich voneinander abweichen kann. Verschiedene Maschinenbelegungspläne können außerdem unterschiedliche Vor- und Nachteile im Produktionsbetrieb mit sich bringen, dies kann das PPS-Team mit Erfahrungswissen im Anwendungsfall am besten abschätzen. Des Weiteren kommt es innerhalb verschiedener Wochen vor, dass einmal der eine Algorithmus einen besseren Plan liefert und einmal der andere Algorithmus. Somit sollten grundsätzlich mehrere der besten Algorithmen evaluiert werden.

Forschungsfrage 4
Wie können minimale Losgrößen, Sicherheitsbestände, Ausschuss und Unsicherheiten in Nachfragemengen in das Produktionsvolumen integriert und welche Parameter können gewählt werden?

Die Produktionsmenge wird, wie in den Ausführungen zu Forschungsfrage 3 erwähnt, im Vorfeld der Anwendung der deterministischen Algorithmen der Maschinenbelegungsplanung sowie der Simulationsexperimente durch die in Unterkapitel 5.4 entwickelte Formel festgelegt.

Wie die Parameter dieser Formel für den Anwendungsfall gewählt werden sollten, wird im Folgenden weiter erläutert. Die Einführung eines Limits für die Ausschussrate von 10 % reduziert im Evaluationsszenario den Makespan vor allem für Wochen mit hoher Auftragslast. Auf der einen Seite wird deutlich, dass ein höheres Quantil mit einem Limit der Ausschussrate von 10 % trotzdem zu niedrigen Makespan-Werten führt, die mit den Makespan-Werten niedrigerer Quantile vergleichbar sind. Auf der anderen Seite reduziert das 98-%-Quantil das Maximum fehlender Teile sowie den Anteil nicht erfüllter Aufträge stark, daher sollte dieses Quantil für die Zielsetzung des Unternehmens der vollständigen Erfüllung der Aufträge herangezogen werden.

Im Zuge des Clusterings fällt auf, dass mit der Clustering-Methode *mean* die besten Ergebnisse für den Anwendungsfall erzielt werden. Durch diese Clustering-Methode wird in sieben der elf betrachteten Wochen der Auftrag identifiziert, für den die meisten Teile fehlen. Im Vergleich zur Clustering-Methode *var* reduziert *mean* für jeden getesteten Sicherheitsfaktor den Anteil nicht erfüllter Aufträge über alle Wochen sowie das durchschnittliche Maximum fehlender Teile für den Anwendungsfall. Das gleiche Bild zeigt sich auch für die anderen analysierten Kennzahlen wie den durchschnittlichen maximalen Fehler und den durchschnittlichen absoluten Fehler.

Die Wahl eines Sicherheitsfaktors von 1,8 hat im Anwendungsfall zu hohe Einflüsse auf die Kennzahlen maximaler absoluter Fehler sowie durchschnittlicher absoluter Fehler und bewirkt dementgegen keine signifikante Reduktion des Anteils nicht erfüllter Aufträge. Die so entstehende Überproduktion wäre somit nicht gerechtfertigt. Hinsichtlich der niedrigeren Sicherheitsfaktoren zeigt sich, dass der Makespan sich um rund einen Tag erhöht, wenn ein Sicherheitsfaktor von 1,3 anstatt von 1,05 gewählt wird. Auch unter Berücksichtigung der Tatsache, dass ein solcher Maschinenbelegungsplan erst einmal nur Slots für die Produktion reservieren kann und, wenn die Aufträge erfüllt werden, die Produktion abgebrochen werden kann, ist ein Sicherheitsfaktor von 1,3 für den Anwendungsfall zu empfehlen.

Forschungsfrage 5
Wie können mit einem Assistenzsystem der Maschinenbelegungsplanung Praxisorientierung, Flexibilität und Wandlungsfähigkeit ermöglicht und gewählt sowie die Anpassungsgeschwindigkeit erhöht werden?

Es gibt immanente Aspekte, die von Prozessen der PPS her gedacht und generisch in jedes Maschinenbelegungsproblem integriert werden müssten, um es in der Praxis komfortabel anwendbar zu machen. Die vier Aspekte sind Unsicherheiten in Prozessparametern, Nachfrage- und Bedarfsschwankungen sowie ungeplante und geplante Nichtverfügbarkeiten.

Diese Arbeit leistet einen Beitrag zur Praxisorientierung sowie zur Flexibilität und Wandlungsfähigkeit der Maschinenbelegungsplanung, indem analysiert wurde, welche Anforderungen die PPS, die Industrie 4.0 und die Fabrikplanung an die Maschinenbelegungsplanung stellen, und ein Problem gewählt wurde, welches die immanenten Aspekte beinhaltet.

Praxisorientierung kann zum einen, wie in Kapitel 2 analysiert, durch die Integration der immanenten Aspekte in die Modelle der Maschinenbelegungsplanung garantiert werden. Zum anderen wurde in Abschnitt 5.6 eine stufenweise Erweiterung für Assistenzsysteme der Maschinenbelegungsplanung vorgestellt, mit der diese Systeme hinsichtlich der Industrie 4.0 schrittweise digitaler und intelligenter aufgestellt werden können. Diese Aufzählung ist als Stufenmodell zu verstehen, in dem eine Stufe auf der anderen aufbaut und die nächste Stufe jeweils die Werkzeuge der vorherigen Stufe benötigt, um realisiert zu werden. Abbildung 5.14 (in Unterkapitel 5.6) veranschaulicht diesen Aufbau.

Beispielsweise müssen für eine automatisierte Maschinenbelegungsplanung (Stufe 6) Algorithmen der Maschinenbelegungsplanung implementiert sein (Stufe 5). Oder für den Aufbau einer Simulation sowie für die Anwendung der Algorithmen (Stufe 5) müssen die Prozessdaten vorher analysiert worden sein (Stufe 4), um beispielsweise Verteilungen oder Mittelwerte realitätsnah extrahieren zu können.

Für das Assistenzsystem im Anwendungsfall dieser Arbeit wurde die fünfte Stufe realisiert, die sechste Stufe würde beispielsweise automatische Entscheidungen beinhalten, wofür jedoch eine Testphase des Systems der fünften Stufe sinnvoll ist, was den Rahmen dieser vorliegendn Arbeit übersteigt.

Hinsichtlich der Anpassungsfähigkeit von Assistenzsystemen der Maschinenbelegungsplanung wurden gemäß Abbildung 5.13 vier Kategorien identifiziert – Anpassungsfähigkeit im Hinblick auf das Maschinenbelegungsproblem, die Betriebs(hilfs)mittel, der Produktionsmenge und -planung sowie der Simulation und stochastischer Einflüsse. Wichtig ist, dass damit der Grad der Wandlungsfähigkeit, wie in Abbildung 5.13 (vgl. Abschnitt 5.6.1) veranschaulicht wurde, im Zuge von Fabrikplanungsmaßnahmen gewählt werden kann und jederzeit im Fabrikbetrieb eine Übersicht existiert, bis zu welchem Punkt das Assistenzsystem der Maschinenbelegungsplan flexibel ist oder bis zu welchem Punkt Wandlungsfähigkeit vorgehalten ist. Des Weiteren wurde für das Assistenzsystem des Anwendungsfalls gezeigt, wie dieses flexibel ausgestaltet werden kann und beispielsweise die Nebenbedingungen $prec$, M_j, RM und $unavail$ ausgelassen werden können. Des Weiteren wurden unter anderem die Möglichkeiten des Reschedulings und der Planung von Folgewochen mithilfe der realistischen β-Komponenten $prec$, M_j und $unavail$ analysiert.

7.2 Vergleich der Ergebnisse mit den empirischen Erkenntnissen

Zum Vergleich der gewonnenen Erkenntnisse mit der bestehenden Literatur wird im Folgenden die Reihenfolge der Ergebnisse des vorangegangenen Unterkapitels gewählt.

In Unterkapitel 3.4 wurden die potenziell geeignetsten konstruktiven Heuristiken für die in dieser Arbeit bearbeitete Problemstellung mithilfe einer

Inhaltsanalyse identifiziert. Diese Auswahl hat sich als hilfreich herausgestellt und es hat sich gezeigt, dass die am häufigsten vertretenen Heuristiken Johnson, NEH und LPT auch für den hier vorliegenden Anwendungsfall die besten Ergebnisse liefern. Der Johnson-Algorithmus tritt in den analysierten Veröffentlichungen am häufigsten auf, dieser liefert jedoch von den drei Heuristiken LPT, NEH und Johnson die schlechtesten Ergebnisse. Am zweithäufigsten tritt wird NEH-Algorithmus in der Literatur angewendet, der für den Anwendungsfall dieser Arbeit die besten Ergebnisse liefert. LPT wird von diesen drei Heuristiken mit dem Einsatz in vier Studien am wenigsten verwendet, jedoch liefert LPT für den Anwendungsfall die zweitbesten Ergebnisse. SPT wird nur in zwei Studien verwendet und liefert in der vorliegenden Arbeit auch die schlechtesten Ergebnisse.

Ein ähnliches Bild der Dominanz von NEH zeigt sich auch in der Studie von Ruiz et al. (2008). Jedoch liefert LPT in der Studie von Ruiz et al. (2008) ähnlich schlechte Ergebnisse wie SPT. In der vorliegenden Arbeit ist LPT jedoch die zweitbeste getestete Heuristik des Anwendungsfalls, womit beide Studien sich in ihren Ergebnissen deutlich unterscheiden. Auch der Studienaufbau unterscheidet sich insofern, als Ruiz et al. (2008) mehrere zufällig generierte Testinstanzen verwenden.

Genetische Algorithmen treten hinsichtlich der Metaheuristiken am häufigsten in der Literatur zur Behandlung von hybriden Flow Shops auf. Am zweithäufigsten werden Tabu Search-Algorithmen untersucht, danach folgt Simulated Annealing an dritter Stelle sowie die variable Nachbarschaftssuche an vierter Stelle. Werden 5 000 Funktionsevaluationen für alle Metaheuristiken betrachtet, schneidet Tabu Search (*shift*) in dieser Untersuchung für das Anwendungsbeispiel am besten ab, welches laut der Empirie nur auf dem zweiten Platz vertreten ist, danach ist Steepest Descent (*shift*) in Kombination mit NEH gleichauf mit dem GA. Die beiden besten Verfahren aus der Literatur – GA und Tabu Search – werden somit auch im Anwendungsfall dieser Arbeit am besten evaluiert. Die Reihenfolge unterscheidet sich jedoch von der Anwendungshäufigkeit in der Literatur.

Obwohl Simulated Annealing in der Literatur ebenfalls oft verwendet wird, sind die Ergebnisse, die im Anwendungsfall dieser Arbeit mit Simulated Annealing erzielt werden konnten, nicht ansatzweise vergleichbar mit GA oder Tabu Search. Simulated Annealing sollte für den Anwendungsfall dieser Arbeit in der hier implementierten Form den anderen Algorithmen im Gegensatz zu einigen Ergebnissen in der Literatur nicht vorgezogen werden.

Die oben genannten Unterschiede zwischen den Ergebnissen des Anwendungsfalls der vorliegenden Arbeit und der Häufigkeit der auftretenden Algorithmen sind nicht verwunderlich, da von der Literaturanalyse nur Empfehlungen zum Test von Algorithmen abgeleitet werden sollten. Die Güte der Algorithmen sollte für jedes

Problem und jeden Anwendungsfall detailliert analysiert werden oder Charakteristika der Auftragslasten und Problemcharakteristika können in einem weiteren Schritt mit maschinellen Lernverfahren identifiziert werden, um besonders geeignete heuristische Verfahren vorzuschlagen.[1]

In der Inhaltsanalyse dieser Arbeit wurde deutlich, dass es sich nur bei weniger als einem Viertel der Algorithmen in den analysierten Studien um die Aufstellung von MIP-Modellen handelt. Heuristiken und Metaheuristiken machen hingegen 74 % aus. Dies unterstreicht wiederum die praktische Relevanz der Heuristiken sowie die geringe Anzahl der Modelle im MIP-Bereich. Somit existiert eine Forschungslücke bezüglich Aufstellung von MIP-Modellen für realistische Anwendungsfälle.

Für den Anwendungsfall der Arbeit wurden mit dem MIP deutlich mehr Aufträge als in dem hinsichtlich der Komplexität vergleichbaren Modell von Ruiz et al. (2008) untersucht. Für zwei Stufen, und eine Laufzeit von rund 15 Minuten sowie drei Maschinen pro Bearbeitungsstufe werden von Ruiz et al. (2008) nur für rund 12 % der Probleminstanzen die optimalen Lösungen gefunden. Auch für vergleichbare Instanzen mit lediglich 15 Aufträgen, die von Ruiz et al. (2008) als nicht praxisrelevant eingestuft werden, drei Bearbeitungsstufen und jeweils eine Maschine oder drei Bearbeitungsstufen und jeweils drei Maschinen pro Bearbeitungsstufe finden Ruiz et al. (2008) nach 15 Minuten nur in 1,6 bis rund 5 % der Fälle optimale Lösungen. Die Zeitschranken in dieser Arbeit unterscheiden sich mit drei Tagen im Gegensatz zu 15 Minuten jedoch signifikant von denen bei Ruiz et al. (2008). Auch nach 15 Minuten würden jedoch 50 % der Szenarien im Anwendungsfall optimal gelöst werden. Dabei werden im Anwendungsbeispiel in jeder Woche des Evaluierungszeitraums durchgängig mehr Aufträge verwendet als von Ruiz et al. (2008). Für den Anwendungsfall der Arbeit bewirkte die Erweiterung des Modells hinsichtlich *prec* und *unavail* laut dieser ersten Ergebnisse eine höhere Leistungsfähigkeit des Modells. Andere Vergleichsmöglichkeiten für das MIP fehlen.

Hinsichtlich des MIP-Modells lassen sich mit der mehr als Vervierfachung der Zeitschranke keine signifikant besseren Ergebnisse erzielen. Ruiz et al. (2008) kommen für kleine Instanzen ihres Modells von 5–15 Aufträgen mit maximal neun Maschinen zu ähnlichen Ergebnissen, nämlich dass durch die Laufzeiterhöhung des MIP-Modells die Gaps nicht signifikant verringert werden können.

Des Weiteren sind die genannten Ergebnisse mittels des MIP-Modells dieser Arbeit ein Hinweis auf die NP-Schwere des hier bearbeiteten Problems, die von Gupta (1988, S. 359–360) schon für ein weniger komplexes Problem nachgewiesen wurde.

---

[1] Rice (1976); T. Mayer et al. (2019).

Wie sich bereits in den Vorveröffentlichungen zu dieser Arbeit von Poeting et al. (2017), Schumacher et al. (2017), Clausen et al. (2017) und Schumacher/Buchholz (2020) zeigte, ist der Einsatz der Kombination von Simulation und Optimierung auch im vorliegenden Anwendungsbeispiel aus der Praxis gewinnbringend. Es haben sich deutliche Unterschiede bezüglich der Robustheit der Lösungen herausgestellt.

Eine laut dem deterministischen Optimierungsmodell schlechtere Lösung kann in der Simulation mit ähnlichen Mittelwerten oder im Vergleich zu anderen Maschinenbelegungsplänen, die im deterministischen Modell bessere Lösungen lieferten, robuster evaluiert werden.

Wie schon das Konzept der Simheuristics von Juan et al. (2015) nahelegt, sollten auch für den vorliegenden Anwendungsfall vielversprechende Lösungen mit mehr Simulationsaufwand evaluiert werden, wohingegen weniger vielversprechende Lösungen schon durch die Lösung abstrakter deterministischer Modelle aussortiert werden können. Die empirischen Erkenntnisse decken sich hinsichtlich der Simulation somit mit den in der vorliegenden Arbeit erzielten Erkenntnissen.

Wie in Kapitel 3 herausgestellt wurde, gibt es für die Kombination von Maschinenbelegungsplanung und Prognosemethoden keine Studien, die für einen direkten Vergleich herangezogen werden können. Wie sich schon in der Vorveröffentlichung von Schumacher/Buchholz (2020) andeutete, sind die Auswirkungen eines Limits einer Ausschussrate auf den Makespan als sehr gut zu bewerten. Während produktbezogene Ausschussraten in der vorherigen Untersuchung zu hohen Makespan-Werten geführt haben, konnte mit dem Limit der Ausschussrate dieser Effekt vermieden werden. Dadurch können weiterhin hohe Quantile zur Berechnung der Ausschussrate herangezogen werden, sodass die Aufträge mit größerer Sicherheit erfüllt werden können.

Hinsichtlich des Clusterings ist, wie oben beschrieben, ebenfalls keine Äquivalenz zu Studien in der Literatur zu finden. Jedoch hat sich gezeigt, dass die Weiterentwicklung des Clustering-Verfahrens in dieser Arbeit im Vergleich zu der Clustering-Methode in Schumacher/Buchholz (2020) und Schumacher et al. (2020) dazu geführt hat, in allen Kennzahlen Verbesserungen erzielen zu können. Die Clustering-Methode *mean*, die in dieser Arbeit entwickelt wurde, sollte daher den Clustering-Methoden aus den Vorveröffentlichungen vorgezogen werden.

Auch die Formel zur Berechnung des Produktionsvolumens wurde um die für die PPS praxisrelevanten Kenngrößen erweitert. Der Sicherheitsfaktor $SF2$ wurde bisher in keiner Veröffentlichung evaluiert und es sind auch keine äquivalenten Studien in der Literatur zu finden. Alle drei genannten Punkte zur Kombination von Prognoseverfahren und der Maschinenbelegungsplanung sind somit als neuartige Weiterentwicklung des Stands der Forschung zu sehen.

7.3 Limitationen

Im Folgenden gilt es vor allem, die Limitationen der Arbeit und deren Auswirkungen auf die Ergebnisse zu beleuchten. Erste weitere Forschungsfelder werden in diesem Unterkapitel bereits benannt. Eine ausführliche Analyse weiterer Forschungsfelder erfolgt im Ausblick in Unterkapitel 8.2.

Die entwickelten Algorithmen und Methoden wurden an einem zweistufigen hybriden Flow Shop-Problem aus der Realität getestet. Solch umfangreiche Datensätze, wie sie in dieser Arbeit zur Evaluation vorliegen, sind in Testinstanzen häufig nicht enthalten und diese Kombination von realistischen β-Komponenten tritt in Testinstanzen nicht auf. Aus dem Grund ist es nicht möglich, die vorliegenden Algorithmen für dieses Problem mit bereits bestehenden Algorithmen aus der Literatur zu vergleichen. Die Daten für diesen Anwendungsfall mussten daher eigens für die vorliegende Arbeit aufgenommen werden, weshalb ein Vergleich der Algorithmen mit anderen Datensätzen der Realität den Rahmen dieser Arbeit überstiegen hätte. Um allgemeinere Aussagen über die Dominanz der Algorithmen treffen zu können, sollten sie für mehrere Evaluationsszenarien getestet werden.

Eine Möglichkeit ist es auch, Testinstanzen mit deutlich weniger β-Komponenten hinzuzuziehen und für diese Instanzen die Ergebnisse zu vergleichen. Wie in Unterkapitel 3.2 zu sehen ist, wäre die Reduktion der β-Komponenten jedoch so deutlich gewesen, dass der Vergleich keine gewinnbringenden Ergebnisse für die Problemstellung dieser Arbeit liefert.

In den Auswertungen der Optimierungsläufe ist für den Anwendungsfall zu sehen, dass der Makespan teils mehr als sieben Tage pro Woche beträgt. Um diese hohen Ausprägungen und einen Leerlauf in der Produktion zu verhindern, sollten die Wochen sukzessive nacheinander eingeplant und die freien Kapazitäten der Maschinen uneingeschränkt genutzt werden. Dies könnte die Praxisorientierung der Auswertungen weiter verbessern.

Eine Erweiterung der Algorithmen könnte unter diesem Gesichtspunkt zudem ein Algorithmus zur Reduktion der Umrüstzeiten sein. Die Aufträge mit der höchsten Umrüstzeit könnten ans Ende der Woche geschoben werden, falls sich die Umrüstzeiten pro Produkt unterscheiden, und der Auftrag des Produktes für die Folgewoche könnte somit ohne Umrüsten produziert werden. Bessere Ergebnisse könnten in der Optimierung auch durch eine Kombination der Lösung des MIP mit den Heuristiken generiert werden.

Im Fall der Heuristiken werden gleichzeitig die spätesten Fertigstellungszeitpunkte C_{ij} pro Prioritätsgruppe minimiert. Im ILP wird hingegen lediglich der gesamte Makespan optimiert, wobei sich in dieser MIP-Modellierung die Prioritätsgruppen auf die Auftragsreihenfolge auf den Maschinen beziehen. Wegen der

Diskrepanz von MIP-Modell und Heuristiken ist davon auszugehen, dass die Heuristiken zusätzlich etwas schlechtere Zielfunktionswerte hervorbringen. Da die Ergebnisse der heuristischen Verfahren trotzdem lediglich um rund 6,9 % nach langen Laufzeiten von den Ergebnissen des MIP abweichen, ist der Effekt als gering zu bewerten.

Der durchschnittliche relative Makespan der 90 000 zufälligen Lösungen ordnet sich etwas besser ein als der der iterativen lokalen Suchverfahren. Für diesen Vergleich ist zu beachten, dass die iterativen Suchverfahren jedoch lediglich 5 000 Funktionsauswertungen aufweisen. Da nur einige Parameter getestet werden konnten und der Kern dieser Arbeit nicht die Parameteroptimierung ist, gilt sie als weiterer Forschungsbedarf. Die Ergebnisse zeigen jedoch, dass mit den Algorithmen noch eine deutlich höhere Ergebnisqualität erreicht werden kann, wenn die Anzahl der Funktionsauswertungen erhöht wird, das heißt, weitere Parameter getestet werden würden.

Die Algorithmen können darüber hinaus statt in der Anzahl der Funktionsauswertungen auch hinsichtlich der Laufzeit angeglichen werden. In dieser Untersuchung wurde ein Vergleich hinsichtlich der Zielfunktionsauswertungen forciert, um einen vom Rechner unabhängigen Vergleichswert heranziehen zu können. Ein Vergleich hinsichtlich der Laufzeit kann jedoch für die in der Praxis verwendete Rechnerkonfiguration im Anwendungsfall zusätzlich angestellt werden. So kann entschieden werden, welcher Algorithmus nach wie vielen Sekunden tatsächlich im Mittel schneller ist, und mit vergleichenden Diagrammen des Makespans über die Laufzeit kann entschieden werden, welche Algorithmen zum Einsatz kommen sollten.

Die genauen Obergrenzen für r_{max} und $SF2$ sowie weitere Prognoseverfahren können ebenfalls detaillierter untersucht werden, was nicht das Ziel der vorliegenden Arbeit war. Die vorliegende Arbeit hat sich darauf konzentriert, die Verknüpfungs- und Auswertungsmöglichkeiten der Prognoseverfahren mit der Makespan-Evaluation mithilfe des Assistenzsystems zur Maschinenbelegungsplanung aufzuzeigen. Es konnte gezeigt werden, wie Unterschiede zwischen Prognoseverfahren mithilfe von Algorithmen zur Maschinenbelegungsplanung evaluiert werden können. Wie die Auswertungen zeigen, wurden höhere Makespans durch die Aufstockung der Produktionsmenge generiert, die in der weiteren Entwicklung und für eine Anwendung in der Produktion möglichst weiter reduziert werden sollten.

Beispielsweise wird in sieben der elf betrachteten Wochen der Auftrag, für den die meisten Teile fehlen, durch die Clustering-Methode identifiziert. Dieses Ergebnis ist vielversprechend, könnte aber möglicherweise in weiteren Untersuchungen noch verbessert werden. Dazu können weitere Dimensionen oder eine andere Anzahl der Dimensionen für das Clustering getestet werden. Da für die vorliegende Arbeit hinsichtlich des Clusterings nur in einem beschränkten Rahmen Kennzahlen getestet wurden, hat eine Veränderung in den Dimensionen das Potenzial, diese Ergebnisse signifikant weiter zu verbessern. Des Weiteren sollten die Verfahren der Neuronalen Netze sowie der Regression als Prognoseverfahren gemäß Unterkapitel 3.5 weiter untersucht werden. Erste Versuche zur Regression wurden in der Studienarbeit von Gorecki (2021) durchgeführt, die im Zusammenhang mit dieser Arbeit entstand.

Die Risiken der Einführung von Industrie 4.0-Techniken sind, wie in den Unterkapiteln 2.2 und 2.5 beschrieben: Investitionen, die Veränderung der Tätigkeiten der Mitarbeitenden und die nicht garantierte Akzeptanz der neuen Technologien durch die Personen, die diese verwenden sollen. Dem wird in dieser Arbeit Rechnung getragen, indem das PPS-Team in die Entwicklung des Assistenzsystems des Anwendungsfalls einbezogen wurde. Ziel ist es, dass die Mitarbeitenden ein Assistenzsystem zur Bewältigung der Routineaufgaben und der Störfälle an die Hand bekommen, welches wiederkehrende und zeitkritische Aufgaben erleichtert. Die Analyse von Kosten- und Nutzenverhältnis, die vollständige Validierung des Systems mit dem realen System und die Anpassung der Nutzerfreundlichkeit übersteigen den Rahmen dieser Arbeit.

Mithilfe wöchentlicher Gespräche wurden die Anforderungen der Aufgaben des PPS-Teams in das System integriert. In qualitativen und quantitativen Befragungen kann das Assistenzsystem weiter an die Bedürfnisse des PPS-Teams angepasst werden, hier sollten auch die Usability und der Aufbau der GUI eine Rolle spielen. Ein erster Prototyp wurde im Zusammenhang mit dieser Arbeit entwickelt. Eine daran anknüpfende Weiterentwicklung ist möglich.

Daten zu Fabrikplanungsmaßnahmen wurden in der Arbeit nicht erhoben, daher konnten diese Anpassungsprozesse bisher mit dem System nicht evaluiert werden. Für einige Anpassungsfälle, die den Anwendungsfall übersteigen, wurden zudem noch keine Lösungsmöglichkeiten entwickelt, dieser Punkt wird im Ausblick in Unterkapitel 8.2 weiter aufgegriffen.

7.4 Ableitung von Handlungsempfehlungen für die Produktion des Anwendungsfalls

Die leichte Diskrepanz zwischen den Ergebnissen der Literaturanalyse hinsichtlich der Algorithmen und den erzielten Ergebnissen für den Anwendungsfall hat gezeigt, dass die Algorithmen jeweils für Produktionsumgebungen der Praxis und auch für das einzelne theoretische Problem evaluiert werden sollten. Auch wenn die Algorithmen für einen Anwendungsfall an vielen Beispieldatensätzen geprüft worden sind, sollte nicht dazu übergegangen werden, lediglich einen Algorithmus für die Berechnung des Maschinenbelegungsplans zu nutzen, sondern dies sollte pro Anwendungsfall und Auftragsszenario entschieden werden. Dies gilt insbesondere für den Anwendungsfall der vorliegenden Arbeit aus Unterkapitel 6.1. Durch die Makespan-Entwicklung der Verfahren über die Wochen war zu erkennen, dass nicht jedes Verfahren für jede Auftragskonstellation ähnlich reagiert und unterschiedliche Algorithmen die beste Lösung bereitstellen können. Je nach Nachfragekonstellation kann die beste Lösung von einem anderen Algorithmus bereitgestellt werden, wie es die Ergebnisse dieser Arbeit zeigen. Hier gilt es, pro Anwendungsfall Einflussgrößen zu identifizieren. Außerdem sollte die Simulation zur Bewertung der Ergebnisse im Anwendungsfall genutzt werden, um mehrere verschiedene Pläne zu prüfen. Für die vorgestellten Algorithmen sollten vor einem Einsatz in der Praxis des Weiteren unter Berücksichtigung der erzielten Ergebnisse nochmals ausführlichere Parameteroptimierungen auf den Anwendungsfall bezogen durchgeführt werden.

Das exakte Optimierungsmodell hat in 50 % der Fälle die beste Lösung innerhalb von weniger als fünf Minuten gefunden. Auch diese Lösungsmöglichkeit sollte daher für ein System in der Praxis im Anwendungsfall einbezogen werden. Für eine exakte Lösung sollte jedoch bei der Generierung des Maschinenbelegungsplans in der Praxis das Postprocessing angewendet werden, das die Aufträge möglichst früh einlastet, um möglichst wenige Lücken im Plan entstehen zu lassen. Das hat den Vorteil, dass Aufträge aus der nächsten Planungsperiode früher bearbeitet werden können. Auch in Phasen, in denen in der Produktion Rechenzeit zur Verfügung steht, kann das MIP herangezogen werden. Die Rechenzeit kann dazu, wie vorgestellt, im prototypischen Softwareentwurf mit einer Zeitschranke justiert werden. Falls in dieser zur Verfügung stehenden Rechenzeit die optimale Lösung nicht erreicht wurde und auch kein besseres oder vergleichbares Ergebnis erzielt wurde, als es die Heuristiken liefern, sollte das Ergebnis verworfen werden. Zählt das Ergebnis der exakten Optimierung jedoch zu den besten Ergebnissen, sollte es in Simulationsexperimenten mit den anderen guten Plänen verglichen werden.

Bezüglich der durch die Prognoseverfahren erhöhten Produktionsvolumina sollte die aktuelle Produktionsmenge im Anwendungsfall mithilfe eines weiteren Systems beobachtet und eine Überproduktion vermieden werden, wenn der aktuelle Bedarf, der zum Zeitpunkt der Produktion aufgerufen wird, erfüllt ist, falls mit dem nächsten Produkt bereits begonnen werden kann. Dies gilt im Anwendungsfall insbesondere für die erste Bearbeitungsstufe, da der Lagerbestand so reduziert werden könnte.

Im Zuge von Fabrikplanungsmaßnahmen sollte der Grad der Flexibilität, Wandlungsfähigkeit und Praxisorientierung der Maschinenbelegungsplanung stärker beachtet und bewusst mithilfe der Übersichten aus Unterkapitel 5.6 gewählt werden. Für jedes Unternehmen kann diese Übersicht weiter individualisiert werden. Dem PPS-Team kann die Übersicht zur Flexibilität und Wandlungsfähigkeit im

Anwendungsfall des Weiteren dazu dienen, neue Teammitglieder schneller einzuarbeiten, das System kennenzulernen oder sich über Grenzen und Möglichkeiten des Systems zu verständigen.

Die (Einsparungs-)Potenziale der Einführung der Industrie 4.0 in Produktionssysteme werden in der Massenfertigung im Vergleich zur Einzelfertigung höher eingeschätzt. Unter diesem Aspekt sollten vor allem kleine und mittelständische Unternehmen oder Manufakturen mit der Produktion individueller Aufträge die Vor- und Nachteile der Einführung von Assistenzsystemen der Maschinenbelegungsplanung für das Unternehmen abwägen. Für Massenfertigungen wie den Anwendungsfall dieser Arbeit kann eine Einführung von Assistenzsystemen der Maschinenbelegungsplanung jedoch stärker empfohlen werden als für kleinere Produktionen mit individuelleren Produkten. Auch für den Anwendungsfall sollten jedoch die Vor- und Nachteile in weiteren Untersuchungen ausführlich abgewogen werden.

Zusammenfassung und Ausblick 8

Um die Praxisorientierung insbesondere gemäß einer Entwicklung hin zur Industrie 4.0 und die Wandlungsfähigkeit der Maschinenbelegungsplanung weiterzuentwickeln, wurde mithilfe eines realistischen Anwendungsfalls ein Maschinenbelegungsproblem untersucht, welches die analysierten immanenten Charakteristika von Problemen der Maschinenbelegungsplanung sowie weitere realistische Restriktionen beinhaltet. Dazu wurde eine Vielzahl von Lösungsverfahren für das Problem evaluiert und die Anpassungsfähigkeit auf Turbulenzen entwickelt. Während Unterkapitel 8.1 die in der vorliegenden Arbeit erzielten Erkenntnisse zusammenfasst, stellt Unterkapitel 8.2 den weiteren Forschungsbedarf insbesondere hinsichtlich der Weiterentwicklung der konzipierten Verfahren sowie vor allem der Ausgestaltung einer maximal wandlungsfähigen Maschinenbelegungsplanung dar.

8.1 Zusammenfassung

In der vorliegenden Arbeit wurden acht Heuristiken, 17 Metaheuristiken, eine Formulierung eines gemischt-ganzzahligen Optimierungsmodells, ein Simulationsmodell, drei Prognoseverfahren in Kombination mit einer Berechnung des Produktionsvolumens, zwei Übersichten zur Praxisorientierung, Flexibilität und Wandlungsfähigkeit sowie ein Konzept zur Kombination der Verfahren für einen realistischen hybriden Flow Shop entwickelt und evaluiert. Im Problem dieser Arbeit werden mehrere realistische Charakteristika einer Produktion gemeinsam berücksichtigt. Inkludiert sind dabei auch die in Maschinenbelegungsproblemen immanenten Charakteristika geplanter und ungeplanter Nichtverfügbarkeiten der Maschinen, Unsicherheiten in Prozessparametern sowie Nachfrageschwankungen. Des Weiteren werden die Charakteristika – Maschinen unterschiedlicher Geschwindigkeit innerhalb jeder Stufe, Freigabetermine für Maschinen, Maschinenqualifikationen, die Möglichkeit, dass Aufträge Stufen überspringen, und Prioritätsgruppen von Aufträgen – einbezogen.

Im MIP-Modell können über die obengenannte Problemformulierung hinausgehend sequenzabhängige Rüstzeiten, die Möglichkeit vorausschauender Rüstzeiten und positive und/oder negative Zeitverzögerungen zwischen Aufträgen inkludiert werden. Das Ziel der Problemformulierung der vorliegenden Arbeit ist es, die Gesamtbearbeitungszeit C_{max} zu minimieren.

Im Zuge der Literaturanalyse wurde deutlich, dass die in der vorliegenden Arbeit bearbeitete Problemstellung bisher in keiner Studie der Literaturüberblicke in dieser Zusammensetzung mithilfe von konstruktiven Heuristiken, Metaheuristiken oder exakter Optimierung gelöst wurde und ein Novum in der Literatur darstellt. Es gibt laut dem Literaturüberblick bisher keine Studie, die geplante Nichtverfügbarkeiten in exakten Modellen für hybride Flow Shops modelliert. Die Praxisorientierung der in dieser Untersuchung bearbeiteten Problemstellung zeigt sich ebenfalls in der Anzahl der betrachteten β-Komponenten. Eine Betrachtung von sechs β-Komponenten wurde in den für diese Arbeit relevanten Studien der Literaturüberblicke zu hybriden Flow Shops bisher nur von Ruiz et al. (2008) und Urlings et al. (2010) vorgenommen – jedoch in anderen Zusammensetzungen.

In dieser Arbeit wurden Heuristiken und Metaheuristiken verglichen, um die beste Lösungsmethode im Hinblick auf kurze Rechenzeiten zu ermitteln. Außerdem wurden die Ergebnisse des gemischt-ganzzahligen Optimierungsmodells in den Vergleich der Resultate einbezogen. Alle entwickelten Methoden wurden an historischen Daten eines Anwendungsfalls, der die Produktion materieller Güter mit zwei Bearbeitungsstufen darstellt, getestet, sodass die für das Unternehmen vielversprechendsten Algorithmen gefunden werden konnten.

Im deterministischen Evaluationsszenario mit 5 000 Zielfunktionsauswertungen wird der Algorithmus Tabu Search ($shift$) mit NEH als initialer Lösung, mit Earliest Completion Time (ECT) zur Einplanung der weiteren Stufen und mit ECT für die Maschinenzuweisung im Vergleich zu den weiteren untersuchten Algorithmen als am besten evaluiert. Wird der GA mit einer höheren Anzahl von Funktionsauswertungen evaluiert, liefert dieser noch bessere Ergebnisse und die Ergebnisse unterschieden sich für den Evaluationszeitraum durchschnittlich nur noch um rund 6,9 % von den besten ermittelten Lösungen des MIP. Der genetische Algorithmus mit 90 000 Funktionsauswertungen generiert im Vergleich zu den 90 000 zufälligen Lösungen eine bessere Lösungsqualität hinsichtlich des durchschnittlichen relativen Makespans.

Das Resultat, dass Tabu Search und GA für die Problemcharakteristika des Anwendungsfalls aus der Praxis gute Ergebnisse liefern, deckt sich dabei mit den empirischen Erkenntnissen, die in der detaillierten Literaturanalyse der vorliegenden Arbeit erzielt wurden. Im Zuge der Evaluation der lokalen Suchstrategien zeigt sich durchgängig, dass das Verändern der Position eines Auftrages (*shift*) vielversprechender ist als das Tauschen zweier Aufträge im Maschinenbelegungsplan (*swap*). Des Weiteren dominiert ECT als Strategie der weiteren Stufenbelegung durchgängig die Strategie JBR.

Die Laufzeiten der Heuristiken und Metaheuristiken betragen alle unter 20 Sekunden und im Durchschnitt sogar nur 13 Sekunden pro Algorithmus statt im Vergleich zum MIP mehrere Stunden (falls eine optimale Lösung gefunden wurde) oder mehrere Tage (für die Fälle, in denen noch keine optimale Lösung gefunden wurde). Die Nichtverfügbarkeiten einer Maschine wurden im MIP durch Aufträge als Platzhalter modelliert. Die Prioritätsgruppen der Aufträge werden pro Maschine betrachtet und verändern so die Makespan-Bedingungen im Vergleich zur Modellierung von Prioritäten pro Auftrag.

Die Gaps des MIP zur unteren Schranke betragen für das realistische Anwendungsbeispiel dieser Arbeit im Durchschnitt 13 % und in 50 % der Fälle konnte mit fünf Minuten Laufzeit Optimalität nachgewiesen werden. In Fällen, in denen keine Optimalität nachgewiesen werden konnte, lieferte eine Laufzeiterhöhung von drei Tagen auf 14 Tage für die Ergebnisse der Heuristiken und Metaheuristiken keine signifikant besseren Werte.

Für das Simulationsmodell konnte verifiziert werden, dass die Simulationsergebnisse bezüglich des Makespans nahe an den Optimierungsergebnissen liegen. Für den Anwendungsfall lohnt es sich, pro Woche mehrere Algorithmen anzuwenden, da für die verschiedenen Maschinenbelegungspläne, die unterschiedliche Vor- und Nachteile im Produktionsbetrieb mit sich bringen können, nicht immer derselbe Algorithmus am besten abschneidet und die Robustheit der verschiedenen Lösungen in Simulationsexperimenten trotz eines ähnlichen Makespans erheblich voneinander abweichen kann. Die Entscheidung, welcher Maschinenbelegungsplan eingelastet werden sollte, sollte das PPS-Team mit Erfahrungswissen und unter Berücksichtigung der deterministischen Optimierungsergebnisse sowie der Simulationsexperimente im Anwendungsfall treffen.

Die Prognose von Nachfrageänderungen und anderen Komponenten der Produktionsmenge wurde bisher nach dem Wissensstand vorliegender Arbeit noch nicht in den Zusammenhang mit der Maschinenbelegungsplanung gesetzt. Des Weiteren fehlte es am Konzept einer Kombination von deterministischen Algorithmen, ereignisdiskreter Simulation und statischer Prognose, um Maschinenausfälle, Unsicherheiten in den Prozessdaten sowie Nachfrageschwankungen gleichzeitig in die Maschinenbelegungsplanung einzubeziehen.

Im erarbeiteten Prozessablauf wird zuerst die Produktionsmenge mithilfe des Clusterings berechnet. Anschließend werden Lösungen mithilfe der deterministischen Algorithmen generiert. Danach werden ausgewählte Pläne, falls es die Planungszeiten erlauben, mit Simulationsexperimenten evaluiert, bevor das PPS-Team den freizugebenden Plan auswählt. Falls sich Änderungen der Daten ergeben, kann der Prozess mithilfe einer vollständigen Neuplanung im Rescheduling wiederholt werden.

Es wurde deutlich, dass ein höheres Quantil für die Ausschussrate mit einem Limit der Ausschussrate von 10 % trotzdem zu niedrigen Makespan-Werten führt, die mit niedrigeren Quantilen vergleichbar sind. Die höhere Sicherheit des hohen Quantilswerts kann mit dieser Methode in der Praxis gut in die Maschinenbelegungsplanung einbezogen werden.

Mit der Clustering-Methode *mean* wurden im Hinblick auf die Prognoseverfahren die besten Ergebnisse erzielt. Im Gegensatz zur Clustering-Methode *var* reduziert *mean* für jeden getesteten Sicherheitsfaktor die ausgewählten Kennzahlen und erhöht den Prozentsatz erfüllter Aufträge. In sieben der elf betrachteten Wochen wird der Auftrag, für den die meisten Teile fehlen, durch die Clustering-Methode *mean* identifiziert. Durch die Wahl des Sicherheitsfaktors von 1,3 anstelle von 1,8 kann im Evaluationsszenario eine Reduktion des Anteils nicht erfüllter Aufträge erzielt und eine hohe Überproduktion vermieden werden.

Der Trend zur Individualisierung von Produkten, zur Standortkonzentration, zu zunehmenden Turbulenzen auf den Absatzmärkten sowie zur Lücke zwischen Theorie und Praxis der Maschinenbelegungsplanung macht die Entwicklung der verwendeten Algorithmen ebenso nötig, um insbesondere im Fall von Turbulenzen schneller, mit einer besseren Performance und mithilfe eines Assistenzsystems Entscheidungen treffen zu können. Maschinenbelegungsplanung kann für die Praxis nur Mehrwert schaffen, wenn die Rahmenbedingungen der Realität berücksichtigt werden und auch auf Turbulenzen reagiert werden kann.

Hinsichtlich der Praxisorientierung des Problems der Arbeit wurde in Unterkapitel 5.6 eine stufenweise Erweiterung für Assistenzsysteme der Maschinenbelegungsplanung vorgestellt, mit der diese Systeme hinsichtlich der Industrie 4.0 digitaler und intelligenter aufgestellt werden können. Diese Aufzählung ist als Stufenmodell zu verstehen, in dem eine Stufe auf der anderen aufbaut und die nächste Stufe jeweils die Werkzeuge der vorherigen Stufe benötigt. Im Anwendungsfall dieser Arbeit wurde mithilfe des prototypischen Assistenzsystems die fünfte Stufe realisiert.

Damit die Potenziale einer digitalen Maschinenbelegungsplanung nachhaltig ausgeschöpft werden können, wurde auch der Umgang mit Turbulenzen analysiert. Sowohl im operativen Bereich (beispielsweise durch einen Maschinenausfall) als auch im strategischen Bereich (beispielsweise durch eine Umplanung in der Fabrik) kann es in der Maschinenbelegungsplanung zu Turbulenzen kommen. Nachträgliche Veränderungen der Problemstrukturen von existierenden Problemen für die Maschinenbelegungsplanung, die Abhilfe für eine praxisorientiertere Maschinenbelegungsplanung sowie Übertragbarkeit und Anpassungsfähigkeit der Algorithmen schaffen könnten, wurden in den Studien des Literaturüberblicks bisher nicht betrachtet. Hinsichtlich der Anpassungsfähigkeit von Assistenzsystemen der Maschinenbelegungsplanung wurden vier Kategorien identifiziert – Anpassungsfähigkeit im Hinblick auf das Maschinenbelegungsproblem, die Betriebs(hilfs)mittel, Produktionsmenge und -planung sowie Simulation und stochastische Einflüsse. Wichtig ist, dass mit der in der vorliegenden Arbeit entwickelten Übersicht der Grad der Wandlungsfähigkeit im Zuge von Fabrikplanungsmaßnahmen gewählt werden kann, im Fabrikbetrieb dadurch deutlich wird, bis zu welchem Punkt das vorliegende Assistenzsystem der Maschinenbelegungsplan flexibel ist, bis zu welchem Punkt Wandlungsfähigkeit vorgehalten ist und mit welchen Methoden Gegenmaßnahmen eingeleitet werden können.

8.2 Ausblick

Um die Praxisorientierung und die Anpassungsfähigkeit in der Maschinenbelegungsplanung weiter zu fördern, sollte aus dem vorliegenden Anwendungsfall ein Testdatensatz erstellt werden, um diese realistischen Daten auch für andere Studien zugänglich zu machen. Des Weiteren sollten die Algorithmen mit weiteren Testinstanzen evaluiert werden, um allgemeinere Aussagen treffen zu können und die Wahl der Algorithmen mit einer höheren Allgemeingültigkeit für die Anwendung in der Praxis einzuschränken.

Ein Vergleich der Algorithmen könnte in einer ersten Stufe mit zweistufigen Szenarien vorangetrieben werden, bevor auch mehrstufige hybride Flow Shop-Szenarien getestet werden. Nach und nach sollten dabei weniger vielversprechende Algorithmen aussortiert werden. Nach einer Analyse der Verteilungen der Prozessparameter dieses und weiterer Anwendungsfälle können auch zufällige Datensätze erzeugt werden, wie dies von Ruiz et al. (2008) durchgeführt wurde. Wenn mehrere Testinstanzen vorliegen, können in einem weiteren Schritt die in Unterkapitel 7.2 vorgeschlagenen maschinellen Lernverfahren Anwendung finden, um für gegebene Auftragslasten und Produktionsszenarien mit speziellen Charakteristika die besonders geeigneten heuristischen Verfahren zu identifizieren.[1]

Da nur einige Parameter getestet wurden und die Parameteroptimierung nicht den Kern dieser Arbeit darstellte, gilt ebenso die Parameteroptimierung als weite-

---

[1] Rice (1976); T. Mayer et al. (2019).

rer Forschungsbedarf. Die Parameter der Metaheuristiken könnten im Zuge dessen auch in Kombination mit den besten konstruktiven Heuristiken optimiert werden, sodass die konstruktiven Heuristiken einen weiteren Parameter zur Optimierung der Leistung der Metaheuristiken darstellen. Des Weiteren können Parameter der Algorithmen mit besonders hohem Einfluss auf die Zielfunktion durch maschinelle Lernverfahren identifiziert und so zielführend optimiert werden.[2]

Insbesondere hinsichtlich der guten Makespan-Werte für kleine Instanzen und hinsichtlich des Mooreschen Gesetzes, das besagt, dass die Rechenleistung exponentiell wächst, macht es Sinn, auch das MIP weiterzuentwickeln. Eine Idee ist es, zur Reduktion der Rechenzeit die Prioritätsgruppen nacheinander zu optimieren. Die Ergebnisse müssten dabei hinsichtlich der Lösungsqualität mit den bestehenden Ergebnissen verglichen werden. Eine weitere Möglichkeit ist es, Aufträge als Blöcke zusammenzufassen und so die Komplexität des Problems zu reduzieren. Heuristiken könnten mit exakter Modellierung kombiniert werden, um die Gaps schneller reduzieren zu können. Des Weiteren könnten bessere untere Schranken für das MIP-Modell modelliert werden.

In dieser Arbeit lag der Fokus vor allem auf der Analyse der Algorithmen mittels historischer Auftragsdaten. Das entwickelte Assistenzsystem sollte für das Unternehmen so weiterentwickelt werden, dass es auch mit aktuellen Daten der MES- und ERP-Systeme arbeiten kann und die Anwendung für die Planung aktueller Auftragslagen optimiert wird.

Hinsichtlich des Sicherheitsfaktors $SF2$ sowie der Prognosemethoden besteht noch weiterer Forschungsbedarf. Auch für den $SF2$ kann eine Grenze von Teilen eingeführt werden, die maximal zusätzlich produziert werden können. Weitere Prognosemethoden wie Neuronale Netze oder Regression sollten an dieser Stelle getestet werden. In sieben der elf betrachteten Wochen wird der Auftrag, für den die meisten Teile fehlen, durch eine Clustering-Methode identifiziert. Dieses Ergebnis gilt es in weiteren Untersuchungen zu verbessern.

Hinsichtlich der Anpassungsfähigkeit gelten die Punkte, die aus Abbildung 5.13 (vgl. Abschnitt 5.6.1) in dieser Arbeit noch nicht umgesetzt wurden, allgemein als weiterer Forschungsbedarf. Im Folgenden werden einige Umsetzungsmöglichkeiten diskutiert und erste Ansätze vorgestellt. Während die Abbildung 5.13 (vgl. Abschnitt 5.6.1) vor allem die Turbulenzen beinhaltet, geht es im Folgenden vorrangig um Lösungsansätze.

Das Simulationsmodell arbeitet momentan mit empirischen Verteilungen. Die Qualität des Simulationsmodells würde sich vor allem in Bezug auf Ausreißer erhöhen, wenn die theoretischen Verteilungen für die Prozessparameter der Pro-

---

[2] Ansätze dazu sind in Ruiz et al. (2008) und Kuehn et al. (2016) zu finden.

zesszeiten, Umrüstzeiten und Ausschuss angepasst würden. Eine der großen Herausforderungen stellen dabei gemischte Verteilungen dar, die in den Daten dieser Arbeit häufig zu finden sind. Erste Ansätze dazu werden im Zusammenhang mit dieser Arbeit bereits erarbeitet.[3]

Hinsichtlich der Verteilungen und Erwartungswerte von Prozesszeiten, Umrüstzeiten und Ausschuss sollte für die Anwendung in der Praxis vor allem eine Live-Anpassung entwickelt werden, um die Verteilungen nach der Analyse von ausgewählten Kennwerten anzupassen und sie nicht vor jedem Lauf vollständig aktualisieren zu müssen.[4] Eine mögliche Weiterentwicklung dieses Ansatzes besteht darin, aktuelle Werte stärker zu gewichten als die Werte der Vergangenheit und auch nicht die Gesamtheit der Werte zur Anpassung von Verteilungen miteinbeziehen zu müssen, um eine auf die aktuelle Situation möglichst gut passende und praxisnahe Lösung erarbeiten zu können.

Eine weitere Möglichkeit, Maschinenausfälle zu berücksichtigen, sind Rechtsverschiebungsalgorithmen. Diese sollten mit der Neuplanung des Maschinenbelegungsplan, wie sie in dieser Arbeit vorgestellt wurde, hinsichtlich der Laufzeit und der Lösungsqualität verglichen werden.

In der Evaluation der Anpassungsfähigkeit in Unterkapitel 6.7 wurde deutlich, dass es möglich ist, einige Charakteristika des Maschinenbelegungsproblems auszulassen, solange diese bereits für das Maschinenbelegungsproblem in den Algorithmen definiert wurden. Zum höchsten Grad wandlungsfähig wird ein System der Maschinenbelegungsplanung, wenn das Problem an sich geändert werden kann, beispielsweise auch die Graham-Notation sich ändert, und trotzdem Algorithmen für das Problem erzeugt werden können. Erste Ansätze zur Synthese der Algorithmen wurden bereits in der Veröffentlichung von Mäckel et al. (2021) und im Zuge der PG AutoSchedule an der TU Dortmund vorgestellt, die beide im Zusammenhang mit der vorliegenden Arbeit entstanden.

Um eine solche Synthese von Algorithmen zu ermöglichen, wurden bereits erste Felder der Synthese in der Maschinenbelegungsplanung identifiziert. Diese sind in Abbildung 8.1 dargestellt. Diese Aufstellung von Methoden und Möglichkeiten der Synthese hat keinen Anspruch auf Vollständigkeit, jedoch sollen erste Ideen skizziert werden.

---

[3] Diese Idee wird am Lehrstuhl IV bereits in einer Masterarbeit von Jonas Stilling verfolgt, die im Zusammenhang mit der vorliegenden Arbeit entstand, von der Autorin der Arbeit betreut wurde und zur Einreichung dieser Arbeit angemeldet und in Bearbeitung ist, aber noch nicht abgegeben wurde.

[4] Vgl. vorherige Fußnote.

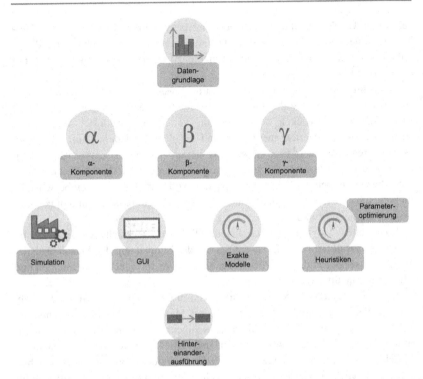

Abbildung 8.1 Themenfelder der Synthese von Algorithmen einer Maschinenbelegungsplanung

Im Bereich der Eingangsdaten könnte das Assistenzsystem der Maschinenbelegungsplanung dahingehend entwickelt werden, dass verschiedene Formate von Eingangsdaten verarbeitet und schlussendlich Lösungen ohne manuelles Eingreifen generiert werden können. Dies stellt die erste Ebene der Synthese der Algorithmen dar.

Die Änderung des Maschinenbelegungsplanungsproblems hinsichtlich der Charakteristika des Problems stellt Herausforderungen für die Konstruktion der Heuristiken, der Metaheuristiken, der Simulation, der Benutzeroberfläche, der Prognoseverfahren sowie der exakten Algorithmen dar. Der Einfluss der einzelnen Komponenten in ausgewählten Verfahren wird im Folgenden detaillierter dargestellt.

- α-Komponente: Einige Probleme, wie beispielsweise der Flow Shop und der hybrid Flow Shop, sind verwandt. Algorithmen für einen hybrid Flow Shop könnten beispielsweise auch für einen Flow Shop, eine parallele Maschinenumgebung oder eine Fertigung mit einer Maschine eingesetzt werden. Diese Abhängigkeiten wurden bereits in der Studie von Mäckel et al. (2021) aufgezeigt, die im Zusammenhang mit der vorliegenden Arbeit entstand.

- β-Komponente: Die Änderungen in der β-Komponente wurden in Abbildung 5.13 des Abschnitts 5.6.1 deutlich. Während das Auslassen von β-Komponenten durch die Wahl von Parametern gelöst werden kann, wie in Unterkapitel 6.7 verdeutlicht wird, wird für das Hinzufügen von Komponenten zu unbekannten Algorithmen, wie in der vorliegenden Arbeit beispielsweise in Abschnitt 5.3.1 gezeigt, mehr Aufwand zur Konstruktion einer Synthese nötig sein.

- γ-Komponente: Das aufgeführte Szenario bewegte sich nicht innerhalb einer Fabrikplanungsmaßnahme und unterlag auch keiner Veränderung von Unternehmenszielen, daher wurde keine Zielplanung durchgeführt und die Maschinenbelegungsplanung musste sich nicht wegen einer Fabrikplanungsmaßnahme an die Zielfunktionen anpassen. Für nachfolgende Forschungsarbeiten ist es jedoch wichtig, sich auch im Bereich der Zielfunktion variabel aufzustellen, sodass je nach Unternehmensziel für zusätzliche Auswertungen oder je nach Fabrikplanungsmaßnahme sowohl in der exakten als auch in der heuristischen Optimierung die Zielfunktion ausgetauscht bzw. gewählt werden kann. Im Vergleich zu den α- und β-Komponenten wird der Aufwand für einen Zielfunktionswechsel niedriger sein, wie die Entwicklungen in der vorliegenden Arbeit zeigen.

Für die Synthese von Optimierungsalgorithmen liefern T. Schäfer et al. (2021) erste Ansätze. Hinsichtlich der Synthese der Simulation sind erste Erkenntnisse bei Kallat et al. (2020) zu finden.

Bezüglich der Effizienzsteigerung der Algorithmen sollte des Weiteren das Thema der Hintereinanderausführung, der Auswertung und der Parameteroptimierung von Heuristiken, Metaheuristiken, exakten Algorithmen, Prognoseverfahren und Simulationsexperimenten näher beleuchtet werden. Auch hierbei kann die Synthese durch das Aufzeigen möglicher Algorithmuskombinationen unterstützen. Wie in dieser Arbeit gesehen, können viele verschiedene Möglichkeiten der Kombination von konstruktiven Heuristiken, iterativen Metaheuristiken, Anstellstrategien sowie Maschinenzuweisungsstrategien gewählt werden. Aus diesen Kombinationen gilt es die beste Kombination zu identifizieren. Des Weiteren können Metaheuristiken in Zukunft hintereinander ausgeführt werden oder exakte Algorithmen mit Heuristiken kombiniert werden, um bessere Ergebnisse zu liefern. Algorithmen, die bestehende Algorithmen in Kombination ausführen, werden Hyperheuristiken genannt.[5]

Für eine praxisorientierte und anpassungsfähige Maschinenbelegungsplanung stellt die Synthese der Algorithmen und der Software der Maschinenbelegungsplanungen einen zentralen Baustein dar.

---

[5] Diese Idee wurde am Lehrstuhl IV bereits in der PG AutoSchedule der TU Dortmund sowie in der Veröffentlichung von Mäckel et al. (2021) verfolgt, die im Zusammenhang mit der vorliegenden Arbeit entstanden und unter anderem von der Autorin der Arbeit betreut wurden.

Literaturverzeichnis

Aggteleky, B. (1971): Fabrikplanung – Optimale Projektierung, Planung und Ausführung von Industrieanlagen, 2. Aufl., München: Hanser.

Albert, J. J. (2018): Analyse des Einflusses von stochastischen Parametern auf die Energieeffizienz von Produktionssystemen, Institut für Energiesysteme, Energieeffizienz und Energiewirtschaft, Masterarbeit (Unveröffentlichtes Manuskript), Dortmund: Technische Universität Dortmund.

Albrecht, F./Kleine, O./Abele, E. (2014): Planning and optimization of changeable production systems by applying an integrated system dynamic and discrete event simulation approach, in: Procedia CIRP, 17. Jg., S. 386–391.

Allaoui, H./Artiba, A. (2004): Integrating simulation and optimization to schedule a hybrid flow shop with maintenance constraints, in: Computers & Industrial Engineering, 47. Jg., Heft 4, S. 431–450.

Amalnick, M. S./Habibifar, N./Hamid, M./Bastan, M. (2020): An intelligent algorithm for final product demand forecasting in pharmaceutical units, in: International Journal of System Assurance Engineering and Management, 11. Jg., Heft 2, S. 481–493.

Arthur, D./Vassilvitskii, S. (2007): k-means++: The advantages of careful seeding, English, http://ilpubs.stanford.edu:8090/778/1/2006-13.pdf (zuletzt besucht am 23. 09. 2020).

Attar, S. F./Mohammadi, M./R.Tavakkoli-Moghaddam, A. (2011): A novel imperialist competitive algorithm to solve flexible flow shop scheduling problem in order to minimize maximum completion time, in: International Journal of Computer Applications, 28. Jg., Heft 10, S. 27–32.

Aunkofer, B. (2011): Ideal-Layoutplanung | Der Wirtschaftsingenieur.de, https://www.der-wirtschaftsingenieur.de/index.php/ideal-layoutplanung/ (zuletzt besucht am 11. 06. 2019).

Balci, O. (2003): Verification, validation, and certification of modeling and simulation applications, in: Proceedings of the 2003 Winter Simulation Conference, Bd. 1, S. 150–158.

Banthien, H./Senff, D. (2017): Plattform Industrie 4.0 – Ein Schulterschluss von Politik, Wirtschaft, Gewerkschaften und Wissenschaft, in: Manzei, C./Schleupner, L./Heinze, R. (Hrsg.): Industrie 4.0 im internationalen Kontext – Kernkonzepte, Ergebnisse, Trends, 2. Aufl., Beuth Innovation, Berlin (u. a.): VDE Verlag GmbH und Beuth Verlag GmbH, S. 144–148.

Baryannis, G./Validi, S./Dani, S./Antoniou, G. (2019): Supply chain risk management and artificial intelligence: state of the art and future research directions, in: International Journal of Production Research, 57. Jg., Heft 7, S. 2179–2202.

© Der/die Herausgeber bzw. der/die Autor(en), exklusiv lizenziert an Springer Fachmedien Wiesbaden GmbH, ein Teil von Springer Nature 2023
C. Schumacher, *Anpassungsfähige Maschinenbelegungsplanung eines praxisorientierten hybriden Flow Shops*,
https://doi.org/10.1007/978-3-658-41170-1

Baudach, J./Voll, R./Eufinger, L./Meier, F./Sender, J./Goedicke, I./Thaller, C. (2013): Modellentwicklung, in: Clausen, U./Geiger, C. (Hrsg.): Verkehrs- und Transportlogistik, 2. Aufl., VDI-Buch, Berlin (u. a.): Springer, S. 327–403.

Bauernhansl, T./Krüger, J./Reinhart, G./Schuh, G. (2016): WGP-Standpunkt Industrie 4.0, Abele, E. (Hrsg.), Darmstadt: Fraunhofer IPA.

Bauernhansl, T./ten Hompel, M./Vogel-Heuser, B., (Hrsg.) (2014): Industrie 4.0 in Produktion, Automatisierung und Logistik – Anwendung, Technologien, Migration, Wiesbaden: Springer Vieweg.

Bengler, K./Lock, C./Teubner, S./Reinhart, G. (2017): Grundlegende Konzepte und Modelle, in: Reinhart, G. (Hrsg.): Handbuch Industrie 4.0, München: Hanser, S. 54–56.

Bleicher, K. (2004): Das Konzept integriertes Management – Visionen – Missionen – Programme, 7. Aufl., Bd. 1, Management, Frankfurt/Main: Campus-Verl.

Bodden, E./Dressler, F./Dumitrescu, R./Gausemeier, J./Meyer auf der Heide, Friedhelm/Scheytt, C./Trächtler, A., (Hrsg.) (2017): Wissenschaftsforum Intelligente Technische Systeme (WInTeSys) 2017, Bielefeld: Hans Gieselmann Druck und Medienhaus GmbH & Co. KG.

Bowen, T./Zhe, Z./Yulin, Z. (2020): Forecasting method of e-commerce cargo sales based on ARIMA-BP model*, in: Proceedings of the 2020 International Conference on Artificial Intelligence and Computer Applications (ICAICA), IEEE, S. 133–136.

Braglia, M./Frosolini, M./Zammori, F. (2008): Overall equipment effectiveness of a manufacturing line (OEEML), in: Journal of Manufacturing Technology Management, 20. Jg., Heft 1, S. 8–29.

Brah, S. A./Hunsucker, J. L. (1991): Branch and bound algorithm for the flow shop with multiple processors, in: European Journal of Operational Research, 51. Jg., Heft 1, S. 88–99.

Brucker, P. (2007): Scheduling algorithms, 5. Aufl., Berlin (u. a.): Springer.

Bullinger, H.-J./Spath, D./Warnecke, H.-J./Westkämper, E. (2009): Handbuch Unternehmensorganisation – Strategien, Planung, Umsetzung, 3. Aufl., VDI-Buch, Berlin (u. a.): Springer.

Bundesministerium für Bildung und Forschung (2012): Bericht der Bundestages – Zukunftsprojekte der Hightech-Strategie (HTS-Aktionsplan), https://www.iwbio.de/fileadmin/Publikationen/IWBio-Publikationen/HTS-Aktionsplan.pdf (zuletzt besucht am 11. 10. 2019).

Bundesministerium für Wirtschaft und Energie (2015): Industrie 4.0 – Volks- und betriebswirtschaftliche Faktoren für den Standort Deutschland, Eine Studie im Rahmen der Begleitforschung zum Technologieprogramm AUTONOMIK für Industrie 4.0, https://vdivde-it.de/system/files/pdfs/industrie-4.0-volks-und-betriebswirtschaftliche-faktoren-fuer-den-standort-deutschland.pdf (zuletzt besucht am 16. 12. 2021).

Bundesministerium für Wirtschaft und Klimaschutz (2022): Digitale Transformation in der Industrie, BMWI, https://www.bmwi.de/Redaktion/DE/Dossier/industrie-40.html (zuletzt besucht am 16. 03. 2022).

Bundesverband Informationswirtschaft, Telekommunikation und neue Medien e. V. (2016): Industrie 4.0 – Die neue Rolle der IT, https://www.bitkom.org/Bitkom/Publikationen/Industrie-40-Die-neue-Rolle-der-IT.html (zuletzt besucht am 20. 12. 2018).

Campbell, H. G./Dudek, R. A./Smith, M. L. (1970): A heuristic algorithm for the n job, m machine sequencing problem, in: Management Science, 16. Jg., Heft 10, B630–B637.

Chen, C.-L./Usher, J. M./Palanimuthu, N. (1998): A tabu search based heuristic for a flexible flow line with minimum flow time criterion, in: International Journal of Industrial Engineering: Theory Applications and Practice, 5. Jg., Heft 2, S. 157–168.

Cheng, T. C. E./Kovalyov, M. Y./Chakhlevich, K. N. (2004): Batching in a two-stage flowshop with dedicated machines in the second stage, in: IIE Transactions, 36. Jg., Heft 1, S. 87–93.

Chmielewski, A. (2007): Entwicklung optimaler Torbelegungspläne in Stückgutspeditionsanlagen, Dissertation, Dortmund: Technische Universität Dortmund.

Cisek, R./Habicht, C./Neise, P. (2002): Gestaltung wandlungsfähiger Produktionssysteme, in: ZWF Zeitschrift für wirtschaftlichen Fabrikbetrieb, 97. Jg., Heft 9, S. 441–445.

Clausen, U. (2013): Entwicklung eines Verfahrens zur Kopplung von diskreter Optimierung und stochastischer Simulation für die Planung und Steuerung logistischer Knoten (am Beispiel einer KEP-Umschlaganlage) – Neuantrag bei der DFG auf Gewährung einer Sachbeihilfe, Dortmund: Technische Universität Dortmund, Institut für Transportlogistik, Fakultät Maschinenbau.

Clausen, U./Diekmann, D./Pöting, M./Schumacher, C. (2017): Operating parcel transhipment terminals – A combined simulation and optimization approach, in: Journal of Simulation, 11. Jg., Heft 1, S. 2–10.

Cowling, P./Johansson, M. (2002): Using real time information for effective dynamic scheduling, in: European Journal of Operational Research, 139. Jg., Heft 2, S. 230–244.

Defersha, F. M. (2011): A comprehensive mathematical model for hybrid flexible flowshop lot streaming problem, in: International Journal of Industrial Engineering Computations, 2. Jg., Heft 2, S. 283–294.

Defersha, F. M./Chen, M. (2012): Mathematical model and parallel genetic algorithm for hybrid flexible flowshop lot streaming problem, in: The International Journal of Advanced Manufacturing Technology, 62. Jg., Heft 1–4, S. 249–265.

Delbrügger, T./Döbbeler, F./Graefenstein, J./Lager, H./Lenz, L. T./Meißner, M./Müller, D./Regelmann, P./Scholz, D./Schumacher, C./Winkels, J./Wirtz, A./Zeidler, F. (2017): Anpassungsintelligenz von Fabriken im dynamischen und komplexen Umfeld, in: ZWF Zeitschrift für wirtschaftlichen Fabrikbetrieb, 112. Jg., Heft 6, S. 364–368.

Delbrügger, T./Rossmann, J. (2019): Representing adaptation options in experimentable digital twins of production systems, in: International Journal of Computer Integrated Manufacturing, 32. Jg., Heft 4–5, S. 352–365.

Ding, F.-Y./Kittichartphayak, D. (1994): Heuristics for scheduling flexible flow lines, in: Computers & Industrial Engineering, 26. Jg., Heft 1, S. 27–34.

Dios, M./Fernandez-Viagas, V./Framinan, J. M. (2018): Efficient heuristics for the hybrid flow shop scheduling problem with missing operations, in: Computers & Industrial Engineering, 115. Jg., S. 88–99.

Domschke, W./Drexl, A./Klein, R./Scholl, A. (2015): Einführung in Operations Research, 9. Aufl., Berlin (u. a.): Springer.

Dormayer, H.-J. (1986): Konjunkturelle Früherkennung und Flexibilität im Produktionsbereich, Dissertation, München: Universität München.

Drath, R. (2014): Industrie 4.0 – Eine Einführung, in: openautomation, 3. Jg., S. 2–7.

Dyckhoff, H. (2003): Grundzüge der Produktionswirtschaft – Einführung in die Theorie betrieblicher Wertschöpfung, 4. Aufl., Berlin (u. a.): Springer.

Elmi, A./Topaloglu, S. (2013): A scheduling problem in blocking hybrid flow shop robotic cells with multiple robots, in: Computers & Operations Research, 40. Jg., Heft 10, S. 2543–2555.

Everitt, B. (2011): Cluster analysis, 5. Aufl., Chichester: Wiley.

Eversheim, W. (2002): Organisation in der Produktionstechnik, 4. Aufl., Berlin (u. a.): Springer.

Ewing, G./McNickle, D./Pawlikowski, K. (1997): Multiple replications in parallel – Distributed generation of data for speeding up quantitative stochastic simulation, in: 15th Congress of Int. Association for Mathematics and Computers: Proceedings IMACS'97, Wissenschaft und Technik Verlag, S. 397–402.

Fan, K./Zhai, Y./Li, X./Wang, M. (2018): Review and classification of hybrid shop scheduling, in: Production Engineering, 12. Jg., Heft 5, S. 597–609.

Fiedler, K. (2020): Simulationsbasierte Optimierung der Maschinenbelegungsplanung für einen zweistufigen flexiblen Flow Shop, Lehrstuhl für praktische Informatik (Modellierung und Simulation), Masterarbeit (Unveröffentlichtes Manuskript), Dortmund: Technische Universität Dortmund.

Figueira, G./Almada-Lobo, B. (2014): Hybrid simulation-optimization methods – A taxonomy and discussion, in: Simulation Modelling Practice and Theory, 46. Jg., S. 118–134.

FIR e. V. (2016): Wo stehen wir? – Industrie-4.0-Reifegradindex zur Standortbestimmung der Unternehmen, in: Unternehmen der Zukunft Praxis, Zeitschrift für Betriebsorganisation und Unternehmensentwicklung, S. 31–33.

Forbes, C. S./Evans, M. A. (2011): Statistical distributions, 4. Aufl., Hobokon, NJ:Wiley.

Ford, F. N./Bradbard, D. A./Ledbetter, W. N./Cox, J. F. (1987): Use of operations research in production management, in: Production and Inventory Management, 28. Jg., Heft 3, S. 59.

Franke, J./Merhof, J./Fischer, C./Risch, F. (2010): Intelligente Steuerungskonzepte für wandlungsfähige Produktionssysteme, in: Industrie Management, Heft 2, S. 61–64.

Freiling, J./Reckenfelderbäumer, M. (2010): Markt und Unternehmung – Eine marktorientierte Einführung in die Betriebswirtschaftslehre, 3. Aufl., Lehrbuch, Wiesbaden: Springer Gabler.

Freitag, M./Kück, M./Alla, A. A./Lütjen, M. (2015): Potenziale von Data Science in Produktion und Logistik Teil 1 – Eine Einführung in aktuelle Ansätze der Data Science, in: Industrie Management, Heft 5, S. 22–26.

Geiger, M. J. (2008): Randomised variable neighbourhood search for multi objective optimisation, in: Proceedings of the 4th EU/ME Workshop: Design and Evaluation of Advanced Hybrid Meta-Heuristics, S. 34–42.

Gendreau, M./Potvin, J.-Y., (Hrsg.) (2010): Handbook of metaheuristics, 2. Aufl., International series in operations research & management science, New York, NY: Springer.

Gholami, M./Zandieh, M./Alem-Tabriz, A. (2009): Scheduling hybrid flow shop with sequence-dependent setup times and machines with random breakdowns, in: The International Journal of Advanced Manufacturing Technology, 42. Jg., Heft 1–2, S. 189–201.

Gojowczyk, T. (2021): Scheduling Algorithmen für zweistufige hybride Flow Shops unter Berücksichtigung von Maschinenstandzeiten und -qualifikationen, Masterarbeit (Unveröffentlichtes Manuskript), Dortmund: Technische Universität Dortmund.

Gorecki, N. (2020): Identikation von Risikoartikeln in Bezug auf Bedarfsschwankungen für eine praxisnahe Maschinenbelegungsplanung, Bachelorarbeit (Unveröffentlichtes Manuskript), Dortmund: Technische Universität Dortmund.

Gorecki, N. (2021): Vergleich linearer Regressionsverfahren zur Bedarfsmengenprognose in der Produktionsplanung, Studienarbeit (Unveröffentlichtes Manuskript), Dortmund: Technische Universität Dortmund.

Gossmann, D./Wagner, C./Klemke, T./Nyhuis, P. (2012): Change-beneficial process architectures and the human as a change enabler, in: Erohin, O. (Hrsg.): Proceedings of the 4th International Conference on Changeable, Agile, Reconfigurable and Virtual production (CARV2011), Berlin und Heidelberg: Springer, S. 370–375.

Gottmann, J. (2019): Produktionscontrolling – Wertströme und Kosten optimieren, 2. Aufl., Wiesbaden: Springer Gabler.

Graham, R. L./Lawler, E. L./Lenstra, J. K./Kan, A. (1979): Optimization and approximation in deterministic sequencing and scheduling – a survey, in: Hammer, P. L./Johnson, E. L./Korte B. H. (Hrsg.): Annals of discrete mathematics – Discrete optimization II, Proceedings of the Advanced Research Institute on Discrete Optimization and Systems Applications of the Systems Science Panel of NATO and of the Discrete Optimization Symposium co-sponsored by IBM Canada and SIAM Banff, Aha. and Vancouver, Bd. 5, Elsevier, S. 287–326.

Grundig, C.-G. (2018): Fabrikplanung – Planungssystematik – Methoden – Anwendungen, ger, 6. Aufl., München: Hanser.

Gudehus, T. (2015): Dynamische Märkte – Grundlagen und Anwendungen der analytischen Ökonomie, 2. Aufl., Berlin (u. a.): Springer Gabler.

Gue, K. R./Nemhauser, G. L./Padron, M. (1997): Production scheduling in almost continuous time, in: IIE Transactions, 29. Jg., Heft 5, S. 391–398.

Günther, H.-O./Tempelmeier, H. (2016): Produktion und Logistik – Supply Chain und Operations Management, 12. Aufl., Norderstedt: Books on Demand.

Gupta, J. N. D. (1988): Two-stage, hybrid flowshop scheduling problem, in: The Journal of the Operational Research Society, 39. Jg., Heft 4, S. 359.

Gutenschwager, K./Rabe, M./Spieckermann, S./Wenzel, S. (2017): Simulation in Produktion und Logistik, Berlin und Heidelberg: Springer.

Güttel, W. H./Konlechner, S./Müller, B. (2012): Entscheidungsmuster und Veränderungsarchitekturen in Wandelprozessen: Eine Dynamic Capabilities-Perspektive, in: Schmalenbachs Zeitschrift für betriebswirtschaftliche Forschung, 64. Jg., Heft 6, S. 630–654.

Hamerly, G./Drake, J. (2015): Accelerating Lloyd's algorithm for k-means clustering, in: Celebi, M. E. (Hrsg.): Partitional clustering algorithms, Cham: Springer, S. 41–78.

He, L./Sun, S./Luo, R. (2007): A hybrid two-stage flowshop scheduling problem, in: Asia-Pacific Journal of Operational Research, 24. Jg., Heft 1, S. 45–56.

Heinen, T./Rimpau, C./Wörn, A. (2008): Wandlungsfähigkeit als Ziel der Produktionssystemgestaltung, in: Nyhuis, P./Reinhart, G./Abele, E. (Hrsg.): Wandlungsfähige Produktionssysteme – Heute die Industrie von morgen gestalten, Hannover und Garbsen: Technische Informationsbibliothek und Universitätsbibliothek und PZH Produktionstechnisches Zentrum, S. 19–32.

Hermann, M./Pentek, T./Otto, B. (2016): Design principles for industrie 4.0 scenarios, in: 2016 49th Hawaii international conference on system sciences (HICSS), IEEE, S. 3928–3937.

Hernández Morales, R. (2003): Systematik undWandlungsfähigkeit in der Fabrikplanung, Bd. 149, Fortschritt-Berichte/VDI. Reihe 16, Technik und Wirtschaft, Düsseldorf: VDI-Verl.

Hildebrand, T./Mäding, K./Günther, U. (2005): Plug+Produce – Gestaltungsstrategien für die wandlungsfähige Fabrik, Chemnitz: IBF, Institut für Betriebswissenschaften und Fabriksysteme, Technische Universität Chemnitz.

Hirsch-Kreinsen, H. (2016): Industrie 4.0 als Technologieversprechen, Hirsch-Kreinsen, H./Weyer, J./Wilkesmann, M. (Hrsg.), http://www.neue-industriearbeit.de/fileadmin/templates/publikationen/20160616---Hirsch-Kreinsen_2016_Industrie-4_0-als-Technologieversprechen.pdf (zuletzt besucht am 13. 03. 2018).

Hoffjan, A./Schumacher, C./Galant, I. (2017): Echtzeitsteuerung, in: Controlling, 29. Jg., Heft Sonderausgabe September 2017, S. 31–35.

Hopfmann, L. (1988): Flexibilität im Produktionsbereich – Ein dynamisches Modell zur Analyse und Bewertung von Flexibilitätspotentialen, Dissertation, Stuttgart: Universität Stuttgart.

Horbach, S./Ackermann, J./Müller, E./Schütze, J. (2011): Building blocks for adaptable factory systems, in: Robotics and Computer-Integrated Manufacturing, 27. Jg., Heft 4, S. 735–740.

Ittermann, P./Niehaus, J./Hirsch-Kreinsen, H. (2015): Arbeiten in der Industrie 4.0 – Trendbestimmungen und arbeitspolitische Handlungsfelder, https://www.boeckler.de/pdf/p_study_hbs_308.pdf (zuletzt besucht am 13. 03. 2018).

Jabbarizadeh, F./Zandieh, M./Talebi, D. (2009): Hybrid flexible flowshops with sequence-dependent setup times and machine availability constraints, in: Computers & Industrial Engineering, 57. Jg., Heft 3, S. 949–957.

Jaehn, F./Pesch, E. (2014): Ablaufplanung – Einführung in Scheduling, Berlin: Springer Gabler.

James Framework (2016): james-core 1.2 API, http://www.jamesframework.org/api/core/1.2/ (zuletzt besucht am 09. 04. 2022).

Jansen, K./Margraf, M. (2008): Approximative Algorithmen und Nichtapproximierbarkeit, De-Gruyter-Lehrbuch, Berlin und New York: De Gruyter.

Javadian, N./Amiri-Aref, M./Hadighi, A./Kazemi, M./Moradi, A. (2010): Flexible flow shop with sequence-dependent setup times and machine availability constraints, in: International Journal of Management Science and Engineering Management, 5. Jg., Heft 3, S. 219–226.

Johnson, S. M. (1954): Optimal two- and three-stage production schedules with setup times included, in: Naval Research Logistics Quarterly, 1. Jg., Heft 1, S. 61–68.

Juan, A. A./Faulin, J./Grasman, S. E./Rabe, M./Figueira, G. (2015): A review of simheuristics – Extending metaheuristics to deal with stochastic combinatorial optimization problems, in: Operations Research Perspectives, 2. Jg., S. 62–72.

Jusepeitis, A. (2017): Transformationen von Messwerten, https://www.db-thueringen.de/receive/dbt_mods_00033279#? (zuletzt besucht am 12. 10. 2020).

Kaczmarczyk, W./Sawik, T./Schaller, A./Tirpack, T. M. (2004): Optimal versus heuristic scheduling of surface mount technology lines, in: International Journal of Production Research, 42. Jg., Heft 10, S. 2083–2110.

Kagermann, H./Helbig, J./Hellinger, A./Wahlster, W. (2013): Umsetzungsempfehlungen für das Zukunftsprojekt Industrie 4.0: Deutschlands Zukunft als Produktionsstandort sichern; Abschlussbericht des Arbeitskreises Industrie 4.0, Forschungsunion.

Kagermann, H./Wahlster, W./Helbig, J. (2012): Bericht der Promotorengruppe Kommunikation – Im Fokus: Das Zukunftsprojekt Industrie 4.0 Handlungsempfehlungen zur Umsetzung, https://www.bmbf.de/upload_filestore/pub_hts/kommunikation_bericht_ 2012-1.pdf (zuletzt besucht am 08. 10. 2019).

Kallat, F./Mieth, C./Rehof, J./Meyer, A. (2020): Using Component-based Software Synthesis and Constraint Solving to generate Sets of Manufacturing Simulation Models, in: Procedia CIRP, 93. Jg., S. 556–561.

Kallrath, J. (2013): Gemischt-ganzzahlige Optimierung: Modellierung in der Praxis – Mit Fallstudien aus Chemie, Energiewirtschaft, Papierindustrie, Metallgewerbe, Produktion und Logistik, 2. Aufl., Wiesbaden: Springer Spektrum.

Kappler, E. (1975): Zielsetzungs- und Zieldurchsetzungsplanung in Betriebswirtschaften, in: Ulrich, H./Bartels, H. G. (Hrsg.): Unternehmensplanung – Bericht von der Wissenschaftlichen Tagung der Hochschullehrer für Betriebswirtschaft in Augsburg vom 12.6. bis 16.6. 1973, 1973, Wiesbaden: Gabler, S. 82–102.

Karl, F./Reinhart, G. (2015): Reconfigurations on manufacturing resources: identification of needs and planning, in: Production Engineering, 9. Jg., Heft 3, S. 393–404.

Kastens, U./Büning, H. K. (2014): Modellierung: Grundlagen und formale Methoden, 3. Aufl., München: Hanser.

Kettner, B. (2015): Einfluss der Digitalisierung auf Produktions- und Wertschöpfungssysteme von kleinen und mittelständischen Unternehmen, in: Schäfer, S./Pinnow, C. (Hrsg.): Industrie 4.0 – Grundlagen und Anwendungen – Branchentreff der Berliner Wissenschaft und Industrie, Berlin, Wien und Zürich: Beuth Verlag GmbH, S. 295–308.

Kettner, H./Schmidt, J./Greim, H.-R. (1984): Leitfaden der systematischen Fabrikplanung, München: Hanser.

Kiener, S./Maier-Scheubeck, N./Obermaier, R./Weiß, M. (2012): Produktions-Management – Grundlagen der Produktionsplanung und -steuerung, 10. Aufl., München: Oldenbourg.

Kirkpatrick, S./Gelatt, C. D./Vecchi, M. P. (1983): Optimization by simulated annealing, in: Science, 220. Jg., Heft 4598, S. 671–680.

Klemke, T./Mersmann, T./Wagner, C./Goßmann, D./Nyhuis, P. (2011): Bewertung und Gestaltung der Wandlungsfähigkeit von Produktionssystemen – Wandlungsmonitoring, -analyse und -taxonomie als anwenderfreundliche Hilfsmittel in Produktionsunternehmen, in: Zeitschrift für wirtschaftlichen Fabrikbetrieb, 106. Jg., Heft 12, S. 922–927.

Koch, V./Kuge, S./Geissbauer, R./Schrauf, S. (2014): Industrie 4.0 – Chancen und Herausforderungen der vierten industriellen Revolution, https://www.strategyand.pwc.com/media/ file/Industrie-4-0.pdf (zuletzt besucht am 14. 12. 2021).

Komaki, G. M./Sheikh, S./Malakooti, B. (2019): Flow shop scheduling problems with assembly operations: a review and new trends, in: International Journal of Production Research, 57. Jg., Heft 10, S. 2926–2955.

Koren, Y. (2010): The global manufacturing revolution – Product-process-business integration and reconfigurable systems, Wiley series in systems engineering and management, Hoboken, NJ: Wiley.

Kück, M./Crone, S. F./Freitag, M. (2016): Meta-learning with neural networks and landmarking for forecasting model selection an empirical evaluation of different feature sets applied to industry data, in: Proceedings of the International Joint Conference on Neural Networks (Hrsg.), Piscataway: IEEE, S. 1499–1506.

Kück, M./Scholz-Reiter, B. (2013): A genetic algorithm to optimize lazy learning parameters for the prediction of customer demands, in: Sayed-Mouchaweh, M./Wani, M. A. (Hrsg.):

Proceedings of the 12th International Conference on Machine Learning and Applications (ICMLA), Piscataway: IEEE, S. 160–165.

Kück, M./Scholz-Reiter, B./Freitag, M. (2014): Robust methods for the prediction of customer demands based on nonlinear dynamical systems, in: Procedia CIRP, 19. Jg., S. 93–98.

Kuehn, M./Zahid, T./Voelker, M./Zhou, Z./Rose, O. (2016): Investigation of genetic operators and priority heuristics for simulation based optimization of multi-mode resource constrained multi-project scheduling problems (MMRCMPSP), in: Claus, T./Herrmann, F./Manitz, M./Rose, O. (Hrsg.): Proceedings of the 30th European Conference on Modelling and Simulation (ECMS 2016), Red Hook: Curran Associates Inc, S. 481–487.

Kuhn, A./Klingebiel, K./Schmidt, A./Luft, N. (2011): Modellgestütztes Planen und kollaboratives Experimentieren für robuste Distributionssysteme, in: Spath, D. (Hrsg.): Wissensarbeit – zwischen strengen Prozessen und kreativem Spielraum, Schriftenreihe der Hochschulgruppe für Arbeits- und Betriebsorganisation e. V. (HAB), Berlin: GITO, S. 177–198.

Kuhnle, A./Kuttler, M./Dümpelmann, M./Lanza, G. (2017): Intelligente Produktionsplanung und -steuerung – Erlernen optimaler Entscheidungen, in: wt Werkstattstechnik online, 107. Jg., Heft 9, S. 625–629.

Kurz, M. E./Askin, R. G. (2003): Comparing scheduling rules for flexible flow lines, in: International Journal of Production Economics, 85. Jg., Heft 3, S. 371–388.

Kurz, M. E./Askin, R. G. (2004): Scheduling flexible flow lines with sequence-dependent setup times, in: European Journal of Operational Research, 159. Jg., Heft 1, S. 66–82.

Lager, H. (2019): Anpassungsfähigkeit in Zeiten der Digitalisierung – Zur Bedeutung von Empowerment und innovativer Arbeitsorganisation, Dissertation, Dortmund: TU Dortmund.

Lager, H./Regelmann, P./Graefenstein, J./Pereira, D. S. (2018): Rollen- und Kompetenzentwicklungen im Zuge der Industrie 4.0, in: ZWF Zeitschrift für wirtschaftlichen Fabrikbetrieb, 113. Jg., Heft 6, S. 415–419.

Lanza, G./Nyhuis, P./Fisel, J./Jacob, A./Nielsen, L. (2018): Wandlungsfähige menschzentrierte Strukturen in Fabriken und Netzwerken der Industrie 4.0 (acatech Studie), München: Herbert Utz Verlag.

Laroque, C./Leissau, M./Copado, P./Panadero, J./Juan, A. A./Schumacher, C. (2021): A biased-randomized discrete-event heuristic for the hybrid flow shop problem with batching and multiple paths, in: Kim, S./Feng, B./Smith, K./Masoud, S./Zheng, Z./Szabo, C./Loper, M. (Hrsg.): Proceedings of the 2021 Winter Simulation Conference, IEEE.

Laroque, C./Leißau, M./Copado, P./Schumacher, C./Panadero, J./Juan, A. A. (2022): A biased-randomized discrete-event algorithm for the hybrid flow shop problem with time dependencies and priority constraints, in: Algorithms, 15. Jg., Heft 2, S. 54.

Latos, B. A./Holtkötter, C./Brinkjans, J./Kalantar, P./Przybysz, P. M./Mütze-Niewöhner, S. (2018): Partizipatives und simulationsgestütztes Vorgehen zur Konzeption einer flexiblen und demografierobusten Montagelinie, in: Zeitschrift für Arbeitswissenschaft, 72. Jg., Heft 1, S. 90–98.

Law, A. M. (2015): Simulation modeling and analysis, 5. Aufl., New York, NY: McGraw-Hill Education.

Lee, C.-Y./Vairaktarakis, G. L. (1994): Minimizing makespan in hybrid flowshops, in: Operations Research Letters, 16. Jg., Heft 3, S. 149–158.

Lee, H. L./Padmanabhan, V./Whang, S. (1997): Information distortion in a supply chain: The bullwhip effect, in: Management Science, 43. Jg., Heft 4, S. 546–558.

Lenz, L. (2020): Bewertungssystem zur Entscheidungsunterstützung von Fabrikgebäudeanpassungen auf Basis von Building Information Modeling, Bd. 6, Schriftenreihe des Lehrstuhls Baubetrieb und Bauprozessmanagement der Technischen Universität Dortmund, Köln: Reguvis Fachmedien GmbH.

Leon, V. J./Ramamoorthy, B. (1997): An adaptable problem-space-based search method for flexible flow line scheduling, in: IIE Transactions, 29. Jg., Heft 2, S. 115–125.

Leskovec, J./Rajaraman, A./Ullman, J. D. (2020): Mining of massive datasets, 3. Aufl., Cambridge: Cambridge University Press.

Li, J.-Q./Pan, Q.-K. (2015): Solving the large-scale hybrid flow shop scheduling problem with limited buffers by a hybrid artificial bee colony algorithm, in: Information Sciences, 316. Jg., S. 487–502.

Lin, B. M. (1999): The strong NP-hardness of two-stage flowshop scheduling with a common second-stage machine, in: Computers & Operations Research, 26. Jg., Heft 7, S. 695–698.

Lloyd, S. (1982): Least squares quantization in PCM, in: IEEE Transactions on Information Theory, 28. Jg., Heft 2, S. 129–137.

Lödding, H. (2010):Wandlungsfähige Produktionsplanung und -steuerung – Anforderungen aus schwankenden Auftragseingängen, in: Nyhuis, P. (Hrsg.): Wandlungsfähige Produktionssysteme, Schriftenreihe der Hochschulgruppe für Arbeits- und Betriebsorganisation e. V. (HAB), Berlin: GITO-Verl., S. 45–62.

Löffler, C. (2011): Systematik der strategischen Strukturplanung für eine wandlungsfähige und vernetzte Produktion der variantenreichen Serienfertigung, Dissertation, Stuttgart: Universität Stuttgart.

Logendran, R./deSzoeke, P./Barnard, F. (2006): Sequence-dependent group scheduling problems in flexible flow shops, in: International Journal of Production Economics, 102. Jg., Heft 1, S. 66–86.

Low, C./Hsu, C.-J./Su, C.-T. (2008): A two-stage hybrid flowshop scheduling problem with a function constraint and unrelated alternative machines, in: Computers & Operations Research, 35. Jg., Heft 5, S. 845–853.

Luft, N. (2012): Aufgabenbasierte Flexibilitätsbewertung von Produktionssystemen, Dissertation, Dortmund: Technische Universität Dortmund.

MacCarthy, B. L./Liu, J. (1993): Addressing the gap in scheduling research – A review of optimization and heuristic methods in production scheduling, in: International Journal of Production Research, 31. Jg., Heft 1, S. 59–79.

Mäckel, D. (2020): Synthese von Scheduling-Heuristiken für Flow Shop- und Job Shop-Probleme zur Makespanminimierung durch Komponentisierung und Rekombination, Bachelorarbeit (Unveröffentlichtes Manuskript), Dortmund: Technische Universität Dortmund.

Mäckel, D. (2021): Anbindung eines exakten Optimierungsmodells von Ruiz et al. (2008) an ein bestehendes Datenmodell zur Lösung eines zweistufigen hybriden Flow Shops, Studienarbeit (Unveröffentlichtes Manuskript), Dortmund: Technische Universität Dortmund.

Mäckel, D./Winkels, J./Schumacher, C. (2021): Synthesis of Scheduling Heuristics by Composition and Recombination, in: Dorronsoro, B./Amodeo, L./Pavone, M./Ruiz, P. (Hrsg.): Optimization and Learning, Cham: Springer International Publishing, S. 283–293.

Marseu, E./Kolberg, D./Birtel, M./Zühlke, D. (2016): Interdisciplinary engineering methodology for changeable cyber-physical production systems, in: IFACPapersOnLine, 49. Jg., Heft 31, S. 85–90.

Martí, R./Pardalos, P. M./Resende, M. G. C., (Hrsg.) (2018): Handbook of heuristics, Cham: Springer International Publishing.

März, L. (2002): Ein Planungsverfahren zur Konfiguration der Produktionslogistik, Fraunhofer IPA, Dissertation, Heimsheim: Universität Stuttgart.

März, L./Krug, W., (Hrsg.) (2011): Simulation und Optimierung in Produktion und Logistik – Praxisorientierter Leitfaden mit Fallbeispielen, Bd. 130, ASIM-Mitteilung, Heidelberg: Springer.

Meißner, M. (2020): Entwicklung eines Energieeffizienzzyklus für adaptive Produktionssysteme, Bd. 17, Dortmunder Beiträge zu Energiesystemen, Energieeffizienz und Energiewirtschaft, Düren: Shaker.

Mersmann, T./Goßmann, D./Klemke, T. (2013): Grundlagen der Wandlungsfähigkeit, in: Nyhuis, P./Deuse, J./Rehwald, J. (Hrsg.): Wandlungsfähige Produktion – Heute für morgen gestalten, WaProTek, wandlungsförderliche Prozessarchitekturen, PZHVerlag, S. 18–27.

Minguez, J. (2013): Der Manufacturing Service Bus, in:Westkämper, E. (Hrsg.): Digitale Produktion, Berlin: Springer Vieweg, S. 271–289.

Morais, M. d. F./Filho, M. G./Perassoli Boiko, T. J. (2013): Hybrid flow shop scheduling problems involving setup considerations: A literature review and analysis, in: International Journal of Industrial Engineering, 20. Jg., Heft 11-12, S. 614–630.

Moreira-Matias, L./Gama, J./Ferreira, M./Mendes-Moreira, J./Damas, L. (2013): Predicting taxi-passenger demand using streaming data, in: IEEE Transactions on Intelligent Transportation Systems, 14. Jg., Heft 3, S. 1393–1402.

Muchiri, P./Pintelon, L. (2008): Performance measurement using overall equipment effectiveness (OEE): literature review and practical application discussion, in: International Journal of Production Research, 46. Jg., Heft 13, S. 3517–3535.

Müller, D./Schumacher, C./Zeidler, F. (2018): Intelligent adaption process in cyberphysical production systems, in: Margaria, T./Steffen, B. (Hrsg.): Leveraging applications of formal methods, verification and validation – Proceedings of the ISoLA 2018, Part III, Lecture Notes in Computer Science 11246, Cham: Springer International Publishing, S. 411–428.

Müller, E./Engelmann, J./Löffler, T./Strauch, J. (2009): Energieeffiziente Fabriken planen und betreiben, Berlin und Heidelberg: Springer.

Murray, P.W./Agard, B./Barajas, M. A. (2015): Forecasting supply chain demand by clustering customers, in: IFAC-PapersOnLine, 48. Jg., Heft 3, S. 1834–1839.

Naderi, B./Ruiz, R./Zandieh, M. (2010): Algorithms for a realistic variant of flowshop scheduling, in: Computers & Operations Research, 37. Jg., Heft 2, S. 236–246.

Nakajima, S. (1988): Introduction to TPM – Total productive maintenance, Cambridge, Mass.: Productivity Press.

Nawaz, M./Enscore, E. E./Ham, I. (1983): A heuristic algorithm for the m-machine, n-job flow-shop sequencing problem, in: Omega, 11. Jg., Heft 1, S. 91–95.

Neuhausen, J. (2001): Methodik zur Gestaltung modularer Produktionssysteme für Unternehmen der Serienproduktion, Dissertation, Aachen: RWTH Aachen.

Nikolaev, A. G./Jacobson, S. H. (2010): Simulated annealing, in: Gendreau, M./Potvin, J.-Y. (Hrsg.): Handbook of metaheuristics, 2. Aufl., International series in operations research & management science, New York, NY: Springer, S. 1–40.

Nikzad, F./Rezaeian, J./Mahdavi, I./Rastgar, I. (2015): Scheduling of multi-component products in a two-stage flexible flow shop, in: Applied Soft Computing, 32. Jg., S. 132–143.

Nöcker, J. C. (2012): Zustandsbasierte Fabrikplanung, Produktionssystematik, Aachen: Apprimus-Verl.

Nyhuis, P./Reinhart, G./Abele, E., (Hrsg.) (2008): Wandlungsfähige Produktionssysteme – Heute die Industrie von morgen gestalten, Hannover und Garbsen: Technische Informationsbibliothek und Universitätsbibliothek und PZH Produktionstechnisches Zentrum.

Oğuz, C./Lin, B. M./Edwin Cheng, T. C. (1997): Two-stage flowshop scheduling with a common second-stage machine, in: Computers & Operations Research, 24. Jg., Heft 12, S. 1169–1174.

OptTek (2016): The world's leading simulation optimization engine, OptQuest – OptTek, https://www.opttek.com/products/optquest/ (zuletzt besucht am 03. 09. 2020).

Papier, F./Thonemann, U. (2008): Supply chain management, in: Arnold, D./Isermann, H./Kuhn, A./Tempelmeier, H./Furmans, K. (Hrsg.): Handbuch Logistik, 3. Aufl., VDI-Buch, Berlin (u. a.): Springer, S. 21–34.

Pawlikowski, K./Yau, V./McNickle, D. (1994): Distributed stochastic discrete-event simulation in parallel time streams, in:Winter Simulation Conference, Tew, J. D./Seila, A. F./Sadowski, D. A./Manivannan, M. S. (Hrsg.): Proceedings, 1994Winter Simulation Conference, San Diego: Society for Computer Simulation International, S. 723–730.

Pfaffenberger, U. (1960): Produktionsplanung bei losreihenfolgeabhängigen Maschinenumstellkosten, in: Unternehmensforschung, 4. Jg., Heft 1, S. 29–40.

Pfeiffer, S./Suphan, A. (2015): Der AV-Index. Lebendiges Arbeitsvermögen und Erfahrung als Ressourcen auf dem Weg zu Industrie 4.0 – Working Paper 2015 #1 (draft v1.0 vom 13.04.2015), Universität Hohenheim, Lehrstuhl für Soziologie.

Pinedo, M. (2016): Scheduling – Theory, algorithms, and systems, 5. Aufl., Cham (u. a.): Springer.

Plattform Industrie 4.0 (2017): Industrie 4.0 maturity index, https://www.plattformi40. de/PI40/Redaktion/DE/Downloads/Publikation/acatech-i40-maturity-index.html (zuletzt besucht am 12. 10. 2019).

Poeting, M./Schumacher, C./Rau, J./Clausen, U. (2017): A combined simulation optimization framework to improve operations in parcel logistics, in: Chan, W. K. V./ D'Ambrogio, A./Zacharewicz, G./Mustafee, N./Wainer, G./Page, E. (Hrsg.): Proceedings of the 2017 Winter Simulation Conference, S. 3483–3494.

Prajapat, N./Tiwari, A. (2017): A review of assembly optimisation applications using discrete event simulation, in: International Journal of Computer Integrated Manufacturing, 30. Jg., Heft 2-, S. 215–228.

Rajendran, C./Chaudhuri, D. (1992): A multi-stage parallel-processor flowshop problem with minimum flowtime, in: European Journal of Operational Research, 57. Jg., Heft 1, S. 111–122.

Rauber, T./Rünger, G. (2013): Parallel programming – For multicore and cluster systems, 2. Aufl., Berlin und Heidelberg: Springer.

Regelmann, P. (2019): Projektmanagement und -controlling im Kontext von Industrie 4.0-Fabrikanpassung – Eine qualitativ-empirische Analyse in Deutschland und China, Verlag Dr. Kovač, Dissertation, Dortmund: Technische Universität Dortmund.

Rehof, J./Scholz, D./Döbbeler, F./Wirtz, A./Meißner, M./Dregger, J./Schmelting, J./Lenz, L. T./Müller, D./Zeidler, F./Lager, H./Schumacher, C./Winkels, J./Falkenberg, J./Güller, M./Graefenstein, J./Regelmann, P./Kaczmarek, S./Delbrügger, T./Siebrecht, T./ Mieth, C.,

(Hrsg.) (2018): Anpassungsintelligenz von Fabriken im dynamischen und komplexen Umfeld, Dortmund: Technische Universität Dortmund.

Ribas, I./Leisten, R./Framiñan; J. M. (2010): Review and classification of hybrid flow shop scheduling problems from a production system and a solutions procedure perspective, in: Computers & Operations Research, 37. Jg., Heft 8, S. 1439–1454.

Rice, J. R. (1976): The Algorithm Selection Problem, in: Rubinoff, M./Yovits, M. C. (Hrsg.): Advances in Computers, Bd. 15, Elsevier, S. 65–118.

Rose, O./März, L. (2011): Simulation, in: März, L./Krug, W. (Hrsg.): Simulation und Optimierung in Produktion und Logistik – Praxisorientierter Leitfaden mit Fallbeispielen, ASIM-Mitteilung 130, Heidelberg: Springer, S. 13–20.

Roth, A. (2016): Industrie 4.0 – Hype oder Revolution?, in: Roth, A. (Hrsg.): Einführung und Umsetzung von Industrie 4.0 – Grundlagen, Vorgehensmodell und Use Cases aus der Praxis, Berlin und Heidelberg: Springer Gabler, S. 1–15.

Ruiz, R. (2018): Scheduling heuristics, in: Martí, R./Pardalos, P. M./Resende, M. G. C. (Hrsg.): Handbook of heuristics, Cham: Springer International Publishing, S. 1197–1229.

Ruiz, R./Maroto, C. (2006): A genetic algorithm for hybrid flowshops with sequence dependent setup times and machine eligibility, in: European Journal of Operational Research, 169. Jg., Heft 3, S. 781–800.

Ruiz, R./Şerifoğlu, F. S./Urlings, T. (2008): Modeling realistic hybrid flexible flowshop scheduling problems, in: Computers & Operations Research, 35. Jg., Heft 4, S. 1151–1175.

Ruiz, R./Vázquez-Rodríguez, J. A. (2010): The hybrid flow shop scheduling problem, in: European Journal of Operational Research, 205. Jg., Heft 1, S. 1–18.

Sabuncuoglu, I./Bayız, M. (2000): Analysis of reactive scheduling problems in a job shop environment, in: European Journal of Operational Research, 126. Jg., Heft 3, S. 567–586.

Santos, D. L./Hunsucker, J. L./Deal, D. E. (1995): Global lower bounds for flow shops with multiple processors, in: European Journal of Operational Research, 80. Jg., Heft 1, S. 112–120.

Satopaa, V./Albrecht, J./Irwin, D./Raghavan, B. (2011): Finding a kneedle in a haystack – Detecting knee points in system behavior, in: Proceedings of the 31st International Conference on Distributed Computing Systems Workshops (ICDCSW 2011), S. 166–171.

Sawik, T. (2002): An exact approach for batch scheduling in flexible flow lines with limited intermediate buffers, in: Mathematical and Computer Modelling, 36. Jg., Heft 4-5, S. 461–471.

Sawik, T. J. (1993): A scheduling algorithm for flexible flow lines with limited intermediate buffers, in: Applied Stochastic Models and Data Analysis, 9. Jg., Heft 2, S. 127–138.

Sawik, T. J. (1995): Scheduling flexible flow lines with no in-process buffers, in: International Journal of Production Research, 33. Jg., Heft 5, S. 1357–1367.

Sawik, T. J. (2000): Mixed integer programming for scheduling flexible flow lines with limited intermediate buffers, in: Mathematical and Computer Modelling, 31. Jg., Heft 13, S. 39–52.

Sawik, T. J. (2001): Mixed integer programming for scheduling surface mount technology lines, in: International Journal of Production Research, 39. Jg., Heft 14, S. 3219–3235.

Sawik, T./Schaller, A./Tirpack, T. M. (2002): Scheduling of printed wiring board assembly in surface mount technology lines, in: Journal of Electronics Manufacturing, 11. Jg., Heft 1, S. 1–17.

Schäfer, S./Pinnow, C., (Hrsg.) (2015): Industrie 4.0 – Grundlagen und Anwendungen – Branchentreff der Berliner Wissenschaft und Industrie, Berlin, Wien und Zürich: Beuth Verlag GmbH.

Schäfer, T./Bergmann, J. A./Carballo, R. G./Rehof, J./Wiederkehr, P. (2021): A Synthesisbased Tool Path Planning Approach for Machining Operations, in: Procedia CIRP, 104. Jg., S. 918–923.

Schenk, M./Wirth, S./Müller, E. (2014): Fabrikplanung und Fabrikbetrieb – Methoden für die wandlungsfähige, vernetzte und ressourceneffiziente Fabrik, 2. Aufl., Berlin: Springer Vieweg.

Schiemenz, B. (1996): Komplexität von Produktionssystemen, in: Kern, W. (Hrsg.): Handwörterbuch der Produktionswirtschaft, 2. Aufl., Enzyklopädie der Betriebswirtschaftslehre Bd. 7, Stuttgart: Schäffer-Poeschel, Sp. 895–904.

Schiemenz, B./Schönert, O. (2005): Entscheidung und Produktion, 3. Aufl., Lehr- und Handbücher der Betriebswirtschaftslehre, München: Oldenbourg.

Schlittgen, R./Streitberg, B. H. J. (2001): Zeitreihenanalyse, München: Oldenbourg.

Schlund, S./Hämmerle, M./Strölin, T. (2014): Industrie 4.0 – Eine Revolution der Arbeitsgestaltung, Wie Automatisierung und Digitalisierung unsere Produktion verändern werden, https://www.ingenics.com/assets/downloads/de/Industrie40_Studie_Ingenics_IAO_VM.pdf (zuletzt besucht am 18. 10. 2019).

Schmelting, J. (2020): Produktions-Controlling im Übergang zur Digitalisierung, Wiesbaden: Springer Fachmedien Wiesbaden.

Schmidt, K. (2013): Beste Fabrik Europas – BMW-Werk in Leipzig ausgezeichnet, https://www.wiwo.de/unternehmen/auto/beste-fabrik-europas-bmw-werk-in-leipzig-ausgezeichnet/8857582-all.html (zuletzt besucht am 10. 12. 2018).

Schmitt, R./Glöckner, H. (2012): Identifikation von Wandlungsbedarf – Eine Kernaufgabe des unternehmerischen Qualitätsmanagements, in: wt Werkstattstechnik online, 102. Jg., Heft 11-2, S. 801–806.

Scholz-Reiter, B./Kück, M./Lappe, D. (2014): Prediction of customer demands for production planning – Automated selection and configuration of suitable prediction methods, in: CIRP Annals – Manufacturing Technology, 63. Jg., Heft 1, S. 417–420.

Schuh, G./Anderl, R./Gausemeier, J./ten Hompel, M./Wahlster, W. (2017): Industrie 4.0 Maturity Index – Die digitale Transformation von Unternehmen gestalten, München: Herbert Utz Verlag.

Schuh, G./Brandenburg, U./Cuber, S. (2012a): Aufgaben, in: Schuh, G./Stich, V. (Hrsg.): Produktionsplanung und -steuerung 1 – Grundlagen der PPS, 4. Aufl., Berlin (u. a.): Springer, S. 29–81.

Schuh, G./Brosze, T./Brandenburg, U./Cuber, S./Schenk, M./Quick, J./Schmidt, C./Helmig, J./Schürmeyer, M./Hering, N. (2012b): Aachener PPS-Modell, in: Schuh, G./ Stich, V. (Hrsg.): Produktionsplanung und -steuerung 1 – Grundlagen der PPS, 4. Aufl., Berlin (u. a.): Springer, S. 11–28.

Schuh, G./Gottschalk, S./Lösch, F./Wesch, C. (2007): Fabrikplanung im Gegenstromverfahren, in: wt Werkstattstechnik online, 97. Jg., Heft 4, S. 195–199.

Schuh, G./Stich, V. (2012a): Konzeptentwicklung in der Produktionsplanung und – steuerung, in: Schuh, G./Stich, V. (Hrsg.): Produktionsplanung und -steuerung 2 – Evolution der PPS, 4. Aufl., VDI-Buch, Berlin (u. a.): Springer, S. 149–415.

Schuh, G./Stich, V., (Hrsg.) (2012b): Produktionsplanung und -steuerung 1 – Grundlagen der PPS, 4. Aufl., Berlin (u. a.): Springer.

Schumacher, C. (2016): Vergleich heuristischer Verfahren zur operativen Planung und Steuerung einer Paketumschlaganlage, Masterarbeit (Unveröffentlichtes Manuskript), Dortmund: Technische Universität Dortmund.

Schumacher, C./Buchholz, P. (2020): Scheduling algorithms for a hybrid flow shop under uncertainty, in: Algorithms, 13. Jg., Heft 11, S. 277.

Schumacher, C./Buchholz, P./Fiedler, K./Gorecki, N. (2020): Local search and tabu search algorithms for machine scheduling of a hybrid flow shop under uncertainty, in: Bae, K.-H./Feng, B./Kim, S./Lazarova-Molnar, S./Zheng, Z./Roeder, T./Thiesing, R. (Hrsg.): Proceedings of the 2020 Winter Simulation Conference, S. 1456–1467.

Schumacher, C./Lager, H./Regelmann, P./Winkels, J./Graefenstein, J. (2019): Einfluss der Industrie 4.0 auf Kompetenz- und Rollenprofile – Disruption von Berufsbildern durch den erhöhten Bedarf von IT-Kompetenzen im produzierenden Gewerbe, in: Industrie Management, 35. Jg., Heft 2, S. 31–34.

Schumacher, C./Poeting, M./Rau, J./Tesch, C. (2017): Combining DES with metaheuristics to improve scheduling and workloads in parcel transshipment terminals, in: Duarte, A./Viana, A./Juan, A./Mélian, B./Ramalhinho, H. (Hrsg.): Metaheuristics: Proceedings of the MIC and MAEB 2017 Conferences, S. 720–729.

Seebacher, G. (2013): Ansätze zur Beurteilung der produktionswirtschaftlichen Flexibilität, Bd. 4, Anwendungsorientierte Beiträge zum industriellen Management, Berlin: Logos-Verl.

Seidgar, H./Zandieh, M./Fazlollahtabar, H./Mahdavi, I. (2016): Simulated imperialist competitive algorithm in two-stage assembly flow shop with machine breakdowns and preventive maintenance, in: Proceedings of the Institution of Mechanical Engineers, Part B: Journal of Engineering Manufacture, 230. Jg., Heft 5, S. 934–953.

Siepmann, D. (2016): Industrie 4.0 – Grundlagen und Gesamtzusammenhang, in: Roth, A. (Hrsg.): Einführung und Umsetzung von Industrie 4.0 – Grundlagen, Vorgehensmodell und Use Cases aus der Praxis, Berlin und Heidelberg: Springer Gabler, S. 16–34.

Siqueira, E. C. de/Souza, M./Souza, S. R. de (2018): A multi-objective variable neighbourhood search algorithm for solving the hybrid flow shop problem, in: Electronic Notes in Discrete Mathematics, 66. Jg., S. 87–94.

Spath, D./Ganschar, O./Gerlach, S./Hämmerle, M./Krause, T./Schlund, S. (2013): Produktionsarbeiter Zukunft – Industrie 4.0, Spath, D. (Hrsg.), Stuttgart: Fraunhofer- Institut für Arbeitswirtschaft und Organisation.

Spur, G., (Hrsg.) (1994): Fabrikbetrieb – Das System, Planung, Steuerung, Organisation, Information, Qualität die Menschen, München: Hanser.

Srinivasan, G. K. (2007): The gamma function: An eclectic tour, in: The American Mathematical Monthly, 114. Jg., Heft 4, S. 297–315.

Statistisches Bundesamt (2018): Statistisches Jahrbuch Deutschland 2018, Wiesbaden: Statistisches Bundesamt.

Staufen AG (2017): Staufen. Industrie 4.0 Index 2017, Staufen AG, http://www.staufen.ag/fileadmin/HQ/02-Company/05-Media/2-Studies/STAUFEN-studiedeutscher-industrie-4.0-index-2017-de_DE.pdf (zuletzt besucht am 02. 02. 2018).

Stoop, P. P./Wiers, V. C. (1996): The complexity of scheduling in practice, in: International Journal of Operations & Production Management, 16. Jg., Heft 10, S. 37–53.

Stricker, N./Lanza, G. (2014): The concept of robustness in production systems and its correlation to disturbances, in: Procedia CIRP, 19. Jg., S. 87–92.

T. Mayer/T. Uhlig/O. Rose (2019): Simulation-based autonomous algorithm selection for dynamic vehicle routing problems with the help of supervised learning methods, in: 2019 Winter Simulation Conference (WSC): 2019 Winter Simulation Conference (WSC), S. 3001–3012.

Taillard, E. (1993): Benchmarks for basic scheduling problems, in: European Journal of Operational Research, 64. Jg., Heft 2, S. 278–285.

Taillard, E. (2016): Éric Taillard's page, http://mistic.heig-vd.ch/taillard/problemes.dir/ordonnancement.dir/ordonnancement.html (zuletzt besucht am 08. 03. 2022).

Tako, A. A./Robinson, S. (2012): The application of discrete event simulation and system dynamics in the logistics and supply chain context, in: Decision Support Systems, 52. Jg., Heft 4, S. 802–815.

Tavakkoli-Moghaddam, R./Safaei, N./Sassani, F. (2009): A memetic algorithm for the flexible flow line scheduling problem with processor blocking, in: Computers & Operations Research, 36. Jg., Heft 2, S. 402–414.

Technische Universität Dortmund (2021): Katalog Plus, https://katalog.ub.tu-dortmund.de/ (zuletzt besucht am 04. 08. 2021).

ten Hompel, M./Schmidt, T./Nagel, L., (Hrsg.) (2007): Materialflusssysteme – Förderund Lagertechnik, 3. Aufl., Intralogistik, Berlin und Heidelberg: Springer, Berlin Heidelberg.

Ulrich, H. (1970): Die Unternehmung als produktives soziales System, 2. Aufl., Bern und Stuttgart.

Urlings, T./Ruiz, R./Serifoglu, F. S. (2010): Genetic algorithms with different representation schemes for complex hybrid flexible flow line problems, in: International Journal of Metaheuristics, 1. Jg., Heft 1, S. 30.

Verein Deutscher Ingenieure e. V. (Hrsg.) (VDI 3633 Blatt 1): Simulation von Logistik-, Materialfluss- und Produktionssystemen (Dezember 2014).

Verein Deutscher Ingenieure e. V. (Hrsg.) (VDI 5200 Blatt 1): Fabrikplanung: Planungsvorgehen (Februar 2011).

Vieira, G. E./Herrmann, J.W./Lin, E. (2003): Rescheduling manufacturing systems: A framework of strategies, policies, and methods, in: Journal of Scheduling, 6. Jg., Heft 1, S. 39–62.

Vogel-Heuser, B./Bauerhansl, T./ten Hompel, M., (Hrsg.) (2017): Handbuch Industrie 4.0 – Bd. 4: Allgemeine Grundlagen, 2. Aufl., Springer Reference Technik, Berlin: Springer Vieweg.

Werner, F. (2015): Operations research, Fakultät für Mathematik, Institut für Mathematische Optimierung, Universität Magdeburg, http://www.math.uni-magdeburg.de/~werner/or-skript.pdf (zuletzt besucht am 04. 08. 2016).

Westkämper, E. (2000): Kontinuierliche und partizipative Fabrikplanung, in: wt Werkstattstechnik online, 90. Jg., Heft 3, S. 92–95.

Westkämper, E. (2013): Struktureller Wandel durch Megatrends, in: Westkämper, E. (Hrsg.): Digitale Produktion, Berlin: Springer Vieweg, S. 7–9.

Westkämper, E./Zahn, E. (2009): Wandlungsfähige Produktionsunternehmen – Das Stuttgarter Unternehmensmodell, Berlin und Heidelberg: Springer.

Weyer, S./Meyer, T./Ohmer, M./Gorecky, D./Zühlke, D. (2016): Future modeling and simulation of CPS-based factories: an example from the automotive industry, in: IFACPapersOnLine, 49. Jg., Heft 31, S. 97–102.

Wiendahl, H.-H. (2002): Situative Konfiguration des Auftragsmanagements im turbulenten Umfeld, Fraunhofer IPA, Dissertation, Stuttgart: Universität Stuttgart.

Wiendahl, H.-P. (2014): Betriebsorganisation für Ingenieure, 8. Aufl., München: Hanser.

Wiendahl, H.-P./Nyhuis, P./Reichardt, J. (2014): Handbuch Fabrikplanung – Konzept, Gestaltung und Umsetzung wandlungsfähiger Produktionsstätten, 2. Aufl., München (u. a.): Hanser.

Wiendahl, H.-P./Reichardt, J./Nyhuis, P. (2015): Handbook factory planning and design, Heidelberg: Springer.

Wilson, A. D./King, R. E./Hodgson, T. J. (2004): Scheduling non-similar groups on a flow line: multiple group setups, in: Robotics and Computer-Integrated Manufacturing, 20. Jg., Heft 6, S. 505–515.

Witten, I. H./Frank, E. (2001): Data Mining – Praktische Werkzeuge und Techniken für das maschinelle Lernen, München: Hanser.

Wooldridge, J. M. (2013): Introductory econometrics – A modern approach, 5. Aufl., Cincinnati Ohio: South Western Educ Pub.

Wu, Y./Liu, M./Wu, C. (2003): A genetic algorithm for solving flow shop scheduling problems with parallel machine and special procedure constraints, in: Chick, S. E. (Hrsg.): Proceedings of the 2003 Proceedings of the Second International Conference on Machine Learning and Cybernetics, New York, NY und Piscataway, NJ: IEEE, S. 1774–1779.

Xu, J./Nelson, B. L./Hong, J. L. (2010): Industrial strength compass, in: ACM Transactions on Modeling and Computer Simulation, 20. Jg., Heft 1, S. 1–29.

Yan, P./Jiao, M.-h./Yao, X. (2013): Solving a single machine scheduling problem with uncertain demand using QPSO algorithms, in: 25th Chinese Control and Decision Conference (CCDC), 2013, Piscataway, NJ: IEEE, S. 2741–2745.

Yau, V. (1999): Automating parallel simulation using parallel time streams, in: ACM Transactions on Modeling and Computer Simulation, 9. Jg., Heft 2, S. 171–201.

Yaurima, V./Burtseva, L./Tchernykh, A. (2009): Hybrid flowshop with unrelated machines, sequence-dependent setup time, availability constraints and limited buffers, in: Computers & Industrial Engineering, 56. Jg., Heft 4, S. 1452–1463.

Zabihzadeh, S. S./Rezaeian, J. (2016): Two meta-heuristic algorithms for flexible flow shop scheduling problem with robotic transportation and release time, in: Applied Soft Computing, 40. Jg., S. 319–330.

Zacharias, M. (2020): Combining Heuristics and Machine Learning for Hybrid Flow Shop Scheduling Problems, Fakultät für Ingenieurwissenschaften, Dissertation, Duisburg: Universität Duisburg-Essen.

Zäh, M. F./Moeller, N./Vogl, W. (2005): Symbiosis of changeable and virtual production – The emperor's new cothes or key factor for future success?, in: Reinhart, G./Zäh, M. F. (Hrsg.): Proccedings of the 1st International Conference on Changeable, Agile, Reconfigurable and Virtual Production (CARV 2005), München: Herbert Utz Verlag, S. 3–10.

Zammori, F./Braglia, M./Frosolini, M. (2011): Stochastic overall equipment effectiveness, in: International Journal of Production Research, 49. Jg., Heft 21, S. 6469–6490.

Zandieh, M./Mozaffari, E./Gholami, M. (2010): A robust genetic algorithm for scheduling realistic hybrid flexible flow line problems, in: Journal of Intelligent Manufacturing, 21. Jg., Heft 6, S. 731–743.

Zeller, B./Achtenhagen, C./Föst, S. (2010): Internet der Dinge in der industriellen Produktion – Studie zu zukünftigen Qualifikationserfordernissen auf Fachkräfteebene, Nürnberg: Forschungsinstitut Betriebliche Bildung (f-bb) gGmbH.

Printed in the United States
by Baker & Taylor Publisher Services